普通高等教育“十二五”电气信息类规划教材

单片机原理及接口技术

主　编　艾学忠
副主编　刘　伟　陈北辰
参　编　王　影　童少为　郑宝华

机械工业出版社

本书详细介绍了 MCS-51 单片机的基本结构、工作原理、指令系统、汇编语言程序设计、中断系统、定时/计数器、串行通信等基本内容，并在接口技术部分引入了 MCS-51 单片机与外围器件的四种总线接口形式：1-wire Bus 接口、SMBus/I^2C 总线接口、SPI 总线接口、并行总线接口。在介绍扩展接口部分时，将传统的可编程接口芯片 8255、8155、8279 等一带而过，更注重实用性，并增加了典型 I/O 扩展应用部分。在这部分中还详细介绍了各种工业仪表、PLC 等设备中单片机系统的 I/O 扩展电路的设计方法。

本书可作为电气信息类专业本科教材使用，也可供其他专业学生和有关技术人员参考，或作为自学用书。

本书配有免费电子课件，欢迎选用本书作教材的老师登录 www. cmpedu. com 注册下载或发邮件到 xufan666@163. com 索取。

图书在版编目（CIP）数据

单片机原理及接口技术/艾学忠主编．—北京：机械工业出版社，2012.8（2013.7 重印）

普通高等教育“十二五”电气信息类规划教材

ISBN 978-7-111-38274-4

Ⅰ.①单… Ⅱ.①艾… Ⅲ.①单片微型计算机—基础理论—高等学校—教材②单片微型计算机—接口技术—高等学校—教材 Ⅳ.①TP368.1

中国版本图书馆 CIP 数据核字（2012）第 088710 号

机械工业出版社（北京市百万庄大街 22 号 邮政编码 100037）

策划编辑：徐 凡 责任编辑：徐 凡

版式设计：霍永明 责任校对：杜雨霏

封面设计：张 静 责任印制：杨 曦

北京中兴印刷有限公司

2013 年 7 月第 1 版第 2 次印刷

184mm×260mm · 20.5 印张 · 504 千字

标准书号：ISBN 978-7-111-38274-4

定价：37.00 元

凡购本书，如有缺页、倒页、脱页，由本社发行部调换

电话服务	网络服务
社服务中心：(010)88361066	教材网：http://www.cmpedu.com
销售一部：(010)68326294	机工官网：http://www.cmpbook.com
销售二部：(010)88379649	机工官博：http://weibo.com/cmp1952
读者购书热线：(010)88379203	**封面无防伪标均为盗版**

前　言

20 世纪 80 年代，尤其是 90 年代以来，MCS-51 单片机及其衍生产品获得了非常广泛的应用。尤其在我国，由于多数大专院校都采用 MCS-51 单片机作为教学机型，因此大部分单片机系统工程师都熟悉 MCS-51 单片机。近年，随着一些高集成度、高性能的 8 位和 16 位 RISC 单片机的推出，为增加产品的竞争力，一些半导体公司对传统 8051 内核进行了大的改造，主要是提高速度和增加片内模拟和数字外设，大幅度提高了单片机的整体性能。新型 51 内核单片机的出现，使广大单片机系统设计人员看到了 MCS-51 单片机应用的新曙光。

单片机技术是一门发展和更新很快的电子技术，随着集成电路技术的发展，单片机技术在飞速发展，与单片机系统设计密切相关的电子产品也在不断更新，不断涌现出功耗低、速度快、可靠性高的单片机外围接口器件。因此，本书在编写时做了以下考虑：

1）在“单片机概述”一章中引入单片机技术的最新发展趋势，介绍了单片机向片上系统、可编程系统级芯片发展的总体趋势，分析了 8 位单片机存在的必然性和 8 位单片机的高端发展，并通过 8 位单片机的市场适应性，引出 MCS-51 单片机学习的下文。

2）书中章节结构按照先原理后应用的顺序安排。在原理部分保留了传统 MCS-51 单片机教材的框架和体系，在接口技术部分引入了 MCS-51 单片机与外围器件的四种总线接口形式：1-wire Bus 接口、SMBus/I^2C 总线接口、SPI 总线接口和并行总线接口。

3）在介绍 MCS-51 单片机扩展接口部分时，将传统的可编程接口芯片 8255、8155、8279 等一带而过，更注重实用性，并增加了典型 I/O 扩展应用部分。在这部分中，还详细介绍了各种工业仪表、PLC 等设备中单片机系统的 I/O 扩展电路的设计方法。

本书可作为电气信息类专业本科教材使用，也可供其他专业学生和有关技术人员参考，或作为自学用书。全书的参考学时为 48～64 学时，教师可根据实际情况对各章所授内容进行取舍。

本书由吉林化工学院艾学忠主编，其中第 1、8、10 章由艾学忠编写，第 2、3、4、5 章由陈北辰编写，第 6、7 章由王影编写，第 9、11、12、13 章由刘伟编写，童少为、郑宝华对书中图、表进行了整理。本书编者都是一线教师，多年从事单片机原理及接口技术理论教学和课程设计、专业设计、毕业设计及大学生电子设计竞赛的指导工作，教学经验丰富，实践能力强。

由于编者水平所限，书中错误和疏漏之处在所难免，殷切希望广大读者提出宝贵意见。

本书配有免费电子课件，欢迎选用本书作教材的老师登录 www.cmpedu.com 注册下载或发邮件到 xufan666@163.com 索取。

编　者

目　　录

第 1 章　单片机概述

单片机自 20 世纪 70 年代问世以来，以其极高的性能价格比，受到人们的重视和关注，应用越来越广，发展越来越快。单片机体积小，重量轻，抗干扰能力强，环境要求不高，价格低廉，可靠性高，灵活性好，便于设计者因系统而剪裁，开发较为容易。由于上述优点，单片机在我国已广泛地应用于工业自动化、自动控制、自动检测、智能仪表、家用电器、电力电子、机电一体化等各个方面。

1.1　单片机的概念

单片机在一块半导体晶片上集成了微处理器（CPU）、存储器（RAM，ROM、EPROM，EEPROM、FLASH）和各种输入、输出接口（定时/计数器、并行 I/O 口、串行口、A/D 转换器、D/A 转换器、PWM 脉宽调制器等）。由于这样的一块集成电路芯片即具有一台计算机的属性，因而被称为单片微型计算机，简称单片机。

因为单片机最早被用在工业控制领域时，处于测控系统的核心地位并嵌入其中，所以单片机也被称为微控制器（Micro Controller Unit）。单片机是由芯片内仅有 CPU 的专用处理器发展而来的，其初期设计理念是通过将大量外围设备和 CPU 集成在一个芯片中，使计算机系统更小，更容易集成进复杂的而且对体积有严格要求的控制设备当中。Intel 公司的 Z80 就是按照这种思想设计的处理器，从其以后，单片机和专用处理器的发展便分道扬镳。

1.2　单片机的应用情况

单片机比专用处理器更适合应用于嵌入式系统，因此它得到了最多的应用。事实上，单片机是世界上数量最多的计算机，现代人类生活中所用的几乎每件电子和机械产品中都会集成有单片机。例如，手机、电话、计算器、家用电器、电子玩具、掌上电脑以及鼠标等电脑配件中都配有一两台单片机；个人电脑中也会有为数不少的单片机在工作；汽车上一般配备四十多台单片机；复杂的工业控制系统上甚至可能有数百台单片机在同时工作。单片机的数量不仅远超过 PC 和其他计算机的总和，甚至比人类的数量还要多。

（1）在智能仪器仪表上的应用　单片机具有体积小、功耗低、控制功能强、扩展灵活、微型化和使用方便等优点，广泛应用于仪器仪表中。单片机结合不同类型的传感器，可实现诸如电压、功率、频率、湿度、温度、流量、速率、厚度、角度、长度、硬度、压力等物理量的测量。采用单片机控制可使仪器仪表数字化、智能化、微型化，且功能比采用电子或数字电路更加强大。

（2）在工业控制中的应用　单片机是形式多样的控制系统、数据采集系统的核心部件。例如，工厂流水线的智能化管理系统、电梯的智能化控制和报警系统、过程控制系统中的 PLC 和各种输入/输出模块等，都有单片机应用。

(3) 在家用电器中的应用　可以这样说，现在的家用电器基本上都采用了单片机控制，从电饭煲、洗衣机、电冰箱、空调、电视机，到电子称量设备等，五花八门，无所不在。

(4) 在计算机网络和通信领域中的应用　现代的单片机普遍具有通信接口，可以很方便地与计算机进行数据通信，为计算机网络与通信设备之间的通信提供了极好的物质条件。现在的通信设备基本上都实现了单片机智能控制，从手机、电话机、小型程控交换机、楼宇自动通信呼叫系统、列车无线通信，到日常工作中随处可见的移动电话、集群移动通信、无线电对讲等，应有尽有。

(5) 在医用设备领域中的应用　单片机在医用设备中的用途也相当广泛，如医用呼吸机、各种分析仪、监护仪、超声诊断设备及病床呼叫系统等。

(6) 在各种大型电器中的模块化应用　某些专用单片机被设计用于实现特定功能，从而可在各种电路中进行模块化应用，而不要求使用人员了解其内部结构。例如音乐集成单片机，它就是应用复杂的类似于计算机的原理，把看似简单的功能，微缩在纯电子芯片中。如音乐信号以数字的形式存于存储器中、由微控制器读出、转化为模拟音乐电信号（类似于声卡）等。在大型电路中，这种模块化应用极大地缩小了体积，简化了电路，降低了损坏、错误率，也便于更换。

(7) 单片机在汽车设备领域中的应用　单片机在汽车电子设备中的应用非常广泛，如汽车中的发动机控制器、基于 CAN 总线的汽车发动机智能电子控制器、GPS 导航系统、ABS 防抱死系统、空调系统等。

此外，单片机在工商、金融、科研、教育、航空航天等领域都有着十分广泛的应用。

1.3 单片机发展

早期的单片机都是 8 位或 4 位的，其中最成功的是 Intel 公司推出的 8 位单片机 8031，并且因为其易于开发和高可靠性，获得了好评。此后，在 8031 上发展出了 MCS-51 系列单片机系统，这一系统的单片机直到现在还在广泛使用。随着工业控制领域要求的提高，开始出现 16 位单片机，但因为性价比不理想并未得到很广泛的应用。20 世纪 90 年代后，随着消费电子产品大发展，单片机技术得到了巨大的提高，随着 Intel i960 系列特别是后来的 ARM 系列的广泛应用，32 位单片机迅速取代了 16 位单片机的高端地位，并且进入主流市场。与此同时，传统的 8 位单片机的性能也得到了飞速提高，处理能力比起 20 世纪 80 年代已提高了数百倍。目前，高端的 32 位单片机有很高的性价比，主频已经超过 300MHz，性能直追 20 世纪 90 年代中期的专用处理器，而普通型号的出厂价格跌落至 1 美元，最高端的型号也只有 10 美元。当代单片机系统已经不再只在裸机环境下开发和使用，大量专用的嵌入式操作系统被广泛应用在全系列的单片机上，而在作为掌上电脑和手机核心处理的高端单片机上，甚至可以直接使用专用的 Windows 和 Linux 操作系统。

1.3.1 单片机发展过程中的四个阶段

将 8 位单片机的推出作为起点，单片机的发展历史大致可分为以下几个阶段：

(1) 第一阶段（1976—1978）　单片机的探索阶段。以 Intel 公司的 MCS-48 为代表。MCS-48 的推出是在工控领域的探索，参与这一探索的公司还有 Motorola 、Zilog 等，都取得了满意的效果。这就是 SCM 的诞生年代，“单片机”一词即由此而来。

(2) 第二阶段（1978—1982）单片机的完善阶段 Intel 公司在 MCS-48 的基础上推出了完善的、典型的单片机系列 MCS-51。它在以下几个方面奠定了典型的通用总线型单片机体系结构：

1）完善的外部总线。MCS-51 设置了经典的 8 位单片机的总线结构，包括 8 位数据总线、16 位地址总线、控制总线及具有多机通信功能的串行通信接口。

2）CPU 外围功能单元的集中管理模式。

3）体现工控特性的位地址空间及位操作方式。

4）指令系统趋于丰富和完善，并且增加了许多突出控制功能的指令。

(3) 第三阶段（1982—1990） 8 位单片机的巩固发展及 16 位单片机的推出阶段，也是单片机向微控制器发展的阶段。Intel 公司推出的 MCS-96 系列单片机，将一些用于测控系统的模数转换器、程序运行监视器、脉宽调制器等纳入片中，体现了单片机的微控制器特征。随着 MCS-51 系列单片机的广泛应用，许多电气厂商竞相使用 80C51 为内核，将许多测控系统中使用的电路技术、接口技术、多通道 A/D 转换部件、可靠性技术等应用到单片机中，增强了外围电路的功能，强化了智能控制的特征。

(4) 第四阶段（1990～目前） 微控制器的全面发展阶段。随着单片机在各个领域全面深入地发展和应用，出现了高速、大寻址范围、强运算能力的 8 位/16 位/32 位通用型单片机，以及小型廉价的专用型单片机。

1.3.2 单片机发展过程中形成的四个分支

随着集成电路技术的发展和单片机应用领域的拓宽，单片机在发展过程中形成了四个分支。

(1) 传统意义上的单片机（Micro Controller Unit，MCU） 传统意义上的单片机以 Intel 公司生产的 MCS-51 系列的单片机 8031、8051、8751 以及衍生产品为主，也包括其他单片机生产厂商的一些产品，如美国 NS 公司的 NS8070 系列，美国 RCA 公司的 CDP1800 系列，美国 TI 公司的 TMS700 系列，美国 Cypress 公司的 CYXX 系列，美国 Rockwell 公司的 6500 系列，美国 Motorola 公司的 6805 系列，美国 Fairchild 公司的 FS 系列及 3870 系列，美国 Zilog 公司的 Z8 系列及 SUPER8 系列，日本 National 公司的 MN6800 系列，日本 Hitachi 公司的 HD6301、HD65L05、HD6305 系列，日本 NEC 公司的 UCOM87、UPD7800 系列等。

由于 MCS-51 系列单片机的衍生产品相对 8031、8051、8751 而言功能得到了扩展，性价比提高很多，因此，这些产品在工业控制和仪器仪表设计方面得到了广泛应用。其中，美国 Atmel 公司生产的 AT89C5X 单片机，荷兰 Philips 公司生产的 P87LPCXXX 单片机，中国台湾华邦公司生产的 W78E5X、W77E5X 单片机，意法半导体公司生产的 SST89 系列单片机，中国宏晶科技生产的 STC 系列单片机是 MCS-51 系列单片机衍生产品中的代表。

(2) 片上系统级芯片（System on Chip，SoC） 所谓 SoC 技术，是一种高度集成化、固件化的系统集成技术。使用 SoC 技术设计系统的核心思想，就是除了那些无法集成的外部电路或机械部分以外，其他所有的系统电路全部集成在一起，使整个应用电子系统全部集成在一个芯片中。用SoC设计单片机系统嵌入式结构，为设计者提供了现有技术所无法比拟的优越条件。国际上一些集成电路生产厂商也推出了针对SoC设计的技术平台和产品，通过在FPGA上集成IP硬核，实现模块的SoC化，如最新的PCIe以太网模块、高速串行收发器、DSP模块以及嵌入式处理器等，都在向SoC方向发展。

单片机是现代电子技术应用中的主流技术，特别是在工业和民用的独立电子系统中，单片机起着系统核心的作用。由于单片机系统特有的固件特性，使单片机在SoC技术中占有重要的地位。换句话说，传统的单片机也在向着SoC方向发展。

（3）可编程系统级芯片（Programmable System On Chip，PSoC） PSoC是一种对于标准的"全数字式"微控制器设计、纯粹的模拟设计以及介乎此二者之间的所有设计而言具有同等的高实用性器件，也是一种具有极其灵活且完全可编程的混合信号SoC的基本原理的全新一代器件。最早推出PSoC的是美国的Cypress Semiconductors公司。该公司2005年推出的PSoC Express是第一款使系统工程师无需掌握汇编语言或C语言编程技术即可开发微控制器设计的开发工具。由于PSoC Express在更高的抽象概念水平上运行，且无需固件开发，因此设计人员只需要数小时或数天时间即可完成对PSoC的新设计开发、仿真及编程，而无需再耗时数周乃至数月。由于其内置便携性支持，无缝多重处理器架构、设计可视化功能以及丰富的内容程序库，因此采用PSoC Express工具能够更快地完成设计工作，并实现更高的可靠性。

（4）嵌入式微处理器（Embedded MCU，EMCU） EMCU是嵌入式系统的核心，是控制、辅助系统运行的硬件单元。EMCU包括的范围极其广阔，从最初的4位处理器、目前仍在大规模应用的8位单片机，到最新的受到广泛青睐的32位、64位嵌入式CPU。

EMCU是由通用计算机中的CPU演变而来的。它的特征是具有32位以上的处理器，具有较高的性能，当然其价格也相应较高。但与计算机处理器不同的是，在实际嵌入式应用中，只保留与嵌入式应用紧密相关的功能硬件，去除其他的冗余功能部分，这样就以最低的功耗和资源实现嵌入式应用的特殊要求。和工业控制计算机相比，EMCU具有体积小、重量轻、成本低、可靠性高的优点。目前主要的EMCU有Am186/88、386EX、SC-400、Power PC、68000、MIPS、ARM/Strong ARM系列等。其中，ARM/Strong ARM是专为手持设备开发的EMCU，属于中档价位的产品。

1.4 单片机主要生产厂商及产品

自20世纪80年代以来，单片机在微电子领域发展非常迅速，投放市场的单片机产品有几十个系列、数百个品种。目前，世界上比较著名的单片机生产厂商和主要机型如下：

（1）Intel公司的8051单片机 最早由Intel公司推出的8051/31系列单片机，也是世界上用量最大的单片机产品之一。由于Intel公司在嵌入式应用方面将重点放在186、386、奔腾等与PC类兼容的高档芯片的开发上，8051类单片机主要由Atmel、Philips、三星、华邦等公司接产。这些公司都在保持与8051单片机兼容的基础上改善了8051许多特点（如时序特性），提高了速度，降低了时钟频率，放宽了电源电压的动态范围，降低了产品的价格。

（2）Atmel公司的单片机 Atmel公司的8位单片机有AT89XX和AT90XX两个系列，AT89XX系列是8位FLASH单片机，与8051系列单片机相兼容，静态时钟模式。

AT90XX系列单片机是增强RISC结构，全静态工作方式，内载在线可编程FLASH的单片机，也叫AVR单片机。

（3）Zilog公司的单片机　Z8单片机是Zilog公司的产品，采用多累加器结构，有较强的中断处理能力，产品为OTP型，开发工具价廉物美。Z8单片机以低价位的优势面向低端应用，以18引脚封装为主，ROM为512B～2KB。最近Zilog公司又推出了Z86系列单片机，该系列内部可集成廉价的DSP单元。

（4）NS公司单片机　COP8单片机是美国国家半导体公司（NS）的产品，该公司以生产先进的模拟电路著称，能生产高水平的数字模拟混合电路。COP8单片机片内集成了16位A/D，这是单片机中不多见的。COP8单片机内部使用了抗EMI电路，在看门狗电路以及STOP方式下单片机的唤醒方式上都有独到之处。此外，COP8的程序加密控制也做得特别好。

（5）TI公司的单片机　德州仪器TI提供了TMS370和MSP430两大系列通用单片机。TMS370系列单片机是8位CMOS单片机，具有多种存储模式、多种外围接口模式，适用于复杂的实时控制场合。MSP430系列单片机是一种超低功耗、功能集成度较高的16位低功耗单片机，特别适用于要求功耗低的场合。

（6）Microchip公司的单片机　Microship单片机是市场份额增长最快的单片机。它的主要产品是16C系列8位单片机，其突出的特点是体积小，功耗低，CPU采用RISC结构，仅33条指令，运行速度快，抗干扰性好，可靠性高，有较强的模拟接口，代码保密性好，早期产品全部是OTP器件。目前，大部分产品有其兼容的FLASH程序存储器的芯片。一般单片机价格都在1美元以下。

（7）Motorola公司的单片机　Motorola是世界上最大的单片机厂商，品种全、选择余地大、新产品多是其特点。在8位机方面有68HC05和升级产品68HC08，68HC05有30多个系列，200多个品种，产量已超过20亿片。8位增强型单片机68HC11有30多个品种，年产量在1亿片以上。升级产品有68HC12。16位机68HC16有十多个品种。32位单片机的683XX系列有几十个品种。近年来，以PowerPC、Coldfire、M.CORE等为CPU，以DSP为辅助模块集成的单片机也纷纷推出。Motorola单片机特点之一是在同样速度下所用的时钟频率较Intel类单片机低得多，因而使得高频噪声低、抗干扰能力强，更适合用于工控领域及恶劣的环境。Motorola的8位单片机过去的策略是以掩膜为主，最近推出OTP计划以适应单片机发展趋势，在32位机上，M.CORE在性能和功耗方面都胜过ARM7。

（8）Scenix公司的单片机　Scenix公司推出的8位RISC结构SX系列单片机与Intel的Pentium II等一起被“Electronic Industry Yearbook 1998”评选为1998年世界十大处理器。在技术上，SX系列单片机采用双时钟设置，指令运行速度可达50/75/100MIPS，具有虚拟外设功能和柔性化I/O端口，所有的I/O端口都可单独编程设定，公司提供各种I/O的库函数，用于实现各种I/O模块的功能，如多路UART、多路A/D、PWM、SPI、DTMF、FS、LCD驱动等，采用EEPROM/FLASH程序存储器，可以实现在线系统编程，通过计算机RS-232C接口，采用专用串行电缆即可对目标系统进行在线实时仿真。

（9）Philips公司的单片机　Philips公司的P87LPCXXX、P8XC5XX系列单片机是8位FLASH单片机，与8051系列单片机相兼容，其低功耗特性在同类产品中较为突出。

另外，Philips公司还生产32位的ARM核的单片机，LPC2100系列基于一个支持实时仿真和跟踪的16/32位ARM7TDMI-S CPU，并带有128/256KB嵌入的高速FLASH存储器。128位宽度的存储器接口和独特的加速结构使32位代码能够在最大时钟速率下运行。对代码规模有严格控制的应用可使用16位Thumb模式将代码规模降低超过30%，而性能的损失却很小。

(10) 华邦公司的单片机　华邦公司的W77XX和W78XX系列8位单片机的引脚和指令集与8051兼容，但每个指令周期只需要4个时钟周期，速度提高了3倍，工作频率最高可达40MHz，FLASH容量从4KB到64KB，有ISP功能。同时，增加了Watch Dog Timer，有6组外部中断源、2组UART接口、2组Data pointer及Wait state control pin。

在4位单片机方面华邦公司有W921系列和带LCD驱动的W741系列。在32位机方面，华邦公司使用了惠普公司PA-RISC单片机技术，生产低端的32位RISC单片机。

(11) 富士通公司的单片机　富士通公司也有8位、16位和32位单片机，但8位机使用的是16位机的CPU内核。也就是说，8位机与16位机所用的指令相同，使得开发比较容易。8位单片机有著名的MB8900系列，16位机有MB90系列。富士通公司注重于服务大公司、大客户，帮助大客户开发产品。

(12) NEC公司的单片机　NEC单片机自成体系，以8位单片机78K系列产量最高，也有16位、32位单片机。16位以上单片机采用内部倍频技术，以降低外时钟频率。有的单片机采用内置操作系统。NEC的销售策略著重于服务大客户，并投入相当大的技术力量帮助大客户开发产品。

(13) 东芝公司的单片机　东芝单片机的特点是从4位机到64位机，门类齐全。4位机在家电领域仍有较大的市场。8位机主要有870系列、90系列等，该类单片机允许使用慢模式，采用32kHz时钟时功耗低至10μA数量级，而且CPU内部多组寄存器的使用，使得中断响应与处理更加快捷。东芝公司的32位单片机采用MIPS3000ARISC的CPU结构，面向VCD、数字相机、图像处理等市场。

(14) Epson公司的单片机　Epson公司以擅长制造液晶显示器著称，故Epson单片机主要为该公司生产的LCD配套。其单片机的LCD驱动部分做得特别好，而且在低电压、低功耗方面也很有特点。目前0.9V供电的单片机已经上市，不久的将来，LCD显示的手表类单片机将使用0.5V供电。

(15) 三星公司的单片机　三星公司的单片机有KS51和KS57系列4位单片机、KS86和KS88系列8位单片机、KS17系列16位单片机和KS32系列32位单片机。三星单片机为OTP型ISP在片编程功能。三星公司以生产存储器芯片著称，在存储器的市场供大于求的形势下，涉足参与单片机的竞争。三星公司在单片机技术上引进消化发达国家的技术，生产与之兼容的产品，然后以价格优势取胜。例如，在4位机上采用NEC公司的技术，在8位机上引进Zilog公司Z8的技术，在32位机上购买了ARM7内核，还有NEC公司的技术、东芝公司的技术等。三星公司的单片机裸片的价格相当有竞争力。

1.5 MCS-51系列单片机及兼容产品

在计算机领域，系列机是指同一厂商生产的具有相同系统结构的机器。MCS是Intel公司单片机的系列符号。Intel推出有MCS-48、MCS-51、MCS-96系列单片机。MCS-51系列单片机包括三个基本型 80C31、8051、8751，以及对应的低功耗型号 80C31、80C51、87C51，因而 MCS-51 特指 Intel 的这几种型号。

20 世纪 80 年代中期以后，Intel 把 8051 内核以专利的形式转让给了许多半导体厂商，如 Amtel、Philips、Ananog Devices、Dallas、华邦等。这些厂商生产的芯片是 MCS-51 系列的兼容产品，准确地说是与 MCS-51 指令系统兼容的单片机。这些单片机与 8051 的系统结构相同，采用 CMOS 工艺，因而常用 80C51 系列来称呼所有具有 8051 指令系统的单片机。它们对 8051 一般都作了一些扩充，更有特点、功能更强、市场竞争力更强，因而不应该把其称为 MCS-51 系列单片机。MCS 只是 Intel 公司专用的。

MCS-51 系列及 80C51 系列单片机有很多品种，它们的指令系统相互兼容，主要在内部结构上有所区别。目前使用的 MCS-51 系列单片机及其兼容产品通常分成以下几类：

（1）基本型　典型产品为 8031/8051/8751。8031 内部包括 1 个 8 位 CPU、128 B 的 RAM，21 个特殊功能寄存器（SFR）、4 个 8 位并行 I/O 口、1 个全双工串行口，2 个 16 位定时器/计数器，但片内无程序存储器，需外扩 EPROM 芯片。

8051 是在 8031 的基础上，片内又集成有 4KB 的 ROM，作为程序存储器，是一个程序不超过 4KB 的小系统。ROM 内的程序是公司制作芯片时，代为用户烧制的，出厂的 8051 都是含有特殊用途的单片机。所以 8051 应用在程序已定且批量大的单片机产中。

8751 是在 8031 基础上，增加了 4KB 的 EPROM，它构成了一个程序小于 4KB 的小系统。用户可以将程序固化在 EPROM 中，可以反复修改程序。但其价格相对于 8031 较贵。8031 外扩 1 片 4KB 的 EPROM 就相当于 8751。

（2）增强型　Intel 公司在 MCS-51 系列三种基本型产品基础上，又推出增强型系列产品，即 52 子系列，典型产品有 8032/8052/8752。它们的内部 RAM 增到 256B，8052、8752 的内部程序存储器扩展到 8KB，16 位定时/计数器增至 3 个，6 个中断源，串行口通信速率提高 5 倍。

（3）低功耗型　代表性产品为 80C31/87C51/80C51。它们均采用 CMOS 工艺，功耗很低。例如，8051 的功耗为 630mW，而 80C51 的功耗只有 120mW，它们用于低功耗的便携式产品或航天技术中。此类单片机有两种掉电工作方式：一种掉电工作方式是 CPU 停止工作，其他部分仍继续工作；另一种掉电工作方式是除片内 RAM 继续保持数据外，其他部分都停止工作。此类单片机的功耗低，非常适于电池供电或其他要求低功耗的场合。

（4）专用型　如 Intel 公司的 8044/8744，它们在 8051 的基础上，又增加一个串行接口部件，主要用于利用串行口进行通信的总线分布式多机测控系统。

再如美国 Cypress 公司最近推出的 EZU SR-2100 单片机，它是在 8051 单片机内核的基础上，又增加了 USB 接口电路，可专门用于 USB 串行接口通信。

（5）超 8 位型　在 8052 的基础上，采用 CHMOS 工艺，并将 MCS-96 系列（16 位单片机）中的一些 I/O 部件，如高速输入/输出（HSI/HSO）、A/D 转换器、脉冲宽度调制（PWM）、看门狗定时器（Watch Dog Timer，WDT）等，移植进来构成新一代 MCS-51 产品，功能介于 MCS-51 和 MCS-96 之间。Philips 公司生产的 80C552/87C552/83C552 系列单片机即为此类产品。目前此类单片机在我国已得到了较为广泛的使用。

（6）片内 FLASH 存储器型　随着半导体存储器制造技术和大规模集成电路制造技术的发展，片内带有闪烁（FLASH）存储器的单片机在我国已得到广泛的应用。例如，美国

Atmel 公司推出的 AT89C51 单片机。

在众多的 MCS-51 单片机及各种增强型、扩展型等衍生品种的兼容机中，Philips 公司生产的 80C552/87C552/83C552 系列单片机和美国 Atmel 公司的 AT89C51 单片机在我国使用较多。尤其是美国 Atmel 公司推出的 AT89C51 单片机。它是一个低功耗、高性能的含有 4KB FLASH 存储器的 8 位 CMOS 单片机，时钟频率高达 20MHz，与 MCS-51 的指令系统和引脚完全兼容。FLASH 存储器允许在线（+5V）电擦除、电写入或使用编程器对其重复编程。此外，89C51 还支持由软件选择的两种掉电工作方式，非常适于电池供电或其他要求低功耗的场合。由于片内带 EPROM 的 87C51 价格偏高，而 89C51 芯片内的 4KB FLASH 存储器可在线编程或使用编程器重复编程，且价格较低，因此 89C51 受到了应用设计者的欢迎。

（7）片上系统级芯片型　目前，最具代表性的片上系统级芯片型是美国 Silicon Labs 公司生产的 C8051FXXX 系列单片机。C8051FXXX 系列单片机是完全集成的混合信号系统级芯片（SoC），具有与 80C51 兼容的高速 CIP-51 内核，与 MCS-51 指令集完全兼容，片内集成了数据采集和控制系统中常用的模拟、数字外设及其他功能部件，内置 FLASH 程序存储器、内部 RAM，大部分器件内部还有位于外部数据存储器空间的 RAM，即 XRAM。C8051FXXX 系列单片机具有片内调试电路，通过 4 脚的 JTAG 接口或 2 脚的 C2 接口可以进行非侵入式、全速的在系统调试。

尽管 MCS-51 系列以及 80C51 系列单片机有多种类型，但是掌握好 MCS-51 的基本型（8031、8051、8751 或 80C31、80C51、87C51）是十分重要的，因为它们是具有 MCS-51 内核的各种型号单片机的基础，也是各种增强型、扩展型等衍生品种的核心。

本书常用 MCS-51 或 8031 这两个名称，MCS-51 是包括了 8031，8051 和 8751 这三个基本产品的总称。后者，仅指特定的 8031。

习　题

1-1　什么是单片机？单片机与微处理器、CPU、微计算机之间有什么区别？

1-2　MCS-51 单片机有几种基本型号芯片？它们之间有什么区别？

1-3　MCS-51 单片机与 80C51 系列单片机有什么关系？

1-4　请举例介绍几个单片机生产厂商。

1-5　简要说明单片机的发展趋势。

第 2 章　MCS-51 单片机的硬件结构

本章主要对 MCS-51 单片机的硬件结构和组成进行介绍。通过本章的学习，应熟悉并掌握单片机的硬件结构及工作原理。本章中的内容是学习单片机原理及单片机应用设计的基础。

2.1 MCS-51 单片机的外部引脚及功能

2.1.1　封装方式及引脚排列

MCS-51 单片机的引脚是相互兼容的，常见的封装方式有 40 脚双列直插封装方式（DIP）和 44 脚方形封装方式（PLCC）两种。

采用 HMOS 工艺制造的 MCS-51 单片机一般采取双列直插封装方式（DIP），如图 2-1a 所示；而采用 CHMOS 工艺制造的 80C51 和 80C52 除了采用常见的双列直插封装方式外，有时也采用方形封装方式（PLCC），如图 2-1b 所示。

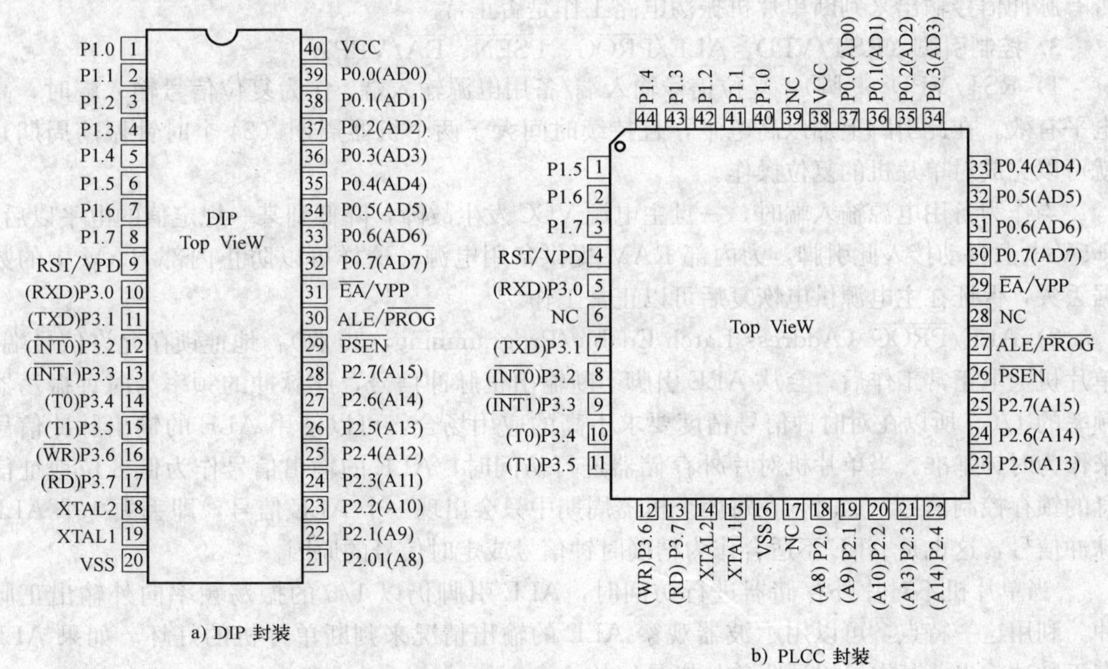

图 2-1　MCS-51 的封装方式及引脚排列

不同的芯片之间，其引脚功能也会略有区别。同时，由于引脚数目的限制，有一部分引脚还会具有第二功能。

2.1.2 外部引脚功能

下面以 40 脚双列直插封装形式的 MCS-51 单片机为例，对单片机外部引脚的功能进行简要说明。根据功能的不同，引脚可分为四类：① 电源引脚；② 时钟引脚；③ 控制引脚；④ I/O 引脚。

1. 电源引脚（VCC 和 VSS）

1）VCC（40 脚）：电源引脚，接+5V。

2）VSS（20 脚）：接地引脚，接地。

2. 时钟引脚（XTAL1 和 XTAL2）

MCS-51 单片机的时钟信号可以由内部时钟电路提供，也可以由外接的时钟电路提供。

使用内部时钟电路时，需要在 XTAL1 和 XTAL2 之间外接晶体和微调电容。此外接晶体与片内振荡电路的反相放大器之间构成谐振电路，其振荡频率为晶体的固有频率，微调电容可以对振荡频率进行微调。

使用外接的时钟电路时，外部时钟脉冲由 XTAL2 输入，同时 XTAL1 必须接地。

1）XTAL1（19 脚）：内部振荡电路的反相放大器输入端，接外接晶体和微调电容的一端。若采用外部时钟信号，此引脚必须接地。

2）XTAL2（18 脚）：内部振荡电路的反相放大器输出端，接外接晶体和微调电容的另一端。若采用外部时钟信号，此引脚为外部时钟脉冲的输入端。可使用示波器观察此引脚是否有脉冲信号输出来判断单片机振荡电路工作是否正常。

3. 控制引脚（RST/VPD、ALE/$\overline{\text{PROG}}$、$\overline{\text{PSEN}}$、$\overline{\text{EA}}$/VPP）

1）RST/VPD（9 脚）：复位信号输入端/备用电源输入端。作为复位信号输入端时，高电平有效。在此引脚上加以高电平，且持续时间大于两个机器周期（24 个时钟振荡周期），就可以完成对单片机的复位操作。

当作为备用电源输入端时，一旦主电源 VCC 发生故障，降低到某一规定值的电平以后，+5V 电源自动接入此引脚，为内部 RAM 提供备用电源。这样可以防止内部 RAM 中的数据丢失，保证在主电源供电恢复后可以正常工作。

2）ALE/$\overline{\text{PROG}}$（Address Latch Enable/Programming，30 脚）：地址锁存允许信号端。单片机上电正常工作后，会从 ALE 引脚不断输出正脉冲信号，此脉冲的频率为时钟振荡器频率的 1/6。所以在对时钟信号精度要求不高的应用场合，可以使用 ALE 的输出脉冲信号来作为时钟基准。当单片机对片外存储器进行访问时，ALE 的输出信号作为低 8 位地址信息的锁存控制信号。这时，在每两个机器周期中只会出现一个 ALE 信号，即丢失一个 ALE 脉冲信号，这也是 ALE 不适合作为精确时钟信号或定时信号的原因。

当单片机不对片外存储器进行访问时，ALE 引脚仍以 1/6 的振荡频率向外输出正脉冲。利用这一特点，可以用示波器观察 ALE 的输出情况来判断单片机的好坏。如果 ALE 有正脉冲输出，基本可以证明单片机是好的。

ALE 驱动负载的能力为 8 个 LS 型 TTL 负载。

此引脚的第二功能$\overline{\text{PROG}}$，是作为片内带有 EPROM 的单片机（8751 等）的编程脉冲输入端。

3）$\overline{\text{PSEN}}$（Program Store Enable，29 脚）：程序存储器允许输出信号端。当单片机对

外部程序存储器访问时，此引脚会定时输出负脉冲作为外部程序存储器的选通信号。此引脚与外部程序存储器的$\overline{\text{OE}}$连接，$\overline{\text{PSEN}}$有效时，允许从外部程序存储器中读取指令码。$\overline{\text{PSEN}}$的负载驱动的能力同样是 8 个 LS 型 TTL 负载。

通过示波器观察此引脚有无输出负脉冲信号也可以判断单片机的好坏。如果有负脉冲输出，一般认为单片机是好的。

4）$\overline{\text{EA}}$/VPP（Enable Address/Voltage Pulse of Programming，31 脚）：片外程序存储器地址允许/固化编程电压输入。当$\overline{\text{EA}}$引脚接高电平时，单片机只访问片内程序存储器。但在 PC（程序计数器）的值超过片内程序存储器的地址 0FFFH（8051/8751 只有 4KB 片内程序存储器）的范围后，单片机会自动转向去执行片外程序存储器中的指令。

当$\overline{\text{EA}}$引脚接低电平时，单片机只访问片外程序存储器，执行其中的指令，而不管是否有片内程序存储器。对于片内无程序存储器的单片机 8031，因其使用时必须外扩程序存储器，所以在使用时此引脚必须接低电平。

此引脚第二功能 VPP，是在 8751 片内 EPROM 进行固化编程时，所施加的较高电压的输入端。

4. I/O（输入/输出）**引脚**（P0、P1、P2、P3）

1）P0 口（P0.0～P0.7，39 脚～32 脚）：8 位双向三态 I/O 口。此端口内部为漏极开路形式，每位都可以驱动 8 个 LS 型 TTL 负载。当 CPU 访问外部存储器或进行 I/O 口扩展时，此端口可分时作为低 8 位地址总线和数据总线。

根据漏极开路电路的特性，P0 口内部没有固定上拉电阻，所以当它作为普通输出口使用时，必须外接上拉电阻才能正确输出高电平。

2）P1 口（P1.0～P1.7，1 脚～8 脚）：8 位准双向 I/O 口。P1 口内部有上拉电阻，每位都可以驱动 4 个 LS 型 TTL 负载。

3）P2 口（P2.0～P2.7，21 脚～28 脚）：8 位准双向 I/O 口。P2 口内部有上拉电阻，每位都可以驱动 4 个 LS 型 TTL 负载。在单片机访问外部程序存储器时可分时复用为高 8 位地址总线。

4）P3 口（P3.0～P3.7，10 脚～17 脚）：8 位准双向 I/O 口，双功能复用口。P3 口内部有上拉电阻，每位都可以驱动 4 个 LS 型 TTL 负载。与其他 I/O 端口的区别在于，它除了可以作为普通 I/O 端口使用外，各引脚还具有第二功能，见表 2-1。

P1 口、P2 口、P3 口内部均带有上拉电阻，当它们作为输入口使用时，要首先向该端口各位写“1”，这也是它们被称之为准双向的原因。

表 2-1　P3 口各引脚的第二功能

引 脚 号	第 二 功 能
P3.0	RXD（串行输入端）
P3.1	TXD（串行输出端）
P3.2	$\overline{\text{INT0}}$（外部中断 0 输入端）
P3.3	$\overline{\text{INT1}}$（外部中断 1 输入端）
P3.4	T0（定时器 0 外部输入端）
P3.5	T1（定时器 1 外部输入端）
P3.6	$\overline{\text{WR}}$（外部数据存储器写选通输出端）
P3.7	$\overline{\text{RD}}$（外部数据存储器读选通输出端）

2.2 MCS-51 单片机的内部结构

MCS-51 单片机的内部结构如图 2-2 所示，主要由运算器、控制器、存储器和 I/O 接口组成。

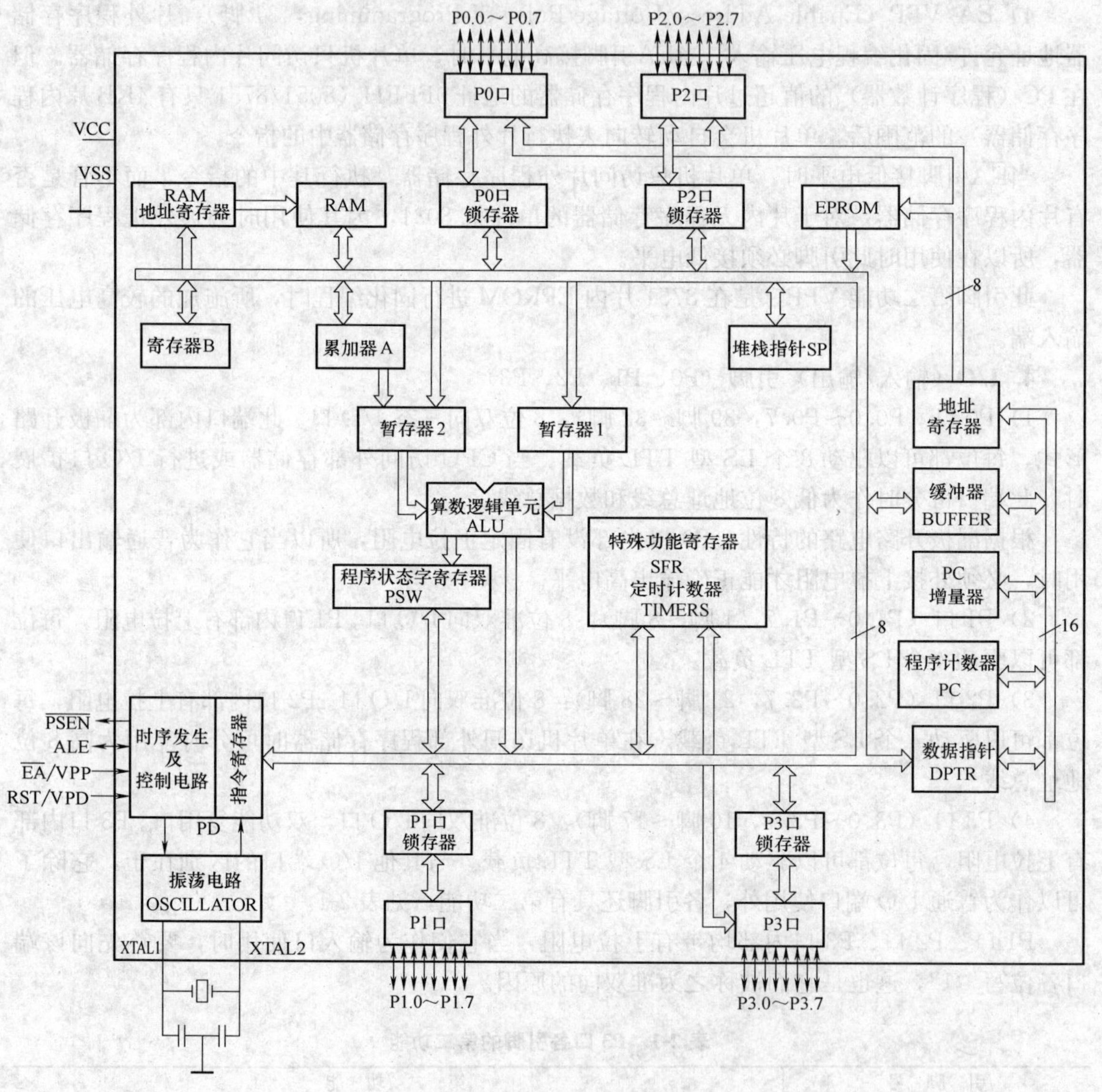

图 2-2 MCS-51 单片机的内部结构

2.2.1 运算器

运算器主要是用来进行算术运算、逻辑运算和位操作的，其内部包含一个算术逻辑运算单元 ALU、两个 8 位的暂存器、累加器 A、寄存器 B、程序状态字寄存器 PSW，以及进行位操作的布尔处理器和十进制调整电路等。

1. 算术逻辑运算单元

ALU 可以进行对数据的加、减、乘、除等算术运算，也可以进行与、或、异或、求补及循环等逻辑操作。

2. 累加器 A

累加器 A 又记作 ACC，是一个具有特殊用途的 8 位寄存器。在 ALU 进行运算时，两个操作数中的一个通常放在累加器 A 中，运算完成后的结果又送回到累加器 A 中。此外，它还能起到数据传送过程中的中转站的作用，大部分 CPU 中的数据传送都要经过累加器 A。

3. 寄存器 B

寄存器 B 是一个 8 位的寄存器。在进行乘法和除法运算时，寄存器 B 用来存放两个操作数中的一个（另一个操作数放于累加器 A 中），运算完成后它与累加器 A 一起保存运算结果。进行乘法运算时，两个操作数分别位于累加器 A 和寄存器 B 中，运算结果的高 8 位保存在寄存器 B 中，低 8 位保存在累加器 A 中；进行除法运算时，被除数放在累加器 A 中，除数放在寄存器 B 中，运算结果的商放在累加器 A 中，余数放在寄存器 B 中。

此外，在不执行乘、除运算时，寄存器 B 可当做普通寄存器使用。

4. 程序状态字寄存器 PSW

PSW 是一个 8 位的特殊功能寄存器，其各位的状态标明了程序运行状态信息，相当于一般微处理器的标志寄存器。PSW 位于片内的特殊功能寄存器区，字节地址为 D0H，此外 PSW 的每一位都有位地址，可进行位寻址。在学习过程中，应该掌握并牢记其各位的含义。PSW 的格式如图 2-3 所示。

	D7	D6	D5	D4	D3	D2	D1	D0
D0H	CY	AC	F0	RS1	RS0	OV	–	P

图 2-3　PSW 的格式

PSW 各位含义如下：

1）CY（PSW.7）：进位标志位。

2）AC（PSW.6）：辅助进位标志位。当运算结果的低半字节向高半字节进位或借位时，AC 由硬件置位“1”，反之则清“0”。AC 主要用于进行 BCD 码运算中的十进制调整。

3）F0（PSW.5）：用户标志位。用户可通过软件设置的方式，对 F0 位进行置“1”或清“0”的操作，用户可根据需要赋予 F0 位某种意义，作为软件标志使用。

4）RS0、RS1（PSW.3、PSW.4）：工作寄存器组选择位。RS0、RS1 联合使用，用于选择 4 组工作寄存器中的某一组作为当前工作寄存器组。用户可以通过软件改变 RS0、RS1 的状态，实现对当前工作寄存器组的选择。其组合关系见表 2-2。

表 2-2　RS0、RS1 组合关系

RS1	RS0	工作寄存器组	片内 RAM 地址
0	0	0	00H～07H
0	1	1	08H～0FH
1	0	2	10H～17H
1	1	3	18H～1FH

5）OV（PSW.2）：溢出标志位。OV 位的状态指示了当前运算是否溢出，由硬件自动置位或清除，当发生溢出时置“1”，反之清“0”。

6）PSW.1：保留位，未用。

7）P（PSW.0）：奇偶标志位。P 位的状态标示累加器 A 中“1”的个数，当 A 中“1”的个数为奇数时，则置“1”；当 A 中“1”的个数为偶数时，则清“0”。常用于检验串行通信中数据传输是否出错。

2.2.2 控制器

控制器的作用主要是为 CPU 的内外各种操作提供所需的控制信号：首先从程序存储器中提取指令，送入指令寄存器；然后送入指令译码器进行译码；最后通过定时和控制逻辑电路，在规定时间内给出控制信号，使各部分协调工作，完成指令所规定的各种操作。

控制器主要由程序计数器 PC、指令寄存器 IR、指令译码器 ID、振荡电路和时序发生及控制电路、数据指针 DPTR 及堆栈指针 SP 等组成。

1. 程序计数器 PC

PC 为一个 16 位的计数器，由两个 8 位的计数器 PCH 及 PCL 组成。它用于存放将要执行的下一条指令的字节地址，可以通过改变 PC 中的内容来控制程序执行的方向。CPU 每读取指令的一个字节，PC 值自动加 1，指向本指令的下一个字节或者下一条指令的地址。PC 可对 64KB 范围内的程序存储器寻址。

PC 在物理结构上是独立的，不属于特殊功能寄存器范围，没有地址，不能寻址。所以，对于 PC 的读写无法进行，只能通过转移、调用或返回等指令改变其内容，以实现程序的转移。

2. 指令寄存器 IR 及指令译码器 ID

一条指令的执行通常是由读取指令开始的，首先从 PC 中内容所指定的 ROM 中取出指令，然后送入 IR 中暂存，接着取出来的指令由 IR 送入指令译码器 ID 中，最后 ID 对指令进行译码并将译码结果送入定时控制逻辑电路以产生一定序列的控制信号，执行指令所规定的操作。

3. 数据指针 DPTR

DPTR 是一个 16 位的特殊功能寄存器，其高字节寄存器用 DPH 表示，低字节寄存器用 DPL 表示。它可以用作 16 位的寄存器，也可以作为两个 8 位的寄存器来使用。

它用来存放 16 位的数据存储器地址，以便对片外 RAM 进行读写操作，其值可通过指令进行设置。

4. 堆栈指针 SP

MCS-51 单片机的堆栈是在片内 RAM 中开辟出的一块区域，采用“后进先出”的结构方式。SP 中的内容指示栈顶的位置，可指向片内 RAM 中 00H～7FH 的任何位置。在使用堆栈之前，要首先给 SP 赋值，以规定堆栈的起始位置（即栈顶位置）。每当一个数据送入堆栈中（压栈）或从堆栈中取出（弹栈），SP 的值会随之发生变化并指向栈顶位置。堆栈中每压入一个字节的数据，SP 自动加 1；每弹出一个字节的数据，SP 自动减 1。CPU 复位后，SP 的值被初始化到片内 RAM 地址 07H。

堆栈的主要用途在于，当 CPU 响应中断或进行子程序调用时，对现场和断点地址进行保护。无论 CPU 进行子程序调用还是进行中断操作，操作完成后总要返回被中断执行的程序处继续执行，所以应该把程序运行的断点送到堆栈中保护起来，为程序的正确返回做准备，即断点保护；另外当 CPU 转去执行中断操作或子程序调用时，很可能会使用单片机的寄存器，这就有可能会改变这些寄存器中的原有数据，这样返回后的程序运行的结果很有可能出错，所以应将相关寄存器单元中的内容送入堆栈中保存，此即所谓现场保护。

2.2.3　存储器

MCS-51 单片机的存储器采用哈佛结构，即程序存储器空间和数据存储器空间在物理结构上是分开的。MCS-51 单片机的存储器有四个存储空间，片内、片外程序存储器和片内、片外数据存储器。从使用的角度可以将 MCS-51 单片机的存储器地址空间分为三类：

1）片内、片外统一编址的 64KB 程序存储器空间（0000H～FFFFH）。

2）片外 64KB 数据存储器空间（0000H～FFFFH）。

3）片内 128B/256B 数据存储器空间（00H～FFH）。

MCS-51 单片机内部存储空间分配如图 2-4 所示，这三个存储器空间地址存在重叠的情况，在数据操作过程中，CPU 是通过不同的指令来区分不同存储器空间的。在 MCS-51 单片机的指令系统中，为不同的存储空间设计了不同的数据传送指令。其中，MOVC 用于访问片内、片外程序存储器空间，MOVX 用于访问片外数据存储器空间，MOV 用于访问片内数据存储器和 SFR 空间。有关指令的内容将在以后的章节中进行详细叙述。

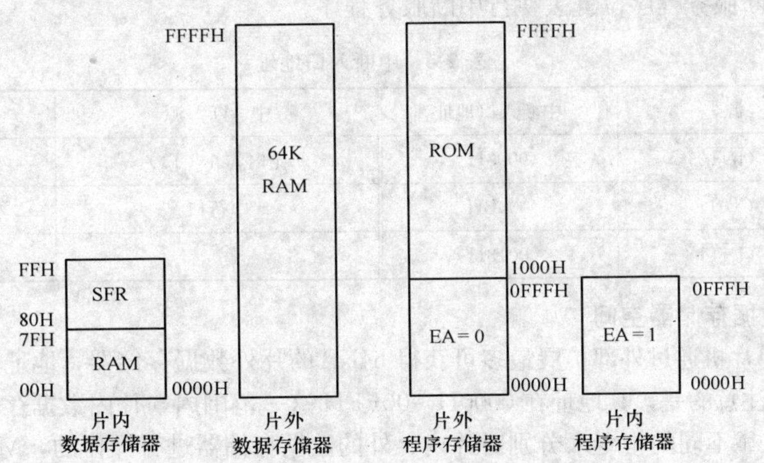

图 2-4　MCS-51 单片机内部存储空间分配

1. 程序存储器空间

MCS-51 单片机的程序存储器主要用来存放程序和表格等常数。由于采用 16 位的程序计数器 PC 和 16 位的地址总线，因而可扩展的程序存储器空间最大为 64KB。整个程序空间分为片内和片外两个部分，CPU 访问的程序存储器究竟是片内存储器还是片外存储器可由 $\overline{EA}/V_{PP}$引脚所接电平来确定。

1）$\overline{EA}/V_{PP}$接高电平，CPU 执行片内程序存储器中的程序；当 PC 值超过片内 ROM 容量时，CPU 会自动转到片外程序存储器中执行程序。

$\overline{EA}/V_{PP}$接低电平，CPU 只执行片外程序存储器中的程序。需要注意的是，当使用 8031 时，由于其内部没有程序存储器，所以此引脚必须接低电平。

对于 8051、8751 单片机而言，内部带有 4KB 的 ROM、EPROM，要将$\overline{EA}/V_{PP}$接高电平。CPU 从片内程序存储器和片外程序存储器中执行程序的速度是相同的。

2）程序存储器中有部分单元具有特殊用途，是为系统预留的单元，其功能见表 2-3。

表 2-3 预留存储单元的功能

预留存储单元	功　能	预留存储单元	功　能
0000H～0002H	复位后初始化	001BH～0022H	定时器 1 溢出中断
0003H～000AH	外部中断 0	0023H～002AH	串行口中断
000BH～0012H	定时器 0 溢出中断	002BH	定时器 2 溢出中断（52 系列单片机）
0013H～001AH	外部中断 1		

表 2-4 中给出了 MCS-51 单片机的中断入口地址。表中所列出的存储单元按照不同用途被分为七个部分，与 MCS-51 单片机有关的是 0000H～002AH 这部分存储空间。其中 0000H～0002H 这部分存储单元是用来存放系统复位后的初始化引导程序的。当 MCS-51 单片机复位后，程序计数器 PC 值为 0000H，所以一般在这部分存储单元中放入转移指令，引导程序转移到程序存储器的指定空间去执行程序。0003H～002AH 这部分空间被均分成五段，用作五种中断服务程序的入口地址。通常在入口地址处也放入转移指令，以便引导程序转向指定的中断服务程序位置去执行中断服务程序。

表 2-4 中断入口地址

中　断　源	中断入口地址	中　断　源	中断入口地址
外部中断 0（$\overline{INT0}$）	0003H	定时器 1（T1）	001BH
定时器 0（T0）	000BH	串行口	0023H
外部中断 1（$\overline{INT1}$）	0013H		

2. 片外数据存储器空间

MCS-51 单片机通过外部扩展最多可获得 64KB 的片外数据存储器，地址范围为 0000H～FFFFH。需要注意的是，其地址在 0000H～00FFH 这一范围内与片内数据存储器地址是重叠的。CPU 是依靠不同的指令来分别对片内、外的数据存储器进行操作的，MOV 指令用于片内数据存储器，MOVX 指令用于片外数据存储器。

3. 片内数据存储器空间

MCS-51 单片机的片内数据存储器为 128B/256B，地址范围为 00H～7FH/00～0FFH。

（1）低 128 字节片内 RAM　MCS-51 的片内数据存储器的低 128 字节由三部分组成，分别是通用工作寄存器区、位寻址区及用户 RAM 区。对于它的寻址可采用直接寻址和间接寻址来实现。其结构如图 2-5 所示。

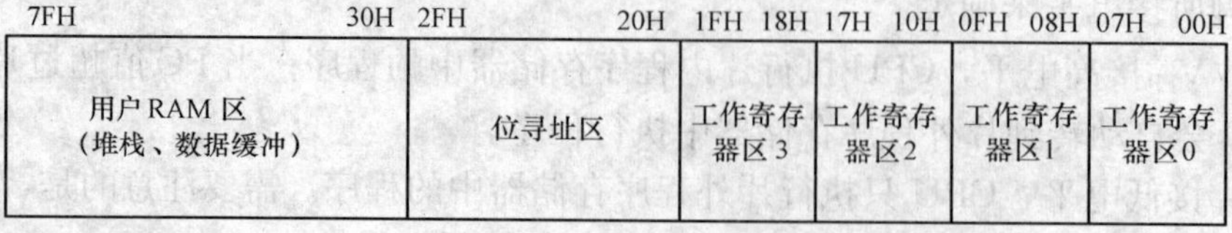

7FH～30H	2FH～20H	1FH～18H	17H～10H	0FH～08H	07H～00H
用户 RAM 区（堆栈、数据缓冲）	位寻址区	工作寄存器区 3	工作寄存器区 2	工作寄存器区 1	工作寄存器区 0

图 2-5 低 128 字节片内 RAM 地址空间的结构

1）通用工作寄存器区（00H～1FH）：MCS-51 单片机共有 4 组通用工作寄存器，每组由 8 个工作寄存器组成，编号为 R0～R7，共占用 32 个存储单元。4 组通用工作寄存器都可作为 CPU 的当前工作寄存器组，可通过指令对 PSW 中的 RS0、RS1 修改来实现当前工作寄存器组的选择。这 4 组通用工作寄存器也可以作为一般 RAM 单元使用。当 CPU 复位后，第 0 组被选为当前工作寄存器组。其地址分配见表 2-5。

表 2-5　工作寄存器地址分配

工作寄存器组	RS1	RS0	R0	R1	R2	R3	R4	R5	R6	R7
0	0	0	00H	01H	02H	03H	04H	05H	06H	07H
1	0	1	08H	09H	0AH	0BH	0CH	0DH	0EH	0FH
2	1	0	10H	11H	12H	13H	14H	15H	16H	17H
3	1	1	18H	19H	1AH	1BH	1CH	1DH	1EH	1FH

2）位寻址区（20H～2FH）：这 16 个片内 RAM 单元可进行位寻址操作，共 128 位，位地址范围为 00H～7FH。同时这 16 个单元也可进行字节寻址操作。其地址分配见表 2-6。

表 2-6　位寻址区地址分配

字节地址	位地址							
	D7	D6	D5	D4	D3	D2	D1	D0
2FH	7FH	7EH	7DH	7CH	7BH	7AH	79H	78H
2EH	77H	76H	75H	74H	73H	72H	71H	70H
2DH	6FH	6EH	6DH	6CH	6BH	6AH	69H	68H
2CH	67H	66H	65H	64H	63H	62H	61H	60H
2BH	5FH	5EH	5DH	5CH	5BH	5AH	59H	58H
2AH	57H	56H	55H	54H	53H	52H	51H	50H
29H	4FH	4EH	4DH	4CH	4BH	4AH	49H	48H
28H	47H	46H	45H	44H	43H	42H	41H	40H
27H	3FH	3EH	3DH	3CH	3BH	3AH	39H	38H
26H	37H	36H	35H	34H	33H	32H	31H	30H
25H	2FH	2EH	2DH	2CH	2BH	2AH	29H	28H
24H	27H	26H	25H	24H	23H	22H	21H	20H
23H	1FH	1EH	1DH	1CH	1BH	1AH	19H	18H
22H	17H	16H	15H	14H	13H	12H	11H	10H
21H	0FH	0EH	0DH	0CH	0BH	0AH	09H	08H
20H	07H	06H	05H	04H	03H	02H	01H	00H

3）用户 RAM 区（30H～7FH）：用户 RAM 区有 80 字节，供用户自由使用。

（2）高 128 字节片内 RAM　MCS-51 单片机中的 8032、8052 和 8752 片内 RAM 数量为 256B，高 128 字节与 8052 系列单片机内部数据存储器为 256B，地址与 SFR 重叠，靠寻址方式区分，SFR 使用直接寻址，内部 RAM 的 80H～FFH 使用寄存器间接寻址。

4. 特殊功能寄存器（SFR）

MCS-51 单片机的 CPU 对各功能部件的控制是采用特殊功能寄存器（Special Function Register，SFR）的集中控制方式。SFR 实质上是一些具有特殊功能的片内 RAM 单元，字节地址区间为 80H～FFH。其中分布着 PC 及其他 21 个 SFR。可采用直接寻址的方式对 SFR 进行寻址，同时个别 SFR 还可以进行位寻址操作。表 2-7 列出了各 SFR 的名称、功能及地址。

表 2-7　特殊功能寄存器

符号	名　称	字节地址	位地址 D7	D6	D5	D4	D3	D2	D1	D0
ACC	累加器	E0H	E7H	E6H	E5H	E4H	E3H	E2H	E1H	E0H
B	寄存器	F0H	F7H	F6H	F5H	F4H	F3H	F2H	F1H	F0H
PSW	程序状态字	D0H	D7H	D6H	D5H	D4H	D3H	D2H	D1H	D0H
			CY	AC	F0	RS1	RS0	OV	F1	P
SP	堆栈指针	101H								
DPTR	数据指针	83H DPH								
		82H DPL								
P0	P0 口	80H	87H	86H	85H	84H	83H	82H	81H	80H
			P0. 7	P0. 6	P0. 5	P0. 4	P0. 3	P0. 2	P0. 1	P0. 0
P1	P1 口	90H	97H	96H	95H	94H	93H	92H	91H	90H
			P1. 7	P1. 6	P1. 5	P1. 4	P1. 3	P1. 2	P1. 1	P1. 0
P2	P2 口	A0H	A7H	A6H	A5H	A4H	A3H	A2H	A1H	A0H
			P2. 7	P2. 6	P2. 5	P2. 4	P2. 3	P2. 2	P2. 1	P2. 0
P3	P3 口	B0H	B7H	B6H	B5H	B4H	B3H	B2H	B1H	B0H
			P3. 7	P3. 6	P3. 5	P3. 4	P3. 3	P3. 2	P3. 1	P3. 0
IP	中断优先级控制寄存器	B8H	BFH	BEH	BDH	BCH	BBH	BAH	B9H	B8H
			—	—	—	PS	TP1	PX1	PT0	PX0
IE	中断允许控制寄存器	A8H	AFH	AEH	ADH	ACH	ABH	AAH	A9H	A8H
TMOD	定时/计数器方式控制寄存器	89H	GATE	C/T	M1	M0	GATE	C/T	M1	M0
* T2CON	定时/计数器 2 控制寄存器	C8H	CFH	CEH	CDH	CCH	CBH	CAH	C9H	C8H
			TF2	EXF2	RCLK	TCLK	EXEN2	TR2	C/T2	CP/RL2
TCON	定时/计数器控制寄存器	88H	8FH	8EH	8DH	8CH	8BH	8AH	89H	88H
TH0	定时/计数器 0（高字节）	8CH	TF1	TR1	TF0	TR0	IE1	IT1	IT0	IE0
TL0	定时/计数器 0（低字节）	8AH								
TH1	定时/计数器 1（高字节）	8DH								
TL1	定时/计数器 1（低字节）	8BH								

（续）

符号	名　称	字节地址	位地址							
			D7	D6	D5	D4	D3	D2	D1	D0
* TH2	定时/计数器 2（高字节）	CDH								
* TL2	定时/计数器 2(低字节)	CCH								
* RCAP2H	定时/计数器 2 记录寄存器(高字节)	CBH								
* RCAP2L	定时/计数器 2 记录寄存器(低字节)	CAH								
SCON	串行口控制寄存器	98H	9FH	9EH	9DH	9CH	9BH	9AH	99H	98H
			SM0	SM1	SM2	REN	TB8	RB8	TI	RI
SBUF	串行数据缓冲寄存器	99H								
PCON	电源控制寄存器	97H	SMOD	—	—	—	GF1	GF0	PD	IDL

注：带“*”号的是 8052 系列单片机才有的特殊功能寄存器。

从表 2-7 中可以看出，MCS-51 单片机的 21 个 SFR 在此区间内的分布是离散的，在 80H～FFH 这段存储空间内有部分单元未占用，不能使用。同时，所有可位寻址的 SFR 的特点是，其地址可以被 8 整除。

2.2.4　I/O 接口

MCS-51 单片机具有 4 个 8 位并行 I/O 端口，共计 32 根口线，各 I/O 口分别记作 P0、P1、P2 和 P3。每个端口都包括 8 位双向口，各 I/O 口线都可独立地用于输入或输出。每个端口都有自己的锁存器（即特殊功能寄存器 P0～P3）、输出驱动器和输入缓冲器，可以完成对输入数据的缓冲及对输出数据的锁存。4 个 I/O 端口的结构略有不同，所以各自所能完成的功能也有一定的差异。

1. P0 口

P0 口中各位具有结构完全相同但又相互独立的内部逻辑电路。图 2-6 中给出了 P0 口中某一位的内部电路。从图中可以看出，它是由一个输出锁存器、两个三态输入缓冲器和输出驱动电路及控制电路组成。其工作状态受控制电路与门、反相器及转换开关（MUX）控制。

P0 口可作为一般 I/O 口使用，也可分时作为地址/数据总线来使用。

（1）P0 口作为地址/数据总线　当 CPU 需要对外部存储器进行读/写操作时，P0 口可以作为真正的双向数据总线口使用，并且分时输出低 8 位的地址信息。此时，CPU 内部的硬件会自动将控制线设置为“1”，MUX 拨向图 2-6 中上方的位置，与反相器的输出端相连，同时与门应处于开启状态。

由图 2-6 可以看出，右侧两个场效应晶体管（FET）以反相形式连接，构成了推挽结构，这种电路结构在一定程度上增加了 P0 口的负载能力。需要输出的地址/数据信息通过与门及非门实现对这两个 FET 的驱动。例如，当输出地址/数据信息为“0”时，与门的输出为“0”，非门的输出为“1”，这就实现了对上侧 FET 的封锁，而下侧 FET 则处于开启状态，这样由 I/O 引脚输出的信号就为“0”；同理，当输出的地址/数据信息为“1”时，引脚输出的信号为“1”。当输入数据时，信号直接经由引脚通过输入缓冲器进入内部总线。

（2）P0 口作为一般 I/O 口　P0 口的数据输出通路由锁存器及输出驱动电路构成。在

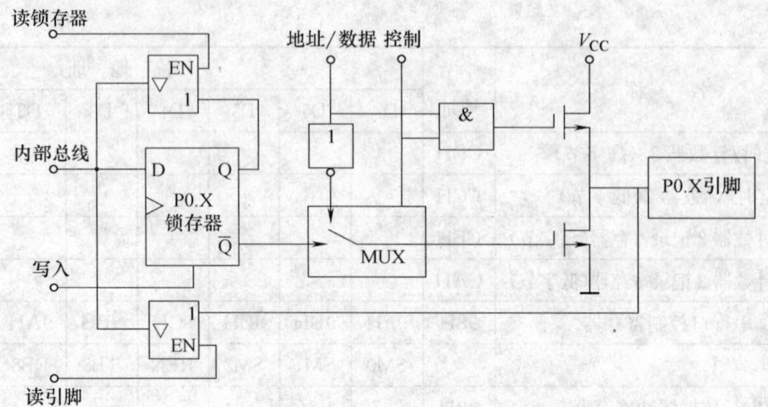

图 2-6 P0 口位的内部电路

执行输出操作时，CPU 首先将写脉冲加到 D 锁存器的 CL 端，这样锁存器将内部总线上的信息取反后由$\overline{Q}$输出，再由输出级 FET 进行取反，最终由引脚输出。但需要注意的是，此时的输出级为漏极开路的形式，如想输出高电平，需要在引脚上外接上拉电阻。

当 P0 口用作输入口时，上侧 FET 处于截止状态，进行输入操作时，“读引脚”指令会打开三态缓冲器，这样输入数据可以经由三态缓冲器进入内部总线。但需要注意，当数据输入时，输入信号在接到三态缓冲器输入端的同时，也接到了下侧 FET 的漏极上。如果锁存器之前锁存过“0”，则此时下侧 FET 就会处于开启状态，这样会使输入的高电平信号被拉为低电平，会造成误读。所以，在进行端口输入操作前，应先向锁存器中写入“1”，这样两个 FET 都会处于截止状态，此时端口处于高阻状态，可以避免误读的发生。

上述的读操作是针对引脚上的信息的读取，称为“读引脚”。另外，MCS-51 单片机对 I/O 口还可以进行“读端口”操作。请注意二者之间的区别，这两种读操作的信号输入是通过两个不同的输入缓冲器实现的，而且两种读操作的结果可能不同。例如，通过端口输出一高电平信息，这时锁存器中的信息应为高电平，而与 I/O 相连的电路可能将 I/O 口处电平拉低为低电平，如果这时分别进行“读引脚”和“读端口”操作，就会得到不同的结果。

2. P1 口

图 2-7 给出了 P1 口中某一位的内部电路。从图中可以看出，它是由锁存器、输入缓冲器、FET 及内部上拉电阻组成的。对比图 2-6，P1 口与 P0 口在内部结构上存在一定区别，P1 口内部缺少 MUX 及相关控制电路，且输出级是由 FET 和上拉电阻组成的。

P1 口仅用作一般 I/O 口，其输出电路仅由内部上拉电阻和 FET 组成，不能实现三态输出，所以 P1 口为准双向口。但由于其输出电路部分通过内部上拉电阻与电源相连，所以在输出时无需外接上拉电阻。不过，当它进行输入操作时，也需要先向锁存器写“1”，否则也会出现误读。

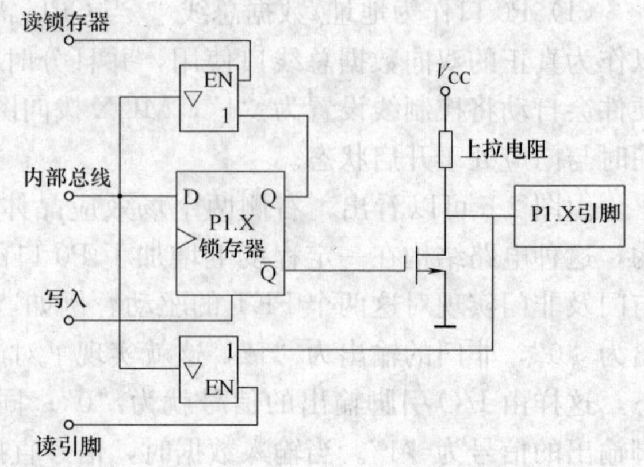

图 2-7 P1 口位的内部电路

3. P2 口

图 2-8 给出了 P2 口中某一位的内部电

路。从图中可以看出，P2 口的输出电路与 P1 口类似，同时它还具有与 P0 口类似的 MUX 及相关控制电路，所以 P2 口除了具有一般 I/O 口的功能外，还可以作为系统高 8 位地址总线使用。当 MUX 的开关接到下方时，P2 口作为一般 I/O 口使用，当 MUX 的开关接到上方时，P2 口作为系统高 8 位地址总线使用。

当 P2 口作为一般 I/O 口使用时，与 P1 的功能相同；当 P2 口作为地址线使用时，它输出高 8 位的地址信息，与 P0 口提供的低 8 位地址信息共同组成 MCS-51 单片机 16 位地址信息。

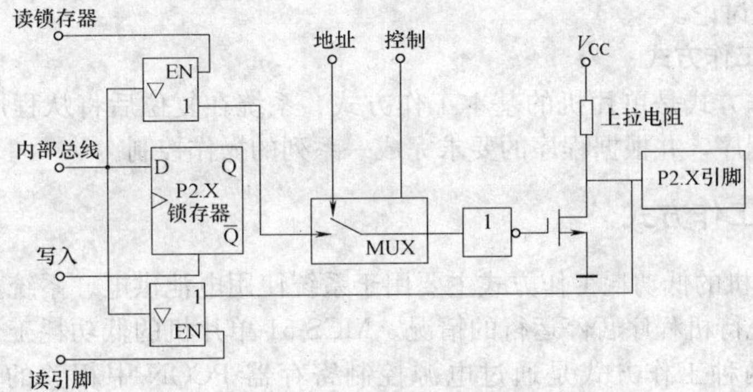

图 2-8　P2 口位的内部电路

4. P3 口

P3 口为多功能端口，除了可作为一般 I/O 口使用，它的各引脚还有第二功能。图 2-9 给出了 P3 口中某一位的内部电路。P3 口在结构上与 P1 的不同主要在于加入了一个与非门和一个缓冲器。通过加入与非门，可以对 P3 口的输出信号的性质进行设定，当“第二功能输出”为“1”时，与非门的输出为锁存器的 Q 端信号，此时 P3 口作为一般 I/O 口进行输出；当通过设置使 Q 端输出为“1”时，与非门的输出即为第二功能输出，此时 P3 口作为第二功能输出口使用。

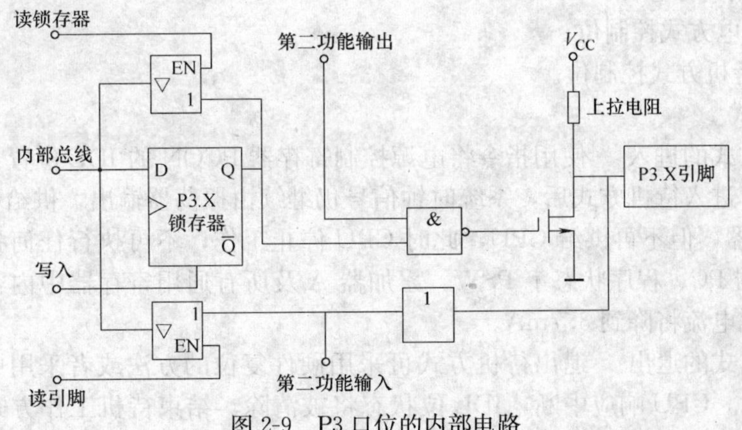

图 2-9　P3 口位的内部电路

当 P3 口作为一般 I/O 口使用时，其功能与 P1 口相同，P3 口的第二功能可参见表 2-1。

2.3　MCS-51 单片机的工作方式

MCS-51 单片机的工作方式主要有三种，即复位工作方式、程序运行工作方式和低功耗工作方式。

2.3.1 复位及程序运行工作方式

1. 复位工作方式

当单片机程序运行过程中出现错误或者由于操作失误等原因造成系统处于死锁状态时，为了使单片机恢复正常运行状态，必须进行复位操作。有关复位的过程及复位后的状态将在2.4节中进行详细讨论。

2. 程序运行工作方式

程序运行工作方式是单片机的基本工作方式，系统在复位后将从程序存储器的0000H地址处开始执行程序，并根据程序的要求完成一系列的操作控制。

2.3.2 低功耗工作方式

MCS-51单片机的低功耗工作方式主要用于系统使用电池供电、系统主供电失效使用备用电池供电及系统待机程序暂停运行的情况。MCS-51单片机的低功耗工作方式有掉电方式和待机方式。这两种工作方式是通过电源控制寄存器PCON中相关的位来实现控制的。PCON各位的定义见表2-8。

表2-8 PCON各位的定义

PCON 87H	D7	D6	D5	D4	D3	D2	D1	D0
	SMOD	—	—	—	GF1	GF2	PD	IDL

表2-8中各位的定义如下

1）SMOD：波特率倍增控制位。

2）GF1：用户标志位。

3）GF2：用户标志位。

4）PD：掉电方式控制位。

5）IDL：待机方式控制位。

1. 待机方式

（1）待机方式的进入　使用指令将电源控制寄存器PCON的IDL位置“1”，单片机即进入待机方式。进入待机方式后，系统时钟信号仍继续由振荡器输出，供给中断系统、串行口和定时/计数器，但不再供给CPU，此时CPU停止工作，不再执行任何指令。堆栈指针SP、程序计数器PC、程序状态字PSW、累加器A及所有通用寄存器中内容保持不变。此时单片机的消耗电流将降到3.7mA。

（2）待机方式的退出　退出待机方式可采用硬件复位的方法或者采用中断的方式。采用中断的方法时，CPU响应中断，IDL位状态将被清除，结束待机工作方式。在中断服务程序执行完成后，通过RETI指令返回，单片机将继续执行进入待机工作方式的那条指令后面的一条指令，这样单片机就恢复到正常的程序运行状态，退出了待机方式。

通过硬件复位的方法也可以使单片机退出待机工作方式。复位后，各特殊功能寄存器及程序计数器都将恢复到初始状态，复位后的具体状态请参照2.4节中的内容。

2. 掉电方式

（1）掉电方式的进入　通过指令将电源控制寄存器PCON中PD位置为“1”，单片机就进入掉电方式。此时单片机内部只有内部 RAM 中的内容被保存，消耗电流降至 50μA。

（2）掉电方式的退出　掉电方式的唯一退出方式是硬件复位。复位后所有特殊功能寄存器 SFR 的内容都将恢复到初始值，但片内 RAM 中的内容不变。

2.4　MCS-51 单片机的时钟电路与复位电路

2.4.1　时钟电路

MCS-51 单片机中各组成部分的运行以时钟信号为基准，按节拍一拍一拍地进行。时钟电路的作用在于产生系统工作所需要的基准时钟信号，并确保其所产生的时钟信号的稳定性和准确性。MCS-51 单片机的时钟电路主要有两种形式，即内部时钟方式和外部时钟方式。

1. 内部时钟方式

MCS-51 单片机内部有一个用于搭建振荡器的高增益反相放大器，其输入端为 XTAL1，输出端为 XTAL2。通过在 XTAL1 和 XTAL2 之间跨接石英晶体振荡器及两个电容器即可构成一个稳定的自激振荡器。接入这两个电容器的目的在于稳定振荡器的振荡频率及对振荡器的频率进行一定程度的微调，通常这两个电容器的取值在 20pF 左右，且最好选用温度稳定性好的电容器。图 2-10 给出了 MCS-51 单片机采用内部时钟方式下的振荡器电路。这种方式下，振荡频率一般为 1.2～12MHz。

2. 外部时钟方式

MCS-51 单片机还可以在外部时钟方式下进行工作，此时 MCS-51 单片机的各部分是在外部时钟信号的协调下进行工作的。这种外部时钟的方式，通常是在需要多块 CPU 同时进行工作时采用，这样可以使各 CPU 协调地同步工作。在这种方式下，外部时钟信号通过 XTAL2 端，输入到内部的时钟发生器上，如图 2-11 所示。加入的脉冲信号一般为低于 12MHz 的方波信号。需要注意的是，XTAL2 的逻辑电平与 TTL 电平不兼容，需要加一个典型值为 4.7～10kΩ 的上拉电阻。

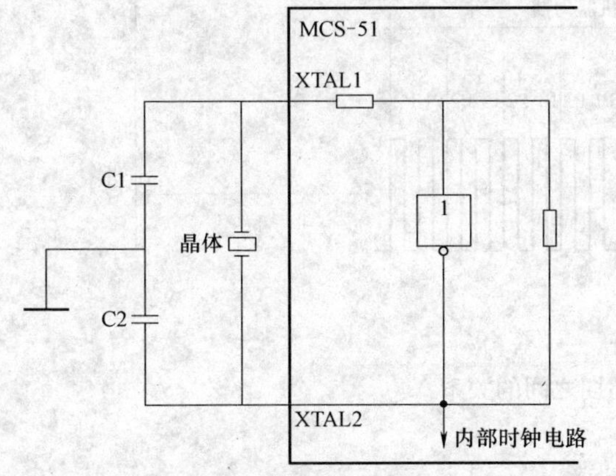

图 2-10　MCS-51 内部时钟方式电路

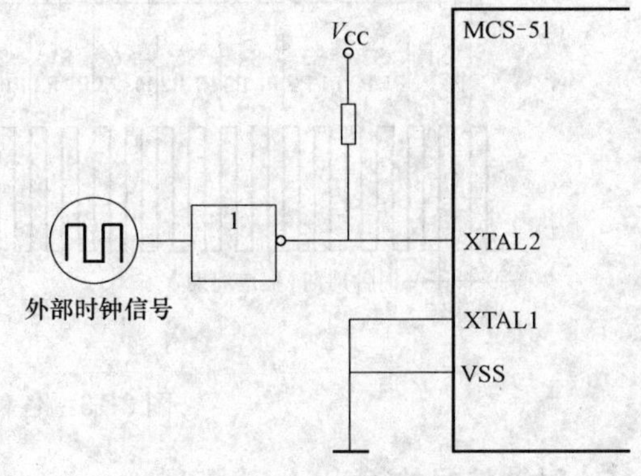

图 2-11　MCS-51 外部时钟方式电路

3. 时钟发生器

MCS-51 单片机的时钟发生器是一个 2 分频的触发器，它可以将振荡器的频率 f_{osc} 除以

2，然后向 CPU 提供两相时钟信号 P1、P2。CPU 将会以 P1、P2 作为基本节拍，来对其各个部件进行协调。其内部结构及信号输出形式如图 2-12 所示。

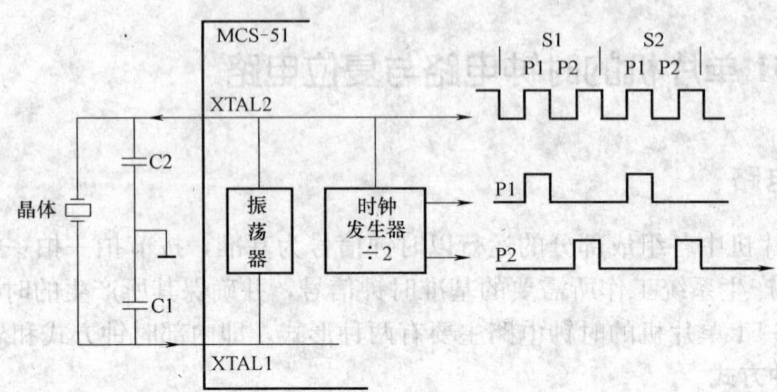

图 2-12 时钟发生器的内部结构及信号输出形式

4. 时钟周期、机器周期及指令周期

(1) 时钟周期（振荡周期） 时钟周期是单片机的基本时间单位。如果晶体的振荡频率为 f_{osc}，则时钟周期 T_{osc} 为 f_{osc} 的倒数。

(2) 机器周期 机器周期是由 12 个时钟周期组成的，它是 CPU 执行一个基本操作所需的时间。

(3) 指令周期 指令周期是 CPU 执行某一条指令所需要的时间，它通常由 1～4 个机器周期组成，具体的时间需要看所执行的指令情况而定。

时钟周期、机器周期和指令周期之间的关系如图 2-13 所示。图中，S 可以称为状态周期，它包含两个时钟周期。

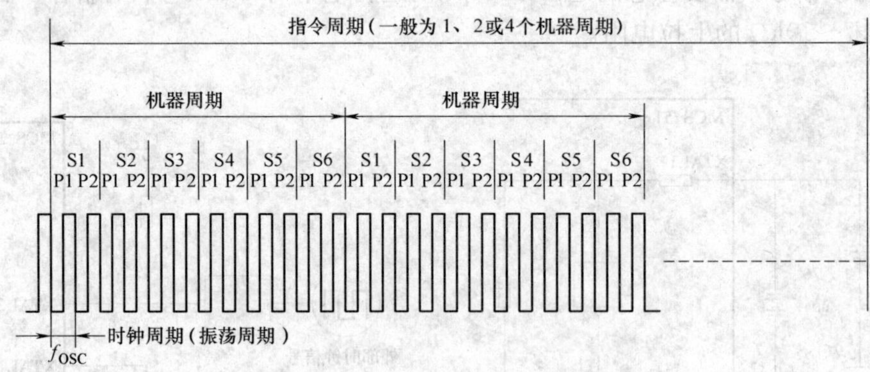

图 2-13 各种周期之间的关系

5. 时钟信号的输出

当 MCS-51 单片机工作于内部时钟方式时，它还可以通过 XTAL1 和 XTAL2 引脚向系统中的其他芯片提供时钟信号。但是，其所输出的时钟信号的驱动能力较差，需进行一定的扩展，常用方式如图 2-14 所示。

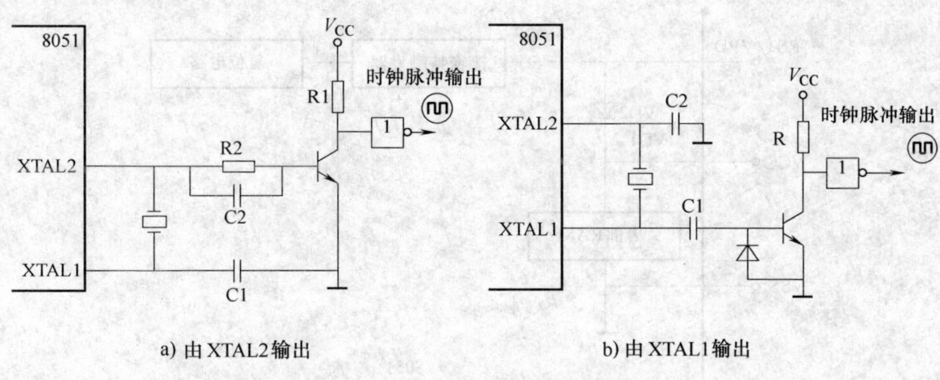

a) 由 XTAL2 输出　　b) 由 XTAL1 输出

图 2-14　时钟信号的输出的常用方式

2.4.2　复位电路

1. 复位操作的功能

复位操作时对 MCS-51 单片机进行初始化，以使其进入初始状态。除了在启动系统时对其进行正常的初始化操作以外，可能会出现系统程序运行错误等所导致的死锁状态，这时候就需要进行复位操作，使 MCS-51 单片机恢复到初始状态。

在 RST/V_{PD}引脚加上两个机器周期以上的高电平信号，就会使 MCS-51 单片机进行复位操作，对它的复位操作，会使片内特殊功能寄存器中的内容也恢复到初始状态，见表 2-9。

表 2-9　MCS-51 单片机复位后特殊功能寄存器状态

SFR	状　态	SFR	状　态
PC	0000H	TMOD	00H
ACC	00H	TCON	00H
B	00H	TH0	00H
PSW	00H	TL0	00H
SP	07H	TH1	00H
DPTR	0000H	TL1	00H
P0～P3	0FFH	SCON	00H
IP	XXX00000B	SBUF	不变
IE	0XX00000B	PCON	0XXXXXXXB

2. 片内复位电路

RST/V_{PD}是 MCS-51 单片机的复位信号输入端，图 2-15 给出了 CPU 内部的复位电路。

3. 复位电路

对 MCS-51 单片机的复位方式主要有上电复位和手动按键复位。

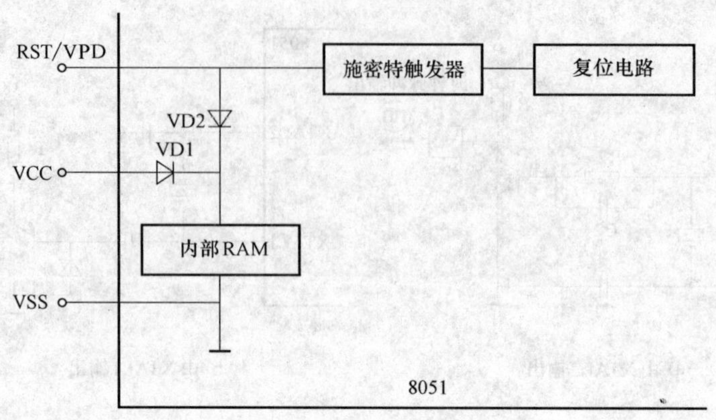

图 2-15 内部复位电路

（1）上电复位 图 2-16 中给出的上电复位电路，是利用在通电的瞬间，电容 C_R 通过电阻 R_R 充电，在 RST/VPD 端会出现正脉冲，进而实现对 CPU 的复位。图中的 C_R 和 R_R 的值应根据 CPU 所使用晶体的频率不同而进行调整。一般情况下，如果晶体频率为 6MHz，可取 22μF、1kΩ；当采用的晶体频率为 12MHz 时，通常选用 10μF、8.2kΩ。

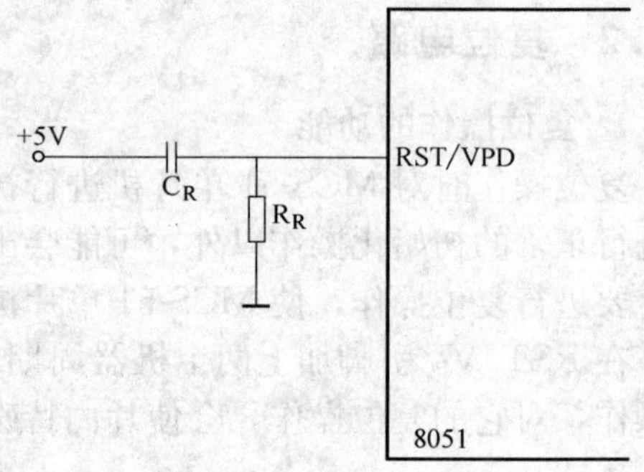

图 2-16 上电复位电路

（2）手动按键复位 手动按键复位电路通常有两种方式，即电平方式和脉冲方式。图2-17给出了常用的手动按键电平复位电路，图 2-18 给出了脉冲方式的复位电路。

在实际中通常会将上电复位方式与手动按键复位方式结合使用。

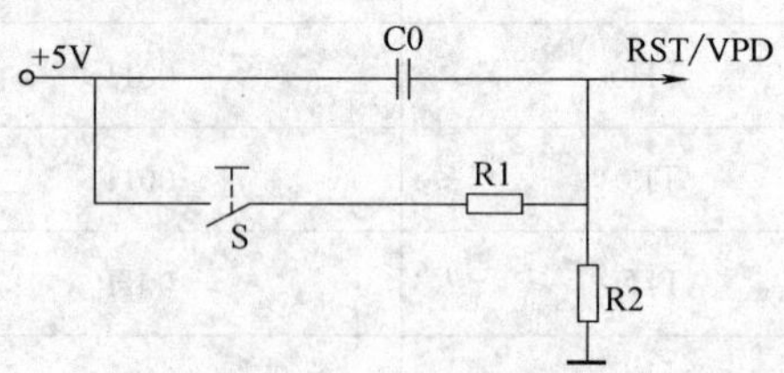

图 2-17 电平复位电路

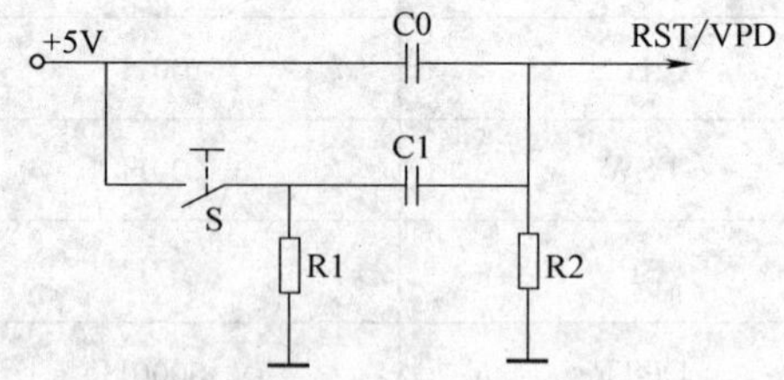

图 2-18 脉冲复位电路

2.5 MCS-51 单片机的工作时序

MCS-51 单片机在执行某一种操作时，会有不同的控制信号的参与，各控制信号会按照一定的顺序执行某种动作，进而实现 CPU 所指定的操作。通过对时序图的阅读可以了解到有哪些控制信号参与到操作中，这些控制信号的动作次序及影响，它们的动作时刻、有效电平和维持的宽度等，并对单片机的工作过程和工作原理有更深入的理解。本节将就 MCS-51

单片机的一些操作的时序进行介绍。

2.5.1　CPU 取指、执行指令的时序

MCS-51 单片机执行指令的过程可以分为取指和执行指令两个阶段。在取指阶段，CPU 按照 PC 中的地址，从程序存储器中将要执行的指令的操作码及操作数取出；在执行指令阶段，CPU 将会对所取指令进行译码，完成指令所规定的操作。

MCS-51 单片机的指令，可按照指令的长度分为单字节指令、双字节指令和三字节指令。由于指令的长度及相关操作不同，每条指令的执行时间也不同，按照指令的执行时间，一般可将单片机的指令分为单机器周期指令和双机器周期指令，只有乘、除指令需要占用四个机器周期。图 2-19 中给出了几个典型指令的时序。由图可知，ALE 的有效信号是用于地址锁存的，每出现一次有效信号，单片机执行一次取指操作。ALE 信号频率为时钟频率的 1/6，每个机器周期内出现两次有效信号，第一次出现在 S1P2 与 S2P1 之间，第二次出现在 S4P2 和 S5P1 之间。

1）单字节单周期指令（INC A）：对于单字节指令，CPU 只需要进行一次取指操作。当出现第二个 ALE 有效信号时，PC 值不变，读出的指令仍是原指令，操作无效。如图 2-19 中所示，在 S2 处读出指令，S4 处为无效操作。

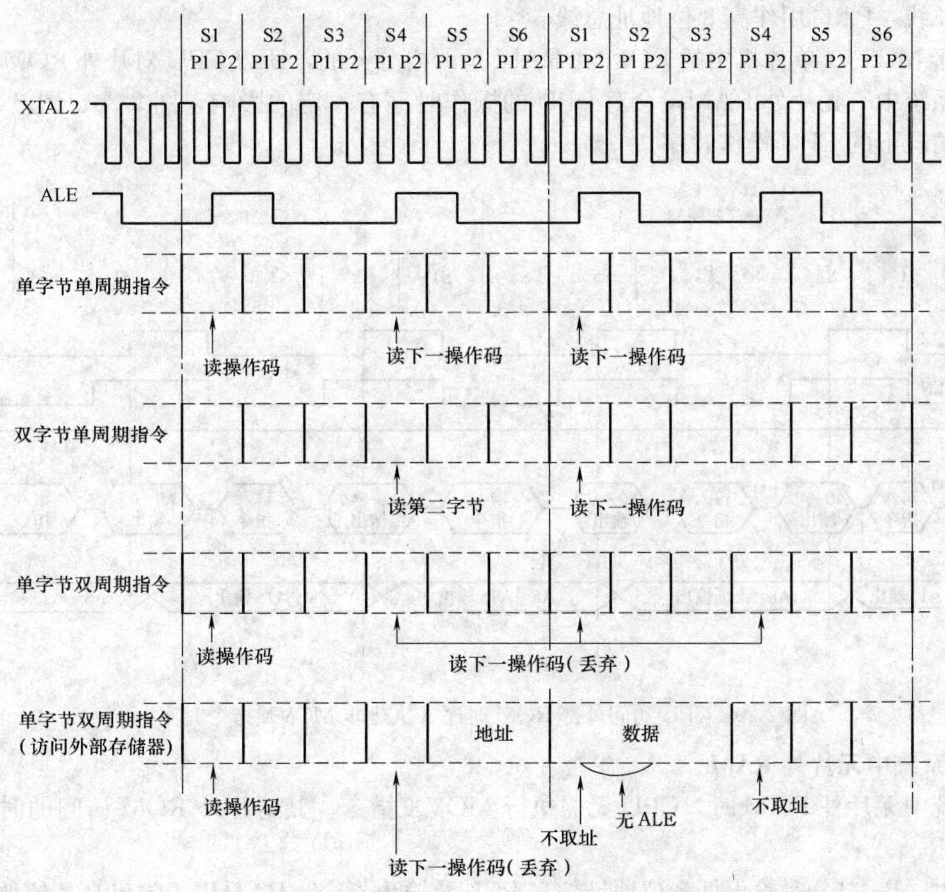

图 2-19　MCS-51 单片机取指、执行指令的时序

2）双字节单周期指令（ADD A，＃data）：在一个机器周期内，伴随 ALE 有效信号的出现，进行两次读操作，第一次读出指令码，第二次读出指令的第二字节，两次操作都有效。

3）单字节双周期指令（INC DPTR）：指令执行过程会持续两个机器周期，这样就会产生四个 ALE 有效信号，但由于指令为单字节指令，所以后三次读操作都为无效操作。

4）单字节双周期指令（MOVX 类）：此类指令执行的是对片外数据存储器的访问，指令执行过程中会先从程序存储器中取指令，然后再对片外数据存储器进行读/写操作。它在第一个机器周期内进行指令的读取，由于其长度为一个字节，所以在这个机器周期内只在 ALE 第一个有效电平出现时进行读操作码的操作，而在第二个 ALE 有效电平出现后进行的操作是无效的；在第二个机器周期内，它进行的是对片外数据存储器的读/写，而这样的读写操作与 ALE 信号无关，所以在第二个机器周期内不会进行取指操作。

2.5.2 CPU 访问外部 ROM 的时序

在 CPU 对外部程序存储器进行访问时，会用到一些控制信号。ALE 用于对低 8 位地址信息进行锁存；$\overline{EA}/V_{PP}$接低电平，以使 CPU 可以对外部 ROM 进行访问；$\overline{PSEN}$接到外部程序存储器的写选通信号，如果外部 ROM 为 EPROM，则接到$\overline{OE}$端；P0 口分时用作低 8 位地址总线，P2 口用作高 8 位地址总线。

由于 MCS-51 单片机中的 ROM 和 RAM 是严格分开的，所以 CPU 对片外 ROM 进行访问时，系统中有无片外 RAM，会对 CPU 的操作时序有一定的影响，图 2-20、图 2-21 给出了两种情况下的 CPU 操作时序。

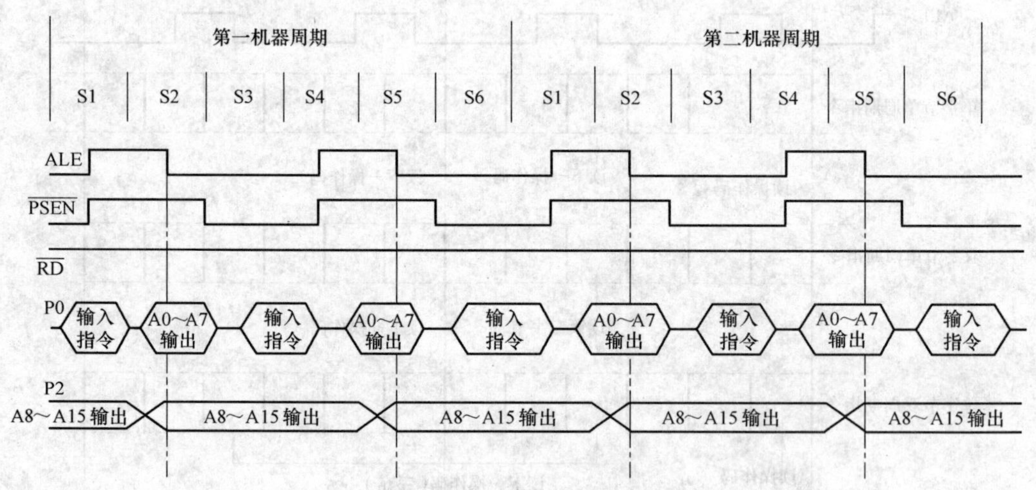

图 2-20 CPU 访问外部 ROM 时序（执行非 MOVX 指令时序）

1. 系统中无片外 RAM

系统中无片外 RAM 时，CPU 无需执行 MOVX 指令，其对片外 ROM 访问的时序如图 2-20 所示。

此时，P0 口分时输出低 8 位地址信息 PCL 及输入指令。P2 只用于输出高 8 位地址信息 PCH。ALE 用于对 P0 口输出的地址信息 PCL 进行锁存，在每个机器周期内输出两次有效信号，当 ALE 下降沿出现时，对 P0 上的 PCL 进行锁存。$\overline{\text{PSEN}}$在每个机器周期中也出现两个有效电平，用于选通片外 ROM，这样 CPU 可以完成指令的读取操作。

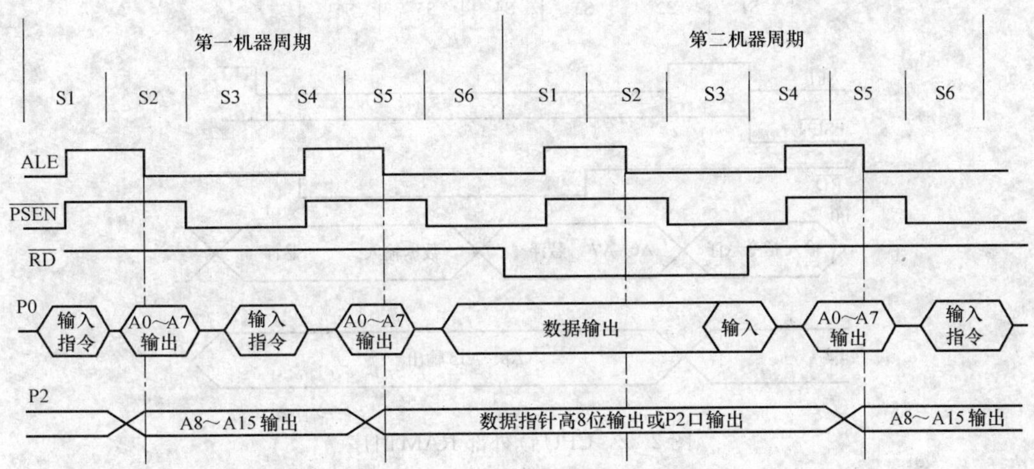

图 2-21 CPU 访问外部 ROM 时序（执行 MOVX 指令时序）

2. 系统中有片外 RAM

CPU 在对片外 RAM 进行操作时，程序存储器的操作时序会有所变化。这主要是由于执行 MOVX 指令时，16 位的地址信息是指向片外 RAM 的，这时的时序如图 2-21 所示。

在读取指令之前，地址总线上的地址信息是指向程序存储器的，而在输入指令被判定为 MOVX 指令之后，P0 口和 P2 口上出现的信息指向数据存储器。即在第一个机器周期内，第一个 ALE 有效电平出现时，P0 口上被锁存的信息是低 8 位地址信息 PCL，P2 口上出现的信息是高 8 位地址信息 PCH。而第二个 ALE 有效电平出现时，P0 口上被锁存的信息是数据存储器的地址。当执行的指令为 MOVX A，@DPTR 或 MOVX @DPTR，A 时，P0 口上被锁存的地址就是 DPL（数据指针的低 8 位），P2 口上出现的信息是 DPH（数据指针的高 8 位）；当执行的指令是 MOVX A，@Ri 或 MOVX @Ri，A 时，Ri 中的内容为低 8 位地址，P2 口上为 P2 口锁存器中的内容。

在同一个机器周期内，不会再出现$\overline{\text{PSEN}}$的有效取值信号，而且在下一个机器周期内也不会有 ALE 的有效电平出现，只有当$\overline{\text{WR}}$/$\overline{\text{RD}}$有效信号出现时，P0 口才会对数据存储器中的数据进行读/写操作。

从图 2-21 中可以看出，ALE 做定时脉冲输出时，每执行一次 MOVX 指令会丢失一个脉冲。地址总线只有在执行 MOVX 指令的第二个机器周期内才由数据存储器使用。

2.5.3 CPU 访问外部 RAM 的时序

CPU 对外部 RAM 的读/写操作的基本过程的时序是相同的，在操作中会用到 ALE、$\overline{\text{WE}}$或$\overline{\text{RD}}$控制信号。图 2-22、图 2-23 给出了 CPU 的读/写操作时序。

1. 片外 RAM 读操作时序

CPU 的$\overline{\text{WR}}$引脚与外部 RAM 的$\overline{\text{WE}}$连接，$\overline{\text{RD}}$引脚与 RAM 的$\overline{\text{OE}}$连接，ALE 用于对低 8 位地址进行锁存以实现对外部 RAM 的数据读取。

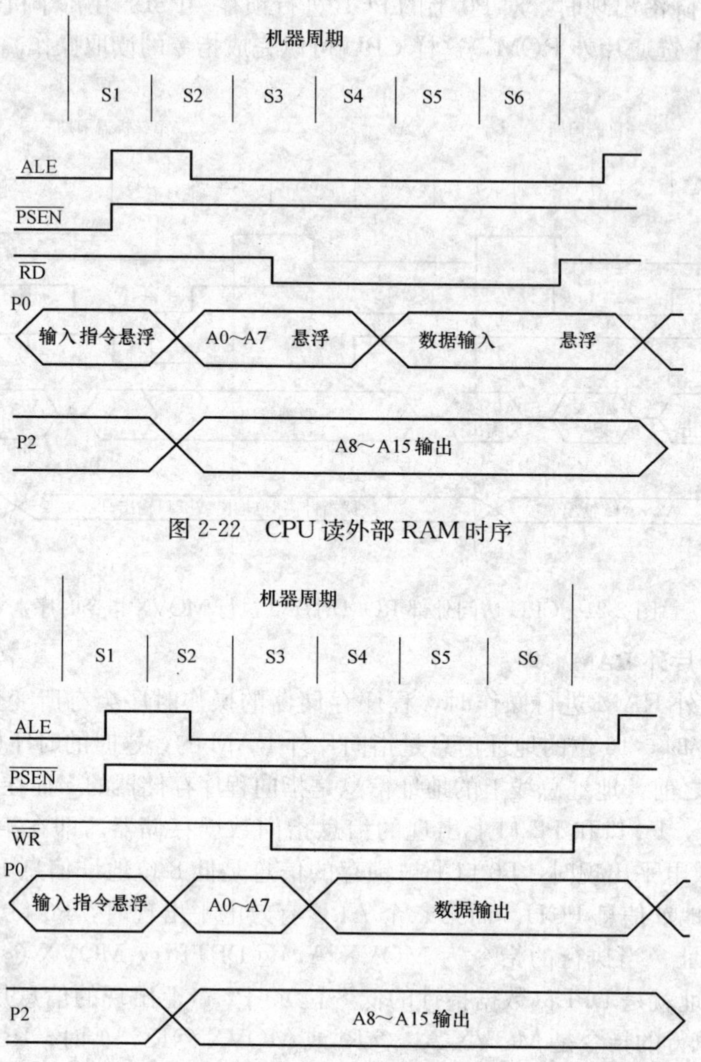

图 2-22 CPU 读外部 RAM 时序

图 2-23 CPU 写外部 RAM 时序

CPU 对片外 RAM 的读操作时序如图 2-22 所示。在第一个机器周期的 S1 状态，ALE 由低变高，开始读 RAM 周期。S2 状态时，P0 口上出现低 8 位地址，P2 口上出现高 8 位地址（若执行 MOVX A，@Ri 指令则不送）。ALE 下降沿将 P0 口中低 8 位地址信息锁存进外部锁存器中，高 8 位地址信息将一直锁存在 P2 口锁存器中。S3 状态时，P0 口进入高阻状态。S4 状态时，$\overline{\mathrm{RD}}$变为有效（执行 MOVX A，@DPTR 指令后），它的有效使得被寻址的外部 RAM 随后将数据送入 P0 口中，$\overline{\mathrm{RD}}$变回高电平后 P0 口变为悬浮状态，读周期结束。

2. 片外 RAM 写操作时序

写片外 RAM 是 CPU 执行 MOVX @DPTR，A 指令后产生的动作。指令执行后，会在 CPU 的$\overline{\mathrm{WR}}$引脚上产生有效的$\overline{\mathrm{WR}}$电平，这样外部 RAM 的$\overline{\mathrm{WE}}$引脚上就被加上了有效电平，外部 RAM 被选通。

CPU 写片外 RAM 的时序如图 2-23 所示。从时序图中可以看出，整个过程的开始阶段与读操作相同，不同在于写操作过程中是 CPU 主动将数据送到 P0 口，所以从时序上看 CPU 先向 P0 口送完低 8 位地址后，在 S3 状态时就将数据送到 P0 口上。在这一过程中，P0 总线上不出现高阻状态。在 S4 状态时$\overline{WR}$写控制信号有效，对外部 RAM 选通，随后 P0 中的数据写入 RAM。

习　题

2-1　MCS-51 单片机内部的主要逻辑功能部件有哪些？试简述其功能。

2-2　在 MCS-51 单片机的$\overline{EA}/V_{PP}$引脚上输入高电平和低电平有什么不同？对于 8031 系列单片机，此引脚应如何处理？

2-3　什么叫时钟周期、机器周期和指令周期？时钟周期和振荡周期之间有什么关系？当振荡频率为 12MHz 时，一个机器周期的长度是多少？

2-4　MCS-51 单片机对复位脉冲有什么要求？常见的复位电路结构有哪几种？复位后单片机内部的特殊功能寄存器及指针的状态是什么样的？

2-5　程序状态字 PSW 中各位的含义是什么？

2-6　MCS-51 单片机存储器空间是如何分配的？

2-7　MCS-51 单片机是如何实现对程序存储器和数据存储器的访问的？

2-8　MCS-51 单片机内部 RAM 的低 128 字节是如何划分的？各部分的用途是什么？

2-9　MCS-51 单片机是如何在四个工作寄存器组中选择当前工作寄存器组的？

2-10　MCS-51 单片机的中断源有几个？其所对应的中断程序入口地址是什么？

2-11　MCS-51 的内部 RAM 中，有哪些单元既可以进行字节寻址操作也可以进行位寻址操作？这些单元的字节和位地址分别是什么？具有位寻址操作能力的单元在地址上具有什么特征？

2-12　程序计数器 PC 中的内容所代表的意义是什么？

2-13　为什么 MCS-51 单片机的四个 I/O 口中，只有 P0 口被称为双向 I/O 口，其他三个 I/O 口都叫做准双向口？

2-14　MCS-51 单片机的 P3 口具有哪些第二功能？

2-15　MCS-51 单片机的 P0～P3 口在结构上有何不同，作为通用 I/O 口输入时需要注意什么？

2-16　对 I/O 口的读锁存器和读引脚操作有什么区别？

2-17　简述 PC 和 DPTR 之间功能上的区别。

2-18　MCS-51 单片机堆栈的作用是什么？为什么在程序初始化时要对堆栈指针 SP 重新赋值？

2-19　MCS-51 单片机的掉电工作方式和待机工作方式是如何实现减低单片机的功耗的？这两种低功耗工作方式的进入和退出是如何实现的？

2-20　在 MCS-51 单片机对外部 RAM 和 ROM 进行访问时，都有哪些控制引脚参与？它们起到什么作用？

2-21　如何简易地对 MCS-51 单片机是否正常工作进行判断？

2-22　MCS-51 单片机的时钟信号来源有哪几种？

2-23　试绘制 MCS-51 单片机的最小应用系统的电路原理图。

第 3 章　MCS-51 单片机的指令系统

指令是 CPU 可以识别和接受并且根据人的意图执行某种操作的命令。MCS-51 单片机所能执行的所有指令的集合就是它的指令系统。熟悉并掌握单片机的指令系统是学习单片机的过程中非常重要的环节。本章将对 MCS-51 单片机的指令系统进行介绍。

3.1　指令系统概述

3.1.1　指令

指令是通过"语言"的形式进行表示的，最基本的两种语言工具是机器语言和汇编语言，对应于这两种语言，指令也分为机器语言指令和汇编语言指令。

机器语言指令是以二进制码的形式表示的，它可以由 CPU 直接进行识别并执行。但是，使用机器语言编写的程序有不易阅读、不易记忆、修改难、查错难等缺点。

为了克服使用机器语言进行指令编写时的缺点，人们在机器语言的基础上建立了汇编语言。汇编语言使用助记符、符号、数字和标号等来表示指令和编制程序。汇编语言是面向硬件的，它与机器语言指令是一一对应的，便于学习和理解，记忆和使用方便，同时它还具有存储器空间占用小，执行速度快等优点。但由于它是面向硬件的，所以使用汇编语言编写的指令和程序的通用性较差，移植性不好。

3.1.2　指令格式

指令格式即指令的表示方法。MCS-51 单片机的汇编语言指令通常由操作码助记符和操作数两部分组成，其格式如下：

[操作码] [（目的操作数），（源操作数）]

1）操作码：使用助记符来表示，它规定了指令要实现的操作，通常由 2～5 个字母组成。

2）操作数：分为目的操作数和源操作数两种，二者之间要使用","分隔。在某些指令中，可能无操作数。操作数指出操作的对象，它可以是一个具体的数据，也可以是某个数据所在的地址或表示它的符号。

另外，一条汇编语言语句还有标点和注释部分。其中，标号是该指令的起始地址，它与操作码间用":"分隔开。注释是对指令的说明，可有可无。在它与指令的其他部分之间使用";"隔开。

MCS-51 单片机的指令系统中，根据指令长度的不同，有单字节指令、双字节指令和三字节指令。指令的长度不同，其格式也不同。

（1）单字节指令

单字节指令格式如图 3-1 所示。

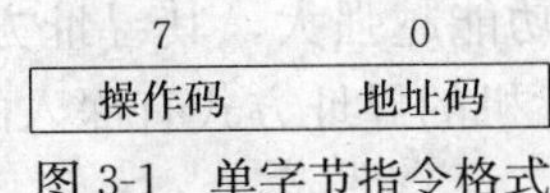

图 3-1　单字节指令格式

单字节指令中，8 位二进制码包含操作码信息和操作数信息。MCS-51 单片机中共有 49 条单字节指令。

(2) 双字节指令

双字节指令格式如图 3-2 所示。

7　　0	7　　0
操作码	数据/地址

图 3-2　双字节指令格式

双字节指令中，第一个字节表示操作码，第二个字节表示操作数或操作数所在地址。MCS-51 单片机中共有 45 条双字节指令。

(3) 三字节指令

三字节指令格式如图 3-3 所示。

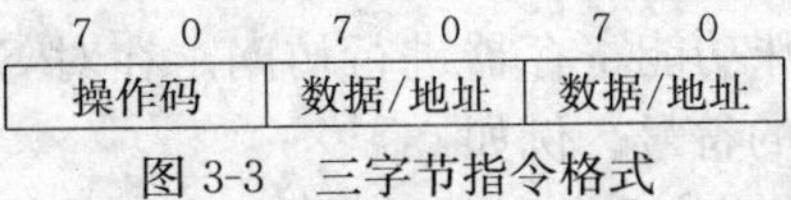

图 3-3　三字节指令格式

三字节指令的第一个字节表示操作码，后两个字节表示操作数或操作数的地址。MCS-51 单片机共有 17 条三字节指令。

3.1.3　指令中常用符号

1) Rn：当前选定寄存器组的工作寄存器 R0～R7。它在片内数据存储器中的位置是由 PSW 中的 RS1 和 RS0 确定的。

2) Ri：当前选定工作寄存器组中可作地址寄存器的两个工作寄存器 R0、R1。

3) ＃data：8 位立即数。

4) ＃data16：16 位立即数。

5) direct：直接地址，8 位片内 RAM 存储单元地址（包括特殊功能寄存器）。

6) rel：8 位地址偏移量，以补码形式给出，地址偏移量范围为－128～＋127。

7) addr11：11 位目的地址，寻址范围为 2K。

8) addr16：16 位目的地址，寻址范围为 64K。

9) @：间址寄存器前缀。

10) bit：片内 RAM 或特殊功能寄存器的直接寻址位地址。

11) →：数据传送方向。

12) /：位操作时，将该位的值取反再进行操作，不影响原位值。

13) (X)：X 中的内容。

14) ((X))：X 所指向的地址单元中的内容。

3.2　指令系统的寻址方式与寻址空间

在指令系统中，寻找指令中的操作数或操作数所在地址，并将操作数提取出来的方法就是寻址方式。一般情况下，CPU 的功能越强大，其寻址方式就越丰富，同时指令系统也就越复杂。所以，必须对 MCS-51 单片机的寻址方式有深入的理解，才能更好地学习和使用单片机。

MCS-51 单片机的寻址方式共七种，寄存器寻址、直接寻址、立即寻址、寄存器间接寻址、变址寻址、相对寻址和位寻址。

3.2.1 寻址方式

1. 寄存器寻址

寄存器寻址方式下，操作数为指令所指定的寄存器中的内容。可以通过指令指定的寄存器包括 4 组工作寄存器组的 32 个工作寄存器及部分特殊功能寄存器（A、B、DPTR 等）。例如：

```
MOV    A,    R2    ；将 R2 中内容传送到累加器 A 中
```

2. 直接寻址

直接寻址方式下，在指令中直接给出操作数所在单元的地址。使用直接寻址方式可以对片内 RAM 的 128 个单元及特殊功能寄存器进行访问。在对 SFR 进行访问时，可以使用它们的地址，也可以使用寄存器的符号。例如：

```
MOV    A,    4CH    ；将片内 RAM 的 4CH 单元中内容传送到 A 中
```

设 4CH 单元中存储的内容为 0FH，这条指令的执行过程如图 3-4 所示。

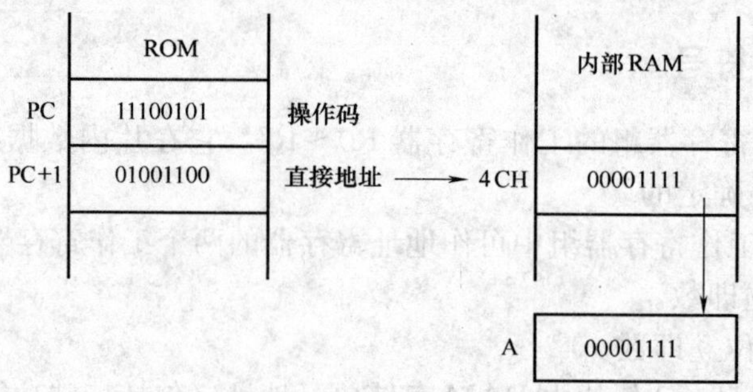

图 3-4 直接寻址

又例如：

```
MOV    A,    P1     ；将 P1 口内容传送到 A 中
MOV    A,    90H    ；90H 为 P1 口地址
```

这两条指令功能相同。

3. 立即寻址

立即寻址方式下，操作数在指令中直接以数字的形式给出。为了与直接寻址区分开，在立即数前应加“#”。例如：

```
MOV    A,    3BH     ；将 3BH 单元中的内容传送到 A 中
MOV    A,    #3BH    ；将 3BH 这个数传送到 A 中
```

4. 寄存器间接寻址

寄存器间接寻址方式下，操作数的地址放在寄存器中，所以对操作数的获取是通过寄存器间接实现的。这就与寄存器寻址不同，寄存器寻址时操作数是直接放在寄存器中保存的。

为了与寄存器寻址相区分，使用寄存器间接寻址方式时，应在寄存器符号前加“@”前缀。使用寄存器间接寻址方式时，可使用 R0、R1 作为间接寻址寄存器访问片内 RAM 低 128 字节单元的内容或者片外 RAM 低 256 字节单元的内容；也可以使用 DPTR 来对片外 RAM 的 64K 空间进行访问。切记，不能使用这种方式对特殊功能寄存器进行访问。例如：

```
MOV     A,      @R0     ；将 R0 中地址所指向的单元中内容传送到 A 中
```

5. 变址寻址

这种寻址方式也被称为基址加变址的间接寻址。在这种方式下，操作数的 16 位地址是以某个寄存器中的内容作为基地址，再加上其他寄存器提供的偏移量获得的。提供基地址的寄存器称为基址寄存器，MCS-51 单片机中没有专用的基址寄存器，通常会使用 DPTR 或 PC 来做基址寄存器；提供偏移量的寄存器被称为变址寄存器，MCS-51 单片机中通常会使用累加器 A 来做变址寄存器。

变址寻址方式下，操作数的地址为 16 位，所以这种方式的寻址能力为 64K。需要注意的是，这种寻址方式只能对程序存储器进行访问，而且只能进行读操作。例如：

```
MOVC    A,      @A + DPTR       ；((A)+(DPTR))→A
```

这条执行过程如图 3-5 所示。又例如：

```
MOVC    A,      @A + PC         ；((A)+(PC))→A
```

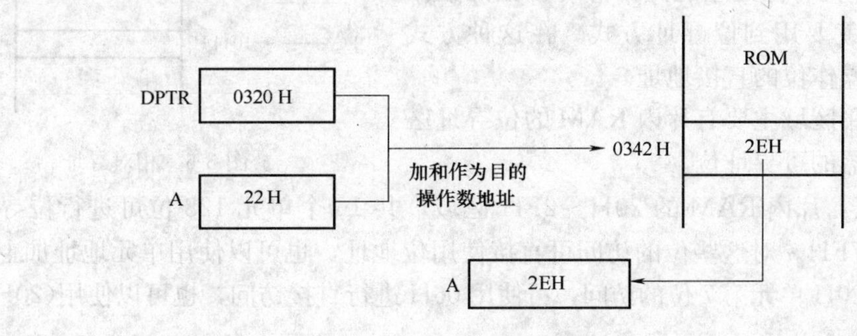

图 3-5 变址寻址

这两条指令都是以 DPTR 或 PC 中的内容为基址，以 A 中内容作为偏移量，二者之和作为操作数的地址，最后将这一目的地址所指向的单元中的内容传送到 A 中。

6. 相对寻址

相对寻址方式主要是用于程序的转移，它只出现在相对转移指令中。指令中的操作数是指令中规定的相对转移偏移量 rel。相对寻址就是将执行完转移指令后的 PC 值与偏移量相加获得目的地址，进而根据这个目的地址来控制程序执行的流向。这里，执行完转移指令后的 PC 值是由转移指令的 PC 值加上转移指令的字节数获得的。MCS-51 单片机的指令系统中有多条转移指令，大部分为两字节指令，另有部分为三字节指令。转移后的目的地址可由下式表示：

$$目的地址 = 转移指令地址(PC 值) + 转移指令字节数 + rel$$

偏移量 rel 是以补码形式给出的 8 位二进制数，它所能表示的范围是－128～＋127。因此，通过相对转移类指令可以使程序向两个方向进行转移，即地址增加方向和地址减小方向。沿地址增加方向，最大可转移（127＋指令字节数）个单元；沿地址减小方向，最大可转移（128－指令字节数）个单元。

在设计程序的过程中，经常需要计算地址偏移量 rel，计算过程中也应考虑相对转移的方向进行计算。

（1）地址增加方向（正向跳转）

Rel＝目的地址－转移指令地址－转移指令字节数

（2）地址减小方向（反向跳转）

Rel＝（目的地址－（转移指令地址＋转移指令字节数））补

下面结合一条相对转移指令，对相对寻址的执行过程进行说明。

图 3-6 所示为指令“JC rel”的执行过程，它执行的操作时，对 CY 进行判断，当 CY＝1 时跳转。这条指令是一个双字节指令，所以指令执行过后 PC 值加 2。指令的第一字节说明了本指令的操作为相对转移操作，第二字节给出了偏移量。由图可知，执行这条指令之前的 PC 值为 1010H，偏移量为 32H，指令长度两字节，所以执行本指令后的目的地址为 1044H。

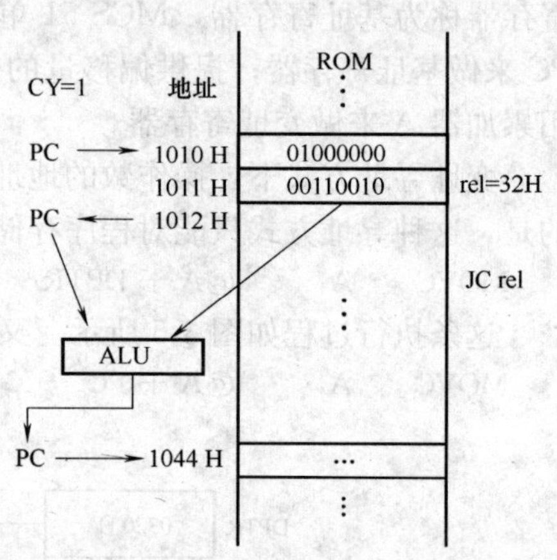

图 3-6　相对寻址

7. 位寻址

MCS-51 单片机有位处理能力，可对单独的数据位进行操作，这就要用到位寻址方式。在这种方式下，操作数为被操作位的直接地址。

位寻址的作用区域主要有片内 RAM 的位寻址区及特殊功能寄存器的可寻址位。

1）位寻址区：片内 RAM 的 20H～2FH 区域，共 16 个单元 128 位可进行位寻址，其位地址为 00H～7FH。对这些位的访问可直接使用位地址，也可以使用单元地址加上位数的方法。例如，对 20H 单元第 7 位的访问，可使用 06H 进行直接访问，也可以使用(20H)．6进行访问。

2）特殊功能寄存器可寻址位：可进行位寻址的特殊功能寄存器共有 11 个，实际可寻址位为 83 个。对于这些位的访问可以直接使用位地址，可以使用该位的符号，可以使用该位所在单元地址加位数，也可以使用特殊功能寄存器符号加位数的方法。例如，对于 PSW 中溢出标志 OV 的寻址，可采用直接位地址 0D2H、该位符号 OV、其所在单元字节地址加位数（0D5H）．2 及特殊功能寄存器符号加位数 PSW. 2 等方法进行访问。

3. 2. 2　寻址空间

前面的章节对 MCS-51 单片机的指令系统的寻址方式进行了介绍，各种寻址方式的执行过程各不相同，下面对各种寻址方式的寻址空间范围做简单归纳，见表 3-1。

表 3-1　寻址方式的寻址空间范围

寻址方式	寻 址 空 间	操 作 变 量
寄存器寻址	工作寄存器及特殊功能寄存器	R0～R7、A、B、C、DPTR
直接寻址	片内 RAM 低 128 字节及特殊功能寄存器	
立即寻址	程序存储器	

（续）

寻址方式	寻 址 空 间	操 作 变 量
寄存器间接寻址	片内 RAM，片外 RAM	@R1、@R0、SP、@R1、@R0、@DPTR
变址寻址	程序存储器	@A+PC、@A+DPTR
相对寻址	程序存储器	PC+rel
位寻址	片内 RAM 可位寻址区 SFR 中可位寻址位	

3.3　指令系统分类介绍

MCS-51 单片机的指令系统共有 111 条指令。按指令所实现功能的不同，可将它们分为以下几类：

1）数据传送类指令（28 条）。

2）算术运算类指令（24 条）。

3）逻辑运算类指令（25 条）。

4）控制转移类指令（17 条）。

5）位及布尔操作类指令（17 条）。

3.3.1　数据传送类指令

MCS-51 单片机的指令系统提供了丰富的数据传送指令，可以实现多种数据传送的操作，它通常也是应用程序编写中使用最频繁的一类指令。

传送指令的助记符为 MOV，指令的功能是将源操作数传送到目的操作数中，操作完成后源操作数保持不变，其通用格式如下：

```
MOV    目的操作数，源操作数
```

1. 以 A 为目的操作数的指令

```
MOV    A，Rn          ；A←（Rn），n=0～7
MOV    A，direct      ；A←（direct）
MOV    A，@Ri         ；A←（（Ri）），n=0、1
MOV    A，#data       ；A←#data
```

上述四条指令的功能是将源操作数的内容送到累加器 A 中，对于源操作数的寻址方式分别为寄存器寻址、直接寻址、寄存器间接寻址和立即寻址。

上述操作只对 PSW 中的奇偶校验位 P 有影响。

2. 以 Rn 为目的操作数的指令

```
MOV    Rn，A          ；Rn←A，n=0～7
MOV    Rn，direct     ；Rn←（direct），n=0～7
MOV    Rn，#data      ；Rn←#data，n=0～7
```

上述指令的功能是将源操作数的内容送到当前工作寄存器组的某个寄存器 Rn 中，对源操作数的寻址方式分别为寄存器寻址、直接寻址和立即寻址。

上述操作只对 PSW 中的奇偶校验位 P 有影响。

3. 以直接地址为目的操作数的指令

```
MOV    direct， A      ；direct←（A）
MOV    direct， Rn     ；direct←（Rn），n=0～7
MOV    direct， direct ；direct←（dirct）
MOV    direct， @Ri    ；direct←（（Ri）），n=0、1
MOV    direct， #data  ；direct←#data
```

上述指令的功能是将源操作数送入由指令中直接地址所指出的片内存储器存储单元，包括片内 RAM 及特殊功能计数器。这里对源操作数的寻址方式分别为寄存器寻址、直接寻址、寄存器间接寻址和立即寻址。

4. 以间接地址为目的操作数的指令

```
MOV   @Ri，  A      ；((Ri))←A，n=0、1
MOV   @Ri，  direct ；((Ri))←(direct)，n=0、1
MOV   @Ri，  #data  ；((Ri))←#data，n=0、1
```

上述指令的功能是将源操作数送入由 Ri 间接寻址的单元中。

5. 堆栈操作指令

MCS-51 单片机的片内 RAM 内存在一个“先进后出”堆栈，栈顶位置由 SP 指出，并可通过对 SP 赋值来改变栈顶的位置。在指令系统中有两条对堆栈的操作指令，分别对应进栈和出栈两种操作。

（1）进栈指令

```
PUSH    direct    ；
```

指令执行后，堆栈指针 SP+1，指向栈顶的一个单元，将直接地址所寻址的单元中的内容压入当前 SP 所指向的单元。

（2）出栈指令

```
POP     direct    ；
```

指令执行后，堆栈指针 SP 所指向的堆栈单元中的内容被送入到直接地址所寻址的单元中，然后 SP−1。

这两条堆栈操作指令都不会对标志位产生任何影响。

6. 累加器 A 与外部 RAM 传送指令

```
MOVX    A，      @DPTR   ；A←((DPTR))
MOVX    A，      @Ri     ；A←((Ri))，n=0、1
MOVX    @Ri，    A       ；((Ri))←A，n=0、1
MOVX    @DPTR，  A       ；((DPTR))←A
```

以上四条指令都采用间接寻址的方式来实现累加器 A 与片外 RAM 或 I/O 之间的数据传送。使用 Ri 做间接寻址时，可对片外 RAM 的 256 个单元进行访问，这时 8 位的地址信息和数据都通过 P0 口进行输出；采用 DPTR 做间接寻址时，可对 64K 外部 RAM 空间进行访问，这时高 8 位地址信息由 P2 输出，P0 口分时输出低 8 位地址信息。

7. 查表指令

```
MOVC    A，    @A+DPTR    ；PC+1→PC；（A+（DPTR））→A
MOVC    A，    @A+PC      ；PC+1→PC；（A+（PC））→A
```

这是 MCS-51 单片机指令系统中唯一能用于读取程序存储器中数据表格的两条指令，两条指令均为单字节指令。这两条指令使用了变址寻址方式，两条指令的执行过程相同，但是二者的基址寄存器不同，所以使用范围有所不同。

前一条指令的基址寄存器为DPTR，A中的内容与DPTR中的内容相加构成一个16位地址，因此这种方式下，可对64K空间范围内进行寻址，这样表格常数就可以设置在64K程序存储器中的任何位置，每次查表前只需将DPTR设置为表格首地址即可。例如，(DPTR)＝8000H，(A)＝30H，执行指令：

```
MOVC    A,    @A+DPTR    ;
```

该指令的运行结果为将8030H单元内容送入A中。

后一条指令的基址寄存器为PC，A中的内容与PC中的内容相加构成一个16位地址。在这种情况下，CPU在读取指令时，PC值执行加1操作，并指向下一条指令的第一个字节，所以基址为PC+1。因此，这种方式下PC值已被确定，所以使用本指令查询的范围只能在以PC值为起始地址的256字节单元内。相比上一条指令，本指令的表格数据的存放范围受限制。例如，(A)＝40H，指令所处地址2000H，执行指令：

```
2000H:  MOV  A,    @A+PC    ;
```

该指令的运行结果为将2041H单元中内容送入A中。

8. 目的地址传送指令

```
MOV     DPTR,    #data16    ; DPTR←#data
```

这是MCS-51系统中唯一的16位数据传送指令，采用立即寻址方式，操作结果为16位立即数的高8位进入DPH，低8位进入DPL，此操作不影响标志位。例如：

```
MOV     DPTR,    #3546H    ;
```

该指令运行结果为35进入DPH，46进入DPL。

9. 交换指令

(1) 字节交换指令

```
XCH    A,    Rn        ; A⇋(Rn)
XCH    A,    direct    ; A⇋(direct)
XCH    A,    @Ri       ; A⇋((Ri))
```

这些指令的功能是将A中的内容与源操作数进行互换，应用了寄存器寻址、直接寻址和寄存器间接寻址方式，操作不影响标志位。

(2) 半字节交换指令

```
XCHD    A,    @Ri    ; A0～3⇋((Ri))0～3
```

指令执行后将A中内容的低4位于Ri中地址所指向的单元内容的低4位互换。例如，(A)＝53H，(Ri)＝58H，(58H)＝6CH，执行指令：

```
XCHD    A,    @Ri    ;
```

运行结果：(A)＝5CH。

3.3.2　算术运算类指令

MCS-51指令系统中，提供了加、减、乘、除、加1、减1及十进制调整等指令。算术运算指令都是面向8位无符号二进制数的，所以多字节、带符号数的运算一般需要编写程序来进行。算术运算的结果将对进位标志位CY、辅助进位标志位AC和溢出标志位OV等产生影响，只有加1和减1才不影响这些标志位。

1. 加法类指令

(1) 加法指令

```
ADD     A,     Rn         ; A←(A)+(Rn)
ADD     A,     direct     ; A←(A)+(direct)
ADD     A,     @Ri        ; A←(A)+((Ri))
ADD     A,     #data      ; A←(A)+ #data
```

上面四条指令对源操作数的寻址方式为寄存器寻址、直接寻址、寄存器间接寻址和立即寻址。指令运行的结果是将源操作数与A中内容相加，并将和返回到A中。这些指令的执行会对标志位AC、CY、OV、P产生影响。

当和的第3位有进位时，AC被置1；当第7位有进位时，CY被置1；当第6、7位中有一位产生进位，而另一位无进位时，OV被置1；同时和中"1"的个数将决定P的状态。

例3-1 设(A)=0C3H，(R0)=0AAH，执行指令：

```
ADD     A,     R0
```

运行结果：(A)=6DH。

标志位状态：CY=1，OV=1，AC=0。

```
      (A)：1100 0011
  + (R0)：1010 1010
  ----------------------
        1 0110 1101
```

(2) 带进位加法指令

```
ADDC    A,     Rn         ; A←(A)+(Rn)+CY
ADDC    A,     direct     ; A←(A)+(direct)+CY
ADDC    A,     @Ri        ; A←(A)+((Ri))+CY
ADDC    A,     #data      ; A←(A)+ #data+CY
```

这四条指令是将源操作数、进位标志位与A中内容相加，并将和返回到A中，其他功能与ADD指令相同。当运行结果的第3位、第7位产生进位或溢出时，分别置位AC、CY和OV标志位。

这组指令通常用于多字节加法操作中。

例3-2 设(A)=0C3H，(R0)=0AAH，(CY)=1，执行指令：

```
ADDC    A,     R0
```

运行结果：(A)=6EH。

标志位状态：CY=1，OV=1，AC=0。

```
      (A)：1100 0011
  + (CY)：0000 0001
  ----------------------
        1 1100 0100
  + (R0)：1010 1010
  ----------------------
          0110 1110
```

(3) 加1指令

```
INC     A          ; A←(A)+1
INC     Rn         ; (Rn)←(Rn)+1
INC     direct     ; (direct)←(direct)+1
```

```
INC     @Ri      ；((Ri))←((Ri))+1
INC     DPTR     ；DPTR←(DPTR)+1
```

这组指令的功能是将指定的内容加1，结果仍返回原单元中。指令执行后不会对标志位有任何影响。

需要注意，当使用加1指令对I/O口中内容加1时，用作输出口的原始值将从输出口的数据锁存器中读入，而不是从输出口的引脚中读入。

2. 减法类指令

（1）带借位减法

```
SUBB   A,   Rn       ；A←(A)-(CY)-(Rn)
SUBB   A,   direct   ；A←(A)-(CY)-(direct)
SUBB   A,   @Ri      ；A←(A)-(CY)-((Ri))
SUBB   A,   #data    ；A←(A)-(CY)-#data
```

带借位减法指令，将累积器A中内容减去进位标志位和指定变量的值，再将结果返回到A中。指令的运行会对标志位产生影响，如果第7位产生借位，则CY置为1；如果第3位产生借位，则置AC为1；如果第6位、第7位中只有一位产生借位，而另一位不产生借位，置溢出标志位OV为1。带借位减法指令对源操作数使用寄存器寻址、直接寻址、寄存器间接寻址和立即寻址等寻址方式。

例3-3 设（A）=0C9H，（R2）=54H，（CY）=1，执行指令：

```
SUBB   A，R2
```

运行结果：（A）=74H。

标志位状态：CY=0，OV=1，AC=0。

```
      (A)：1100 1001
  - (CY)：0000 0001
  ------------------
          1100 1000
  - (R2)：0101 0100
  ------------------
          0111 0100
```

（2）减1指令

```
DEC    A        ；A←(A)-1
DEC    Rn       ；(Rn)←(Rn)-1
DEC    direct   ；(direct)←(direct)-1
DEC    @Ri      ；((Ri))←((Ri))-1
```

减1指令是将指定单元的内容减1，并将结果返回到原单元的操作。指令执行后不会对标志位有任何影响。

需要注意，当使用减1指令对I/O口中内容减1时，用作输出口的原始值将从输出口的数据锁存器中读出减1，再送回锁存器中，而不是从输出口的引脚中读入内容进行减1。

3. 乘法指令

```
MUL     AB      ；BA←(A)×(B)
```

乘法指令是将A、B中的8位无符号整数相乘，得到的16位乘积的高8位存于B中，低8位存于A中。如果乘积结果大于0FFH，则置OV为1；CY始终置0。

例 3-4 设（A）＝50H，（B）＝0A0H，执行指令：

```
MUL     AB
```

运行结果：（A）＝00H，（B）＝32H。

标志位状态：CY＝0，OV＝1。

4. 除法指令

```
DIV     AB      ；(A) 商、(B) 余数← (A) / (B)
```

除法指令是将 A 中 8 位无符号整数除以 B 中 8 位无符号整数，并将商返回到 A 中，将余数返回到 B 中。OV 及 CY 都被置 0；当 B 中内容为 00H 时，运算结果为不确定的值，这时置 OV 为 1，CY 仍然被清零。

例 3-5 设（A）＝0FBH，（B）＝12H，执行指令：

```
DIV     AB
```

运行结果：（A）＝0DH，（B）＝11H。

标志位状态：CY＝0，OV＝0。

5. 十进制调整指令

```
DA      A
```

此指令的功能为对 A 中 BCD 码加法的结果进行调整，在两个压缩型 BCD 码按二进制的方式相加后，必须通过此指令进行调整才能得到正确的压缩 BCD 码和。

这条指令通常跟在 ADD、ADDC 指令之后，而且只能用在压缩 BCD 相加结果的调整。本指令的调整过程如下：

1）当 A 中低 4 位的值大于 9 或者第 3 位向第 4 位进位（AC＝1）时，则需要对 A 的低 4 位进行加 6 调整，这样才能得到正确的 BCD 码值。如果调整后，低 4 位向前进位，而且高 4 位均为 1，则置 CY 为 1。

若（A0～3）＞9 或（AC）＝1，则（A0～3）←（A0～3）＋06H。

2）当 A 中高 4 位的值大于 9 或者 CY＝1，则高 4 位需要进行加 6 调整，以得到正确的 BCD 码值。如果调整后出现最高位进位，置 CY＝1；反之 CY 清零。此时 CY 的置位表示和的 BCD 值大于等于 100。这对多字节的十进制加法有用，不对 OV 产生影响。

若（A4～7）＞9 或（CY）＝1，则（A4～7）←（A4～7）＋60H。

需要注意，本指令不能简单地将 A 中 16 进制数转换成 BCD 码，也不能用于十进制减法的校正。

例 3-6 设（A）＝01010110B（56 的 BCD 码），（R3）＝01100111B（67 的 BCD 码），（CY）＝1，执行指令：

```
ADDC    A,      R3      ;
DA      A               ;
```

运行结果：

```
          (A)：0101 0110 BCD： 56
         (R3)：0110 0111 BCD： 67
      + (CY)：0000 0001 BCD： 01
      ----------------------------
            和=1011 1110
          校正=0110 0110
  ---------------------------------
          1 0010 0100 BCD：124
```

3.3.3　逻辑运算类指令

MCS-51 单片机可以对位和字节操作数进行基本的逻辑运算，主要包括与、或、异或、清零、取反及移位等操作。这一类指令除了对奇偶标志位 P 有影响外，对其他标志位无影响。

1. 单操作数逻辑运算指令

（1）累加器 A 清零指令

CLR　　A　　；A←0

本指令执行后，将 A 中内容清零，不影响标志位。

例 3-7　设（A）＝0A3H＝10100011B，执行指令：

CLR　　A　　；

运行结果：（A）＝00H。

（2）累加器 A 取反指令

CPL　　A　　；$A \leftarrow \overline{(A)}$

本指令执行后，将 A 中内容逐位取反，不影响标志位。

例 3-8　设（A）＝0ABH＝10101011B，执行指令：

CPL　　A　　；

运行结果：（A）＝54H＝01010100B。

（3）累加器 A 循环左移指令

RL　　A　　；

本指令执行后，A 中内容循环左移 1 位，即最高位移向最低位，其他位依次左移 1 位，此操作不影响标志位。

例 3-9　设（A）＝0C4H＝11000100B，执行指令：

RL　　A　　；

运行结果：（A）＝89H＝10001001B。

（4）带进位位的累加器 A 循环左移指令

RLC　　A　　；

本指令执行后，A 中内容连带进位标志位循环左移 1 位，即最高位移向标志位，标志位移向最低位，其他位依次左移 1 位，此操作只对进位标志位产生影响。

例 3-10　设（A）＝44H＝01000100B，（CY）＝1，执行指令：

RLC　　A　　；

运行结果：（A）＝89H＝10001001B，（CY）＝0。

（5）累加器 A 循环右移指令

RR　　A　　；

本指令执行后，A 中内容循环右移 1 位，即最低位移向最高位，其他位依次右移 1 位，此操作不影响标志位。

例 3-11　设（A）＝0C4H＝11000100B，执行指令：

RR　　A　　；

运行结果：（A）＝62H＝01100010B。

(6) 带进位位的累加器 A 循环右移指令

```
RRC        A        ;
```

本指令执行后，A 中内容连带进位标志位循环右移 1 位，即最低位移向标志位，标志位移向最高位，其他位依次右移 1 位，此操作只对进位标志位产生影响。

例 3-12 设（A）=44H=01000100B，（CY）=1，执行指令：

```
RRC        A        ;
```

运行结果：（A）=89H=10100010B，（CY）=0。

(7) 累加器 A 半字节交换指令

```
SWAP       A        ；(A0～3) ⇋ (A4～7)
```

本指令执行后，A 中内容的高 4 位与低 4 位互换，本操作不影响标志位。

例 3-13 设（A）=FBH，执行指令：

```
SWAP       A;
```

运行结果：（A）=BFH。

2. 双操作数逻辑运算指令

(1) 逻辑“与”指令

```
ANL        A，Rn            ；A←(A)∧(Rn)
ANL        A，direct        ；A←(A)∧(direct)
ANL        A，@Ri           ；A←(A)∧((Ri))
ANL        A，#data         ；A←(A)∧ #data
ANL        direct，A        ；(direct)←(direct)∧(A)
ANL        direct，#data    ；(direct)←(direct)∧ #data
```

上面六条“与”操作指令中，前四条是以累加器 A 中内容为目的操作数，对源操作数采用寄存器寻址、直接寻址、寄存器间接寻址和立即寻址的方式，源操作数与 A 中的内容相“与”，结果返回到 A 中，此操作不影响标志位。后两条指令，是以直接地址单元中内容为目的操作数，对源操作数采用寄存器寻址和立即寻址的方式，源操作数与目的操作数相“与”后，结果返回到直接地址单元中，此操作对标志位也没有影响。

需要注意，如果源操作数和目的操作数中有 I/O 口输出的内容时，读出的值是该口锁存器中的内容，而不是引脚上的内容。

“与”指令经常被用来对某些位进行屏蔽（清零）。实现的方法非常简单，只需将需要屏蔽的位与“0”相与即可。例如执行指令：

```
ANL        P2，#00110101B
```

运行结果：P2 口锁存器的第 1、3、6、7 位的内容被清零，其他位保持原值，即实现了对特定位的屏蔽。

(2) 逻辑“或”指令

```
ORL        A，Rn            ；A←(A)∨(Rn)
ORL        A，direct        ；A←(A)∨(direct)
ORL        A，@Ri           ；A←(A)∨((Ri))
ORL        A，#data         ；A←(A)∨ #data
ORL        direct，A        ；(direct)←(direct)∨(A)
```

ORL　　direct，#data　；(direct)←(direct)∨ #data

上面六条“或”操作指令中，前四条是以累加器A中内容为目的操作数，对源操作数采用寄存器寻址、直接寻址、寄存器间接寻址和立即寻址的方式，源操作数与A中的内容相“或”，结果返回到A中，此操作不影响标志位。后两条指令，是以直接地址单元中内容为目的操作数，对源操作数采用寄存器寻址和立即寻址的方式，源操作数与目的操作数相“或”后，结果返回到直接地址单元中，此操作对标志位也没有影响。

需要注意，如果源操作数和目的操作数中有I/O口输出的内容时，读出的值是该口锁存器中的内容，而不是引脚上的内容。

“或”指令经常被用来对某些位进行置位。实现的方法非常简单，只需将需要置位的位与“1”相或即可。例如执行指令：

ORL　P2，#00110101B

运行结果：P2口锁存器的第1、3、6、7位的内容被置1，其他位保持原值，即实现了对特定位的置位。

(3) 逻辑“异或”指令

```
XRL    A，Rn          ；A←(A)⊕(Rn)
XRL    A，direct      ；A←(A)⊕(direct)
XRL    A，@Ri         ；A←(A)⊕((Ri))
XRL    A，#data       ；A←(A)⊕ #data
XRL    direct，A      ；(direct)←(direct)⊕(A)
XRL    direct，#data  ；(direct)←(direct)⊕ #data
```

上面六条“异或”操作指令中，前四条是以累加器A中内容为目的操作数，对源操作数采用寄存器寻址、直接寻址、寄存器间接寻址和立即寻址的方式，源操作数与A中的内容相“异或”，结果返回到A中，此操作不影响标志位。后两条指令，是以直接地址单元中内容为目的操作数，对源操作数采用寄存器寻址和立即寻址的方式，源操作数与目的操作数相“异或”后，结果返回到直接地址单元中，此类操作对标志位也没有影响。

需要注意，如果源操作数和目的操作数中有I/O口输出的内容时，读出的值是该口锁存器中的内容，而不是引脚上的内容。

“异或”指令经常被用来对某些位进行取反。实现的方法非常简单，只需将需要取反的位与“1”相异或即可。例如执行指令：

XRL　　P2，#00110101B

运行结果：P2口锁存器的第1、3、6、7位的内容被取反，其他位保持原值，即实现了对特定位的取反。

3.3.4 控制转移类指令

控制转移类指令是用来控制程序运行的顺序的，这一类指令可以提高单片机的灵活性，使它能更好地处理复杂控制的要求。MCS-51单片机的指令系统中，提供了丰富的控制转移类指令，主要有无条件转移指令、条件转移指令、调用与返回指令等。

1. 无条件转移指令

这一类指令执行时，程序将会无条件地转移到指令所提供的地址处继续执行。无条件转移指令主要有绝对转移指令、长转移指令、相对转移指令和间接转移指令。

(1) 绝对转移指令

AJMP　addr11　；(PC)←(PC)＋2，(PC0～10)←addr0～10，(PC11～15)不变

绝对转移指令中提供了11位地址，它将替代PC值中的低11位，与PC值原有的高5位组成一个16位的新地址。指令执行后，程序将转移到这个新地址处继续执行。由于指令只提供了11位地址，高5位仍为原PC值的高5位，所以转移后的目标地址必须设定在AJMP指令后面第一个指令的2KB范围内。指令执行过程如图3-7所示。

例 3-14　设标号“JAddr”表示的地址为0234H。在(PC)＝0245H处执行如下指令：

AJMP　JAddr　；

运行结果：程序将转移到0234H处继续执行。

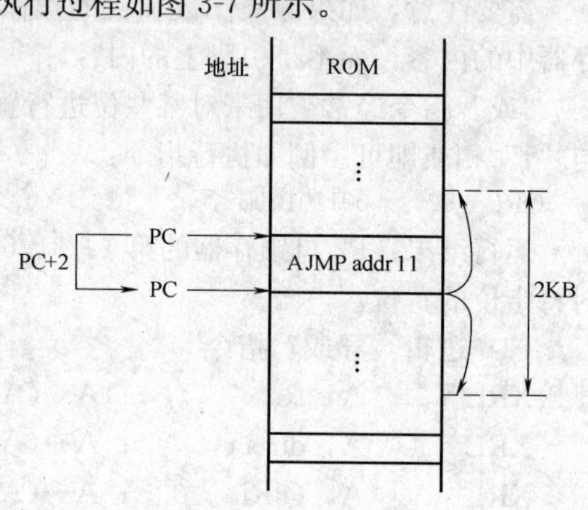

图 3-7　AJMP指令执行过程

(2) 长转移指令

LJMP　addr16　；(PC)←addr0～15

长转移指令中提供了一个16位地址，它将装入PC中，程序将按照这个地址进行转移。由于在指令中直接提供了一个16位的地址，所以程序可以转移至64KB空间中任何单元。图3-8对指令的执行过程进行了说明。

例 3-15　设标号“JAddr”表示的地址为3234H。在(PC)＝1324H处执行如下指令：

LJMP　JAddr　；

运行结果：程序转移到3234H处继续执行。

(3) 相对转移指令

SJMP　rel　；(PC)←(PC)＋2，(PC)←(PC)＋rel

指令中的rel提供了转移的偏移量，它是一个带符号数，范围是－128～＋127。执行指令时，PC值先加2(此指令为双字节指令，所以加2)，然后与rel相加，这样就得到了转移的目标地址。当rel值为负时，表示转移方向为反向，反之为正向。指令的执行过程如图3-9所示。

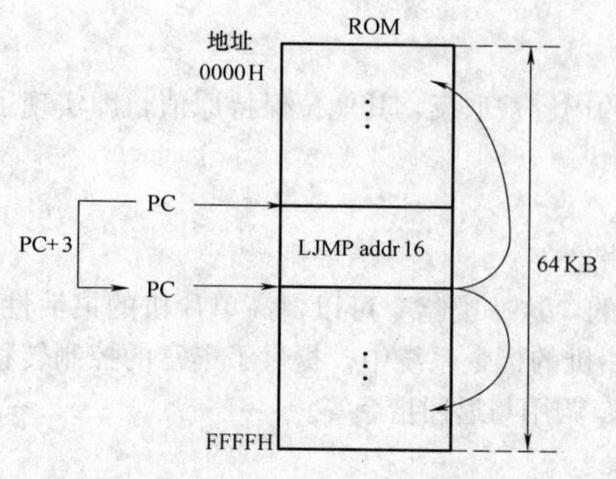

图 3-8　LJMP指令执行过程

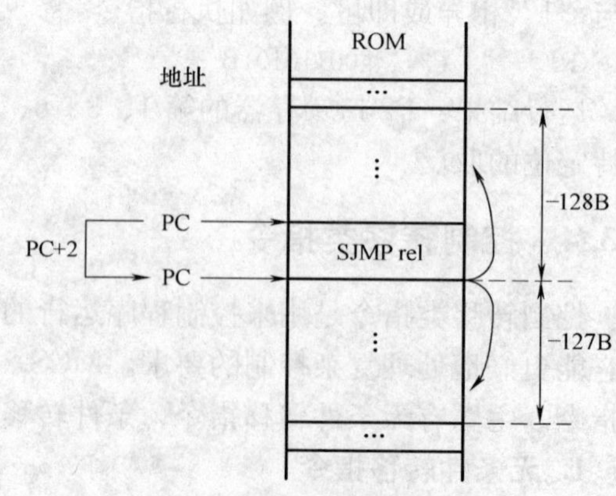

图 3-9　SJMP指令执行过程

例 3-16　(PC) =0200H，rel=33H，执行指令：

```
SJMP    rel    ;
```

运行结果：程序转向 0235H 处继续执行。

例 3-17　(PC) =0100H，rel=F6H，执行指令：

```
SJMP    rel    ;
```

运行结果：程序转向 00F8H 处继续执行。

(4) 间接转移指令

```
JMP     @A+DPTR     ; (PC)←(A)+(DPTR)
```

这条转移指令的目标地址是由累加器 A 中的 8 位无符号数与数据指针相加得到的。指令的执行对 A、DPTR 中的内容无影响，对标志位无影响。

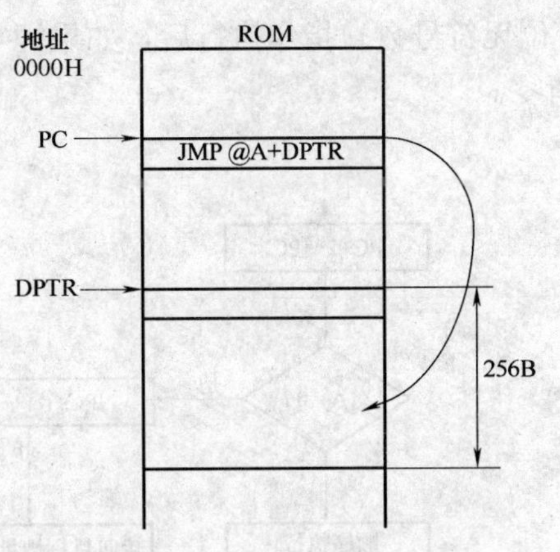

图 3-10　JMP 指令执行过程

间接转移指令与前面三条无条件转移指令不同，它是一条多分支转移指令。可以通过 DPTR 确定多分支程序的首地址，然后通过 A 中的内容动态地选择其中某一个分支。该指令的执行过程如图 3-10 所示。

例 3-18　多分支程序设计。

程序如下：

```
       MOV     DPTR，#TAB     ；设置分支程序首地址
       JMP     @A+DPTR        ；转移至首地址处
TAB:   AJMP    LAB0           ；分支程序
       AJMP    LAB1           ；
       AJMP    LAB2           ；
```

上面的程序中，通过对 A 中值的设定，可实现多分支程序的功能。如果 A=00H，则转向 LAB0 继续执行。

2. 条件转移指令

MCS-51 单片机的指令系统中，同样提供了丰富的条件转移指令。这一类指令在执行时，会根据设定的条件进行检测，一旦条件成立则转向指定的目标地址继续执行。目标地址是在以下一条指令为中心的−128～+127 个字节范围内。

(1) 判零转移指令

JZ　rel　；(PC) ← (PC) +2，当 A 中为全 0 时，(PC) ← (PC) +rel，当 A 中不全为 0 时，程序顺序执行

JNZ　rel　；(PC) ← (PC) +2，当 A 中不全为 0 时，(PC) ← (PC) +rel，当 A 中全为 0 时，程序顺序执行

这两条指令分别对 A 中内容是否全为 0 进行检测，一旦条件满足则进行转移。其目标地址为下一条指令第 1 个字节的地址与指令中偏移量相加的和。本指令不对 A 中的内容和各标志位产生影响，其逻辑流程如图 3-11 所示。

(2) 比较转移指令　比较转移指令的格式如下：

CJNE (目的字节)，(源字节)，rel

这条指令的功能是对目的字节和源字节进行比较，如果它们的值不相等，则转移。转移

的目的地址为 PC 当前值加 3（本指令为 3 字节指令），然后与指令中的 rel 相加获得，rel 为 8 位无符号数。指令执行后，如果源字节内的数大于目的字节中的，则置位 CY，反之将 CY 清零。

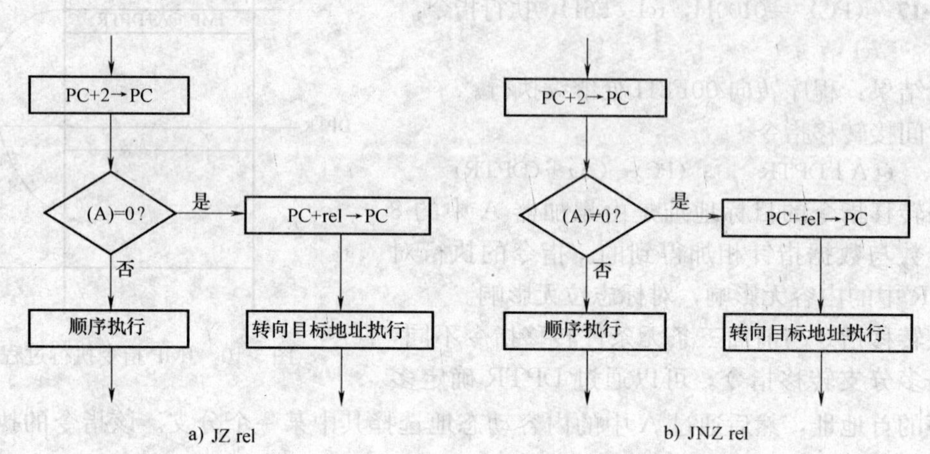

图 3-11　判零转移指令逻辑流程

本指令的四种格式如下：

```
CJNE    A，direct，rel      ；(PC)←(PC)+3
                             (A)=(direct)，顺序执行，CY=0
                             (A)>(direct)，(PC)←(PC)+rel，CY=0
                             (A)<(direct)，(PC)←(PC)+rel，CY=1
CJNE    A，#data，rel       ；(PC)←(PC)+3
                             (A)= #data，顺序执行，CY=0
                             (A)> #data，(PC)←(PC)+rel，CY=0
                             (A)< #data，(PC)←(PC)+rel，CY=1
CJNE    Rn，#data，rel      ；(PC)←(PC)+3
                             (Rn)= #data，顺序执行，CY=0
                             (Rn)> #data，(PC)←(PC)+rel，CY=0
                             (Rn)< #data，(PC)←(PC)+rel，CY=1
CJNE    @Ri，#data，rel     ；(PC)←(PC)+3
                             ((Ri))= #data，顺序执行，CY=0
                             ((Ri))> #data，(PC)←(PC)+rel，CY=0
                             ((Ri))< #data，(PC)←(PC)+rel，CY=1
```

CJNE 指令的执行，实际上是进行减法操作，只是不保留计算结果，而将两个操作数的关系反映到进位标志位上。图 3-12 对 CJNE 指令的逻辑流程进行了描述。

（3）循环转移指令　MCS-51 单片机的指令系统中，提供了功能很强的循环转移指令，可以使用直接地址单元及工作寄存器 Rn 来作为循环控制寄存器使用。

```
DJNZ    Rn，rel     ；(PC)←(PC)+2，(Rn)←(Rn)-1
                     (Rn)=0，循环结束，程序往下执行
```

(Rn)≠0，(PC)←(PC)+rel

DJNZ direct，rel ；(PC)←(PC)+3，(direct)←(direct)−1

(direct)=0，循环结束，程序往下执行

(direct)≠0，(PC)←(PC)+rel

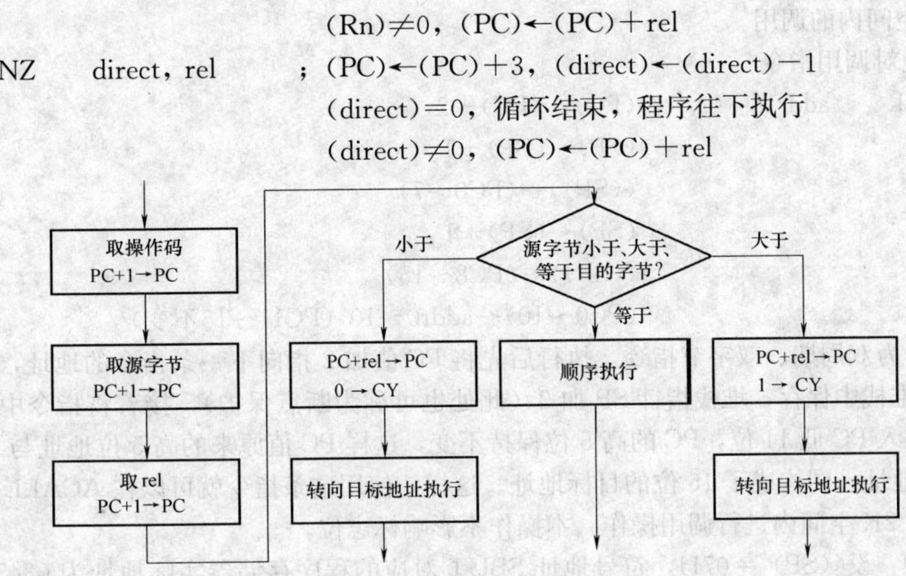

图 3-12 CJNE 指令逻辑流程

从上面两条指令可以看出，循环转移指令的执行，实际上是对目的操作数的字节变量进行减 1 操作，每次减 1 之后对变量进行判断，当变量等于 0 时循环结束；变量不为 0 时，转移到目标地址继续进行循环程序。指令中的 rel 为带符号 8 位二进制整数，循环的目标地址为 DJNZ 指令的下条指令地址和偏移量之和。这两条指令执行后的结果有一点不同，就是在 PC 值的处理上，这主要是由于这两条指令的长度不同，第一条为双字节指令，而后一条为三字节指令。该指令逻辑流程如图 3-13 所示。

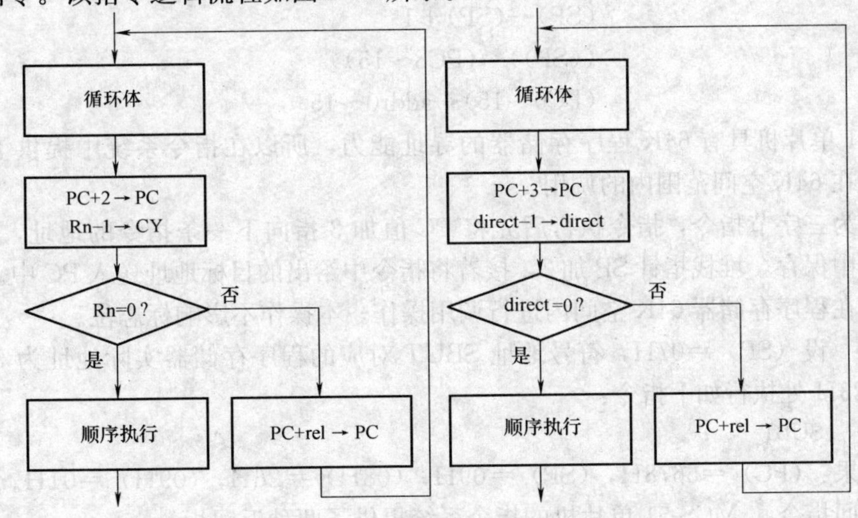

图 3-13 DJNZ 指令逻辑流程

3. 调用与返回指令

MCS-51 单片机应用系统程序设计中，同样会经常遇到子程序调用的问题。所以在指令系统中提供了调用及返回指令。其中，调用指令有绝对调用和长调用两种，区别在于绝对调用指令的长度为 2B，可实现当前指令 2KB 空间范围内的调用；长调用指令的长度为 3B，可

实现 64K 空间内的调用。

(1) 绝对调用指令

```
ACALL    addr11     ;(PC)←(PC)+2
                     (SP)←(SP)+1
                     ((SP))←(PC0～7)
                     (SP)←(SP)+1
                     ((SP))←(PC8～15)
                     (PC0～10)←addr0～10,(PC11～15不变)
```

本指令为双周期、双字节指令，执行后先将 PC 值加 2 指向下一条指令的地址，然后将 PC 值压入堆栈中保存，堆栈指针 SP 加 2（此处也可称为断点保护），接着将指令中给出的目标地址送入 PC 低 11 位，PC 的高 5 位保持不变，这样 PC 值原来的高 5 位地址与 addr 提供的 11 位地址一同构成了 16 位的目标地址。这样，使用这条指令就可以在 ACALL 后一条指令在内的 2K 空间内进行调用操作。本操作不影响标志位。

例 3-19 设 (SP) =07H，符号地址 SBUT 对应的程序存储器实际地址为 0345H，在 (PC) =0123H 处执行如下指令：

```
ACALL    SUBT    ;
```

执行结果：(PC) =0345H，(SP) =09H，(08H) =25H，(09H) =01H。

(2) 长调用指令

```
LCALL    addr16     ;(PC)←(PC)+3
                     (SP)←(SP)+1
                     ((SP))←(PC0～7)
                     (SP)←(SP)+1
                     ((SP))←(PC8～15)
                     (PC0～15)←addr0～15
```

MCS-51 单片机具有 64K 程序存储器的寻址能力，所以在指令系统中提供了长调用指令，以实现在 64K 空间范围内的调用。

本指令为三字节指令，指令执行后先将 PC 值加 3 指向下一条指令的地址，然后将 PC 值压入堆栈中保存，堆栈指针 SP 加 2，接着将指令中给出的目标地址送入 PC 中。使用这条指令就可以在程序存储器 64K 空间内进行调用操作。本操作不影响标志位。

例 3-20 设 (SP) =07H，符号地址 SBUT 对应的程序存储器实际地址为 5678H，在 (PC) =0123H 处执行如下指令：

```
LCALL    SUBT    ;
```

执行结果：(PC) =5678H，(SP) =09H，(08H) =26H，(09H) =01H。

(3) 返回指令 MCS-51 单片机的指令系统提供了两种返回指令。

```
RET             ;(PC8～15)←((SP))
                 (SP)←(SP)-1
                 (PC0～7)←((SP))
                 (SP)←(SP)-1
```

RET 指令用于子程序调用后的返回操作。当程序执行到 RET 指令时，意味着子程序运行结束，需要返回调用指令的下一条指令处继续执行。执行RET指令后，堆栈中保存的断点地址将送回到PC中。

```
RETI            ；(PC8～15)←((SP))
                  (SP)←(SP)－1
                  (PC0～7)←((SP))
                  (SP)←(SP)－1
```

RETI指令用于从中断中进行返回操作。从功能上讲，RETI与RET指令的区别在于，执行RETI指令后会开放中断逻辑。

注意在使用过程中RET和RETI指令是不能互换的。

4. 空指令

```
NOP             ；(PC) ← (PC) ＋1
```

本指令不做任何操作，只是将PC值加1。NOP指令为单周期指令，所以执行它会耗掉系统一个机器周期的时间，因此空指令经常用于延时或等待的用途。

3.3.5　位（布尔）操作类指令

MCS-51单片机内部具有独立的位处理器，也称为布尔处理器。它同样也具有CPU、存储器、累加器和I/O口，它的功能是用来进行位操作。它由一个位微处理器作为CPU，以进位标志位CY作为累加器，以RAM中可位寻址的各位作为存储器，以32根可按位独立操作并行口线作为I/O口，同时还提供了一套可进行位操作的指令集。

1. 位数据传送类指令

```
MOV    C，bit      ；(C)←(bit)
MOV    bit，C      ；(bit)←(C)
```

这两条指令将指定的位变量传送到目的操作数所指定的单元中。其中一个操作数为位地址，另一个必须是位（布尔）累加器C，此指令的执行不会对其他标志位产生影响。

2. 位状态控制类指令

(1) 位置“1”指令

```
SETB   C          ；C←1
SETB   bit        ；bit←1
```

此类指令将C或指定位地址内容置“1”，对其他标志位不产生影响。

(2) 位清零指令

```
CLR    C          ；C←0
CLR    bit        ；bit←0
```

此类指令将C或指定位地址内容清零，对其他标志位不产生影响。

(3) 位取反指令

```
CPL    C          ；(C)←/C
CPL    bit        ；(bit)←/bit
```

此类指令将C或指定位地址内容取反，对其他标志位不产生影响。需要注意的是，使用此类指令对输出口取反时，修改的原始数值是由该输出口的锁存器中读入的，而不是从该口的引脚处读入。

3. 位逻辑操作类指令

(1) 位逻辑“与”指令

ANL C，bit ；(C)←(C)∧(bit)

ANL C，$\overline{\text{bit}}$ ；(C)←(C)∧($\overline{\text{bit}}$)

该组指令的功能是将C中内容与指定的位地址内容或位地址内容取反后进行逻辑“与”操作，并将结果返回到C中。

(2) 位逻辑“或”指令

ORL C，bit ；(C)←(C)∨(bit)

ORL C，$\overline{\text{bit}}$ ；(C)←(C)∨($\overline{\text{bit}}$)

该组指令的功能是将C中内容与指定的位地址内容或位地址内容取反后进行逻辑“或”操作，并将结果返回到C中。

4. 位条件转移类指令

(1) 判断位累加器C转移指令

JC rel ；(PC)←(PC)+2，若(C)=1，则(PC)←(PC)+rel
若(C)=0，则顺序往下执行程序

JNC rel ；(PC)←(PC)+2，若(C)=0，则(PC)←(PC)+rel
若(C)=1，则顺序往下执行程序

这两条指令，是对位累加器C中内容进行检测，满足转移条件时程序将向目标地址转移，否则顺序向下执行程序。目标地址为PC加2后的值与rel相加的和，其中rel为8位带符号数。

(2) 判断位变量转移指令

JB bit，rel ；(PC)←(PC)+3，若(bit)=1，则(PC)←(PC)+rel
若(bit)=0，则顺序往下执行程序

JNB bit，rel ；(PC)←(PC)+3，若(bit)=0，则(PC)←(PC)+rel
若(bit)=1，则顺序往下执行程序

这两条指令，是对指定位变量中内容进行检测，满足转移条件时程序将向目标地址转移，否则顺序向下执行程序。目标地址为PC加2后的值与rel相加的和，其中rel为8位带符号数。

(3) 判断变量并清零转移指令

JBC bit，rel ；(PC)←(PC)+3，若(bit)=1，则(bit)←0，
(PC)←(PC)+rel，若(bit)=0，则顺序往下执行程序

本指令是对指定变量进行检测，若位变量内容为1，则清零并转到目标地址执行；若位变量内容为0，则顺序执行程序。目标地址是PC加3后的值与rel相加的和，其中rel为8位带符号数。

本章对MCS-51单片机的寻址方式、指令系统及简单的指令操作进行了介绍。在本章学习中，需要注意各种寻址方式是如何寻找操作数的，以及利用各种寻址方式获得的地址是如何与操作数联系在一起的，而且，对于不同操作数在寻址方式上也是有所不同的。对于指令的学习，首先要注意指令书写的格式和功能，其次要注意指令对于操作数类型及其寻址方式的要求，最后要搞清楚指令执行后会对哪些标志位有什么样的影响。如果对各指令的长度及

执行时所需要的时间有较好了解，会对以后的应用程序编写有很大帮助。

习　题

3-1　什么是指令？什么是指令系统？MCS-51单片机的指令系统有多少条指令，按指令的功能可分为几类？

3-2　简述MCS-51单片机的指令格式。

3-3　什么是寻址方式？MCS-51单片机的指令系统具有哪些寻址方式？

3-4　MCS-51单片机访问内部RAM、外部RAM、特殊功能寄存器及外部ROM可使用哪些寻址方式？试举例说明。

3-5　如果要将一个8位立即数送入内部RAM的某一单元中，可以使用哪些寻址方式来实现？

3-6　试判断下面指令的书写是否正确。

1）INC　PC	2）INC　DPTR	3）INC　82H
4）MOV　#30H，@R1	5）CLR　R0	6）CLR　A
7）CPL　R4	8）PUSH　PC	9）POP　PC
10）PUSH　DPTR	11）MOVC　A，@R0	12）MOV　OV，C

3-7　试使用不同指令实现将A、B两个寄存器中的内容互换。

3-8　试使用不同指令实现将R2中的内容乘以8。

3-9　试编制程序，将累加器A的高4位清零，低4位置“1”。

3-10　试编制程序，将Acc.0、Acc.3、Acc.5、Acc.7清零。

3-11　R0中内容为20H，A中内容为30H，内部RAM的20H单元中内容为40H，40H中内容为50H，试分析下面程序执行后，R0、A、内部RAM的20H和40H单元中的内容：

```
MOV     A，@R0
MOV     @R0，40H
MOV     40H，A
MOV     R0，#40H
MOV     @R0，A
```

3-12　试分析下面程序的功能。

```
        MOV     DPTR，#TAB
        JMP     @A+DPTR
TAB:    AJMP    OP0
        AJMP    OP1
        ……
```

3-13　试分析下面程序执行后的结果。

```
1)      MOV     C，00H
        ORL     C，01H
        MOV     P1.7，C
2)      MOV     C，20H
        XOL     C，30H
        MOV     40H，C
3)      MOV     P1，#00H
LOOP:   SETB    P1.0
        LCALL   DELAY
```

```
        CLR     P1.0
        LCALL   DELAY
        AJMP    LOOP
DELAY：……
```

4）假设 MCS-51 单片机的晶体振荡器频率为 6MHz，试分析下面程序的功能：

```
START：  SETB    P1.0
NEXT：   MOV     30H，#20
LOOP：   MOV     31H，#0EBH
LOOP1：  NOP
         DJNZ    31H，LOOP1
         DJNZ    30H，LOOP1
         CPL     P1.0
         AJMP    NEXT
         SJMP    $
```

3-14 编制程序，将由 MCS-51 单片机 P0 口输入的数据读回，将 P0.1、P0.3、P0.4、P0.7 取反后，通过 P1 口输出。

第 4 章　MCS-51 单片机汇编语言程序设计

4.1　汇编语言概述

汇编语言是一种在 MCS-51 单片机的应用程序设计中被广泛使用的语言。它和机器语言都是面向机器硬件的语言，所以使用者需要对 MCS-51 单片机的硬件结构有深入的了解，这样才能够编制出符合要求的程序。

本章将在第 3 章对指令系统的介绍的基础上，对汇编语言程序设计的一些基本概念和基本程序设计方法进行说明。

4.1.1　汇编语言语句格式

一般情况下，使用汇编语言编写的 MCS-51 单片机程序具有相同的语句格式。一条典型的汇编语言语句格式如下：

［标号:］［操作码］［操作数］；［注释］

可以看出，这样的一条语句是由四部分组成的，分别为标号字段、操作码字段、操作数字段和注释字段。例如：

```
TAB:      MOV    A，#33H     ；A←立即数 33H
```

下面就各字段所承担的功能及基本使用规则进行说明。

1. 标号

标号代表的是一个符号地址，可由用户定义，它代表了该汇编语言指令的地址，用于其他语句对它的访问。标号可通过赋值伪指令赋值；如果没有赋值，程序会自动将存放该指令目标码第一字节的单元地址赋给它。对于标号的定义及使用，应注意以下几点：

1）标号可以由 1～8 个字符组成，且起始第一个字符必须是字母。如果其长度超过 8 个字符，则只有前 8 个字符有效，其余无效。在定义标号时，最好让它的含义与其后语句的功能相关联，这样可以方便以后对程序的阅读和修改。

2）在同一程序中，标号不能重复定义。

3）定义标号时，应注意不能与系统预留符号重复，比如助记符、伪指令及寄存器符号名等。

2. 操作码

操作码用来规定语句要执行的操作，它在一条汇编语言语句中是不可缺少的，它由指令系统中的指令助记符组成。

3. 操作数

在一条汇编语言语句中，根据使用指令的不同，所使用的操作数个数也会不同，一般有单操作数、双操作数和无操作数三种情况。如果是使用双操作数的情况，两个操作数之间应使用“,”分隔。

常用的操作数内容如下：

1）常数：在汇编语言指令中，可以使用各种数制来表示常数。在使用中应注意，常数应以一个表示数制的后缀结束（二进制“B”、十进制“D”、十六进制“H”）；如果操作数以十六进制表示，且开头为A～F中的某个字母表示，则应在其前加入数字“0”。

2）工作寄存器名：通过PCW中RS1、RS0所指定的当前工作寄存器中的8个工作寄存器名都可以使用，R0～R7。

3）特殊功能寄存器名：MCS-51单片机的所有特殊功能寄存器名都可以作为操作数使用。

4）标号：使用标号作为操作数时，应注意只能引用在本条指令之前出现的标号。

5）＄：美元符号也可以作为操作数使用，表示的是当前PC值（即美元符号所在指令操作码的地址），它经常被用在转移类指令中。例如：

```
JNB    CY，$
```

当CY＝0时，程序在这条指令处循环执行，等价于以下指令：

```
STANDBY:     JNB     CY，STANDBY
```

6）表达式：可以使用表达式作为操作数。例如：

```
MOV      A，NUM+1
```

指令执行时，先计算NUM＋1的值，然后将结果送入A中。

4. 注释

注释部分用“;”与功能语句分开，它是对程序的说明，使程序具有良好的可读性。汇编语言与高级语言相比，可读性较差，所以应在编写过程中适当加入注释。

4.1.2 汇编语言程序的设计步骤

使用汇编语言进行程序设计的步骤主要分为以下几步：

1）分析设计任务，确定算法：首先应对程序设计任务进行分析，确定需要实现的功能及精度，并确定使用的算法。其次明确设计任务、功能和技术指标，对硬件资源需求及工作环境等因素进行分析。然后将实际要解决的问题转换为单片机能处理的数学问题。

2）绘制流程图：这一过程是将前一步骤中已经确定下来的算法进行具体化的过程。它可以将程序设计的思路直观地表示出来，对后面的代码编写部分有重要的意义。

3）系统资源分配：主要是对内部存储器的工作单元和外部I/O进行分配。

4）代码编写及优化：结合第一步骤中确定的算法，使用恰当的汇编语言语句将流程图中所绘制的各部分功能一一实现。然后对编写出的代码进行优化，可以使用更好的算法或采用更加合理的程序结构，以使代码长度更小、效率更高、系统资源利用更节约。

5）上机调试及修改：将已经编写并优化完毕的程序进行上机调试，这样可以验证所编制程序的正确性。对于发现的一些程序的缺点和错误进行改正，确定最终的程序。单片机没有自开发功能，所以对单片机程序的验证是通过仿真器或者仿真软件进行的。

在程序设计中，要采用模块化的程序设计方法，将复杂的程序分解为若干个简单的、功能专一的程序模块，每个模块只完成某一个具体功能，这样对于程序的开发和调试及最终的代码优化都有很大的好处。

4.1.3　汇编语言程序的基本结构

汇编语言程序设计通常采用结构化的设计方法，主要有四种结构形式：顺序结构、分支结构、循环结构和子程序。

1. 顺序结构

顺序结构是最基本的一种程序结构，程序中无分支、无循环、不调用子程序，程序的运行按照语句的顺序一条一条地执行。

例 4-1　对工作寄存器、数据单元或某些端口设置初值，将 R0、R1 置 1，R3、R4 清 0，P0 口清 0，3FH、42H 单元清 0。

程序如下：

```
MOV     R0，#0FFH
MOV     R1，#0FFH
MOV     R3，#00H
MOV     R4，#00H
MOV     P0，#00H
MOV     3FH，#00H
MOV     42H，#00H
```

例 4-2　已知外部 RAM 的 40H 单元中存放有 8 位二进制数，要求将其拆分为两个 4 位二进制数，将高 4 位送入原单元的低 4 位，原单元高 4 位清零；将拆分得到的低 4 位数送入 50H 单元的低 4 位，同时将 50H 单元的高 4 位也清零。

程序如下：

```
MOV     R0，#40H
MOV     R1，#50H
MOVX    A，@R0
MOV     B，A
ANL     A，#0F0H
SWAP    A
MOVX    @R0，A
ANL     B，#0FH
MOV     A，B
MOVX    @R1，A
```

2. 分支结构

分支结构是通过转移类指令实现的，在这种结构下可通过某些标志来对程序的流向进行控制。常见的分支程序结构有单分支结构和多分支结构两种。单分支结构简单，在此不做详细说明，下面主要对多分支结构进行介绍。

在多分支结构下，先将各分支程序编号排列，然后按照编号进行转移。图 4-1 所示为 n 分支程序结构。多分支结构有一般多分支及散转多分支两种常见形式。

（1）一般多分支结构

例 4-3　函数定义如下，其中 x、y 均为 8 位二进制带符号数，x 存放在 R0 中，y 存放在 R1 中。

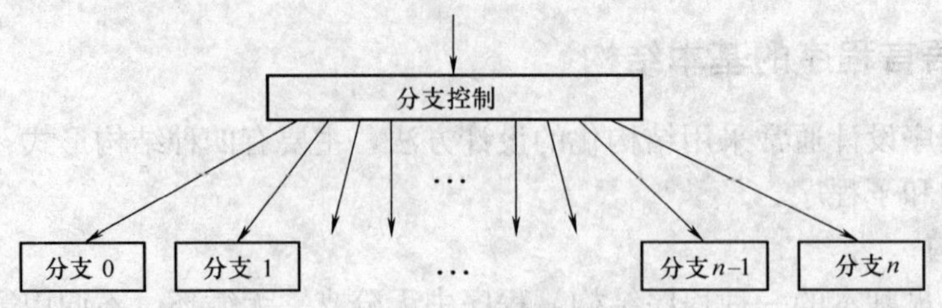

图 4-1 n 分支程序结构

$$y=\begin{cases}+1, & x>0\\ 0, & x=0\\ -1, & x<0\end{cases}$$

程序如下：

```
START:  MOV   A, R0          ; 将 R0 中内容送入 A 中
        CJNE  A, #00H, TEST1 ; 判断 A 中数据是否为零，不为零则转移至 TEST1
        MOV   R1, #00H       ; R0 中内容为零则将 0 送入 R1 中
        AJMP  DONE           ; 转入结束
TEST1:  JB    ACC.7, NEG     ; 判断 A 最高位状态，为 1 则转入 NEG
        MOV   R1, #01H       ; A 最高位为 0，将+1 送入 R1 中
        AJMP  DONE           ; 转入结束
NEG:    MOV   R1, #0FFH      ; A 中数据位负数，将-1 送入 R1 中
DONE:   END                  ; 结束
```

此程序流程如图 4-2 所示。

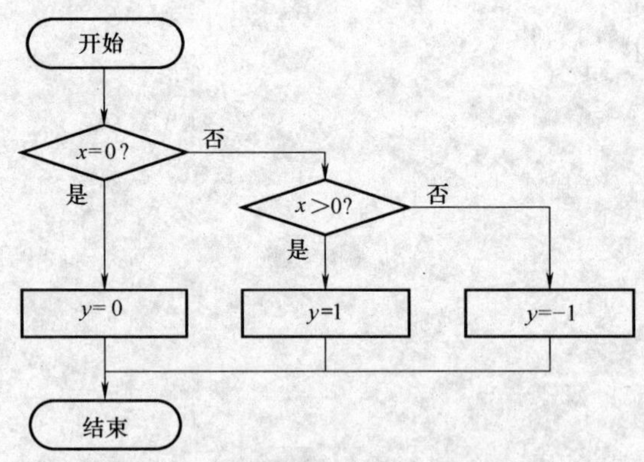

图 4-2 例 4-3 多分支程序流程

一般多分支结构主要用于分支数目较少、转移判断较容易的场合，如果分支较多、判断复杂，就要用到散转多分支结构。

(2) 散转多分支结构

例 4-4 设计 128 路分支程序，根据 R5 中分支号，转移到相应分支程序。

方案一：

```
JMP:    MOV   DPTR, #TAB
        MOV   A, R5
        RL    A
```

```
        JMP     @A+DPTR
TAB：   AJMP    OP0
        AJMP    OP1
          ……
        AJMP    OP126
        AJMP    OP127
```

此方案中，是将各分支程序的转入指令列表，对转移条件判断后执行表格中对应的转移指令。

方案二：

```
JMP：   MOV     DPTR，#TAB
        MOVC    A，@A+DPTR
        JMP     @A+DPTR
TAB：   DB      OP0
        DB      OP1
          ……
        DB      OP126
        DB      OP127
OP0：   ……
OP1：   ……
……
OP126： ……
OP127： ……
```

此方案中，是将目标地址与表首地址之差列表，作为转移的目的地址。

3. 循环结构

在程序中，如果需要对某段程序进行连续重复执行时，通常会采用循环结构。使用循环结构的程序具有存储器空间占用少、结构紧凑等特点。

循环程序的结构一般由以下几部分组成：

1）循环体：程序中被连续重复执行的程序部分称为循环体。

2）循环初值：对用于循环过程的工作单元置初值，一般在循环开始时进行，如循环次数、地址指针及相关寄存器或工作单元清零等。

3）循环控制：要根据循环结束条件，判断循环是否结束。

4）循环控制变量修改：每循环一次，要对循环次数及相应的地址指针等进行修改。

循环结构下，对循环结束条件的判断可以在循环体执行之前也可以在循环体执行之后，这样就有了所谓“先循环后判断”及“先判断后循环”两种组织形式，如图 4-3 所示。

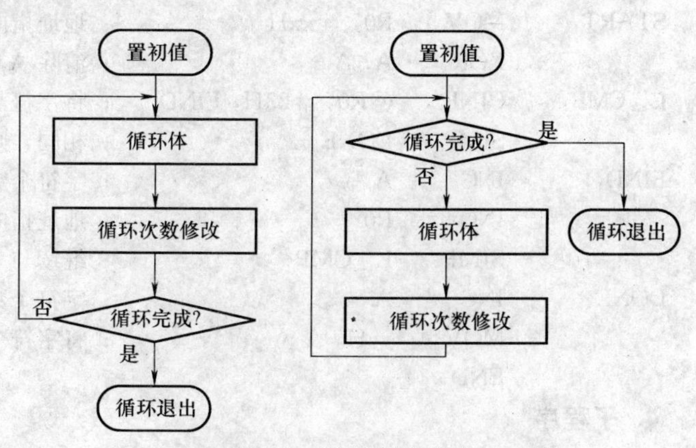

图 4-3　循环组织形式

例 4-5 延时程序设计（单循环）。

程序如下：

```
        MOV    R2，#data
DELAY： DJNZ   R2，DELAY
        RET
```

上面的程序可实现软件延时功能，第一条指令为单周期指令，第二条为双周期指令。根据 R2 中设置值不同，可实现 3～512 个机器周期时间的延时功能。

例 4-6 延时程序设计（多循环）。

使用例 4-5 中的方法可以一定时间长度地延时，但是由于工作寄存器中存放数据长度的限制，一旦要求延时时间较长时，上面的方法就不能满足设计要求，本例给出一种利用多循环的方式实现更长时间延时的应用程序设计。

假设 CPU 采用 12MHz 晶体振荡器，这时一个机器周期的时间长度为 1μs，这样按照前面例 4-5 的方法，由于工作寄存器的长度为 8 位，可实现的最大循环次数只能达到 256 次，可实现的最大延时为 512μs，如果要求延时时间长度为 10ms，只使用单循环的方法显然不能满足要求。DJNZ 指令为双周期指令，在采用 12MHz 晶体振荡器的情况下，每执行一次，可实现 2μs 的延时，如果想实现 10ms 的延时，需要执行 5000 次。这里可以采用双重循环的方式，循环次数为 100×50，程序如下：

```
        MOV    R0，#100        ；执行时间 1 个机器周期 1μs
DELAY： MOV    R1，#50         ；
DELAY1：DJNZ   R1，DELAY1      ；延时时间 50×2μs＝100μs
        DJNZ   R0，DELAY       ；延时时间 100μs×100＝10ms
        RET
```

例 4-7 已知某字符串存放在 MCS-51 单片机的内部 RAM 中，该字符串是以“#”作为结尾的。现已知字符串存放区的起始地址，试统计该字符串中字符的个数。

字符串在存储器中的存储是以其所对应的 ASCII 码的形式来存放的，所以从存储器内部存储单元内容的角度看，即是在存储器的某一区域连续地存储了若干个单字节十六进制数。本例中的字符串的结束是以“#”为标志的，其对应的 ASCII 码为 23H。为了实现查询的功能，只需要依次将字符串的字符所对应的 ASCII 码值与 23H 相比较即可。

下面程序中，xxH 为字符串存储的首地址，yyH 中为字符个数：

```
START：   MOV    R0，#xxH             ；地址指向字符串首地址
          XOR    A，A                 ；清除 A
L_CMP：   CJNE   @R0，#23H，FIND      ；将字符与“#”比较，不相同则转移至 FIND
          SJMP   DONE                 ；相同，则转移至 DONE
FIND：    INC    A                    ；字符个数
          INC    R0                   ；地址指向下一字符
          SJMP   L_CMP                ；继续与“#”比较
DONE：    INC    A                    ；字符个数加 1，因为“#”也是字符
          MOV    yyH，A               ；将字符个数送入 yyH 中
          END
```

4. 子程序

在编写大型汇编语言程序时，会将一些经常用到的功能以子程序的形式编写。子程序就

是具有一定功能的独立程序段，在程序执行的过程中，根据需要执行某些功能时，会对子程序进行调用。这样，可以避免对具有同样功能的程序进行重复编写，对程序整体的效率提高、体积减小及可读性的提高具有良好的效果。通常，在汇编语言程序中都会包含若干段子程序。

(1) 子程序的调用与返回　程序执行过程中，调用子程序的程序称为主程序。主程序对子程序的调用过程是通过3.3.4节中介绍的长调用指令LCALL addr16和绝对调用指令ACALL addr11实现的。长调用指令中直接给出了被调用的子程序的16位入口地址；而绝对调用指令中只给出了11位地址，需要将它与程序计数器PC中的高5位内容合并，形成16位的子程序调用入口地址。

发生子程序调用时，主程序的执行顺序将改变，PC中的内容不再按照地址由低至高增加的顺序执行，而要转向子程序入口地址处继续执行程序。所以，需要对程序的断点进行保护，这一保护过程是通过将PC中的内容压入堆栈，然后再将PC中的内容修改为子程序入口地址来实现的。

在调用执行子程序的过程中，可能会使用某些工作寄存器或累加器，它们中可能存放了之前主程序运行过程中的中间结果数据，而且这些数据在调用执行子程序完成之后仍然要在主程序的运行中使用，为了使主程序在调用执行子程序完成之后的运行不发生异常，通常要根据需要将这些数据也做保护，这一过程称为保护现场。

调用过程结束后的返回是通过RET指令来实现的，它可以将堆栈中保存的断点（主程序返回地址）送回PC中。这一过程成为恢复断点，主程序将返回调用发生时的断点处继续执行。需要注意的是，如果在调用发生时进行了保护现场，需要在恢复断点前恢复现场。

(2) 子程序的结构　子程序的结构与一般汇编语言程序没有本质区别，只是由于子程序在被调用之后要能返回主程序执行的断点处继续执行主程序，所以在子程序的最后结尾处加入了RET指令。例如：

```
        ORG     0300H
MAIN:           ……
        MOV     a，b     ；将子程序需要的参数b送入指定的位置a中，满足子程序的入口条件
        LCALL   SQR      ；调用计算二次方程序
                ……
                ……
                ……
        MOV     a，c     ；将子程序需要的参数c送入指定的位置a中，满足子程序的入口条件
        LCALL   SQR      ；调用计算二次方程序
                ……
                ……
        ORG     0500H
SQR:            ……
                ……       ；计算二次方
        MOV     e，d     ；将子程序运行的结果d送入指定的位置e中，满足出口条件
        RET              ；返回
```

上面给出的程序结构示例中，主程序的运行过程中对计算二次方的子程序进行了两次调

用。上面结构还说明，子程序的名字，即代表其入口地址的符号（SQR），最好使用具有一定意义的符号，这样可以提高程序的可读性，同时后续检查程序时也比较方便。

例 4-8 将两位压缩 BCD 码数拆开，转换为 ASCII 码，并将转换结果的高位和低位分别送入其他单元保存。

BCD 码数表示的范围为 0～9，与表示它的 ASCII 码之间相差 30H，所以只要将这两位 BCD 码数分别提取，转换后送入指定地址单元即可。可以设计一个相应功能的子程序，方便其他程序调用。

程序如下：

```
        ORG     1000H
MAIN：  ……
        MOV     R0，#XXH  ；将需要转换的数据所在单元地址送入 R0
        MOV     R1，#YYH  ；将转换结果低 4 位存放单元地址送入 R1
        MOV     R2，#ZZH  ；将转换结果高 4 位存放单元地址送入 R2
        LCALL   BCD_S     ；调用转换子程序
        ……
        ORG     2000H
BCD_S：MOV     A，@R0    ；提取待转换数据
        ANL     A，#0FH   ；高 4 位数据清零
        ADD     A，#30H   ；转换为 ASCII 码
        MOV     @R1，A    ；低 4 位转换结果送入 R1
        MOV     A，@R0    ；提取待转换数据
        SWAP    A         ；半字节交换
        ANL     A，#0FH   ；高 4 位数据清零
        ADD     A，#30H   ；转换为 ASCII 码
        MOV     @R2，A    ；高 4 位转换结果送入 R1
        RET
```

子程序设计时需要有明确的入口条件和出口条件，主程序调用前应将需要计算的参数送入子程序所指定的位置，如第一个例程中的 MOV a，b、MOV a，c 和第二个例程中 MOV R0，#XXH、MOV R1，#YYH 和 MOV R2，#ZZH。子程序执行结束后应按照之前规定的出口条件将计算结果送回指定位置，如第一个例程中的 MOV e，d 和第二个例程中的 MOV @R1，A 和 MOV @R2，A。这一过程也可以理解为主程序与子程序进行参数传递的过程，参数的传递可以通过寄存器、存储器或者堆栈来完成。通常情况下，需要传递的参数较少时，可采用寄存器方式传递参数；数据较多时，最好采用存储器或堆栈的方式进行参数传递；如果子程序调用的过程中发生了子程序的嵌套使用，这种情况下推荐采用堆栈来完成主程序与子程序间的参数传递。

上面进行子程序调用的过程中，断点的保护和恢复是系统自动实现的。这一过程未涉及现场的保护和恢复，如果需要，则应在设计过程中使用指令来实现。

4.2 汇编语言源程序的汇编

计算机只能执行用机器码表示的目标程序，所以使用汇编语言编写的源程序不能直接由

计算机执行。为了使汇编语言源程序能在计算机中顺利的执行，必须先将它转化成机器码的表示形式才行。这样一个将汇编语言源程序转化为机器码的过程称为“汇编”。对 MCS-51 单片机来说，主要有手工汇编和机器汇编两种汇编方法。

4.2.1　手工汇编

手工汇编是先将程序用助记符的形式写出，然后手工查询指令编码表，逐个将助记符指令翻译成机器码的形式，最后将翻译出来的机器码输入单片机中进行调试和运行。手工汇编的过程按照绝对地址对指令进行定位，这会给汇编工作带来很多不便，主要体现在以下两个方面：

1）计算偏移量：在遇到相对转移指令时，需要根据转移的目标地址及地址差来计算偏移量，这一过程既麻烦又容易出错。

2）程序修改：在通过手工汇编得到目标程序之后，一旦需要对程序进行修改，会引起后面指令地址的变化，也就意味着转移类指令的偏移量都需要重新计算，这一过程也非常麻烦，同时也非常容易出现错误。

根据以上特点，手工汇编的方式一般只使用在对简单程序的汇编过程中。在实际的程序设计过程中，一般都会采用机器汇编的方法。

4.2.2　机器汇编

机器汇编是使用计算机中的汇编程序对源程序进行汇编，并最终得到机器码形式的目标程序的过程。这一过程通常是在个人计算机上完成的，生成的机器码形式的目标程序会通过串行口或者其他接口加载在用户样机（单片机）上进行运行和调试。下面是一段汇编语言源程序的汇编过程：

```
地址     源程序                  机器码（十六进制）
1000H    MOV     A，#30H          74    30
1002H    MOV     B，#20H          75    20
1005H    ADD     A，B             25    F0
```

机器汇编要经过两次扫描过程。第一次扫描过程完成以下功能：①扫描语法错误，确定符号名字；②建立所使用的全部符号名字表；③每一个符号名字后会跟一对应值，通常为地址或是数。第二次扫描过程完成以下功能：①将符号地址转换为地址；②利用操作码表将助记符转换成相应的目标码。

汇编的逆过程称为“反汇编”，是将以二进制形式表示的机器码翻译为汇编语言源程序的过程。通常，在分析现有程序存储器中的程序时会用到反汇编。

4.2.3　常用伪指令

前面的内容中已经指出，汇编语言源程序必须通过汇编程序翻译成机器码的形式，才能由用户样机调试和运行。汇编语言源程序应向编译程序提供控制信息，告诉编译程序应该如何进行汇编，这些控制信息的传递是通过伪指令实现的。

伪指令不是真正的指令，汇编过后不会生成机器码，只用来对汇编过程进行控制。

不同的计算机系统有不同的汇编程序，对应使用的伪指令也不相同，下面对 MCS-51 单片机汇编语言中常用的伪指令进行说明。

1. 汇编起始地址伪指令

指令格式：ORG　　16 位地址

ORG 伪指令的功能是为伪指令后面的程序指定汇编地址，即指出汇编后得到的目标程序的起始地址。

通常，在汇编语言源程序的开始位置，使用 ORG 伪指令来对程序的起始地址进行规定，如果不使用 ORG 伪指令，汇编后得到的目标程序地址从 0000H 处开始。例如：

```
ORG       3000H
START:    MOV       A，35H
```

这条伪指令的意义是将标号 START 的地址指定在 3000H 处。

ORG 伪指令可以在程序中的任何位置使用，且可以在一段程序内多次使用。使用后，它后面的指令的地址就被指定了。需要注意的是，多次使用伪 ORG 指令时，指定的地址应该按照从小到大的顺序排列，且不要出现地址的重叠和交叉。例如：

程序一：

```
ORG     1000H
  ……
ORG     2000H
  ……
ORG     3000H
```

程序二：

```
ORG     1000H
  ……
ORG     3000H
  ……
ORG     2000H
```

这两段程序中，程序一可以正常汇编，而程序二则不能。

2. 汇编结束伪指令

这条伪指令的功能是通知汇编程序结束汇编。END 指令出现后汇编结束，汇编程序对其后的指令不予理会。所以，一段汇编语言源程序中只能有一条 END 指令，而且通常会出现在源程序的最后。

3. 赋值伪指令

指令格式：字符名　EQU　符号/数

EQU 伪指令用于给字符名进行赋值，赋值后的字符名可以是地址，也可以是一个立即数，位数可以是 8 位或 16 位。例如：

```
NUM       EQU       R3
MOV       A，NUM
```

这段程序将 R3 赋给 NUM，以后对 NUM 的操作相当于对 R3 的操作。又例如：

```
ADD1      EQU       30
ADD2      EQU       2345H
```

```
MOV      A, ADD1
ACALL    ADD2
```

这段程序将片内 RAM 的直接地址赋给了 ADD1，将一个 16 位地址赋给了 ADD2。

4. 字节数据定义伪指令

指令格式：DB　8 位数据或数据表

DB 伪指令的功能为通知汇编程序，从当前地址开始，保留一个或多个字节存储单元，并将 DB 后面所跟随的数据存入。例如：

```
ORG    1000H
DB     22H
DB     33H, 44H
DB     'A'
DB     'BCD'
```

汇编的结果如下：

(1000H) ＝22H

(1001H) ＝33H

(1002H) ＝44H

(1003H) ＝41H

(1004H) ＝42H

(1005H) ＝43H

(1006H) ＝44H

5. 字数据定义伪指令

指令格式：DW　16 位数据或数据表

DW 伪指令与 DB 指令类似，不同之处在于保留的是 16 位（字）单元，存入单元中的数据高 8 位在前（低地址），低 8 位在后（高地址）。例如：

```
ORG    1000H
DW     2233H
DW     3A1BH
DW     3CH
```

汇编的结果如下：

(1000H) ＝22H，(1001H) ＝33H

(1002H) ＝3AH，(1003H) ＝1BH

(1004H) ＝00H，(1005H) ＝3CH

6. 存储器空间定义伪指令

指令格式：DS　表达式

DS 伪指令的功能是从指定地址开始保留若干个存储单元，保留单元的个数由表达式的值决定。例如：

```
ORG    1000H
DS     09H
DB     22H, 33H
```

汇编的结果如下：

(1009H) =22H

(100AH) =33H

1000H～1008H 四个存储单元被保留，以备他用。

7. 位地址符号伪指令

指令格式：字符名　BIT　　位地址

BIT 伪指令的功能是将位地址赋给字符名。例如：

```
IO1    BIT    P3.1
IO2    BIT    03H
```

上面两条伪指令分别将 P3 口第 1 位的地址和 03H 位地址赋给 IO1 和 IO2。

8. 数据地址赋值伪指令

指令格式：字符名　DATA　数/表达式

DATA 伪指令的功能是将数或表达式的值赋给字符名。

DATA 伪指令与 EQU 伪指令类似，区别在于使用 DATA 伪指令时可以先使用后定义，而使用 EQU 伪指令时必须先定义后使用；EQU 伪指令可以将一个汇编符号赋给字符名，但 DATA 伪指令只能将数赋给字符名；DATA 指令可以将一个表达式赋给字符名，前提是表达式的值是可求的。

4.3　汇编语言实用程序设计

4.3.1　数学运算程序设计

MCS-51 单片机的指令系统中，只提供了单字节无符号数的加、减、乘、除运算指令。但在实际程序设计中，经常会用到有符号数或者多字节数的加、减、乘、除运算。下面将就几种常用多字节或有符号数的运算程序设计方法进行介绍。

1. 双字节加法

例 4-9　设两个 16 位加数存放于片内 RAM 中，加数的高 8 位存放于 add1，低 8 位存放于 add2；被加数的高 8 位存放于 add3，低 8 位存放于 add4。运算结果（和）存放于 add1、add2 中。

程序如下：

```
MOV     R0，#add2      ；加数低 8 位所在单元地址送 R0
MOV     R1，#add4      ；被加数低 8 位所在单元地址送 R1
MOV     A，@R0         ；加数低 8 位内容送 A
ADD     A，@R1         ；低字节数据相加，结果返回 A
MOV     @R0，A         ；将低位和送至 add2 中
INC     R0             ；R0 指向 add1
INC     R1             ；R1 指向 add3
MOV     A，@R0         ；加数高 8 位内容送 A
ADDC    A，@R1         ；高字节数据相加，结果返回 A，考虑低位和的进位
MOV     @R0，A         ；高字节和送 add1 中
```

2. 多字节无符号数加法

例 4-10　片内 RAM 的 40H、50H 单元中存放了两个 32 位数（4 字节），将这两个数相加，相加之和返回到 40H 单元开始的位置。

程序如下：

```
        MOV     R0，#40H        ；将加数的最低字节所在单元地址送 R0
        MOV     R1，#50H        ；将被加数的最低字节所在单元地址送 R1
        MOV     R2，#4          ；两个加数的字节数
LOOP：  MOV     A，@R0          ；加数一个字节数据送 A
        ADDC    A，@R1          ；加数与被加数一个字节数据相加，考虑前一字节加和进位
        MOV     @R0，A          ；相加和送加数对应字节数据存储单元
        INC     R0              ；R0 指向下一字节
        INC     R1              ；R1 指向下一字节
        DJNZ    R2，LOOP        ；判断是否所有 4 字节数据加完
        END
```

3. 多字节无符号数减法

例 4-11　片内 RAM 的 40H、50H 单元中存放了两个 32 位数（4 字节），将这两个数相减，差返回到 40H 单元开始的位置。

程序如下：

```
        MOV     R0，#40H        ；将被减数的最低字节所在单元地址送 R0
        MOV     R1，#50H        ；将减数的最低字节所在单元地址送 R1
        MOV     R2，#4          ；两个数的字节数
        CLR     C               ；清标志位
LOOP：  MOV     A，@R0          ；被减数一个字节数据送 A
        SUBB    A，@R1          ；被减数与减数一个字节数据相减，考虑前一字节运算借位
        MOV     @R0，A          ；相减差送被减数对应字节数据存储单元
        INC     R0              ；R0 指向下一字节
        INC     R1              ；R1 指向下一字节
        DJNZ    R2，LOOP        ；判断是否所有 4 字节数据减完
        END
```

4. 双字节无符号数乘法

例 4-12　被乘数高字节（a）存放在 R7 中，低字节（b）存放于 R6 中；乘数高字节存放于 R5（c）中，低字节（d）存放于 R4 中；乘积的起始地址存放于 R0 中。

在计算过程中，使用 R2、R3 暂存部分积，高字节存放于 R2 中，R3 中存放低字节；R1 用于暂存中间结果的进位。

首先分析计算的过程如下：

```
              a     b
         ×    c     d
     ------------------
             bdH   bdL
       adH   adL
       bcH   bcL
 acH   acL
```

通过分析可以看出，两个16位无符号数的乘法运算可以转化为加法运算，先编制程序如下：

```
WORDMUL: MOV    A，R6      ；被乘数低8位进A
         MOV    B，R4      ；乘数低8位进B
         MUL    AB         ；乘数、被乘数低8位相乘
         MOV    @R0，A     ；低8位积保存bdL
         MOV    R3，B      ；高8位积bdH存入R3
         MOV    A，R7      ；被乘数高8位进A
         MOV    B，R4      ；乘数低8位进B
         MUL    AB         ；相乘
         ADD    A，R3      ；bdH+adL
         MOV    R3，A      ；
         MOV    A，B       ；
         ADDC   A，#00H    ；adH+CY
         MOV    R2，A      ；
         MOV    A，R6      ；
         MOV    B，R5      ；
         MUL    AB         ；相乘
         ADD    A，R3      ；bdH+adL+bcL
         INC    R0         ；积指针加1，指向下一单元
         MOV    @R0，A     ；积的8～15位保存
         MOV    R1，#0     ；R1清0
         MOV    A，R2      ；
         ADDC   A，B       ；adH+bcL+CY
         MOV    R2，A      ；暂存
         JNC    NEXT       ；无进位则转移
         INC    R1         ；有进位R1加1
NEXT:    MOV    A，R7      ；
         MOV    B，R5      ；
         MUL    AB         ；相乘
         ADD    A，R2      ；adH+bcH+acL
         INC    R0         ；指针加1
         MOV    @R0，A     ；积的16～23位保存
         MOV    A，B       ；
         ADDC   A，R1      ；
         INC    R0         ；
         MOV    @R0，A     ；积的24～31位保存
         RET
```

5. 多字节数除法

MCS-51单片机的指令系统中没有提供多字节数除法指令，所以在需要进行多字节数除法时，需要使用一定的算法来实现，最常用的方法是移位相减法。

使用移位相减法时，要先设定一个与被除数长度相同的存放余数的单元（使用前要先清零），同时设定一个存放被除数长度的位计数器。具体的实现过程如下：

1）被除数单元与余数单元中内容左移 1 位，然后用余数单元中内容减去除数。

2）如果够减，商取 1；如果不够减，商取 0。得到的商存放在被除数左移 1 位后空出的最低位。

3）重复第 1）、2）步骤，直到被除数中内容全部移入余数单元。

4）最终的计算结果的商存放于被除数单元中，余数存放在余数单元中。

例 4-13　试编制双字节除法程序。

假设被除数存放于 R7、R6 单元中，R6 存放低字节，R7 存放高字节；R5、R4 中存放除数，高字节在 R5 中，低字节在 R4 中；R3、R2 作为余数寄存器；R1 作为位计数器；R0 作为差值暂存寄存器；当除数为 0 时，通过置位 F0 用户标志位告知。

程序如下：

```
MDIV：    MOV    A，R5      ；
          JNZ    START      ；除数不为 0，转移
          MOV    A，R4      ；
          JZ     OVER       ；除数为 0，转移
START：   MOV    A，R7      ；
          JNZ    STARTN     ；被除数为 0，转移
          MOV    A，R6      ；
          JNZ    STARTN     ；被除数为 0，结束
          RET               ；
STARTN：  CLR    A          ；
          MOV    R2，A      ；余数单元清零
          MOV    R3，A      ；
          MOV    R1，#16    ；位计数器设置初值，即移位操作次数
DIVN：    CLR    C          ；CY 清零，准备左移
          MOV    A，R6      ；被除数低字节准备移位，送入 A 中
          RLC    A          ；带进位循环左移
          MOV    R6，A      ；移位结果送回低字节单元
          MOV    A，R7      ；被除数高字节准备移位，送入 A 中
          RLC    A          ；
          MOV    R7，A      ；
          MOV    A，R2      ；余数低字节准备移位
          RLC    A          ；
          MOV    R2，A      ；
          MOV    A，R3      ；余数高字节准备移位
          RLC    A          ；
          MOV    R3，A      ；
          MOV    A，R2      ；准备进行余数和减数的减法
          SUBB   A，R4      ；低字节先减
          MOV    R0，A      ；暂存减结果
          MOV    A，R3      ；高字节相减
          SUBB   A，R5      ；
          JC     CON        ；不够减，转移
```

```
        INC     R6          ；够减商加 1
        MOV     R3，A       ；差送入余数单元
        MOV     A，R0       ；
        MOV     R2，A；
CON：   DJNZ    R1，DIVN    ；判断 16 次左移是否结束，未完继续
DONE：  CLR     F0          ；置除数不为 0 标志
        RET                 ；
OVER：  SETB    F0          ；置除数为 0 标志
        RET                 ；
```

6. 平均值计算

例 4-14 编制程序，实现对双字节数据块平均值的计算。

数据块长度保存在 R0 中，计算平均值过程中的累加和的中间结果保存在 R4、R3 和 R2 中。由于所求平均值数据为 16 位数据，所以需要使用三个寄存器来保存其累加和结果，R4 保存高 8 位（发生进位时，表示进位情况），R2 保存低 8 位，R3 保存中间 8 位。数据块的首地址在 DPTR 中保存。

程序如下：

```
MAIN：  MOV     A，R0        ；数据块长度送入 A 中
        MOV     R1，A        ；数据块长度送入 R1 中
        CLR     A            ；清除 A 中内容，以便之后的计算使用
        MOV     R2，A        ；将存放累加和的 R2、R3 和 R4 内容清零
        MOV     R3，A        ；
        MOV     R4，A        ；
SUMA：  MOVX    A，@DPTR     ；读数据的高字节内容
        MOV     B，A         ；高字节内容暂存于 B 中
        INC     DPTR         ；数据指针指向数据的低字节地址
        MOVX    A，@DPTR     ；读数据的低字节内容
        INC     DPTR         ；数据指针指向下一个数据的高字节
        ADD     A，R2        ；计算数据累加和
        MOV     R2，A        ；低字节相加结果送入 R2
        MOV     A，B         ；暂存的高字节内容送回 A 中
        ADDC    A，R3        ；
        MOV     R3，A        ；高字节相加结果送入 R3 中
        JNC     AVR          ；判断有没有向前进位，如果没有，转向平均计算程序
        INC     R4；         ；发生进位，R4 中保存的累加和高 8 位内容加 1
AVR：   DJNZ    R1，SUMA     ；判断是否所有数据相加结束，未加完继续计算累加和
        LJMP    MDIV         ；计算 R4R3R2 除以 R1，平均值送入 R6、R5
        DONE
MDIV：          ……           ；计算平均值，结果送入 R6、R5 中，R6 中保存高 8 位
```

7. 双字节 BCD 数据加法

以 BCD 码形式表达的数据相加也是 MCS-51 单片机汇编语言程序设计中经常会用到的一种运算。在进行运算时主要应注意计算过程中的低字节相加向前进位及对每次加和结果的十进制调整。

例 4-15　在 40H、41H 和 42H、43H 中存放有两个双字节的 BCD 码形式的数据，计算累加和。

程序如下：

```
MOV     A, 40H      ；第一个加数低字节内容送入 A
ADD     A, 42H      ；两个加数的低字节内容相加，和送入 A 中
DA      A           ；对加和进行十进制调整
MOV     R0, A       ；调整过的低位加和送入 R0 中
MOV     A, 41H      ；第一个加数的高字节内容送入 A
ADDC    A, 43H      ；两个加数的高字节内容相加，和送入 A 中，考虑低位进位
DA      A           ；对加和进行十进制调整
MOV     R1, A       ；高位加和送入 A 中
XOR     A, A        ；A 内容清零
RLC     A           ；将高位相加后的进位标志送入 A 中
MOV     R3, A       ；进位状态送入 R3 中
```

4.3.2　排序和数据极值查找程序设计

1. 数据极值查找程序

这一类程序的功能是在指定的数据内找出最大值或最小值。能实现这一功能的方法有很多，其中最基本的是比较替换法。这种方法是以任意一个数据作为基准数据，将其他的数据与基准数据进行比较。在进行最大值查找时，如果基准数据较大，则保留原基准数据，如果基准数据较小，则用与之比较的数据替代原来的基准数据，直到指定数据内所有数据都比较完毕，基准数据就为需要查找的最大值。

例 4-16　在片内 RAM 区中存放了一组数据，数据存放的首地址存放在 R0 中，数据块的长度存放在 R2 中。查找出这组数据的最大值，并将最大值保存在 R3 中。

程序如下：

```
        MOV     R2, n       ；数据块长度
        MOV     A, R0       ；数据块首地址
        MOV     R1, A       ；
        DEC     R2          ；
        MOV     A, @R1      ；
LOOP:   MOV     R3, A       ；
        DEC     R1          ；
        CLR     C           ；
        SUBB    A, @R1      ；进行比较
        JNC     LOOP0       ；无借位，A 中数据较大
        MOV     A, @R1      ；有借位，A 中数据较小，交换
        SJMP    LOOP1       ；
LOOP0:  MOV     A, R3       ；
LOOP1:  DJNZ    R2, LOOP    ；比较是否结束
        MOV     @R0, A      ；存最大值
        RET                 ；
```

2. 数据排序程序

数据排序是指将一组数据按照某种大小顺序进行排列的过程。下面对最常用的排序方法——冒泡法进行介绍。

冒泡法的实现过程如下：

1）依次将相邻两个单元中的内容进行比较，如果两个数据符合排序所要求的大小关系，则不改变它们在内存中的位置；如果不符合，则交换它们的位置。反复进行这一过程，直到排序完成。

2）从理论上讲，要对一组长度为 N 的数据进行排序，需要进行 $N-1$ 轮步骤 1）的过程。

3）实际的排序过程可能比 $N-1$ 轮要少，比如当队列中某些数据的自然排列与排序要求相同时。这样，为了减少排序的时间，可以人为设置一个标志位，只要在比较过程中两数之间没有交换发生，则说明排序结束。

例 4-17 试对一组数据按从小到大的顺序进行排列，数据首地址为 30H，共 8 个数据。

程序如下：

```
        MOV     R6，#8       ；数据个数
        CLR     F0           ；交换标志
SORT：  DEC     R6           ；比较的次数
        MOV     R0，#30H     ；R0 指向数据首地址
        MOV     R1，#30H     ；R1 指向数据首地址
        MOV     A，R6        ；外循环计数
        MOV     R7，A        ；内循环计数
LOOP：  MOV     B，@R0       ；取数据
        INC     R0           ；
        MOV     A，@R0       ；
        CJNE    A，B，N1     ；比较
N1：    JNC     LESS         ；符合排序要求大小关系，不交换
        MOV     @R0，B       ；不符合排序要求，交换
        MOV     @R1，A       ；
        INC     R0           ；
        INC     R1           ；
        SETB    F0           ；置标志位
LESS：  DJNZ    R7，LOOP     ；内循环计数值减 1，进行下一次比较
        JBC     F0，SORT     ；外循环计数值减 1，进行下一次比较
```

3. 字符查找程序

字符的存储是以字符所对应的 ASCII 编码的形式实现的，所以查找字符的过程是在字符的编码存放区搜索是否存在与目标编码相同的数据。

例 4-18 已知由 40H 地址处开始，存放有 64 个字符所对应的 ASCII 编码数据，试查找其中是否有“&”字符，如果有这个字符，将其序号送入 20H 单元中，否则将 20H 单元清零。

程序如下：

```
        ORG     0200H
```

```
       MOV    R0，#40H          ；数据区首地址送入 R0
       MOV    R5，#40H          ；数据长度送入 R5
       MOV    20H，#00H         ；保存结果单元内容清零
CMP1： MOV    A，@R0            ；取数据
       CJNE   A，#26H，LOOP     ；将取到的数据与“&”字符所对应的 ASCII 码 26H 比较，如
                                  果不相同则转移
       SJMP   DONE              ；找到相同数据，转移至结束部分，此时 20H 中已经保存了查
                                  找到的字符所在的单元序号
LOOP： INC    R0                ；将数据区地址指向下一个数据
       INC    20H               ；修改序号
       DJNZ   R5，CMP1          ；判断是否完成对 64 个数据的比较
       MOV    20H，#00          ；全部数据比较完，未找到相同数据，将 20H 内容清零
DONE： AJMP   $                 ；查找结束
       END
```

字符查找程序多用于关键字的查找，可按照上例中给出的方法进行扩展应用，同样可以实现对字符串的查找。

4.3.3　查表程序设计

MCS-51 单片机应用程序设计中，查表也是经常会用到的一种操作。查表对于缩短代码长度、提高程序效率具有很大的帮助。MCS-51 单片机的指令系统中提供了以下两条查表指令：

MOVC　A，@A+DPTR

MOVC　A，@A+PC

这两条指令的功能完全相同，但实际使用中有一些差别。

1）MOVC　A，@A+DPTR：数据表格一般存放在程序存储器中。首先，使用 MOV 指令将需要查询的表的首地址送入 DPTR 中；然后，将需要查询的表的项数通过 MOV 指令送入累加器 A 中；最后使用 MOVC A，@A+DPTR 指令，将被查询表中对应的项的内容送入累加器 A 中。

2）MOVC　A，@A+PC：对数据表格的查询也可以通过 PC 来进行。这时，表格的首地址为当前 PC 值，需要查询的项数仍通过 MOV 指令送入 A 中。

使用这条指令进行查表时，表格的地址范围受到限制。由于 PC 与 DPTR 不同，不能通过指令进行直接修改，所以这条指令的查询范围只能在该指令后 00H～0FFH 内；而且表格的大小也比较小。

以上两条指令中，被查询表格的项数是通过累加器 A 中的内容确定的。A 的长度为 8 位，这决定了所能查询表格的项数最大只能为 256。如果出现表格项数比较大（超过 256）的情况，只能通过对 DPTR 中的内容进行变换的方法来实现对这种表格的查询。

例 4-19　试使用查表指令，实现数字 0～9 的二次方值计算。将数字 0～9 存放在累加器 A 中。

程序如下：

```
ADD       A，#01H                ；加入偏移量，由程序看出 PC 值未指向表格的首地
```

```
                                    址处而是指向 RET 指令地址的
MOVC      A，@A+PC                  ；
RET                                 ；
DB        00H，01H，04H，09H，10H   ；
DB        19H，24H，31H，40H，51H   ；
```

例 4-20 试编写对 11×21 矩阵的查表程序。

11×21 矩阵共有 231 个元素，所以查表程序的关键在于确定被查询元素在表格中所在的位置。可以通过下式对偏移量进行计算：

BASE ADDR =（21×INDEX _ I）+INDEX _ J

式中，INDEX _ I 为元素所在矩阵行，INDEX _ J 为其所在列。

程序如下：

```
         INDEX_I   EQU    R6        ；元素所在行 0～10
         INDEX_J   DATA   23H       ；元素所在列 0～20
MATRIX： MOV       A，INDEX_I       ；
         MOV       B，#21           ；
         MUL       AB               ；21×INDEX_I
         ADD       A，INDEX_J       ；计算偏移量
         INC       A                ；偏移量加 1，因为 PC 值未指向表格首地址
         MOVC      A，@A+PC         ；
         RET                        ；
BASE：   DB        1                ；元素（0，0）
         DB        2                ；元素（0，1）
         ……                         ；
         DB        21               ；元素（0，20）
         DB        22               ；元素（1，0）
         ……                         ；
         DB        42               ；元素（1，20）
         ……                         ；
         DB        231              ；元素（10，20）
```

在 MCS-51 单片机的程序设计中，经常需要实现对特定数据查找，下面的例子实现的功能就是在数据表中查找特定的内容。

例 4-21 在 ROM 中特定区域的数据表格查找指定的目标数据。

需要查找的指定数据保存在 A 中，表格首地址保存在 DPTR 中，表格的长度保存在 R0 中。如果找到指定数据，则将其序号送入 A 中；如果没有找到指定数据，则置进位标志位为 1。

程序如下：

```
START：   CLR    C           ；清进位标志位
          MOV    B，A        ；待查找目标数据送入 B 中暂存
          MOV    R1，#0      ；R1 中为数据在表内的地址偏移量，指向第一个数据
          MOV    A，R0       ；数据长度送入 A 中
          MOV    R2，A       ；数据长度送入 R2 中暂存
```

```
SEARCH:   MOV    A, R1            ; 将表中第一个数据的偏移量送入 A 中
          MOVC   A, @A+DPTR       ; 取出表中第一个数据
          XRL    A, B             ; 将表中第一个数据与目标数据对比
          JNZ    SEARCH1          ; 异或结果不为零，说明不相同，继续比较下一个数据
          MOV    A, R1            ; 异或结果为零，说明相同，将序号送入 A 中
          AJMP   DONE             ; 转向结束
SEARCH1:  INC    R1               ; 修改数据表内偏移地址，指向下一个数据
          DJNZ   R2, SEARCH       ; 判断是否所有数据对比结束?
          SETB   C                ; 没找到相同数据，置位进位标志位
DONE:     END
```

在此程序基础上进行修改即可实现对指定的目标数据块的查找。

4.3.4 数据的拼拆和转换程序设计

1. 数据拼拆程序

例 4-22 试将片内 RAM 中 30H 的内容拆分为两段，每段 4 位，将拆分后的两部分分别存入 40H 和 41H 中。

程序如下：

```
MOV    R0, #40H    ;
MOV    A, 30H      ;
ANL    A, #0FH     ;
MOV    @R0, A      ;
INC    R0          ;
MOV    A, 30H      ;
SWAP   A           ;
ANL    A, #0FH     ;
MOV    @R0, A      ;
```

例 4-23 设片内 RAM 的 40H 和 45H 单元中各有一 8 位数据，试将 40H 中内容的低 3 位和 45H 中内容的低 5 位进行拼接，结果送入 50H 单元中。

首先将 45H 中内容的高 3 位屏蔽，然后将 40H 中内容的高 5 位屏蔽，半字节交换后左移 1 位，再与 45H 中的内容拼接，转存到 50H 单元中。

程序如下：

```
MOV    A, 45H          ;
ANL    A, #00011111B   ;
MOV    45H, A          ;
MOV    A, 40H          ;
ANL    A, #00000111B   ;
SWAP   A               ;
RL     A               ;
ORL    A, 45H          ;
MOV    50H, A          ;
```

2. 码制转换程序

在实际的单片机应用程序设计中，经常会遇到码制转换的问题。下面对常见的转换程序

编制方法进行说明。

例 4-24 单字节二进制数据转换为 BCD 码数据。

通常采用将二进制数除以 1000、100、10，所得商即为千位、百位、十位的数值，余数为个位。

程序如下：

```
MOV    B, #100      ；除数 100 送入 B
DIV    AB           ；
MOV    R1, A        ；百位送 R3，余数在 B 中
MOV    A, #10       ；分离十位和个位数
XCH    A, B         ；余数送入 A，除数 10 在 B 中
DIV    AB           ；分离出十位在 A，个位在 B
SWAP   A            ；十位数交换到 A 的高 4 位
ADD    A, B         ；十位数和个位数加和送入 A
```

例 4-25 1 位十六进制数（4 位二进制数）转换为 ASCII 码。

1 位十六进制数的范围是 0～F，转换可按照下面的原则进行：

1）当二进制数小于 9 时，将它加上 30H 即可得到对应的 ASCII 代码。

2）当二进制数大于 9 时，将它加上 37H 即可得到对应的 ASCII 代码。

程序如下：

```
        MOV    A, R1      ；
        ANL    A, #0FH    ；
        ADD    A, #0F6H   ；保证大于 10 的数会进位
        JNC    LOOP       ；无进位，小于 10，加 30H 即可
        ADDC   A, #07h    ；有进位，需要加 37H
LOOP:   ADDC   A, #30H    ；
        MOV    R1, A      ；转换结果送回 R1
        RET
```

习　题

4-1 MCS-51 单片机汇编语言程序设计步骤有哪些？

4-2 MCS-51 单片机汇编语言程序设计的常见程序结构有哪些种？

4-3 程序运行过程中，发生子程序调用时，主程序与子程序之间的参数传递有哪些方式？

4-4 伪指令是什么？它与汇编指令之间有什么区别？

4-5 汇编语言源程序的机器汇编过程是什么？

4-6 已知内部 RAM 由 3CH 单元开始的存储区中连续存放了 8 个数据，试编制程序计算其累加和。

4-7 试编制程序，将片内由 40H 单元开始存放的 16 个数据传送至片外 RAM 中由 3000H 开始的单元中。

4-8 试编制程序，对任意给定的一个 8 位二进制数据中“1”的个数是奇数个还是偶数个进行判断。

4-9 已知外部 ROM 由 2000H 地址处开始，连续存放了数字 0～9 的二次方值，试使用查表指令编制程序，将存放在 R0 中的数字（0～9）所对应的二次方值查询出来，并将查询到的二次方值结果送入累加器 A 中。

4-10 已知两个 4 位的十六进制数，分别存放在 R0、R1、R2 和 R3 中。其中 R0 存放第一个数的高 2

位，R1 存放第一个数的低 2 位；R2 中存放第二个数的高 2 位，R3 中存放第二个数的低 2 位。试编制程序计算这两个数据之差，并将结果送至 R4、R5 保存，R4 存放结果的高 2 位。

4-11　试编制程序，将内部 RAM 中以 Block1 为首地址的 32 个单元中的内容送至外部 RAM 的以 Block2 为首地址的 32 个单元中。

4-12　已知 3 字节无符号二进制数存放于 R0、R1、R2 中，作为被除数；另有 1 字节无符号二进制数存放于 R4 中，作为除数。试编制除法运算程序，商放于 R5、R6 中。

4-13　已知被除数为 4 字节有符号数，存放于 R0、R1、R2、R3 中；除数为 2 字节有符号数，存放于 R4、R5 中。试编写程序，进行除法运算，商送至 R6、R7 中保存。

4-14　试编制程序，实现对 4 字节无符号数的开二次方操作。被开方数存放于 R0、R1、R2、R3 中，二次方根结果放于 R4、R5 中。

4-15　已知在 R1、R2 中存放有两个字节的十六进制整数，试编制程序将其转换为双字节 BCD 码整数。

4-16　试编写程序，将单字节十六进制小数转换为单字节 BCD 码小数。

4-17　已知一单字节十六进制有符号数据块，DPTR 指向其首地址处，数据的个数在 R1 中，试编制程序寻找数据块中的最大值和最小值，分别送入 R2、R3 中。

4-18　试编写程序，实现多字节 BCD 数据整体左移十进制 1 位的操作。

第 5 章　MCS-51 单片机的中断系统

MCS-51 单片机经常被用于实时检测、控制系统中，这要求单片机具有很好的实时处理能力，这一功能主要是依靠中断技术来实现的。

本章将对 MCS-51 单片机的中断系统的工作原理及应用方法进行介绍。

5.1　中断系统概述

中断是一个过程，当 CPU 正在处理某项任务时，在外部或内部发生某个紧急事件，需要 CPU 马上进行处理，这时与这个紧急事件相关的部件会向 CPU 发出一个请求，CPU 接到请求之后会马上停止当前的工作，转去处理发生的紧急事件。处理结束后，CPU 会返回继续执行被中止的工作。

用来实现中断功能的部件就是中断系统，发出中断请求者被称为中断源。中断技术在 MCS-51 单片机中的使用，大大提高了 CPU 实时事件的处理能力和工作效率。

MCS-51 单片机的中断系统中有五个中断源。各中断优先级可控，这样在发生多个中断源同时发出中断请求的时候，可以根据各中断源的优先级来确定各中断响应的顺序；同时，MCS-51 的中断系统还支持中断嵌套，也就是说当 CPU 正在响应某个中断时，如果发生了其他比当前中断优先级高的中断，CPU 会终止当前中断处理转去处理优先级更高的中断，完成后再返回继续执行被终止的中断处理。

5.2　中断系统的结构

MCS-51 单片机的中断系统的结构如图 5-1 所示。由图可见，MCS-51 单片机的中断系统中有五个中断源、四个中断控制寄存器（IE、IP、TCON 和 SCON），可实现二级中断嵌套操作。

5.3　中断源

前面已经提到，MCS-51 单片机有五个中断源，它们分别是：

1）$\overline{\text{INT0}}$：外部中断请求 0，由$\overline{\text{INT0}}$（P3.2）引脚输入，中断请求标志为 IE0。

2）$\overline{\text{INT1}}$：外部中断请求 1，由$\overline{\text{INT1}}$（P3.3）引脚输入，中断请求标志为 IE1。

3）T0：定时器/计数器 0 溢出中断请求，中断请求标志位为 TF0。

4）T1：定时器/计数器 1 溢出中断请求，中断请求标志位为 TF1。

5）TXD/RXD：串行口中断请求，中断请求标志为 TI 或 RI。

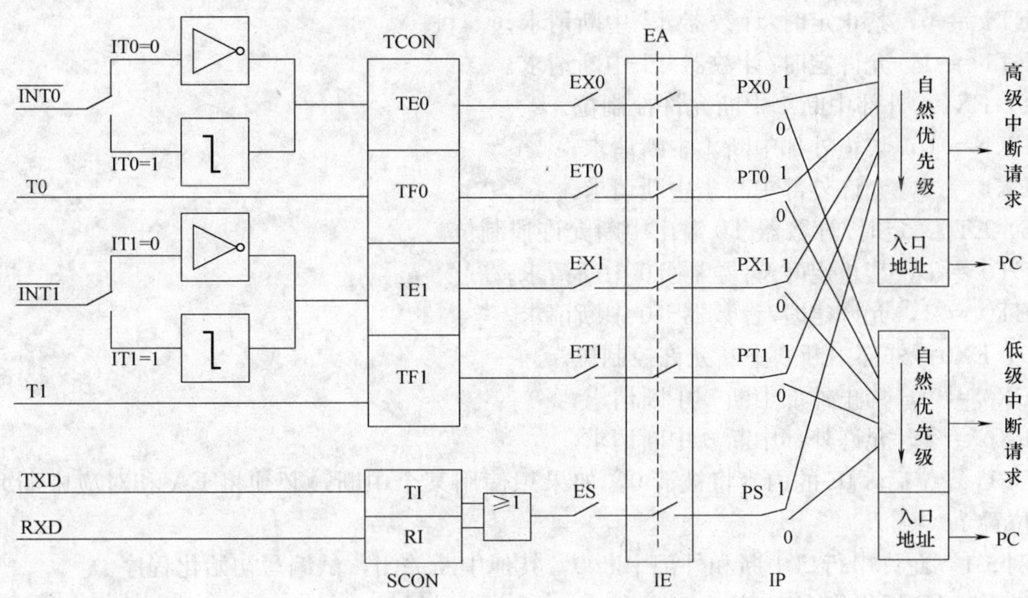

图 5-1　MCS-51 单片机的中断系统的结构

5.4　中断控制

MCS-51 单片机中断系统的中断控制是通过四个控制寄存器实现的，本节将对各寄存器的功能进行说明。

5.4.1　中断允许控制寄存器 IE

中断允许控制寄存器 IE 的功能主要是对各中断源进行开放和屏蔽。IE 的字节地址为 A8H，可进行位寻址。IE 的格式如图 5-2 所示。

位地址	AFH	AEH	ADH	ACH	ABH	AAH	A9H	A8H
IE（A8H）	EA			ES	ET1	EX1	ET0	EX0

图 5-2　中断允许控制寄存器 IE 的格式

IE 对中断的开放和关闭可以实现两级控制。第一级控制是通过中断总允许位 EA 实现的，当 EA 被置 0 时，所有中断都被屏蔽；第二级控制是通过各中断源对应的中断允许位来实现的，当某个允许位被置 0 时，其所对应的中断被屏蔽；置 1 时，对应的中断开启。下面对 IE 中各位的功能进行介绍。

1）EA：中断总允许控制位。

EA = 0，屏蔽所有中断请求；

EA = 1，开放所有中断请求。

2）ES：串行口中断允许控制位。

ES = 0，禁止串行口中断请求；

ES = 1，允许串行口中断请求。

3）ET1：定时/计数器 T1 溢出中断允许控制位。

ET1 = 0，禁止定时/计数器 T1 中断请求；

ET1 = 1，允许定时/计数器 T1 中断请求。

4）EX1：外部中断 1 中断允许控制位。

EX1 = 0，禁止外部中断 1 中断请求；

EX1 = 1，允许外部中断 1 中断请求。

5）ET0：定时/计数器 T0 溢出中断允许控制位。

ET0 = 0，禁止定时/计数器 T0 中断请求；

ET0 = 1，允许定时/计数器 T0 中断请求。

6）EX0：外部中断 0 中断允许控制位。

EX0 = 0，禁止外部中断 0 中断请求；

EX0 = 1，允许外部中断 0 中断请求。

CPU 复位后，IE 的内容将被清 0，如果想使用某个中断，必须将 EA 和对应中断允许控制位置 1。

例 5-1 允许串行口中断和外部中断 0，其他中断关闭，试编写初始化程序。

1）使用位操作指令实现：

```
CLR    EX1     ；关闭外部中断 1
CLR    ET0     ；关闭定时/计数器 0 溢出中断
CLR    ET1     ；关闭定时/计数器 1 溢出中断
SETB   EX0     ；允许外部中断 0
SETB   ES      ；允许串行口中断
SETB   EA      ；开总中断
```

2）使用字节操作指令实现：

```
MOV    IE，#91H
```

或

```
MOV    0A8H，#91H
```

5.4.2 中断优先级控制寄存器 IP

MCS-51 单片机的中断系统有两级优先级控制，各中断源都可通过程序设置为高优先级和低优先级。优先级的控制是通过对 IP 中断的各位进行设置实现的，其格式如图 5-3 所示。IP 的字节地址为 B8H，可位寻址。

位地址	BFH	BEH	BDH	BCH	BBH	BAH	B9H	B8H
IP（B8H）				PS	PT1	PX1	PT0	PX0

图 5-3 中断优先级控制寄存器 IP 的格式

IP 中的低 5 位可以实现对各中断源优先级的控制，各位的含义如下：

1）PS：串行口中断优先级控制位。

PS = 1，串行口中断被设置为高中断优先级；

PS = 0，串行口中断被设置为低中断优先级。

2）PT1：定时/计数器 1 溢出中断优先级控制位。

PT1 ＝ 1，定时/计数器 1 溢出中断被设置为高中断优先级；

PT1 ＝ 0，定时/计数器 1 溢出中断被设置为低中断优先级。

3）PX1：外部中断 1 中断优先级控制位。

PX1 ＝ 1，外部中断 1 被设置为高中断优先级；

PX1 ＝ 0，外部中断 1 被设置为低中断优先级。

4）PT0：定时/计数器 0 溢出中断优先级控制位。

PT0 ＝ 1，定时/计数器 0 溢出中断被设置为高中断优先级；

PT0 ＝ 0，定时/计数器 0 溢出中断被设置为低中断优先级。

5）PX0：外部中断 0 中断优先级控制位。

PX0 ＝ 1，外部中断 0 被设置为高中断优先级；

PX0 ＝ 0，外部中断 0 被设置为低中断优先级。

当 CPU 正在执行一个高级中断时，不会理会后面发生的低级中断；但执行低级中断的过程中，如果发生高级中断，CPU 会终止当前低级中断的执行，转去执行高级中断。这是通过两个不可寻址的优先级触发器实现的：一个触发器表示 CPU 是否正在执行高级中断，如果是，则后来的中断都被阻止；另一个触发器表示某个低级中断正在被执行，这时如果再发生同级的中断都会被阻止，但不会阻止高级中断。

在实际使用中，存在多个同级中断同时发出请求的情况，这时 CPU 会响应哪个中断时由各中断源的自然优先级顺序决定的，其顺序见表 5-1。

例 5-2 通过对 IP 寄存器内容的设置，使外部中断 1、串行口中断为高优先级，其他中断为低优先级。

1）使用位操作指令实现：

```
SETB    PS     ；串行口中断为高优先级
SETB    PX1    ；外部中断 1 为高优先级
CLR     PX0    ；其他中断源为低优先级
CLR     PT0    ；
CLR     PT1    ；
```

2）使用字节操作指令实现：

```
MOV    IP，#14H
```

或

```
MOV    B8H，#14H
```

表 5-1 各中断源自然优先级顺序

中 断 源	自然优先级顺序
外部中断 0	高
定时/计数器 0 溢出中断	↓
外部中断 1	
定时/计数器 1 溢出中断	
串行口中断	低

5.4.3 中断请求标志寄存器

1. 定时/计数器控制寄存器 TCON

TCON 为定时/计数器的控制寄存器，同时对 T0、T1、外部中断 0 和外部中断 1 的中断标志进行锁存。TCON 的字节地址为 88H，可进行位寻址。通过对 TCON 的操作，可以对 T0 和 T1 进行控制，并可以获知除串行口中断外其他中断是否发生，其格式如图 5-4 所示。

位地址	8FH	8EH	8DH	8CH	8BH	8AH	89H	88H
IP（88H）	TF1		TF0		IE1	IT1	IE0	IT0

图 5-4 定时/计数器控制寄存器 TCON 的格式

图 5-4 中各位的含义如下：

1）TF1：定时/计数器 1 溢出中断请求标志位。启动定时/计数器 1 后，T1 会从初值开始加 1 计数，计数溢出后，硬件自动将 TF1 置“1”，向 CPU 申请中断；CPU 响应中断时会将 TF1 清零。

2）TF0：定时/计数器 0 溢出中断请求标志位。功能与 TF1 类似。

3）IE1：外部中断 1 的中断请求标志位。当有中断请求通过外部引脚 1 输入被检测到之后，硬件自动置 IE1 为“1”，CPU 响应中断后，自动清零。

4）IT1：外部中断 1 触发方式控制位。

IT1 = 0，电平触发方式，外部中断 1 引脚上的有效输入请求信号为低电平；

IT1 = 1，边沿触发方式，外部中断 1 引脚上的有效输入请求信号为从高向低的跳沿。

5）IE0：外部中断 0 的中断请求标志位。功能与 IE1 类似。

6）IT0：外部中断 0 触发方式控制位。功能与 IT1 类似。

2. 串行口控制寄存器 SCON

SCON 是用来实现对串行口控制的寄存器，只是用了 8 位中的 2 位，字节地址为 98H，可位寻址，其格式如图 5-5 所示。

位地址	9FH	9EH	9DH	9CH	9BH	9AH	99H	98H
IP（98H）							TI	RI

图 5-5 串行口控制寄存器 SCON 的格式

图 5-5 中各位的含义如下：

1）TI：串行口发送中断请求标志位。CPU 利用串行口向外发送数据是通过向发送缓冲器 SBUF 写数据实现的，数据写入 SBUF 的同时启动一帧数据的发送。这一帧数据发送完成后，通过硬件置 TI 为 1。CPU 响应串行口中断时，不会对TI自动清零，所以需要在中断服务程序中通过软件将它清零。

2）RI：串行口接收中断请求标志位。CPU 利用串行口接收数据时，每接收完一帧数据，通过硬件置 TI 为 1。与 CPU 对 TI 的操作类似，CPU 响应中断后不会自动对 RI 进行清零，也需要在中断服务程序中通过软件将它清零。

5.5　中断响应过程

CPU 接受中断源发出的中断请求称为中断响应。不是所有的中断请求都会被 CPU 立即接受，必须要满足以下条件：

1）有中断请求发出。

2）中断总允许控制位 EA 为 1，即 CPU 开总中断。

3）发出中断请求的中断源的对应中断允许控制位有效，即提出请求的中断源没有被屏蔽。

4）发出中断请求的同时，没有相同优先级或更高优先级的中断正在被服务。

5）当前指令周期结束，这是为了保证当前执行的指令的完整执行，也就是说，CPU 只有在当前指令执行完时才会去响应中断请求。

6）当前执行指令为 RETI 或者对 IE、IP 访问的指令时，CPU 也不会立即响应中断请求。因为执行这类指令后，需要再执行一条与之相邻的指令，之后才会响应中断请求。

满足以上条件后，CPU 会进入中断响应过程，进行下面的操作：

1）根据中断源优先级的高低，置位相应的优先级生效触发器。

2）对断点进行保护，当前 PC 值送入堆栈保存。

3）清除可清除的中断请求标志位。

4）将被响应的中断服务程序入口地址送入 PC，程序转向中断服务程序执行。

MCS-51 单片机中断源的服务程序的入口地址是固定的，见表 5-2。

表 5-2　中断服务程序的入口地址

中　断　源	中断服务程序的入口地址
外部中断 0	0003H
定时/计数器 T0 溢出中断	000BH
外部中断 1	0013H
定时/计数器 T1 溢出中断	001BH
串行口中断	0023H

从表 5-2 中的数据可以看出，相邻两个入口地址的间隔只有 8 个字节，一般很难放入一个中断服务程序，所以通常在入口地址处放入一条无条件转移指令，转移地址指向中断服务程序的地址，使程序转向真正的中断服务程序处继续运行。

5.6　外部中断的响应时间

中断的响应时间指的是 CPU 检测到中断请求信号后转到中断服务程序入口所需要的时间，通常以时间周期的形式进行表达。在实时测控系统设计中，了解中断的响应时间是非常重要的。

下面针对外部中断的响应时间进行分析，其最短响应时间为 3 个机器周期，最长响应时间为 8 个机器周期。

在每个机器周期的 S5P2 期间，外部中断引脚的输入电平状态被锁存进 TCON 中。如果有外部中断申请有效信号，IE0 或 IE1 会被置位。CPU 会在下一个机器周期对这些位的状态进行查询。如果 CPU 当前指令恰好执行到最后一个机器周期，下一个机器周期将对中断进行响应。响应中断后，CPU 会使用一条长调用 LCALL 指令，将程序转向中断服务程序入口地址处。LCALL 为一条双机器周期指令，所以从外部中断请求有效开始到 CPU 响应中断并转至终端服务程序入口地址处，至少需要 3 个机器周期。

如果中断响应的过程中发生了一些特殊情况，响应的时间会相应地延长。例如，CPU 当前正在执行 RETI 指令或者访问 IE、IP 的指令时，需要在完成当前指令之后再执行完与之相邻的下一条指令，才能进行中断响应；如果恰好需要执行的指令是乘法指令或除法指令，会消耗掉 4 个机器周期的时间。加上 RETI 指令或访问 IE、IP 的指令需要 1 个机器周期的时间，执行调用指令需要 2 个机器周期，另外查询中断请求需要 1 个机器周期的时间，所以外部中断的响应时间最长可达 8 个机器周期。

当然，上面讨论的只是在系统中只有一个中断源起作用的情况，如果发生中断的嵌套，可能会耗费更多的时间。

5.7 外部中断的触发方式选择

MCS-51 单片机的外部中断有两种触发方式，即电平触发方式和边沿触发方式。对触发方式的设置是通过对 TCON 寄存器中的 IT0 和 IT1 的置位及清零完成的。

1. 电平触发方式

当 IT0/IT1 被置 0 时，外部中断的触发方式被设定为电平触发方式。CPU 在每个机器周期的 S5P2 期间对外部中断请求引脚的输入电平进行采样，若外部输入为低电平，则置外部中断标志位 IE0/IE1 为高电平，CPU 对外部中断进行响应。

这种触发方式适用于外部中断输入为低电平，且中断服务程序可以清除外部中断源的情况下。如果不能将外部中断源清除，CPU 从中断响应中返回后，外部中断输入仍为低电平，这样就会再引发一次外部中断的响应过程。这种情况通常需要使用外部电路将外部中断源清除。

2. 边沿触发方式

当 IT0/IT1 被置 0 时，外部中断的触发方式被设定为边沿触发方式，也称为跳沿触发方式或沿触发方式。CPU 在每个机器周期的 S5P2 期间对外部中断请求引脚的输入电平进行采样，若在相邻两个机器周期内，前一个周期为高电平，后一个周期为低电平，即出现了跳沿，这时将置外部中断标志位 IE0/IE1 为高电平，CPU 对外部中断进行响应。

边沿触发方式特别适用于以脉冲形式输入的外部中断请求信号。在这种方式下，在外部请求信号出现负跳变之后，就会对标志位进行置 1，只有 CPU 响应中断后，才会将中断请求标志位清零，这样不会丢中断。同时，输入请求的有效负跳变必须要保持 12 个机器周期，才可能被 CPU 采样到，这样可以较好地避免误触发的发生。

5.8 中断请求的撤销

正常情况下，某个中断请求被 CPU 响应之后，就应该将中断请求撤销，以避免造成中断操作的误触发。下面就中断请求的撤销方法进行说明。

1. 外部中断请求的撤销

外部中断请求的触发方式有电平触发方式和边沿触发方式两种，所以中断请求的撤销方法也有两种。

（1）电平触发方式下中断请求的撤销　电平触发方式下，中断请求标志位在中断被响应后自动被清除，但是输入请求信号（低电平）可能仍然存在。这样的话，这个低电平信号可能会引起下一次中断响应。为了在中断响应之后将输入请求信号电平拉至无效电平（高电平），一般会借助外部电路。图 5-6 给出了一种可以实现这一功能的电路。

图 5-6 中加入了一个 D 触发器，可以看出，它的加入对输入请求信号没有影响；但是，当中断被响应之后，可以从 P1.1 输出一个负脉冲，使 D 触发器的输出置 1，这样就完成了对输入请求信号的撤销功能。

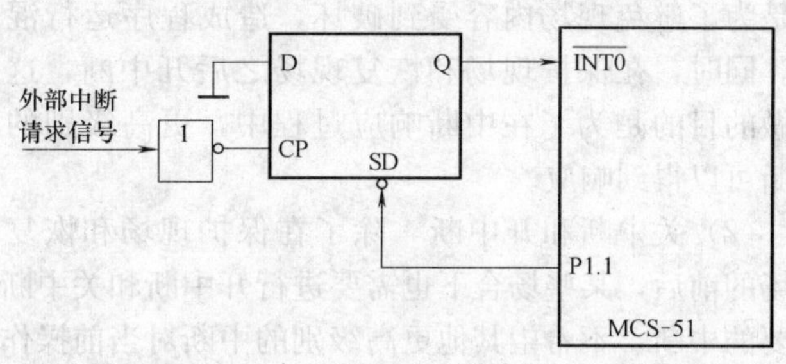

图 5-6　电平触发方式下外部中断请求信号撤销电路

（2）边沿触发方式下中断请求的撤销　在边沿触发方式下，中断请求的撤销是自动的。中断响应后，中断请求标志位会自动被清除；同时，负跳变信号在出现后也消失了。所以，这种方式下的外部中断请求信号的撤销是自动的。

2. 定时/计数器溢出中断请求的撤销

定时/计数器溢出中断请求也是自动撤销的，在中断请求被响应后，中断请求标志会被自动清除。

3. 串行口中断请求的撤销

串行口中断请求被响应后，对两个中断标志位不能自动清零，所以串行口中断请求的撤销只能采用软件设置的方法。具体地说，需要在中断服务程序中，人为设置清除标志位的指令才能实现中断请求的撤销。例如：

```
CLR    TI    ；清发送标志位
CLR    RI    ；清接收标志位
```

5.9 中断服务程序的设计

中断服务程序是根据中断源的具体要求来进行某种中断处理的。一般情况下，需要完成现场保护和为中断源服务的功能。下面将就中断服务程序设计的相关问题进行说明。

1. 中断服务程序的流程

MCS-51 单片机对中断源的请求响应后，就将进入中断服务程序。中断服务程序的流程如图 5-7 所示。

(1) 保护现场和恢复现场　保护现场是指在进行中断服务前，将某些寄存器或存储单元中的内容放入堆栈中进行保存。这样做的理由在于，这些被压入堆栈中的内容可能是中断响应前执行的主程序的一些关键数据或中间运行结果。如果在中断服务中，这些内容发生了变化，中断响应结束返回主程序后，可能导致程序无法正常运行。所以保护现场必须在中断服务之前进行。

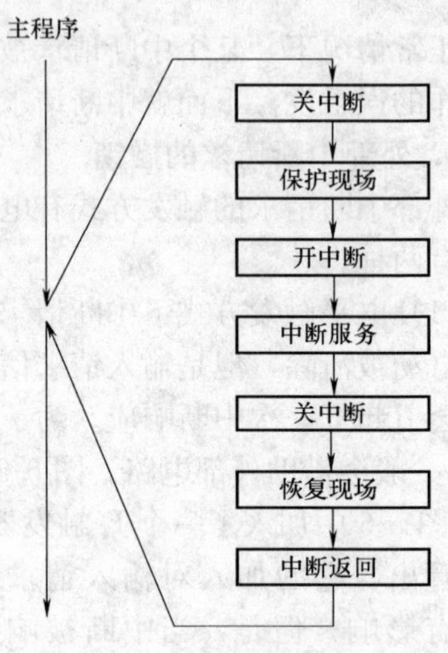

图 5-7　中断服务程序的流程

恢复现场是指在中断服务结束后，将在堆栈中保存的现场内容弹出，恢复寄存器或者存储单元中的原有内容，以使返回后的主程序能够正常运行。

请注意，在保护现场和恢复现场之前应关中断，这是为了避免现场内容受到破坏，造成程序运行混乱。同时，在保护现场和恢复现场之后开中断，这样做的目的是为了在中断响应过程中，更高级别的中断可以得到响应。

(2) 关中断和开中断　除了在保护现场和恢复现场的前后，某些场合下也需要进行开中断和关中断的操作。例如，当前正在处理一个比较重要的中断，不希望其他更高级别的中断对当前操作产生影响，这时需要通过软件的方式将其他中断的请求都屏蔽掉；执行完当前中断服务后，再通过软件的方式将其他中断打开。

(3) 中断返回　中断服务程序中，不能缺少返回指令 RETI，它是中断服务程序结束的标志。执行这条指令时，将清除中断响应时置位的优先级触发器，同时将堆栈中的断点弹出，恢复中断响应前的 PC 值。

例 5-3　以下为一个典型中断服务程序。

```
INTX:  CLR    EA     ; 关总中断
       PUSH   PSW    ; 保护现场
       PUSH   A      ;
       SETB   EA     ; 开总中断
       ……            ; 中断服务程序
       CLR    EA     ; 关总中断
       POP    A      ; 恢复现场
       POP    PSW    ;
       SETB   EA     ; 开总中断
       RETI          ; 中断返回，恢复断点
```

2. 中断程序举例

含有中断服务程序的完整单片机应用程序的形式如下：

```
       ORG     0000H
       LJMP    MAIN
       ORG     0003H
       LJMP    INT0_S
```

```
        ORG     000BH
        LJMP    T0_S
        ORG     0013H
        LJMP    INT1_S
        ORG     001BH
        LJMP    T1_S
        ORG     0023H
        LJMP    SER_S
        ORG     0030H
MAIN:
 初始化程序如下：
LOOP:
；循环体
        LJMP    LOOP
INT0_S:
……
        RETI
T0_S:
        ……
        RETI
INT1_S:
        ……
        RETI
T1_S:
        ……
        RETI
SER_S:
        ……
        RETI
```

在含有中断服务程序的完整单片机应用程序的编写中应注意以下几点：

（1）主程序起始地址　单片机复位后，PC 值为 0000H，程序将从 0000H 处开始执行。0003H、000BH、0013H、001BH、0023H 处为中断服务程序入口地址。所以在 0000H 开始的几个字节中，一般放入一条无条件转移指令，指向主程序的地址，一般主程序从 0003H 处开始；五个中断入口地址的间隔只有 8 个字节，所以无法放入一段完整的中断服务程序，也应该放入无条件转移指令，指向真正的中断服务程序地址。

（2）主程序的初始化内容　这部分主要是对单片机内部部件进行初始工作状态设定。

（3）中断服务程序的编写　编写中断服务程序的过程中，应明确是否需要保护现场；对于无法自动清除的标志位，应采用软件方式进行清除；保护现场和恢复现场会使用 PUSH 和 POP 这两条堆栈操作指令，注意这两条指令一定是成对出现，否则无法保证中断程序的正确返回。

5.10 多个外部中断源系统设计

MCS-51 单片机仅为用户提供了两个外部中断源。如果有多个外部中断请求源时，系统的资源不够用，这就需要对外部中断源进行扩充。

对 MCS-51 单片机外部中断源的扩充方法主要有中断查询法和使用定时/计数器作为外部中断源两种。

1. 中断查询法

这种外部中断源的扩展是通过$\overline{INT0}$或$\overline{INT1}$引脚实现的，具体电路如图 5-8 所示。图中使用$\overline{INT0}$对外部中断源进行扩展，四个外部中断请求源用 OC 门与$\overline{INT0}$引脚连接，同时还连接到 P1.0～P1.3 上。这样，无论四个外部中断源中的哪一个外设输出高电平有效的中断请求信号，$\overline{INT0}$引脚上都会接收到低电平信号，进而 CPU 会进行一次中断响应。为了确定究竟是哪一个外设发出了中断请求，可以判断 P1.0～P1.3 上的逻辑电平。

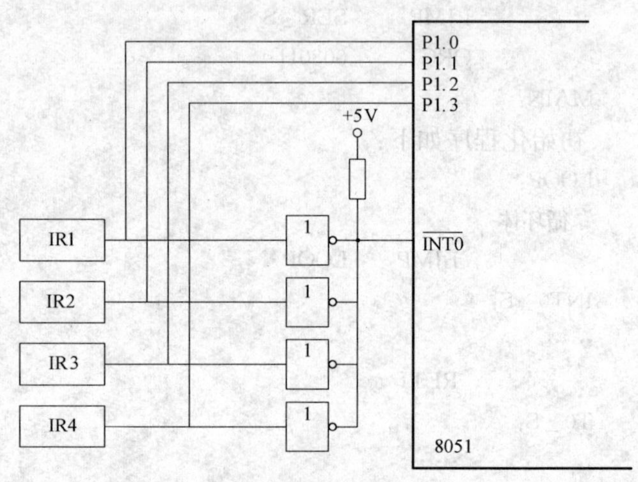

图 5-8 中断查询方式多外部中断源电路

参考中断服务程序如下：

```
        ORG     0003H
        LJMP    INT0
        ......
INT0:   PUSH    PSW             ；保护现场
        PUSH    A
        JB      P1.0，IR_1      ；若 P1.0 引脚为高电平，IR1 发出中断请求，转移至 IR_1 处
        JB      P1.1，IR_2      ；若 P1.1 引脚为高电平，IR2 发出中断请求，转移至 IR_2 处
        JB      P1.2，IR_3      ；若 P1.2 引脚为高电平，IR3 发出中断请求，转移至 IR_3 处
        JB      P1.3，IR_4      ；若 P1.3 引脚为高电平，IR4 发出中断请求，转移至 IR_4 处
INT0R:  POP     A               ；恢复现场
        POP     PSW
        RETI                    ；中断返回
IR_1:   ......                  ；IR1 中断服务程序
        LJMP    INT0R           ；返回 INT0R
IR_2:   ......                  ；IR2 中断服务程序
        LJMP    INT0R           ；返回 INT0R
IR_3:   ......                  ；IR3 中断服务程序
        LJMP    INT0R           ；返回 INT0R
IR_4:   ......                  ；IR4 中断服务程序
        LJMP    INT0R           ；返回 INT0R
```

2. 使用定时/计数器作为外部中断源

当定时/计数器工作在计数模式下时，如果在它的外部输入引脚上有负跳变出现，计数值加 1。这样，就可以利用定时/计数器作为外部中断源使用，计数满后会产生定时/计数器溢出中断，这样相应的中断请求标志位 TF0 或 TF1 将被置 1，它就可以作为外部中断的中断请求标志使用，使用时只需将外部中断源接到对应的 T0/T1 外部引脚上即可。

例 5-4　将定时/计数器 T0 设定为方式 2 外部计数工作模式，将 TH0 和 TL0 的初值均设为 0FFH，这样只要有一个负跳变在外部输入引脚出现就会产生溢出中断。初始化程序如下：

```
            ORG     0000H
            LJMP    T0_INI
T0_INI:     MOV     TMOD, #06H       ; 设置 T0 工作模式
            MOV     TL0, #0FFH       ; 设置计数初值
            MOV     TH0, #0FFH       ;
            SETB    TR0              ; 启动 T0，开始计数
            SETB    ET0              ; 允许 T0 中断
            SETB    EA               ; 开总中断
```

5.11 中断编程实例

例 5-5　图 5-9 中给出了一个利用外部中断 0 进行按键位置判断的实用电路。图中，四个按键分别连接到 P1.4～P1.7 上，四个按键位置指示发光二极管分别连接到 P1.0～P1.3 上。要求 CPU 通过读入 P1.4～P1.7 的状态，判断哪个按键被按下。然后通过 P1.0～P1.3 对四个发光二极管进行驱动，以指示按键的具体位置。按键未被按下时，通过 I/O 口读入的状态为高电平。当输入状态由高变低，说明有按键被按下，这时通过 P1.0～P1.3 输出低

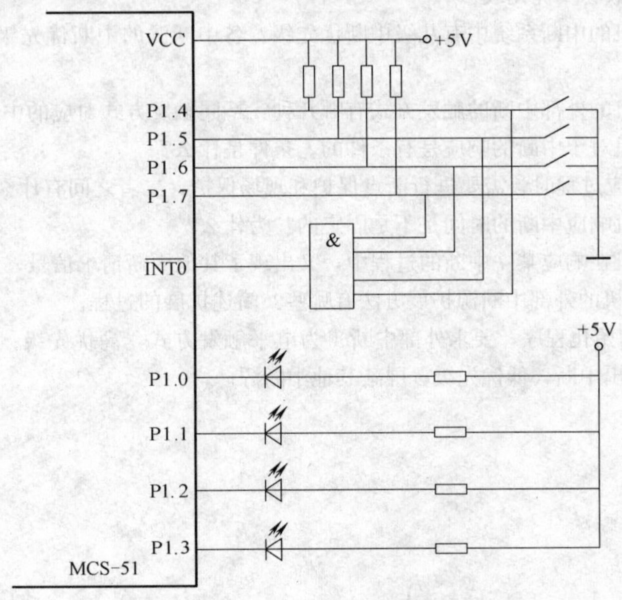

图 5-9　例 5-5 外部中断 0 的应用

电平，对应位置发光二极管点亮。

外部中断 0 的触发方式选择边沿触发，参考程序如下：

```
        ORG     0000H       ;
        LJMP    MAIN        ;
        ORG     0003H       ;
        LJMP    INDIC       ;
        ORG     0030H       ;
MAIN：  SETB    EX0         ；允许INT0
        SETB    IT0         ；选择边沿触发方式
        SETB    EA          ；开总中断
WAIT：  SJMP    WAIT        ；等待中断

        ORG     0400H
INDIC： MOV     A，#0F0H    ；为 P1 口初始化用 11110000B
        MOV     P1，A       ；P1.4～P1.7 为输入
        MOV     A，P1       ；读取按键状态
        SWAP    A           ；
        MOV     P1，A       ；驱动发光二极管
        RETI
        END
```

习　题

5-1　什么是中断？为什么在 MCS-51 单片机中引入中断系统？

5-2　什么是中断源？MCS-51 单片机提供几个中断源？各中断源的入口地址是多少？各中断源引发的中断所对应的中断标志位有哪些？它们所代表的意思是什么？又是如何被置位和清除的？

5-3　什么是中断的嵌套及优先级？

5-4　MCS-51 单片机的中断系统中有几级中断优先级？各中断源的中断优先级顺序如何？优先级的控制是如何实现的？

5-5　MCS-51 单片机的外部中断的触发方式有哪几种？不同触发方式对应的中断处理过程有何不同？

5-6　MCS-51 单片机对于中断的响应是有条件的，条件是什么？

5-7　在执行中断响应过程时，需要进行断点保护和现场保护，二者之间有什么区别？

5-8　MCS-51 单片机响应中断的时间是不是固定的？为什么？

5-9　MCS-51 单片机在响应某一中断的过程中，又出现了其他中断请求信号，应该如何处理？

5-10　MCS-51 单片机的外部中断源扩展方法有哪些？简述扩展的过程。

5-11　试编写中断初始化程序，要求外部中断 1 为电平触发方式，高优先级；外部中断 0 为边沿触发方式，高优先级；T1 溢出中断，低优先级；屏蔽其他中断源。

第 6 章　MCS-51 单片机的定时/计数器

实时系统一般要具备定时和计数的功能。在测量和控制的过程中，经常需要系统完成定时控制、定时扫描、定时输出、延时和对外部事件计数等功能。

MCS-51 单片机内部有两个 16 位定时/计数器——T0、T1。这两个定时/计数器都是 16 位加 1 计数器，都可以通过人为设定工作在计数器模式或定时器模式。MCS-51 单片机的定时/计数器具有四种工作方式，通过两个控制寄存器对工作模式和工作方式进行设定。本章中将对 MCS-51 单片机的定时/计数器进行介绍。

6.1　定时/计数器概述

6.1.1　定时/计数器的结构

MCS-51 单片机的定时/计数器结构如图 6-1 所示。从图中可以看出：

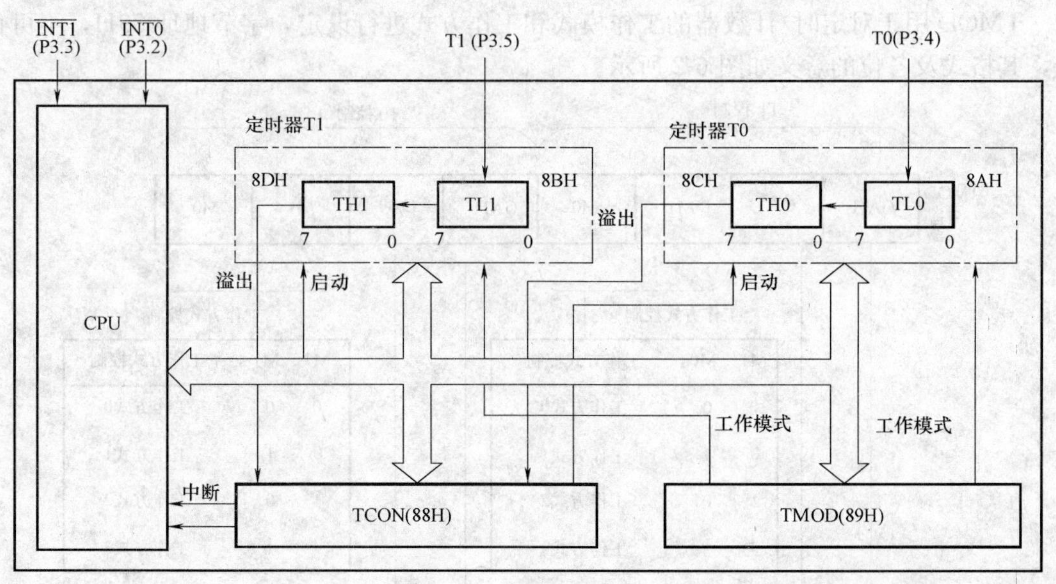

图 6-1　MCS-51 单片机的定时/计数器结构

1）定时/计数器 T0 是由 TH0 和 TL0 两个 8 位的特殊功能寄存器组成的，定时/计数器 T1 是由 TH1 和 TL1 两个 8 位的特殊功能寄存器组成的。

2）特殊功能寄存器 TMOD 用于对定时/计数器的工作方式和工作模式进行选择。

3）特殊功能寄存器 TCON 用于控制定时/计数器的启动和停止，并保存定时/计数器的状态。

6.1.2 定时/计数器的工作模式

MCS-51 单片机的定时/计数器有两种工作模式，定时模式和计数模式。由于 T0 和 T1 的实质都是 16 位加 1 计数器，所以两种工作模式没有本质的区别。二者之间的区别在于计数的对象不同，定时模式下，计数的对象是内部时钟；而计数模式下，计数的对象是外部事件。

1）定时器工作模式：定时/计数器的定时功能是通过计数实现的。计数的对象是内部时钟信号进行 12 分频后的脉冲，即每个机器周期会产生一个计数脉冲。每个机器周期，定时/计数器的计数值加 1，直至发生溢出为止。

2）计数器工作模式：当定时/计数器工作在计数器模式时，是对外部事件进行计数，即对通过 P3.5、P3.4 引脚输入的外部脉冲进行计数。当检测到外部脉冲信号的下降沿时，计数器的计数值加 1，直至发生溢出为止。

6.1.3 定时/计数器的控制

MCS-51 单片机定时/计数器的控制是通过两个特殊功能寄存器实现的，即 TMOD 和 TCON。

1. 工作模式控制寄存器 TMOD

TMOD 用于对定时/计数器的工作模式和工作方式进行设定，字节地址 89H，不可位寻址，其格式及各位的意义如图 6-2 所示。

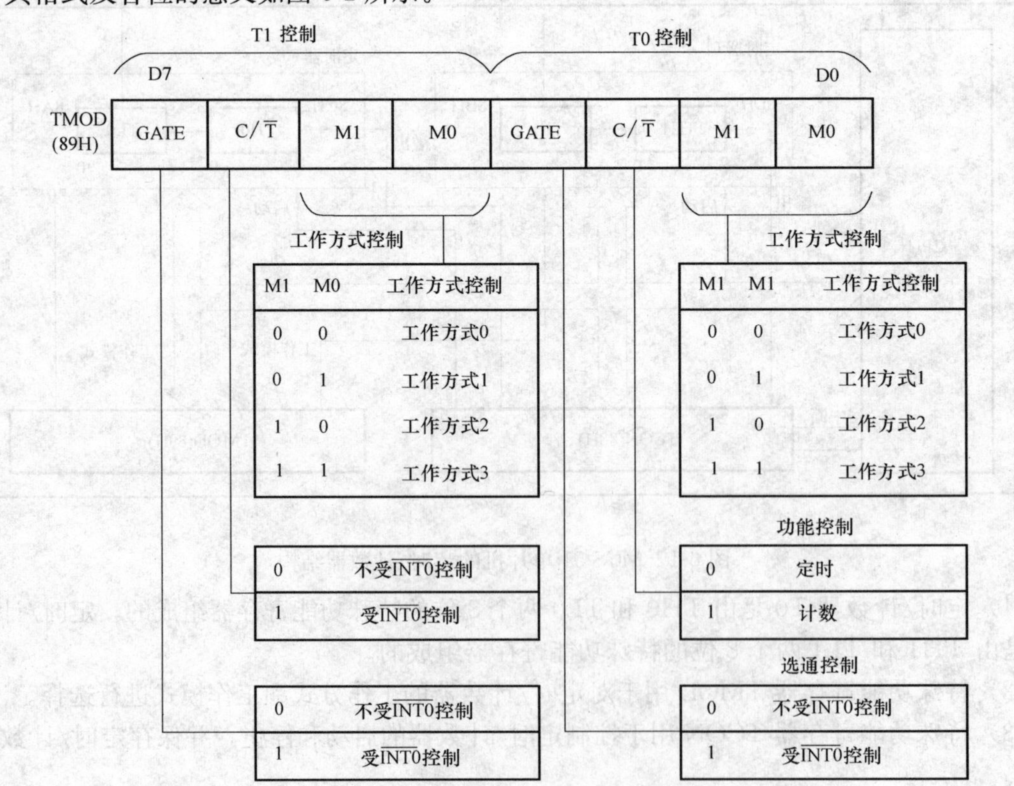

图 6-2 TMOD 的格式及各位的意义

从图 6-2 中可以看出，TMOD 的高半字节是用于 T1 的设置，而低半字节是用于 T0 的设置。下面就各位的功能进行说明：

1）GATE：门控位。

GATE＝0 时，只要将 TR0 或者 TR1 通过软件置 1，就可以启动定时/计数器的运行；

GATE＝1 时，定时/计数器的运行受到外部中断引脚上的电平控制，只有当$\overline{\text{INT0}}$或$\overline{\text{INT1}}$引脚上为高电平时，对 TR0 或 TR1 进行置 1，才能启动定时/计数器的运行。利用这一特性，可以对外部中断引脚上的正脉冲宽度进行测量。

2）C/$\overline{\text{T}}$：工作模式选择位。

C/$\overline{\text{T}}$＝0 时，定时/计数器工作在定时模式下，对内部时钟信号进行计数；

C/$\overline{\text{T}}$＝1 时，定时/计数器工作在计数模式下，对外部输入脉冲信号进行计数。

3）M1、M0：工作方式选择位。通过 M1、M0 两位的编码组合，对四种工作方式进行选择，见表 6-1。

表 6-1　M1、M0 编码及其功能

M1	M0	工 作 方 式
0	0	方式 0，13 位定时/计数器
0	1	方式 1，16 位定时/计数器
1	0	方式 2，8 位初值自动重载定时/计数器
1	1	方式 3，T0 分为两个 8 位计数器，T1 停止计数

2. 控制寄存器 TCON

TCON 的格式如图 6-3 所示，其字节地址为 88H，可位寻址。

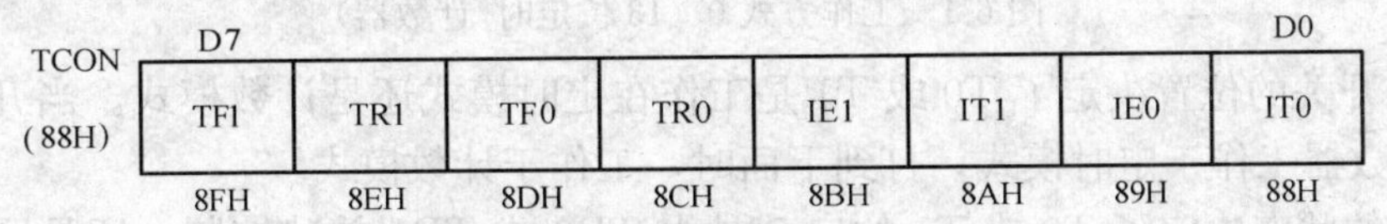

图 6-3　控制寄存器 TCON 的格式

TCON 中的低 4 位用于中断控制，在第 5 章中已作过介绍，这里只对它的高 4 位的功能进行介绍。

1）TF1：定时/计数器 T1 溢出标志位。当定时/计数器 T1 计数溢出时，通过硬件将 TF1 置 1。

在中断方式下，CPU 会将此位当做中断请求标志位，在 CPU 进入中断响应后会自动对 TF1 清 0；而在查询方式下，CPU 只将此位作为一个状态位进行查询，这时 TF1 不会自动清 0，需要用软件进行清除。

2）TR1：定时/计数器 T1 运行控制位。可通过软件对 TR1 进行置 1 或清 0 操作实现对定时/计数器的启动和停止的控制。

TR1＝1，启动定时/计数器 T1；

TR1＝0，停止定时/计数器 T1。

3）TF0：定时/计数器 T0 溢出标志位，功能与操作同 TF1。

4）TR0：定时/计数器 T0 运行控制位，功能与操作同 TR1。

6.2 定时/计数器的工作方式

MCS-51 单片机的定时/计数器有四种工作方式，对四种工作方式的选择是通过对 TMOD 中 M1、M0 位的状态设定实现的。下面对四种工作方式进行说明。

6.2.1 工作方式 0

定时/计数器工作在方式 0 时，是一个 13 位的定时/计数器。它是由 THX 和 TLX 的低 5 位组成的，如图 6-4 所示。

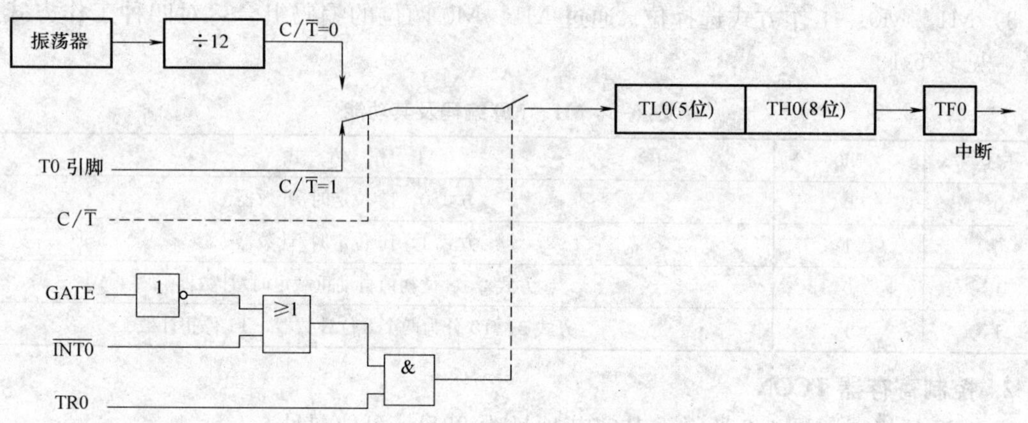

图 6-4 工作方式 0（13 位定时/计数器）

C/$\overline{T}$位开关的位置决定了 T0 或 T1 是工作在定时模式还是计数模式。当开关打到上面时，定时计数器工作于定时模式；打到下面时，工作于计数模式。

GATE 的状态决定了 T0 或 T1 的启动是由 TR0 或 TR1 单独控制，还是同时要受外部中断引脚状态的控制。

在工作方式 0 下，当定时/计数器工作于定时模式时，定时时间为

$$t=(2^{13}-\text{初值})\times\text{振荡周期}\times 12$$

工作于计数模式时，计数长度为 2^{13}。

工作方式 0 与下面将要介绍的工作方式 1 非常类似，但在工作方式 1 下，定时/计数器是一个 16 位的定时/计数器，所以经常会用工作方式 1 替代工作方式 0。

6.2.2 工作方式 1

工作方式 1 与工作方式 0 相类似，区别主要在于，工作方式 1 时，定时/计数器是一个 16 位的定时/计数器。从图 6-5 可以看出，在这种方式下 THX 和 TLX 的全部 16 位都参与定时/计数器的工作。

在这种工作方式下，定时/计数器工作在定时模式时的定时时间为

$$t=(2^{16}-\text{初值})\times\text{振荡周期}\times 12$$

工作于计数模式时，计数长度为 2^{16}。

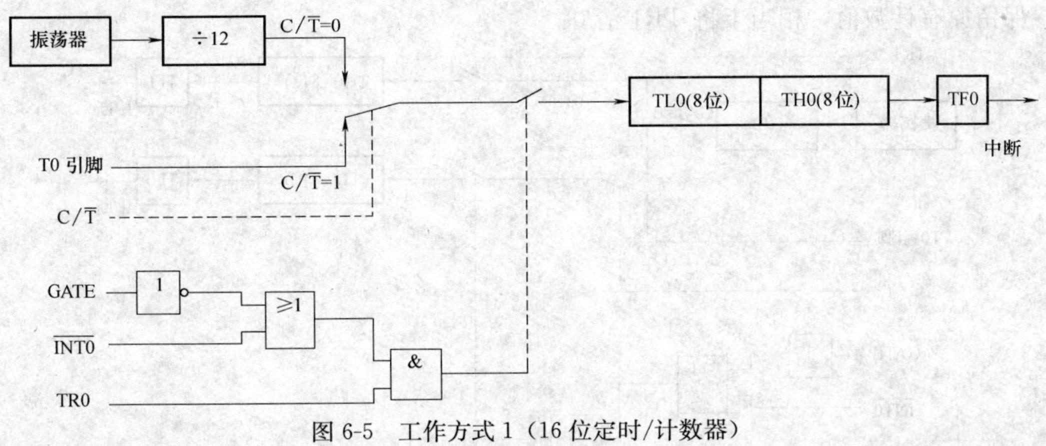

图 6-5　工作方式 1（16 位定时/计数器）

6.2.3　工作方式 2

定时/计数器在工作方式 2 时，是 8 位初值自动重载的定时/计数器。这时，以 TL0 或 TL1 作为 8 位的定时/计数器使用，TH0 或 TH1 中存放用于自动重载的初值，如图 6-6 所示。

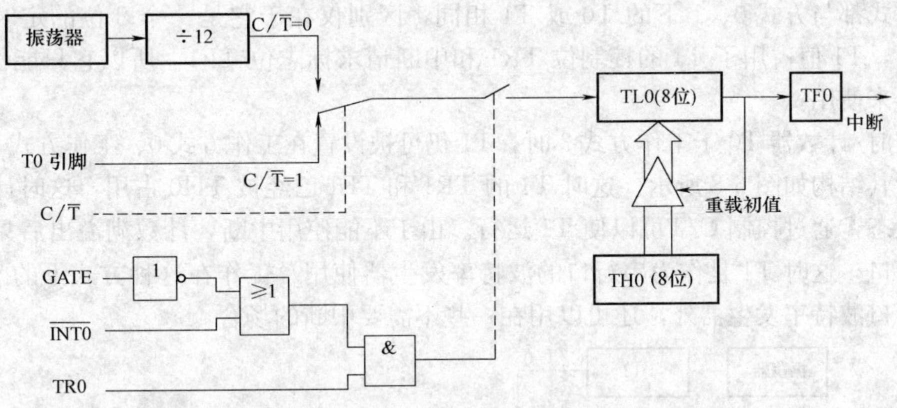

图 6-6　工作方式 2（8 位初值自动重载的定时/计数器）

工作方式 2 与前两种工作方式的不同主要在于，工作方式 0 或工作方式 1 在计数满溢出后，计数器为 0。如果需要循环定时或计数时，就必须通过软件进行反复的初值装载。这样，程序的编写将比较麻烦，同时定时或计数的精度也无法得到有效的保证。而在方式 2 的情况下，计数满溢出后会将 THX 中的计数初值自动装入 TLX 中，继续计数。

所以，这种工作方式可以省去编写初值重载的程序，可以产生相当精确的定时时间。由于这一特性，它经常被用于串行口波特率发生器。在工作方式 2 下，当定时/计数器工作在定时模式时，定时时间为

$$t = (2^8 - \text{初值}) \times \text{振荡周期} \times 12$$

工作在计数模式下，最大计数长度为 2^8。

6.2.4　工作方式 3

定时/计数器的工作方式 3 只适用于定时/计数器 T0，这时 T0 的 TH0 和 TL0 会作为两个独立的 8 位定时/计数器来使用。如果定时/计数器 T1 被设定为工作方式 3，T1 会停止计

数，保留原有计数值，相当于将 TR1 清 0。

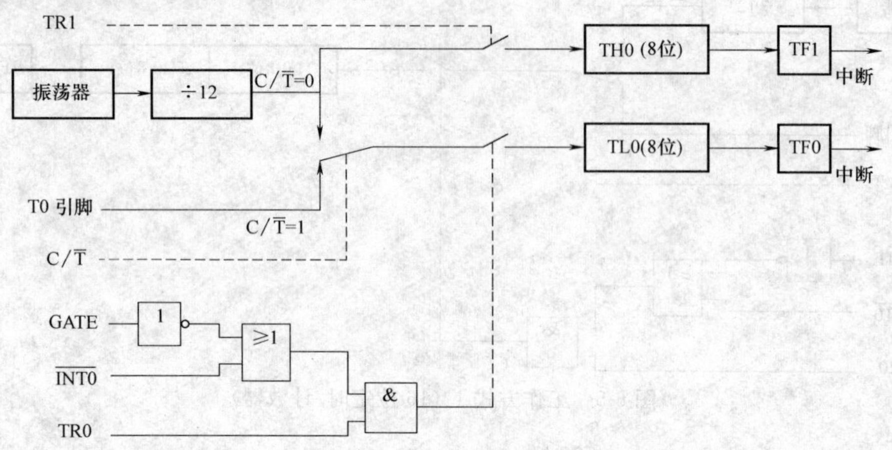

图 6-7　T0 工作在方式 3（两个 8 位定时/计数器）时的结构

工作方式 3 下的 T0 的结构如图 6-7 所示。从图中可以看出，TL0 占用了 T0 原有的 C/$\overline{T}$、GATE、TR0、TF0 和外部输入引脚 T0 及外部中断$\overline{INT0}$引脚，所以 TL0 的工作模式和工作方式都与方式 0、1 下的 T0 或 T1 相同，区别仅在于它是一个 8 位的定时/计数器。相比之下，T1 值占用了 T1 的控制位 TR1 和中断请求标志位 TF1，所以它只能作为一个 8 位定时器来使用。

当定时/计数器 T0 于工作方式 3 时，T1 仍可被设置在工作方式 0、工作方式 1、工作方式 2 下，其结构如图 6-8 所示。这时 T1 的 TR1 和 TF1 已经被 TH0 占用，这时计数开关处于导通状态，通过控制 C/$\overline{T}$可以使 T1 运行。由于不能使用中断，计数满溢出后只能将输出送入串行口，这时 T1 是作为串行口的波特率发生器使用。工作在这种方式下的 T0 除了可作为串行口波特率发生器外，还可以用在一些不需要中断的场合。

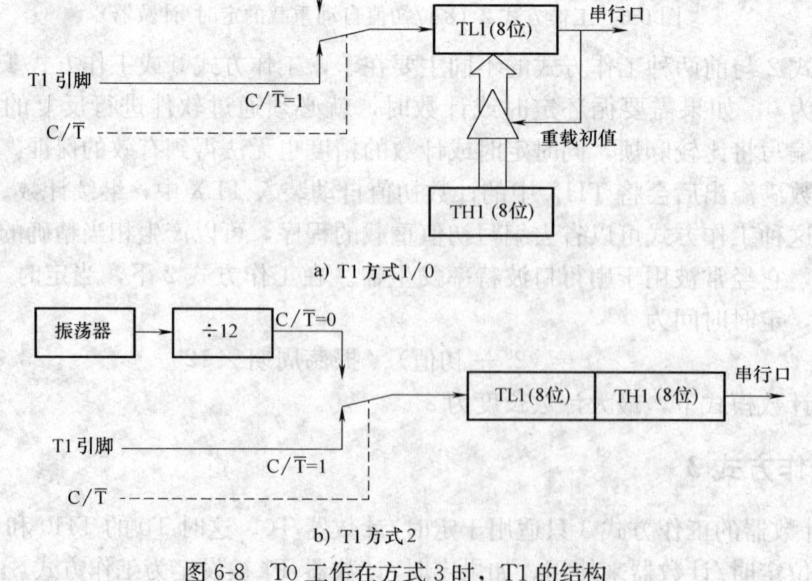

图 6-8　T0 工作在方式 3 时，T1 的结构

所以，一般只有当使用 T1 作为串行口波特率发生器时，才将 T0 设置在工作方式 3。

6.3 定时/计数器对输入信号的要求

MCS-51 单片机的定时/计数器有定时和计数两种工作模式，不同模式下对输入信号的要求也是不同的。

1. 定时工作模式

定时工作模式下，定时/计数器是对 12 分频后的内部时钟信号进行计数。每个机器周期使计数值加 1，直至溢出为止。此时，计数器的输入计数脉冲的周期与 CPU 的机器周期相同。当使用 12MHz 的晶体时，一个机器周期为 1μs，计数频率为 1MHz。定时时间的精度完全取决于晶体的振荡频率，如果需要进行分辨率较高的精确定时，应尽量选择振荡频率较高的晶体，同时晶体的稳定性也应该较好。

2. 计数工作模式

计数工作模式下，定时/计数器会对外部输入脉冲信号进行计数。当脉冲信号出现下降沿时，计数值加 1，直至溢出为止。对外部脉冲信号状态的采样是在每个机器周期的 S5P2 期间进行的。如果在相邻两个机器周期内，前一个机器周期脉冲信号的状态为 1，接下来的一个时钟周期脉冲信号的状态为 0，说明有下降沿出现，这样会对计数值加 1。加 1 以后新的计数值的装入是在下降沿出现后的下一个机器周期的 S3P1 期间。所以，确认一次下降沿的出现需要两个机器周期，即 24 个振荡周期。在这期间，外部脉冲信号的最高频率就被限定在振荡频率的 1/24。例如，系统采用 6MHz 的晶体时，外部脉冲的最大频率只能为 250kHz；选用 12MHz 晶体时，外部脉冲最大频率只能为 500kHz。

对于外部脉冲信号的占空比没有特殊要求，但为了确保某一电平在变化前能够被采样到，要求这一电平的持续时间至少是一个机器周期。对外部脉冲信号宽度的要求如图 6-9 所示，图中 T 为机器周期。

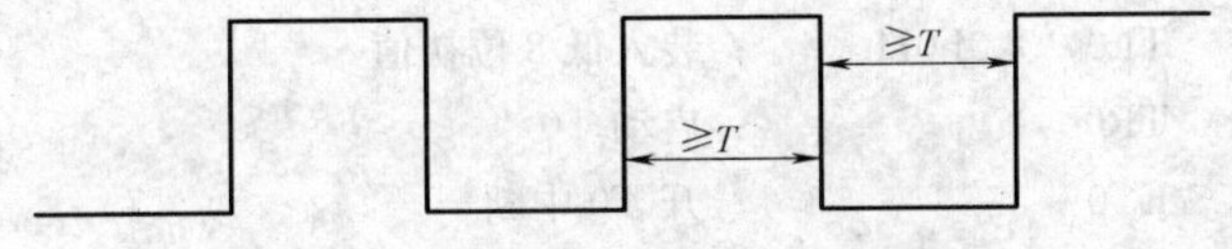

图 6-9 对外部脉冲信号宽度的要求

6.4 定时/计数器的应用

工作方式 0 与工作方式 1 类似，实际应用中一般不使用工作方式 0，而采用工作方式 1 代替。所以本节将不对工作方式 0 的应用进行单独介绍。

6.4.1 工作方式 1 的应用

例 6-1 使用定时器 T0 产生一个周期为 20ms 的方波，并通过 P1.0 输出。晶体振荡频率为 12MHz。

由已知，需要产生的方波的周期为 20ms，所以需要将定时器的定时时间设为 10ms。首

先，应该根据定时时间计算初值。根据工作方式 1 的定时时间公式

$$t=(2^{16}-\text{初值})\times\text{振荡周期}\times 12$$

可得

$$\text{初值}=2^{16}-\frac{t\times\text{振荡器频率}}{12}=2^{16}-\frac{t\times 10\times 10^{-3}\times 12\times 10^{6}}{12}$$
$$=65536-10000=55536=\text{D8F0H}$$

程序如下：

```
        MOV    TMOD，#01H    ；T0 选定定时模式，工作方式 1
        SETB   TR0           ；启动 T0
LOOP：  MOV    TH0，#0D8H    ；装入计数初值高 8 位
        MOV    TL0，#0F0H    ；装入计数初值低 8 位
HERE：  JNB    TF0，HERE     ；等待计数溢出
        CLR    TF0           ；产生溢出，清标志位
        CPL    P1.0          ；P1.0 输出取反
        SJMP   LOOP          ；
```

上面的程序是采用查询方式实现的方波信号输出，下面用中断的方法对程序进行编写：

```
        ORG    0000H         ；
        AJMP   MAIN          ；
        ORG    000BH         ；T0 中断入口地址
        AJMP   T0_S          ；转到中断服务程序
        ORG    0030H         ；
MAIN：  MOV    SP，#30H      ；设置堆栈栈顶位置
        MOV    TMOD，#01H    ；设置 T0 工作方式，工作模式
        ACALL  INI           ；调用初始化子程序
        AJMP   $             ；等待中断
INI：   MOV    TH0，#0D8H    ；装入高 8 位初值
        MOV    TL0，#0F0H    ；装入低 8 位初值
        SETB   TR0           ；启动 T0
        SETB   ET0           ；开 T0 中断
        SET    EA            ；开总中断
        RET                  ；初始化子程序返回
T0_S：  MOV    TH0，#0D8H    ；
        MOV    TL0，#0F0H    ；
        CPL    P1.0          ；P1.0 输出取反
        RETI                 ；中断服务程序返回
```

例 6-2 晶体振荡频率为 12MHz，编写程序通过定时/计数器实现 1s 的定时。

通过前面对工作方式 0 的介绍，可以计算出各种工作方式下的最大定时时间如下：

工作方式 0

$$t=(2^{13}-\text{初值})\times\text{振荡周期}\times 12=2^{13}\times 12\times\frac{1}{12\times 10^{6}}\text{s}=8.192\text{ms}$$

工作方式 1

$$t = (2^{16} - \text{初值}) \times \text{振荡周期} \times 12 = 2^{16} \times 12 \times \frac{1}{12 \times 10^6}\text{s} = 65.536\text{ms}$$

工作方式 2

$$t = (2^{8} - \text{初值}) \times \text{振荡周期} \times 12 = 2^{8} \times 12 \times \frac{1}{12 \times 10^6}\text{s} = 256\mu\text{s}$$

所以通过单独的一次定时是不可能完成 1s 定时功能的，只能采用多次连续定时的方式。这里，选择 T0，定时 50ms，连续定时 20 次。

首先计算初值

$$\text{初值} = 2^{16} - \frac{t \times \text{振荡器频率}}{12} = 2^{16} - \frac{50 \times 10^{-2} \times 12 \times 10^6}{12}$$
$$= 65\,536 - 50\,000 = 15\,536 = 3\text{CB0H}$$

程序如下：

```
        ORG     0000H           ;
        AJMP    MAIN            ;
        ORG     000BH           ; T0 中断入口地址
        AJMP    T0_S            ; 转到中断服务程序
        ORG     0030H           ;
MAIN:   MOV     SP, #30H        ; 设置堆栈栈顶位置
        MOV     B, #14H         ; 设置循环次数 20
        MOV     TMOD, #01H      ; 设置 T0 工作方式，工作模式
        MOV     TH0, #3CH       ; 装入高 8 位初值
        MOV     TL0, #0B0H      ; 装入低 8 位初值
        SETB    TR0             ; 启动 T0
        SETB    ET0             ; 开 T0 中断
        SET     EA              ; 开总中断
        SJMP    $               ; 等待中断
T0_S:   MOV     TH0, #3CH       ;
        MOV     TL0, #0B0H      ;
        DJNZ    B, LOOP         ; 判断 20 次定时是否结束
LOOP:   RETI                    ; 中断服务程序返回
```

6.4.2 工作方式 2 的应用

定时/计数器在工作方式 2 时，是一个可自动重载初值的 8 位定时/计数器，经常用于产生精确定时时间的场合。

例 6-3 当 T0（P3.4）外部引脚上的电平发生负跳变时，通过 P1.1 引脚输出一个 200μs 的脉冲，如图 6-10 所示。设 P3.4 上的负跳变间隔大于 200μs，试编程实现这一功能。

选择工作方式 2，先将工作模式定为计数，通过恰当地选择初值，可以在外部输入发生负跳变时即达到溢出，置位溢出标志；然后将工作模式定为定时，使 P1.1 的输出为低电平，在 200μs 定时结束后再将 P1.1 的输出恢复为高电平。

在编写程序之前，应计算计数初值和定时初值。

根据要求，只要外部引脚出现一个负跳变，T0 的计数就会发生溢出，所以计数初值应该为

$$2^8 - 1 = 255 = \text{FFH}$$

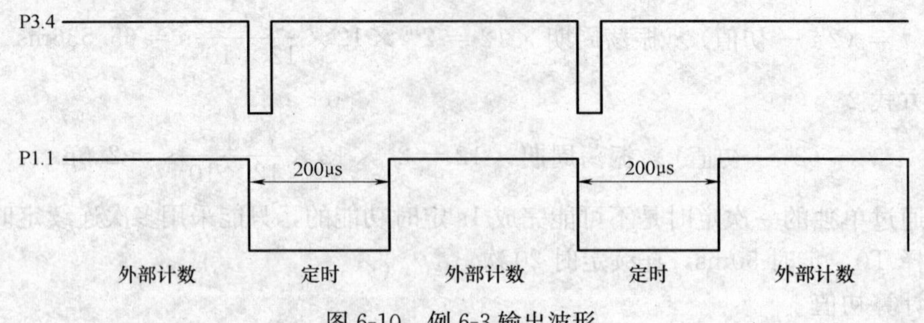

图 6-10 例 6-3 输出波形

定时初值可以由下面的公式计算得到：

$$初值 = 2^8 - \frac{t \times 振荡器频率}{12} = 2^8 - \frac{200 \times 10^{-6} \times 12 \times 10^6}{12} = 256 - 200 = 56 = 38H$$

程序编写如下：

```
START:   MOV    TMOD，#06H     ；设置 T0 为计数模式，工作方式 2
         MOV    TH0，#0FFH     ；置计数初值
         MOV    TL0，#0FFH     ；
         SETB   TR0            ；启动计数
WAIT1:   JBC    TF0，TIMER     ；检测是否有负跳变发生，有则转移到定时模式
         SJMP   WAIT           ；没有负跳变发生，等待
TIMER:   CLR    TR0            ；清除溢出标志
         MOV    TMOD，#02H     ；设置 T0 为定时模式，工作方式 2
         MOV    TH0，38H       ；置定时初值
         MOV    TL0，38H       ；
         CLR    P1.1           ；P1.1 输出置低
         SETB   TR0            ；启动定时
WAIT2:   JBC    TF0，CON_P     ；判断定时是否结束，结束转去将 P1.1 输出置高，返回计数
         SJMP   WAIT2          ；定时未结束，等待
CON_P:   SETB   P1.1           ；P1.1 输出置高
         CLR    TR0            ；清溢出标志位
         SJMP   START          ；返回计数
```

例 6-4 利用定时/计数器 T0 的工作方式 2 对外部脉冲信号计数，要求每计满 50 个数后将 P1.1 的输出取反。

这个计数过程是一个不断重复的过程，所以选择工作方式 2。这样每次计数满反转 P1.1 口输出后，可以自动将初值装入，为下一次的计数做准备。

首先，计算计数初值，根据下式可得初值

$$2^8 - 50 = 206 = CEH$$

程序如下：

```
MAIN:    MOV    TMOD，#06H    ；设置 T0 为计数模式下，工作方式 2
         MOV    TL1，#0CEH    ；装入计数初值
         MOV    TH1，#0CEH    ；
         SETB   ET0           ；开 T0 中断
         SETB   EA            ；开总中断
```

```
        SETB    TR0             ；启动 T0 计数
WAIT：  SJMP    WAIT            ；等待计满 50 次，计满后会产生中断
        ......
T0_S：  CPL     P1.1            ；P1.1 输出翻转
        RETI                    ；中断返回
```

6.4.3　工作方式 3 的应用

通过前面的介绍，只有 T0 可以工作在工作方式 3 下。当 T0 在工作方式 3 时，TH0 和 TL0 分别作为两个独立的定时/计数器使用，其中 TL0 可以作为定时/计数器，而 TH0 只能作为定时器来使用。这时，T1 仍然可以工作在工作方式 0、1、2，一般作为串行口波特率发生器使用。

例 6-5　某应用系统中，外部中断源都被占用，定时/计数器 T1 为工作方式 2，作为串行口波特率发生器使用。要求为系统增加一个外部中断源来实现对 P1.0 输出的控制，使 P1.0 输出频率为 5kHz 的方波（晶体振荡频率为 12MHz）。

在介绍中断系统时，提到了利用定时器对外部中断源进行扩展的方法。根据题目的要求，可以将定时/计数器 T0 设定在工作方式 3。这时 TL0 既可以作为定时器，也可以作为计数器使用。将 TL0 设定在计数模式下，如果将计数初值进行恰当的设置，一旦外部中断信号出现负脉冲，TL0 就发生溢出，这样就可以发出中断，这相当于为系统增加了一个边沿触发的外部中断源。检测到外部中断请求信号后，需要在 P1.0 口输出 5kHz 的方波信号，这时恰好可以利用 TH0 的定时功能。根据以上分析，可实现题目要求的功能。

首先计算 TL0 计数初值

$$2^8 - 1 = 255 = \text{FFH}$$

接着，计算 TH0 的定时初值

$$初值 = 2^8 - \frac{t \times 振荡器频率}{12} = 2^8 - \frac{100 \times 10^{-6} \times 12 \times 10^6}{12} = 256 - 100 = 156 = \text{9CH}$$

程序如下：

```
MAIN：      MOV     TMOD，#27H      ；T0 工作方式 3，T1 工作方式 2
            MOV     TL0，#0FFH      ；置 TL0 计数初值
            MOV     TH0，#9CH       ；置 TH0 定时初值
            MOV     TH1，#DATA      ；置 T1 初值，与其发出的波特率有关
            MOV     TL1，#DATA1     ；
            MOV     TCON，#55H      ；外部中断设为边沿触发，启动 T0、T1
            MOV     IE，#9FH        ；开全部中断
            ......                  ；TL0 中断服务程序
INT_TL0：   MOV     TL0，#0FFH      ；TL0 初值重载
            ......                  ；
            RETI                    ；TH0 中断服务程序
INT_TH0：   MOV     TH0，#9CH       ；TH0 初值重载
            CPL     P1.0            ；P1.0 输出翻转
            RETI
```

6.4.4 定时/计数器的综合应用

1. 门控位 GATE 的应用

门控位经常用于对脉冲宽度的测量，下面结合实例对测量的方法及编程方法进行说明。

例 6-6 试测量外部中断 0 引脚上出现的正脉冲的宽度。

这是门控位应用最广泛的一类问题。门控位的状态可以决定定时/计数器的启动是否受外部中断引脚的输入电平的影响。本题中，是对外部中断 0 引脚上的脉冲宽度进行测量，可以将 T0 对应的 GATE 位设为 1，这样 T0 的启动将受到外部中断 0 引脚电平状态和启动标志位的联合控制，只有当外部中断 0 引脚上出现高电平的同时 TR0 置 1 才能启动计数。

脉冲宽度测量的实现过程是，先将 T0 对应的 GATE 和 TR0 置 1，当外部中断 0 引脚上为高电平时，T0 开始计数；当外部中断 0 引脚上的电平变低时，计数停止；然后将计数值读出，与每次计数所需的时间相乘即可得到正脉冲的宽度。测量原理如图 6-11 所示。

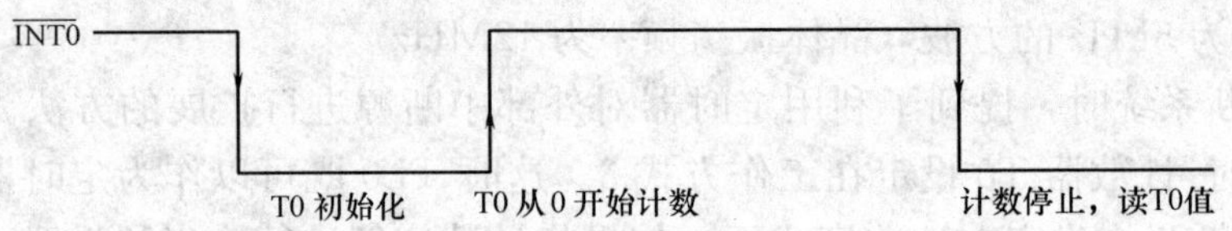

图 6-11 脉冲宽度测量原理

程序如下：

```
START:  MOV    TMOD, #09H    ; T0 工作方式 1，GATE 置 1
        MOV    TL0, #00H     ;
        MOV    TH0, #00H     ;
WAIT1:  JB     P3.2, WAIT1   ; 等待外部中断 0 的输入变低
        SETB   TR0           ; 置位 TR0，一旦外部中断 0 的输入变高，T0 启动
WAIT2:  JNB    P3.2, WAIT2   ; 等待正脉冲，开始计数
WAIT3:  JB     P3.2, WAIT3   ; 等待外部中断 0 输入变低
        CLR    TR0           ; 停止 T0 计数
        MOV    R0, #70H      ;
        MOV    @R0, TL0      ; 取 TL0 计数值
        INC    R0            ;
        MOV    @R0, TH0      ; 取 TH0 计数值
        SJMP   $             ;
```

程序执行后在 70H、71H 单元中存放的就是外部中断 0 的输入出现高电平期间的计数值，将它与单次计数所耗费的时间相乘，即可得到脉冲的宽度。

2. 实时时钟的设计

日常生活中使用的时钟是以秒、分、小时为单位计时的，它们之间的换算关系为 1h 等于 60min、1min 等于 60s。所以时钟的最小计时单位为 1s，如何获得 1s 的定时时间是整个时钟设计的关键。在本章的例 2 中已经对这一部分内容进行了说明，这里不再重复。

例 6-7 假定晶体频率为 12MHz，选择 T1 为工作方式 1，进行 50ms 的定时，只需进行

20 次定时就可以实现 1s 的定时，定时初值为 3CB0H。

此应用程序的设计是将定时器的应用与中断的应用相结合。下面将主程序及中断服务程序的功能进行简要说明。

主程序中主要对 T1 进行初始化，启动 T1，反复调用显示子程序。其流程如图 6-12 所示。

中断服务程序主要用于计时。首先它会对溢出是否达到 20 次进行判断，如果达到 20 次说明 1s 时间到，这时将表示秒的数据加 1；表示秒的数据满 60，将表示分的数据加 1；表示分的数据满 60，将表示小时的数据加 1；表示小时的数据满 24，则将所有的秒、分、小时数据清除。后面的程序中，使用 50H 单元保存小时的数据，51H 单元保存分的数据，52H 单元保存秒的数据。中断服务程序流程如图 6-13 所示。

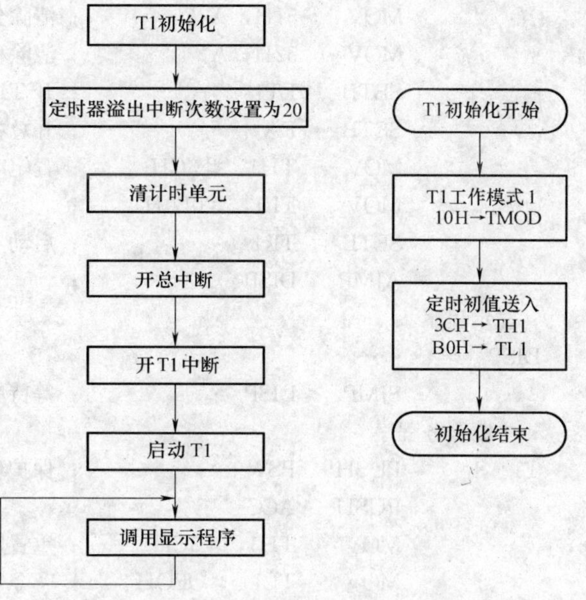

图 6-12　例 6-7 主程序流程

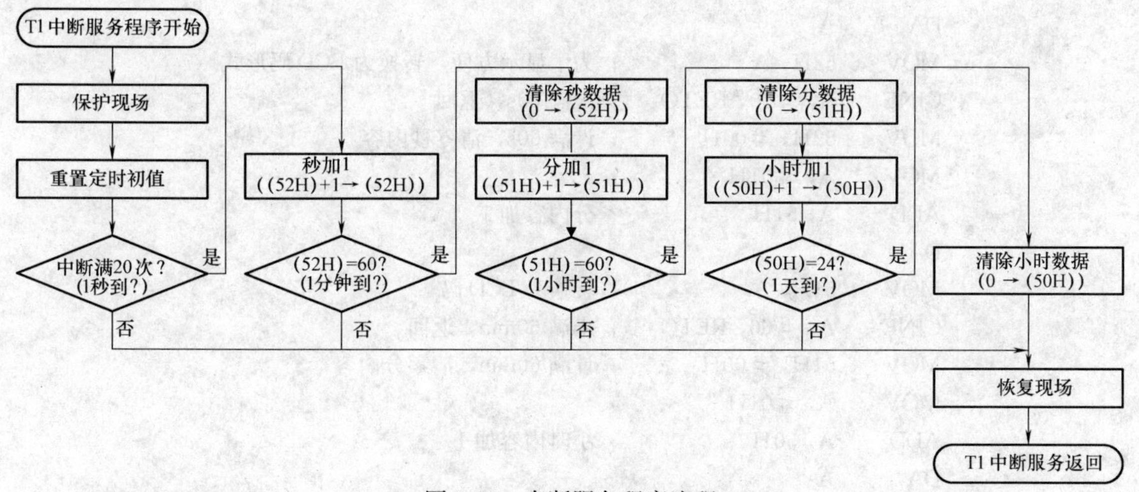

图 6-13　中断服务程序流程

程序如下：

```
        ORG     0000H
        AJMP    MAIN
        ORG     001BH           ; T1 中断入口地址
        AJMP    TI_S            ; 转移至中断服务程序
MAIN:   MOV     TMOD, #10H      ; T1 工作方式 1
        MOV     20H, #14H       ; 装入中断次数 20 次
        CLR     A
        MOV     50H, A          ; 清除时单元
```

```
        MOV     51H, A          ; 清除分单元
        MOV     52H, A          ; 清除秒单元
        SETB    ET1             ; 开 T1 中断
        SETB    EA              ; 开总中断
        MOV     TH1, #3CH       ; 置定时初值
        MOV     TL1, #0B0H      ;
        SETB    TR1             ; 启动 T1
        AJMP    DISP            ;
; 显示程序
DISP:   ……
        SJMP    DISP            ; 等待中断
; 中断服务程序
T1_S:   PUSH    PSW             ; 保护现场
        PUSH    ACC
        MOV     TH1, #3CH       ; 重置定时初值
        MOV     TL1, #OBOH
        DJNZ    20H, RETO       ; 1s 未到，继续等待
        MOV     20H, #14H       ; 重置中断次数
        MOV     A, #01H         ;
        ADD     A, 52H          ; 秒内容加 1
        DA      A
        MOV     52H, A          ; 为了显示方便，转换为 BCD 码形式
        CJNE    A, #60, RETO    ; 未满 60s，返回
        MOV     52H, #00H       ; 计满 60s，清零秒内容
        MOV     A, #01H         ;
        ADD     A, 51H          ; 分内容加 1
        DA      A
        MOV     51H, A          ; 转换为 BCD 码
        CJNE    A, #60, RETO    ; 未满 60min，返回
        MOV     51H, #00H       ; 计满 60min，清零分内容
        MOV     A, #01H
        ADD     A, 50H          ; 小时内容加 1
        DA      A
        MOV     50H, A          ; 转换成 BCD 码
        CJNE    A, #24, RETO    ; 未满 24h，返回
        MOV     50H, #00H       ; 满 24h，清零小时内容
RETO:   POP     ACC             ; 恢复现场
        POP     PSW
        RETI
        END
```

习　题

6-1　简述 MCS-51 单片机内部定时/计数器的结构及工作原理。

6-2　MCS-51 单片机的定时/计数器的工作方式有哪些？各工作方式的特点如何？如何对其工作方式进行选择？

6-3　简述各种工作方式之间的区别。

6-4　定时/计数器 T0 和 T1 在工作方式 3 下有何不同？

6-5　控制 MCS-51 单片机定时/计数器的特殊功能寄存器有哪些？其内部各位意义是什么？如何通过它们实现对定时/计数器的控制？

6-6　当系统采用 6MHz 晶体振荡器时，定时/计数器在工作方式 0、工作方式 1、工作方式 2 下的最大定时时间为多少？

6-7　定时/计数器的定时功能和计数功能在本质上的区别在哪里？

6-8　定时/计数器工作在计数模式下时，对外部脉冲技术的最高频率限制与什么有关？

6-9　T2 可以作为串行口的波特率发生器，当系统时钟振荡频率为 11.059 2MHz 时，如果要求波特率为 9 600bit/s，T2 应工作在哪种工作方式下？定时初值应为多少？试编写初始化程序。

6-10　已知设计要求，通过 MCS-51 单片机的 P1.0 输出周期为 500μs 的方波信号，试编写程序。

第 7 章　MCS-51 单片机的串行口

串行通信是最基本的通信方式之一，它在单片机系统中的应用非常广泛。串行通信的过程中，数据在数据线上一位一位地进行传送，只需要一位信号线就可以完成信息的传送，可以降低通信的成本。同时，它还具有适合远距离数据传输的优点。

MCS-51 单片机内部带有一个全双工的串行口，本章将对它的结构、应用以及如何利用它实现单片机与外界的通信等内容进行介绍。

7.1　串行通信的基本概念

通信的实质是信息的交换，它可以发生在计算机与计算机之间，也可以发生在计算机与外部设备之间。最基本的通信方式有两种，即串行通信和并行通信。

并行通信方式下，被交换数据的各位同时进行传送。所以，并行通信方式具有数据传送速度快的特点。但是，由于它所发送的数据的各位要同时进行传送，所以数据有多少位就需要多少根数据线。这就决定了在通信数据位数较多、通信距离较远的时候，不太适合选择并行通信方式。

串行通信方式下，被交换的数据是一位一位按顺序进行传送，这种数据传送方式决定了只需要一根数据线就可以进行数据通信，所以它特别适合于远距离通信的应用。但是，串行通信的按位传送方式也决定了这种方式通信的速度较慢。

图 7-1 中给出了并行通信方式和串行通信方式的连接方法。

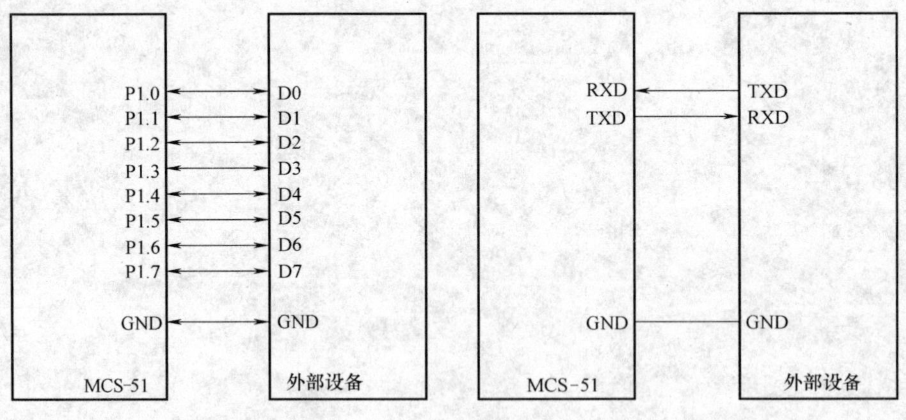

图 7-1　两种通信方式的连接方法

7.1.1　串行通信中的数据传送方向

按照串行通信中的数据传送方向，可以将串行通信分为单工、半双工和全双工三类。图

7-2 中给出了这三类通信的传送方式。

1. 单工方式

在单工方式下，数据的传送方向是固定的。如图 7-2a 所示，甲站只能做发送器，而乙站只能做接收器，数据的传送方向只能是从甲站到乙站。

2. 半双工方式

半双工方式下，数据的传送方向是双向的，但是在某一个时刻，数据的传送方向是唯一的。如图 7-2b 所示，某一个时刻，数据只能从甲站传送到乙站，或者只能从乙站传送到甲站，只有在当前传送过程结束后，数据传送的方向才会改变。

3. 全双工方式

在全双工方式下，数据被允许在同一时刻双向传送。如图 7-2c 所示，全双工的硬件配置是由两个数据传送方向相反的单工配置组成的。

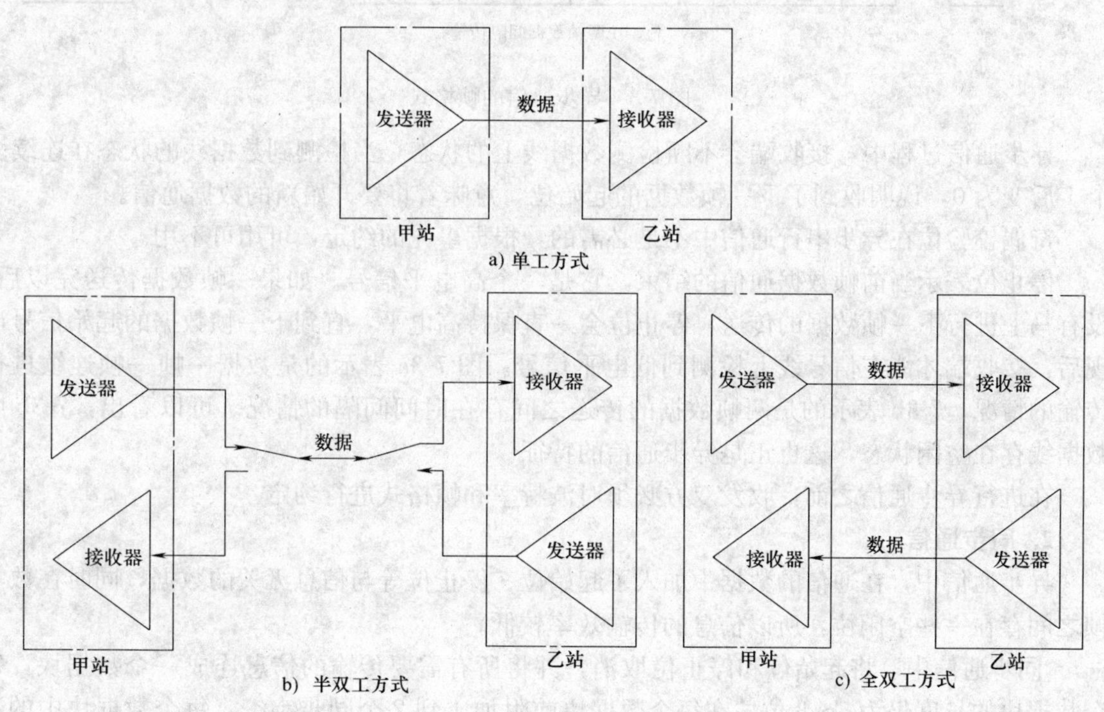

图 7-2 串行通信的传送方式

7.1.2 串行通信的方式

串行通信的方式有两种，即异步通信和同步通信。

1. 异步通信

异步通信中，数据是以帧的形式进行传送的。每一帧都是由起始位、数据位、奇偶校验位和停止位构成，以起始位开始，以停止位结束，其格式如图 7-3 所示。

由图 7-3 中可以看出，一帧的开始是起始位，它是一个低电平信号（0），占用 1 位；接下来是数据位，通常会占用 5～8 位；然后是奇偶校验位，占用 1 位；最后是停止位，当一帧数据传送完时，它会以高电平来结束当前发送，占用 1 位、1 1/2 位或 2 位。

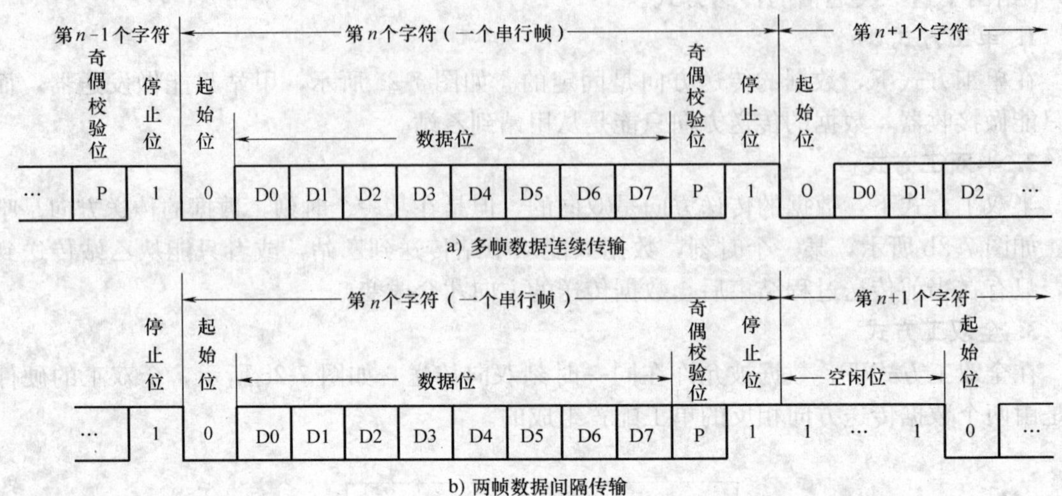

图 7-3　异步通信的帧格式

异步通信过程中，接收端会不断检测数据线上的状态，当检测到数据线的状态在连续多个 1 后变为 0，说明收到了下一帧数据的起始位，意味着将要开始新的数据通信。

奇偶校验位在异步串行通信中不是必需的，根据事先的约定，可用可不用。

停止位表示当前帧数据通信的结束，它是一个高电平信号。如果一帧数据传送完以后，没有马上进行下一帧数据的传送，停止位会一直保持高电平，直到下一帧数据的起始信号出现后，接收端才能在信号线上检测到低电平信号。图 7-3a 表示的是数据一帧一帧连续进行传输的情况，7-3b 表示的是两帧数据的传送之间存在时间间隔的情况。可以看出，7-3b 中数据线存在空闲状态，这也正是异步通信的特征。

在进行异步通信之前，收发双方必须对波特率和帧格式进行约定。

2. 同步通信

异步通信中，在通信的数据中加入了起始位、停止位等与信息无关的数据，同时在数据帧之间存在一些空闲位，所以信息的传输效率较低。

同步通信中，将起始位和停止位取消，并将所有需要传输的信息连成一个数据块，每个数据块的长度仍为 5～8 位，在每个数据块前附加 1 到 2 个同步字符，每个数据块中的数据间没有空闲，其格式如图 7-4 所示。其中，同步字符可以由用户自行约定。在同步通信的过程中，先发送同步字符，数据接收端只有在检测到同步字符后才准备接收数据。按照事先的约定，将数据组合成一个数据块在线上进行传输，在全部数据发送完并经过校验无误后，才结束一帧数据的传送。如果两个数据块之间存在空闲，则使用同步字符进行填充。

同步通信过程中，要求收发双方保持绝对的同步。因此接收和发送端应该使用同一时钟。

…	同步字符1(SYN)	同步字符2(SYN)	数据	校验	…

…	同步字符2(SYN)	数据	校验	…

图 7-4　同步通信的帧格式

由同步传输的特点可知，它的传输速度较快，但与异步通信方式相比硬件实现比较复杂。

7.1.3　串行通信的控制信号

控制信号主要用于实现对数据传送过程的控制，最常用的控制信号是握手信号。握手信号可以实现数据发送准备、数据接收准备、数据接收完成等状态信息在发送端与接收端之间的传输，实现发送端和接收端之间的数据收发通畅、协调，还可以避免出现收发双方速度不一致等导致数据收发异常等情况。实现以上功能需要遵循某种协议，常用的方法有硬件握手和软件握手。

1. 硬件握手

硬件握手的过程中，发送方可以通过拉高或拉低某根导线的电平，通知接收方准备好发送数据；接收方检测到这个电平后，在接收准备好之后可以通过拉高或拉低某根导线上的电平通知发送方可以发送数据，在任意时候接收方都可以撤销这一信号电平以通知发送方中止当前发送；发送方不断检测由接收方发送的这一电平信号，只有这一电平信号有效时发送方才能发送数据。

2. 软件握手

软件握手的过程中，握手信息是通过数据线上传输的数据信号在发送方和接收方之间传递的，这与硬件握手方式通过导线上实际的电平信号不同，所以这种方法多用于直连或者通过调制解调器连接的两台计算机之间。随着单片机计算和处理能力的加强，这种软件握手的方法也逐渐应用于单片机应用系统的设计中。

软件握手通常遵循于一些标准的通信协议，在协议中对数据格式、数据同步方式、传输速度、数据完整性和正确性检查方式及各种控制字符定义做出统一的约定。

7.2　串行口的结构与工作方式

7.2.1　串行口的结构

1. 串行口的结构

MCS-51 单片机串行口的内部结构如图 7-5 所示。从图中可以看出，MCS-51 单片机的串行口是通过 P3.0 和 P3.1 两个引脚与外界进行通信的。其内部结构中，有两个物理上独立的接收缓冲器和发送缓冲器 SBUF，可以同时进行发送数据和接收数据的操作，它们共同使用 99H 这一地址。当前对 SBUF 的操作要进行发送还是接收是通过不同的操作指令来进行区分的，“写”SBUF 表示当前的操作是通过串行口向外发送数据，“读”SBUF 表示当前的操作是通过串行口进行数据的接收。

2. 串行口控制寄存器 SCON

串行口控制寄存器 SCON，字节地址 98H，可位寻址，其格式如图 7-6 所示。

SCON 中各位的意义如下：

1）SM1、SM0：串行口工作方式选择位。通过这两位的编码组合，可实现对串行口工作方式的选择，其编码组合的意义见表 7-1。

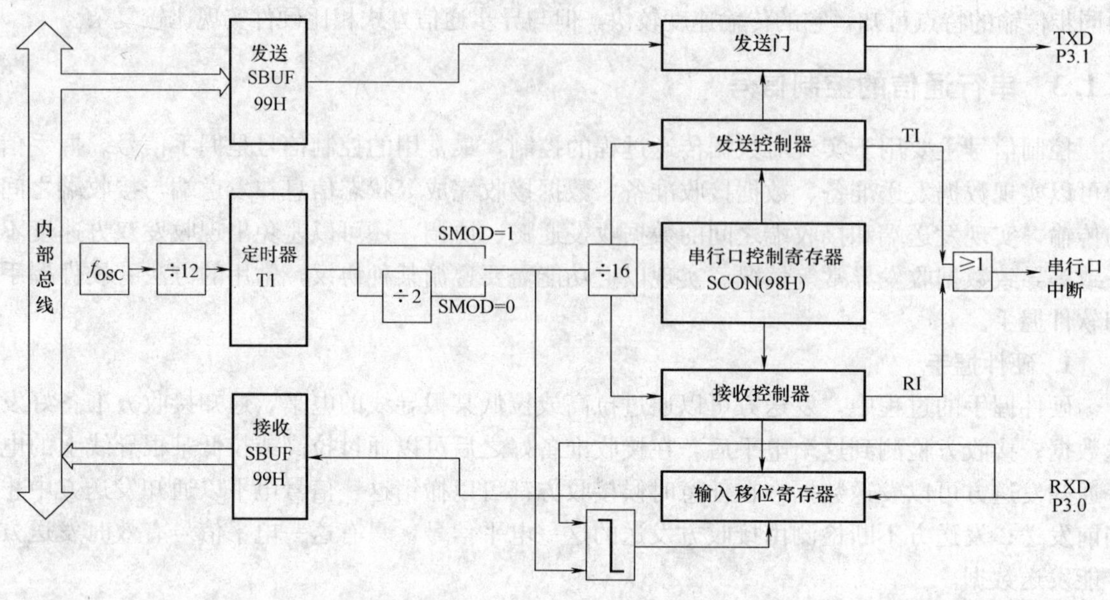

图 7-5 MCS-51 单片机串行口的内部结构

位地址	9FH	9EH	9DH	9CH	9BH	9AH	99H	98H
SCON（98H）	SM0	SM1	SM2	REN	TB8	RB8	TI	RI

图 7-6 串行口控制寄存器 SCON 的格式

表 7-1 串行口工作方式选择及编码组合的意义

SM1	SM0	工作方式	功能说明	波特率
0	0	方式 0	同步移位寄存器方式	$f_{OSC}/12$
0	1	方式 1	10 位异步收发	通过定时器设置
1	0	方式 2	11 位异步收发	$f_{OSC}/32$ 或 $f_{OSC}/64$
1	1	方式 3	11 位异步收发	通过定时器设置，波特率可变

2）SM2：多机通信控制位。主要用于工作方式 2 和工作方式 3，因为只有在这两种方式下才能进行多机通信。

SM2 = 1 时，允许多机通信。根据多机通信的协议，第 9 位数据为 1 时，说明此帧数据为地址帧；为 0 时，说明此帧数据为数据帧。当一台主机与多台从机进行通信时，所有从机的 SM2 都应该置 1。通信开始时，主机先将从机号通过一帧数据进行发送，这一帧数据中是地址信息，所以第 9 位数据为 1；各从机接收数据后，将其中的第 9 位数据转入 RB8 中，从机会根据 RB8 的值来决定是否继续接收主机的信息。如果 RB8 为 0，说明接收的是数据帧，将中断标志位 RI 清 0，将接收到的数据丢弃；如果 RB8 为 1，说明接收的是地址帧，将中断标志位置 1，将接收到的数据装入 SBUF，中断所有从机，被主机寻址的从机的 SM2 位清 0，准备接收主机发送的数据。

SM2 = 0 时，非多机通信。这时无论接收到的第 9 位数据是 0 还是 1，都将中断标志位

RI 置 1，将接收到的数据装入 SBUF。

方式 1，且 SM2 = 1 时，只有收到有效停止位才会将 RI 标志位置 1；而在方式 0 时，SM2 必须置 0。

3）REN：允许接收位。

REN = 1 时，允许串行口进行数据接收；

REN = 0 时，禁止串行口接收数据。

4）TB8：发送数据的第 9 位。在方式 2 或方式 3 中，发送数据的第 9 位装入 TB8 中。其值可根据发送数据的需要通过软件进行设置。此位经常被用作奇偶校验位使用，在多机通信中，一般用来表示主机发送地址帧和数据帧的标志位。其值为 1，说明主机发送的是地址帧；值为 0，说明发送的是数据帧。

5）RB8：接收数据的第 9 位。在方式 2 或方式 3 中，接收数据的第 9 位装入 RB8 中。与 TB8 的功能相对应，它或者是约定的奇偶校验位，或者是约定的地址帧/数据帧标志位。

6）TI：发送中断标志位。在这一帧数据发送完后被置 1。方式 0 中，第 8 位数据发送结束，通过硬件置 1；其他方式中，在串行口接收停止位时置 1。TI = 1，表示发送过程结束，向 CPU 发出中断请求，通知 CPU 发送缓冲器已空，CPU 响应中断后，此位必须通过软件方式清 0。

7）RI：接收中断标志位。接收完一帧数据后被置 1。方式 0 中，接收完第 8 位数据，通过硬件置 1；其他方式中，串行口接收到到停止位时置 1。RI = 1，表示接收过程结束，向 CPU 发出中断请求，通知 CPU 接收缓冲器已满，可以从 SBUF 中读取数据。此位的状态也必须通过软件方式清 0。

3. 电源控制寄存器 PCON

电源控制寄存器 PCON 中，只有最高位 SMOD 与串行口有关。PCON 的字节地址为 87H，不可位寻址，其格式如图 7-7 所示。

98H	D7	D6	D5	D4	D3	D2	D1	D0
PCON	SMOD							

图 7-7　电源控制寄存器 PCON 的格式

SMOD 是波特率倍增位，在方式 1、2、3 时，SMOD 为 1 时，要比 SMOD 为 0 时的波特率增加 1 倍。

7.2.2　串行口的工作方式

MCS-51 单片机的串行口共有四种工作方式，可通过对 SCON 中的 SM0 和 SM1 值的设置进行选择。

1. 方式 0

方式 0 为同步移位寄存器输入/输出方式，经常用于 I/O 口的扩展。在方式 0 下，通常要外接移位寄存器。

方式 0 下，以 8 位数据为一帧，不设起始位和停止位，发送和接收都从最低位开始，其帧格式如图 7-8 所示。

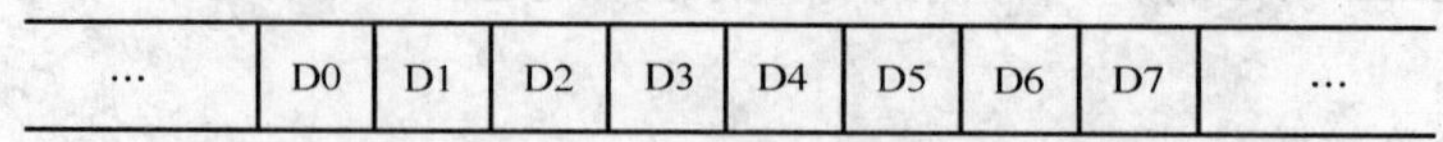

图 7-8 方式 0 的帧格式

（1）方式 0 发送 方式 0 的发送时序如图 7-9 所示。发送过程中，在 CPU 执行将数据写入发送缓冲器 SBUF 的指令时，“写”指令会在 S6P1 处产生一个正脉冲，从下一个机器周期的 S6P2 开始，串行口通过 RXD 引脚将 SBUF 中的数据以固定波特率（$f_{OSC}/12$）输出，传送过程中低位在前高位在后。这时 TXD 引脚会输出同步移位时钟，当 8 位数据发送完后会置 TI 为 1。

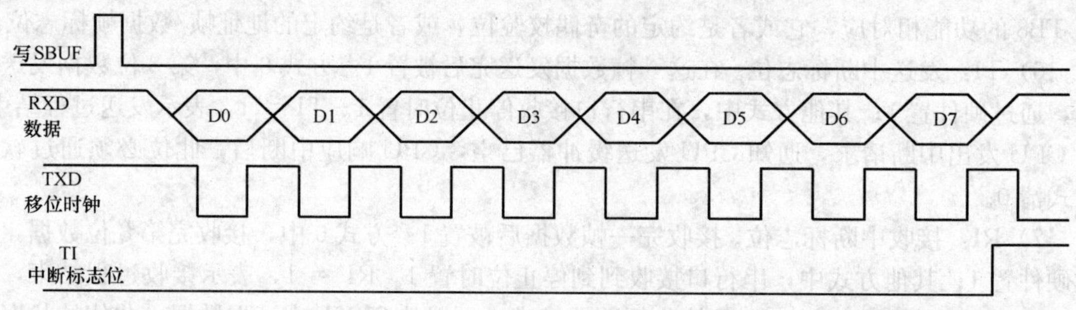

图 7-9 方式 0 的发送时序

（2）方式 0 接收 方式 0 的接收时序如图 7-10 所示。接收过程中，应先将 REN 置 1，允许接收；同时 RI 为 0，这样接收完成之后，才可以通过中断通知 CPU 接收完成。在 CPU 向 SCON 写入控制字时，会产生一个正脉冲，串行口开始接收数据，在这期间 RXD 作为数据的输入端，TXD 作为移位时钟信号的输出端，当接收完一帧数据以后，置位中断标志 RI，通知 CPU 可以进行下一帧数据的接收。

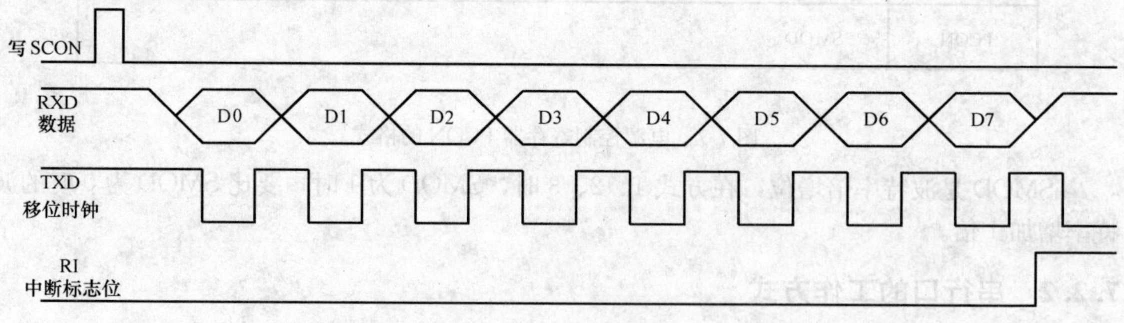

图 7-10 方式 0 的接收时序

2. 方式 1

方式 1 为真正的 10 位异步收发输入/输出方式。在方式 1 下，10 位数据为一帧，包括 1 个起始位、8 个数据位和 1 个停止位，数据的发送和接收由最低位开始，其帧格式如图 7-11 所示。

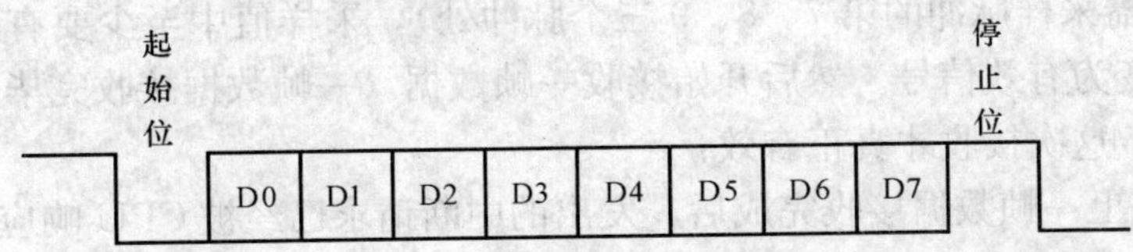

图 7-11　方式 1 的帧格式

（1）方式 1 发送　方式 1 的发送时序如图 7-12 所示。方式 1 发送过程中，数据是通过 TXD 引脚输出的。当 CPU 执行“写”SBUF 指令时，就启动了数据的发送。TX 时钟就是发送移位时钟，它是定时器 T1 的溢出信号经过 16 分频或 32 分频后得到的，它的频率就是发送的波特率。发送开始的同时，发送控制信号$\overline{\text{SEND}}$变为有效，此后每经过一个 TX 时钟周期，就产生一个移位脉冲，并通过 TXD 发送一个数据，8 位数据发送完毕后，置 TI 标志位为 1，下一个时钟周期$\overline{\text{SEND}}$信号失效。

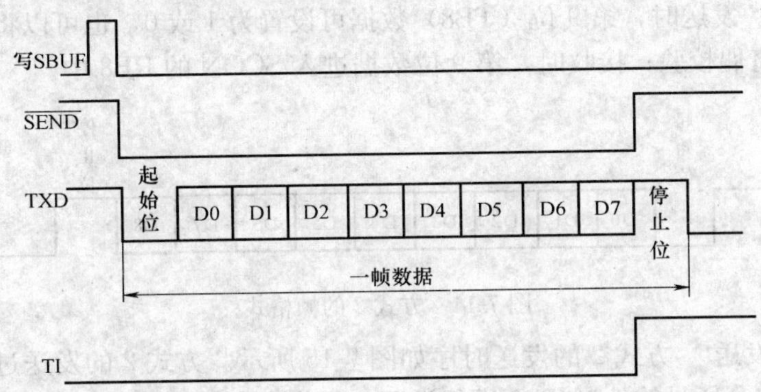

图 7-12　方式 1 的发送时序

（2）方式 1 接收　方式 1 的接收时序如图 7-13 所示。方式 1 接收过程中，数据是通过 RXD 引脚输入的。当 SCON 中 REN 被置 1，并且检测到起始位的负跳变时，才开始接收。接收时，定时控制信号有两种，一种是 RX 接收移位时钟，另一种是位检测器采样脉冲。RX 接收移位时钟的频率与传送的波特率相同；位检测器的采样脉冲的频率是 RX 的 16 倍，就是说在 1 位数据期间有 16 个位检测器采样脉冲，这就需要以波特率的 16 倍速率对 RXD 进行采样。为了确保 RXD 上的负跳变不是由干扰引起，需要对接收到的值进行连续 3 次采

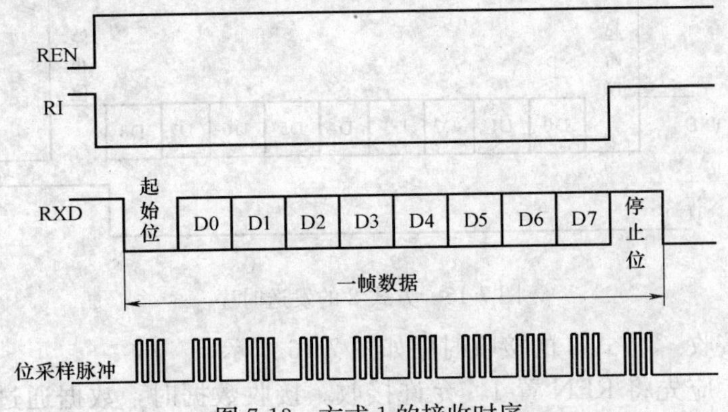

图 7-13　方式 1 的接收时序

样（16 个位检测器采样脉冲的第 7、8、9 三个脉冲处），采样值中至少要有两个值相同，才能断定当前负跳变为有效信号。然后开始接收一帧数据。一帧数据接收完毕后，必须同时满足下面两个条件，这次接收才真正有效：

1）RI ＝ 0，上一帧数据接收完成后，发出的中断请求已经被 CPU 响应，SBUF 中的数据已经被 CPU 读出，处于“空”状态。

2）SM2 ＝ 0 或者收到的停止位为 1（方式 1 下，停止位被装入 RB8 中）时，才可以将接收到的数据装入 SBUF 以及 RB8（停止位装入 RB8）中，并将 RI 置为 1。

上述两个条件必须同时得到满足，才会将接收到的数据装入 SBUF，否则会将接收到的数据丢弃。

3. 方式 2

方式 2 是 11 位异步收发输入/输出方式。在方式 2 下，11 位数据为一帧，包括 1 个起始位，1 个停止位、8 个数据位和一个附加第 9 位，数据的发送和接收由最低位开始，其帧格式如图 7-14 所示。发送时，第 9 位（TB8）数据可设置为 1 或 0，也可以将奇偶校验位装入 TB8 中，来进行奇偶校验；接收时，第 9 位数据进入 SCON 的 RB8 中。

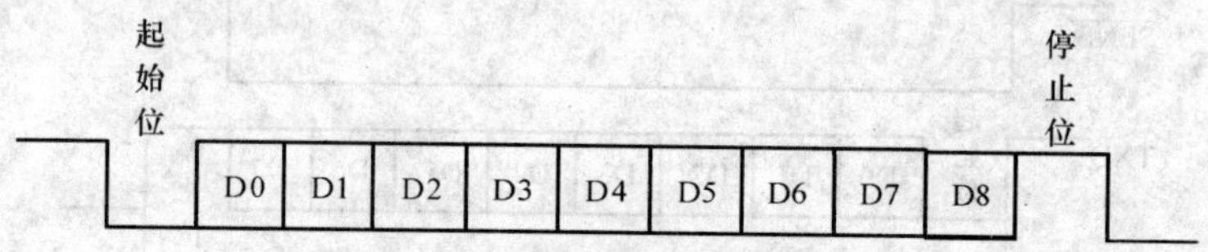

图 7-14　方式 2 的帧格式

（1）方式 2 发送　方式 2 的发送时序如图 7-15 所示。方式 2 的发送过程中，需要先根据通信协议的约定，通过软件对 TB8 进行设置（可作为奇偶校验位，也可作为地址/数据标志位）；然后，通过指令将要发送的数据写入 SBUF，这样就启动了发送的过程。串行口会自动将 TB8 取出，并将其装入第 9 位数据位的位置，然后逐一发送；发送完成后，将标志位 TI 置为 1。

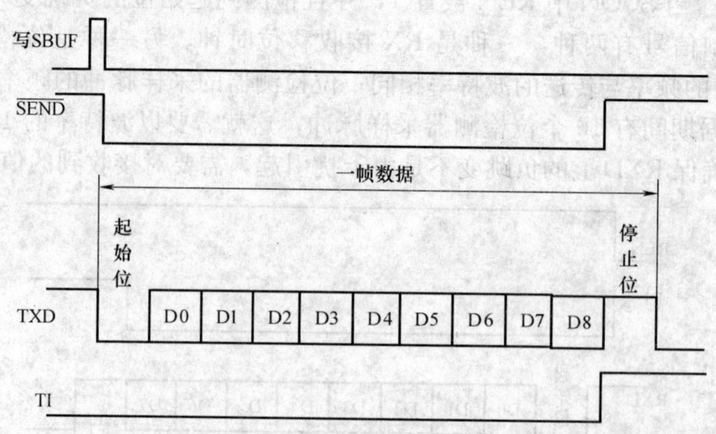

图 7-15　方式 2 的发送时序

（2）方式 2 接收　方式 2 的接收时序如图 7-16 所示。

接收过程中，应先将 REN 置 1，允许接收。接收数据时，数据通过 RXD 引脚输入。

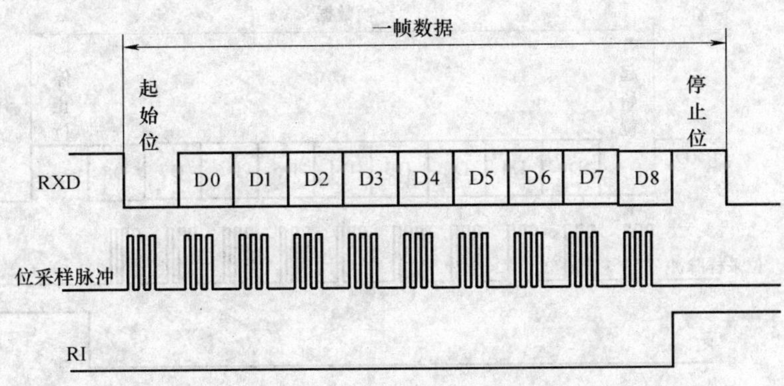

图 7-16　方式 2 的接收时序

当位检测采样到 RXD 线上出现负跳变后，先对起始位的有效性进行判断；如果为起始位有效，开始接收数据。与方式 1 时类似，如果要完成一次有效的接收，也必须同时满足下面两个条件：

1）RI ＝ 0，即 SBUF 处于“空”状态。

2）SM2 ＝ 0，或者接收到的第 9 位数据为 1 时。

当这两个条件都得到满足时，才会将接收到数据的前 8 位送入 SBUF，第 9 位送入 RB8，同时置 RI 为“1”。否则，会将收到的数据丢弃。

4. 方式 3

方式 3 是波特率可变的 11 位异步收发输入/输出方式。除了波特率可变以外，方式 3 与方式 2 相同。方式 3 的帧格式如图 7-17 所示，方式 3 的发送和接收时序如图 7-18 和图 7-19 所示。

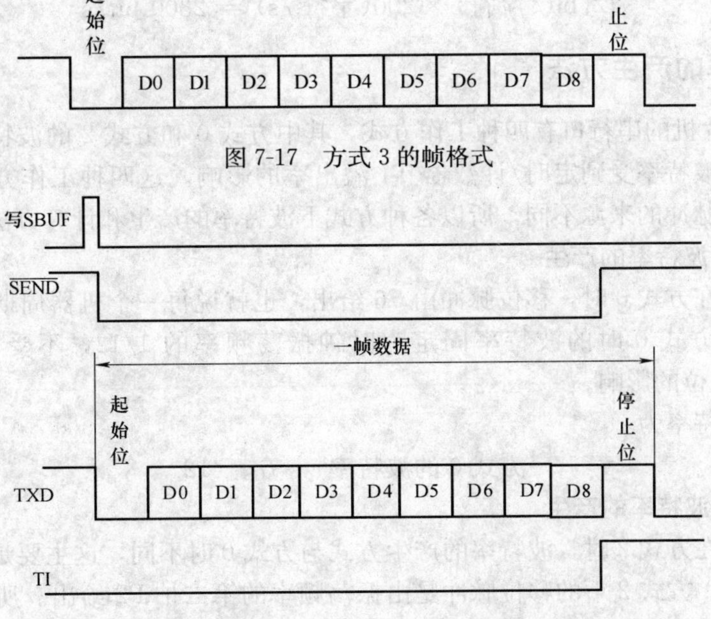

图 7-17　方式 3 的帧格式

图 7-18　方式 3 的发送时序

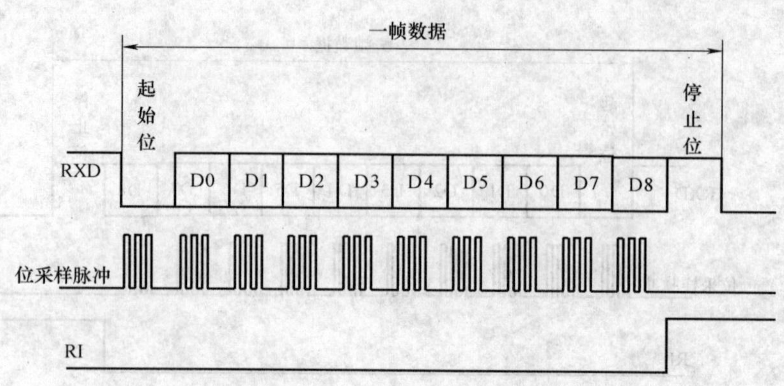

图 7-19 方式 3 的接收时序

7.3 波特率及波特率的产生方法

7.3.1 波特率

波特率是用来描述通信速度快慢的一个概念。通常情况下，波特率指单位内传送二进制代码的位数，它的单位是 bit/s（bps）。在异步通信中，有时也用单位时间内传送的字节数来表示通信速度的快慢，单位为 Byte/s（Bps）。可以通过下面的公式，来进行波特率的计算：

波特率（bit/s）＝字符中的二进制位数 × 字符/s

例如，系统的数据传输速率为 200 字符/s，每个字符包括 12 位二进制代码，则系统的波特率为

12(bit/ 字符) × 200(字符 /s) ＝ 2300 bit/s

7.3.2 波特率的产生方法

MCS-51 单片机的串行口有四种工作方式，其中方式 0 和方式 2 的波特率是固定的，方式 1 和方式 3 的波特率受到定时/计数器 T1 溢出率的影响。这四种工作方式对应着三种波特率，由于移位脉冲的来源不同，所以各种方式下波特率的产生和计算方法也不同。

1. 方式 0 的波特率的产生

串行口工作在方式 0 时，移位脉冲由 S6 给出，也就说每一个机器周期都会产生一个移位时钟。因此，方式 0 时的波特率固定为时钟振荡频率的 1/12，不受电源控制寄存器 PCON 中 SMOD 位的影响。

方式 0 的波特率为

$$\text{方式 0 的波特率} = f_{OSC}/12$$

2. 方式 2 的波特率的产生

串行口工作在方式 2 时，波特率的产生方式与方式 0 时不同，这主要是由两种方式下输入的时钟源不同。方式 2 下的移位脉冲是由振荡频率的第二拍 P2 给出。所以方式 2 的波特率与电源控制寄存器 PCON 中的 SMOD 位的状态有关。

方式 2 的波特率为

$$方式2波特率 = \frac{2^{SMOD}}{64} f_{OSC}$$

3. 方式 1、方式 3 的波特率的产生

串行口工作在方式 1 或方式 3 时，它们的移位脉冲是由定时/计数器 T1 的溢出率决定的。这样，它们的波特率由 T1 的溢出率和 SMOD 的值共同决定。

此时的波特率为

$$方式1、方式3波特率 = \frac{2^{SMOD}}{32} \text{T1 溢出率}$$

式中，T1 溢出率取决于 T1 的计数速率及计数初值。

当 T1 工作在方式 1 时，波特率的计算公式为

$$方式1、方式3波特率 = \frac{2^{SMOD}}{32} \frac{f_{OSC}}{12 \times (2^{16} - 计数初值)}$$

当 T1 作为波特率发生器时，更多的是工作在方式 2，此时波特率的计算公式为

$$方式1、方式3波特率 = \frac{2^{SMOD}}{32} \frac{f_{OSC}}{12 \times (2^{8} - 计数初值)}$$

计数初值为

$$计数初值 = 2^8 - \frac{2^{SMOD} \times f_{OSC}}{384 \times 波特率}$$

例 7-1　MCS-51 单片机的时钟振荡频率为 11.0592MHz，使用 T1 作为波特率发生器，T1 工作在方式 2，设计波特率为 4.8kbit/s，试计算 T1 计数初值。

将 SMOD 置 0，由公式可计算初值为

$$计数初值 = 2^8 - \frac{2^0 \times 11.0592 \times 10^6}{384 \times 4800} = 250 = \text{FAH}$$

表 7-2 给出了常用波特率与其他参数的选取关系。

表 7-2　串行口常用波特率与其他参数的选取关系

时钟振荡频率 f_{OSC}/MHz	工作方式	波特率 (kbit/s)	定时器 T1			
			SMOD	C/$\overline{T}$	工作方式	定时器初值
6	方式 0	500	×	×	×	×
	方式 1 或 方式 3	19.2	1	0	2	FEH
		9.6	1	0	2	FDH
		4.8	0	0	2	FDH
		2.4	0	0	2	FAH
		1.2	0	0	2	F3H
		0.6	0	0	2	E6H
		0.11	0	0	2	72H
		0.055	0	0	1	FEEBH
	方式 2	187.5	1	×	×	×

（续）

时钟振荡频率 $f$osc/MHz	工作方式	波特率 (kbit/s)	定时器 T1			
			SMOD	C/$\overline{T}$	工作方式	定时器初值
11.0592	方式 1 或 方式 3	19.2	1	0	2	FDH
		9.6	0	0	2	FDH
		4.8	0	0	2	FAH
		2.4	0	0	2	F4H
		1.2	0	0	2	E8H
		0.1375	0	0	2	1DH
12	方式 0	1000	×	×	×	×
	方式 2	375	1	×	×	×
		187.5	0	×	×	×
	方式 1 或 方式 3	62.5	1	0	2	FFH
		0.11	0	0	1	FEEBH

7.4 串行口的编程和应用

通过前面章节的介绍，MCS-51 单片机的串行口主要受到串行口控制寄存器 SCON 的控制，配合电源控制寄存器 PCON，可以实现四种方式的数据传送功能。本节将就串行口的四种工作方式的编程及应用进行说明。

7.4.1 串行口工作方式 0 的应用

方式 0 是移位寄存器输入/输出方式。方式 0 可进行 8 位数据的同步输入或输出操作，传输过程中波特率固定为时钟振荡频率的 1/12，传输过程中数据通过 RXD 线输入或输出，TXD 线专用于向外部移位寄存器输出移位时钟脉冲，传输数据时低位在前高位在后。

1. 方式 0 数据传输方式

串行口方式 0 的数据传输可采用中断方式及查询方式进行，在传输过程中需要借助 TI 或 RI 标志。

1）中断方式：通过 TI 或 RI 标志位的置位发送中断请求，通过中断服务程序实现下一组数据的发送或接收。

2）查询方式：在程序运行过程中，对 TI 或 RI 的状态进行查询。如果 TI/RI＝0，说明当前数据发送/接收未完成，继续查询 TI/RI 状态；如果 TI/RI＝1，说明当前数据发送/接收完成，可以进行下一组数据的发送/接收。

2. 方式 0 的应用

MCS-51 单片机的串行口工作在方式 0 时，需要在外部连接具有移位功能的串入-并出或者并入-串出型器件，多用于扩展并行 I/O 口。

例 7-2 图 7-20 中，使用 74HC164（串入-并出移位寄存器）将 MCS-51 单片机的串行口扩展为 8 位并行输出 I/O 口，74HC164 的 8 根 I/O 口线各接一发光二极管，通过程序控制使发光二极管从左到右循环亮起。

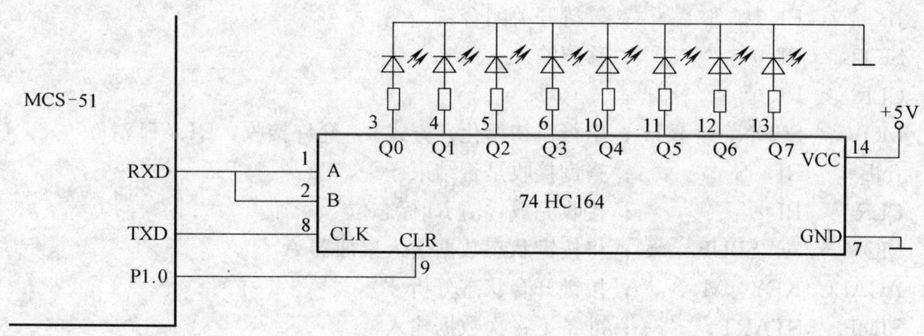

图 7-20 例 7-2 串行口扩展并行 I/O 输出接口电路

程序如下：

```
        ORG    0023H      ；串行口中断入口地址
        AJMP   S_Ser      ；转移到串行口中断服务程序
        ORG    2000H      ；程序起始地址
        MOV    SCON，#00H ；串行口初始化，方式 0，禁止数据接收，RI、TI 清 0
        MOV    A，#80H    ；显示控制数据送入累加器 A，对应最左第一位发光二极管亮
        CLR    P1.0       ；关闭 74HC164 输出
        MOV    SBUF，A    ；将输出数据送入串口，启动发送
LOOP：  SJMP   $          ；等待发送结束中断请求
S_Ser： SETB   P1.0       ；启动 74HC164 输出
        ACALL  DELAY      ；显示延时
        CLR    TI         ；清除串行口发送中断标志位
        RR     A          ；显示控制数据循环右移 1 位，对应左起第二位发光二极管亮
        CLR    P1.0       ；关闭 74HC164 输出
        MOV    SBUF，A    ；启动下一次串行输出
        RETI              ；中断返回
DELAY： ……                ；延时子程序
```

例 7-3 图 7-21 中，使用 74HC165（并入-串出移位寄存器）将 MCS-51 单片机的串行口扩展为 8 位并行输入 I/O 口，74HC165 的 8 根 I/O 口线各接一按键，通过程序控制将各按键的状态读入。

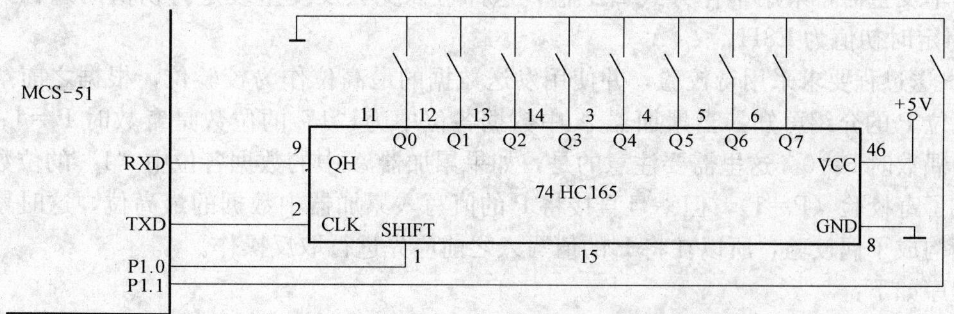

图 7-21 例 7-3 串行口扩展并行 I/O 输入接口电路

程序如下：

```
START：JB     P1.1，$       ；等待开关闭合
       SETB   P1.0          ；移位输入
       CLR    P1.0          ；
       MOV    SCON，#10H    ；串行口初始化，方式0，允许接收，RI、TI清0
       JNB    RI，$         ；查询接收是否结束
       CLR    RI            ；接收完成，清RI标志位
       MOV    A，SBUF       ；将按键状态数据送入累加器A
       ACALL  KEY_M         ；按键开合状态分析
       SJMP   START         ；准备下一次数据输入
DELAY：……                   ；按键开合状态分析子程序
```

7.4.2 串行口工作方式1的应用

方式1是异步发送/接收方式，发送和接收的数据以帧的形式进行传送，一帧数据的长度为10位，其中包括1位起始位（0电平）、8位数据位和1位停止位。在数据的发送过程中，接口电路会自动为数据插入起始位和停止位；在数据的接收过程中，接收到起始位后，启动接收，并将接收到的停止位送入串行口控制寄存器SCON的RB8位中。在使用方式1时，可以改变定时器的定时值来对通信的波特率进行设置。

与方式0一样，串行口方式1的数据传输也可采用中断方式及查询方式进行，在传输过程中同样需要借助TI或RI标志。

例7-4 使用MCS-51单片机的串行口进行双工方式的字符串的收发，串行口工作在方式1，CPU时钟振荡频率为11.0592MHz，数据传输波特率为1.2kbit/s；发送字符串的首地址通过S_STR指定，接收字符串的首地址通过R_STR指定；收发过程采取奇校验，数据的最高位作为校验位。

分析：

1）串行口以双工方式工作，要求同时具有收/发的功能，根据前面介绍的串行口相关知识可知，MCS-51单片机的串行口具有在物理上独立的接收缓冲器和发送缓冲器，二者共用地址99H，通过对这一地址的读/写操作，即可完成通过串行口的数据发送和接收过程。

2）串行口工作在方式1，所以串行口控制寄存器SCON的各位应设置为01010000。

3）CPU时钟振荡频率为11.0592MHz，数据传输波特率为1.2kbit/s。采用定时器T1作为波特率发生器，采用工作方式2工作，这样可以免去反复重装定时初值的过程，由表7-2可查得定时初值为E8H。

4）发送过程要求采用奇校验，并使用发送数据的最高位作为校验位，根据之前章节对奇偶校验位P的介绍可知，当累加器A中数据各位中为“1”的位数是奇数时P=1；“1”的个数为偶数时P=0。这里需要注意的是，如果累加器A中的数据各位中“1”的位数为奇数就构成了奇校验（P=1），但一旦直接将P的值写入累加器中数据的最高位，这时累加器中数据则构成了偶校验，所以在将P的值写入之前应先进行取反操作。

主程序如下：

```
        ORG     2000H
        S_STR DATA  #20H
```

```
        R_STR DATA  #40H
MAIN:   MOV   TMOD, #20H    ; 定时器 T1 初始化，工作方式 2，自动重装初值模式，定时
                            ; 初值为 E8H
        MOV   TL1, #0E8H    ;
        MOV   TH1, #0E8H    ;
        SETB  TR1           ; 启动定时器 T1
        MOV   SCON, #50H    ; 串行口初始化，方式 1，REN=1
        MOV   R0, #S_STR    ; 将发送字符串首地址赋予 R0
        MOV   R1, #R_STR    ; 将接收字符串首地址赋予 R1
        ACALL S_SEN         ; 启动一个字符的发送
        SETB  ES            ; 开串行口中断
        SETB  EA            ; 开 CPU 总中断
LOOP:   SJMP  $             ; 等待串行口收发中断请求，通过 TI 和 RI 触发
```

中断服务程序如下：

```
        ORG   0023H         ;
        AJMP  I_SER         ; 转移至中断服务程序

I_SER:  JNB   TI, S_REC     ; 判断串行口发起的中断请求是发送中断还是接收中断
        ACALL S_SEN         ; TI=1，说明位发送中断，转移至发送子程序处，如果 TI
                            ; 不为 1，转移至接收子程序处
S_REC:  ACALL S_REV         ;
NEXT:   RETI                ;
```

发送数据子程序如下：

```
        ORG   2160H
S_SEN:  CLR   ES            ; 关串行口中断，避免发送过程被打扰
        CLR   TI            ; 清 TI 位标志
        MOV   A, @R0        ; 取发送数据
        MOV   C, PSW.0      ; 取奇偶标志位，取反后送入发送数据的最高位
        CPL   C             ;
        MOV   ACC.7, C      ;
        MOV   SBUF, A       ; 向发送缓冲器写数据，启动一次发送
        INC   R0            ; 修改发送数据指针，指向下一待发送字符的单元
        CLR   ES            ; 开串行口中断
        RET                 ;
```

接收数据子程序如下：

```
        ORG   2200H
S_REV:  CLR   ES            ; 关串行口中断，避免发送过程被打扰
        CLR   RI            ; 清 RI 位标志
        MOV   A, SBUF       ; 读接收缓冲器中内容
        MOV   C, PSW.0      ; 取奇偶校验位
        CPL   C             ;
        ANL   A, #7FH       ; 清除校验位
```

```
        MOV     @R1, A          ；将接收到数据送入数据缓冲区
        INC     R1              ；修改接收数据指针，指向下一待接收字符的单元
        CLR     ES              ；
        RET                     ；
```

例 7-4 中使用中断的控制方式实现了串行口方式 1 下的双工收发操作，下面的例子将使用查询方式来实现方式 1 下串行口的数据传送功能。

例 7-5 使用 MCS-51 单片机的串行口进行固定长度字符串的发送。串行口工作在方式 1，CPU 时钟振荡频率为 6MHz，数据传输波特率为 1.2kbit/s；发送字符串的首地址通过 S_STR指定，发送字符串的长度通过 L_STR 指定；收发过程采取奇校验，数据的最高位作为校验位；启动字符串收发过程时试编写该程序。

分析：

1）串行口工作在方式 1，所以串行口控制寄存器 SCON 各位应设置为 01010000。

2）CPU 时钟振荡频率为 6MHz，数据传输波特率为 1.2kbit/s。采用定时器 T1 作为波特率发生器，采用工作方式 2，这样可以免去反复重装定时初值的过程，由表 7-2 可查得定时初值为 F3H。

3）奇校验的过程同例 7-4。

主程序如下：

```
        ORG     2000H
        S_STR   DATA  #20H
        L_STR   DATA  16H
MAIN:   MOV     TMOD, #20H      ；定时器 T1 初始化，工作方式 2，自动重装初值模式，定时
                                  初值为 F3H
        MOV     TL1, #0F3H      ；
        MOV     TH1, #0F3H      ；
        SETB    TR1             ；启动定时器 T1
        MOV     SCON, #40H      ；串行口初始化，方式 1
        MOV     R0, #S_STR      ；将发送字符串首地址赋予 R0
        MOV     A, #L_STR       ；
        MOV     R1, A           ；字符串长度赋予 R1
LOOP:   MOV     A, @R0          ；取第一个字符送入累加器 A 中
        ACALL   S_SEN           ；调用发送子程序
        INC     R0              ；字符数据指针加 1，指向下一个待发送的字符地址
        DJNZ    R1, LOOP        ；字符串未发完，继续发送
```

数据发送子程序如下：

```
S_SEN:  MOV     C, P            ；奇校验
        CPL     C               ；
        MOV     ACC.7, C        ；
        MOV     SBUF, A         ；启动一次发送过程
        JNB     TI, $           ；等待发送完成，未完成继续等待
        RET                     ；
```

7.4.3 串行口工作方式 2 的应用

方式 2 是数据帧长度为 11 位的异步发送/接收方式，与方式 1 不同之处在于方式 2 的一帧数据除了 1 位起始位、8 位数据位和 1 位停止位以外，还可以插入第 9 位数据位。发送时，通过对串行口控制寄存器 SCON 的 TB8 设置来实现第 9 位数据的发送；接收时，将接收到的数据送入 SCON 的 RB8 中，这 1 位数据通常用作奇偶校验位或者地址/数据标志位。串行口工作在方式 2 时的数据发送顺序及帧格式可参考 7.2.2 小节的内容。

例 7-6　MCS-51 单片机的串行口工作在方式 2 接收数据，接收到的数据保存至单片机的内部 RAM，存放接收数据的数据区首地址通过 D_REV 指定，发送端首先送出数据块的长度，然后发出数据，最后再给出所发数据的累加和，以便接收端完成对累加和的校验来验证接收数据的正确性。

主程序如下：

```
          ORG     2000H
          D_REV   DATA   40H
MAIN:     MOV     SCON，#90H   ；串行口初始化，SMOD=10010000，方式 2，REN=1
          MOV     PCON，#80H   ；SMOD=1，波特率为时钟振荡频率的 1/32
          MOV     R0，#D_REV   ；数据接收区首地址送入 R0
          MOV     R1，#00H     ；R1 用于存放数据块的长度
          MOV     R7，#00H     ；R7 用于存放接收数据的累加和
          ACALL   REC          ；调用数据接收子程序
REC:      CLR     RI           ；清除接收标志位 RI，等待数据接收
```

接收数据块长度信息程序如下：

```
L_REV:    JNB     RI，L_REV    ；等待接收数据块长度信息，RI=1 表示当前数据帧接收完成
          CLR     RI           ；清除 RI 标志位，准备接收下一帧数据
          MOV     A，SBUF      ；读取长度数据
          MOV     R1，A        ；数据块长度信息存入 R1
          ADD     A，R7        ；求累加和
          MOV     R7，A        ；累加和暂存于 R7
```

数据块接收程序如下：

```
D_REV:    JNB     RI，D_REV    ；等待接收一个字节数据，RI=1 表示当前数据帧接收完成
          CLR     RI           ；清除 RI 标志位，准备接收下一帧数据
          MOV     A，SBUF      ；接收到的数据送入累加器 A
          MOV     @R0，A       ；数据送入内存
          ADD     A，R7        ；计算累加和
          MOV     R7，A        ；累加和暂存于 R7
          INC     R0           ；将接收数据的指针指向下一内存单元
          DNJZ    R1，D_REV    ；判断是否接收完所有数据
```

数据累加和检验程序如下：

```
D_TEST:   JNB     RI，D_TEST   ；等待接收发送端发出累加和信息，RI=1 说明接收完成
          CLR     RI           ；清除 RI 标志位，等待下一次数据块接收操作
          MOV     A，SBUF      ；发送端发出的累加和信息送入 A 中
```

```
        XRL     A, R7           ；将A中数据与R7中存放的累加和信息进行比对
        JNZ     ERR             ；A中内容与R7中保存的累加和信息不相等，数据出错
        RET
```

接收数据错误处理程序如下：

```
D_ERR:  ……                      ；
```

上例中，对串行口使用的是查询的控制方法，下面再给出利用中断方式控制的串行口方式2下的应用。

例7-7 MCS-51单片机的串行口工作在方式2发送数据，发送数据放在内部RAM中，地址由D_ADD指定，数据长度由L_DAT指定。

主程序如下：

```
        ORG     2000H
        D_ADD   DATA  #30H
        L_DAT   DATA  #0FH
MAIN:   MOV     SCON, #80H      ；串行口初始化，SCON=10000000，方式2
        MOV     R0, #D_ADD      ；将发送数据存放区首地址赋予R0
        MOV     R1, #L_DAT      ；将发送数据长度赋予R1
        SETB    E S             ；开串行口中断
        SETB    EA              ；开CPU总中断
        MOV     A, @R0          ；取第一个数据
        MOV     SBUF, A         ；发送第一个数据
        SJMP    $               ；等待串行口收发中断请求
        ORG     0023H           ；
        AJMP    I_SER           ；转移至中断服务程序
```

中断服务程序如下：

```
I_SER:  CLR     ES              ；关串行口中断，避免发送过程被打扰
        CLR     TI              ；清TI位标志
        INC     R0              ；修改发送数据指针，指向下一待发送字符的单元
        MOV     A, @R0          ；取发送数据
        MOV     SBUF, A         ；向发送缓冲器写数据，启动一次发送
        DJNZ    R1, ENDT        ；判断是否所有数据发送完成
        CLR     ES              ；开串行口中断
ENDT:   RETI                    ；中断返回
```

7.4.4 串行口工作方式3的应用

串行口方式3的数据格式及数据传输顺序与方式2没有区别，但它的数据传输波特率是可变的，可以通过对T1的定时时间和电源控制寄存器中SMOD位值的设置来进行修改，其定时初值及SMOD状态可查表7-2。

方式3的应用与方式2类似，下例是在例7-7的基础上要求工作方式3，系统时钟振荡频率为6MHz，波特率为1200bit/s。

例7-8 MCS-51单片机的串行口工作在方式3发送数据，发送数据放在内部RAM中，地址由D_ADD指定，数据长度由L_DAT指定。

方式 3 的数据传输与方式 2 类似，所以下面只给出主程序部分。

主程序如下：

```
        ORG     2000H
        D_ADD   DATA   #30H
        L_DAT   DATA   #0FH
MAIN:   MOV     TMOD，#20H    ；定时器 T1 工作方式 2
        MOV     TL1，0F3H     ；查表 7-2 可知晶体振荡频率为 6MHz，波特率为 1200bit/s，
                              定时初值为 0F3H
        MOV     TH1，0F3H     ；
        SETB    TR1           ；启动定时器 T1
        MOV     SCON，#80H    ；串行口初始化，SCON=10000000，方式 2
        MOV     R0，#D_ADD    ；将发送数据存放区首地址赋予 R0
        MOV     R1，#L_DAT    ；将发送数据长度赋予 R1
        SETB    ES            ；开串行口中断
        SETB    EA            ；开 CPU 总中断
        MOV     A，@R0        ；取第一个数据
        MOV     SBUF，A       ；发送第一个数据
        SJMP    $             ；等待串行口收发中断请求
        ORG     0023H         ；
        AJMP    I_SER         ；转移至中断服务程序
```

中断服务程序如下：

同例 7-7 中断服务程序部分内容。

7.4.5　串行口多机通信的应用

MCS-51 单片机的多机通信只能在方式 2 和方式 3 下实现。图 7-22 中给出了一个多机通信系统的示意图，实现主机与某个从机一对一的通信。

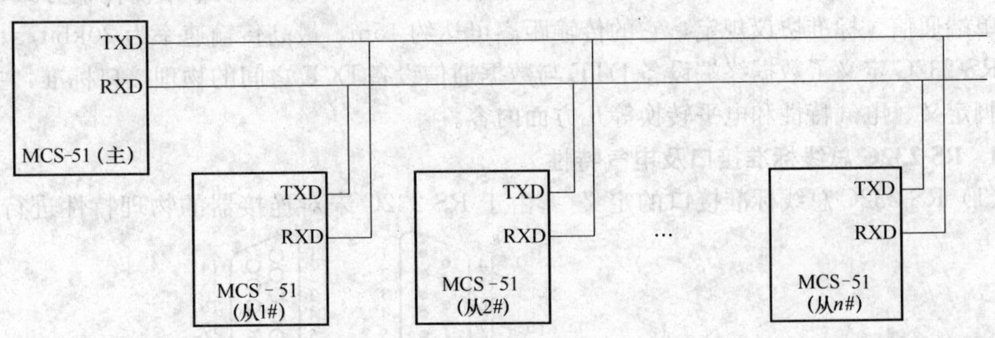

图 7-22　多机通信系统的示意图

多机通信系统中，主机与从机在通信过程中工作方式、通信波特率设置需保持一致，但在控制寄存器 SCON 具体位的设置和工作过程上存在一定不同。

1. 主机

1）当单片机的串行口工作在方式 2 和方式 3 时，每帧数据的第 9 位可以通过对 SCON 中 TB8 的设置来确定。利用这一特点，可以通过对这 1 位的设置向从机说明当前发送的串

行数据是地址信息还是数据信息。一般情况下，约定 TB8=1 说明当前发送的是地址信息，TB8=0 说明当前发送的是数据信息。

2）工作过程中，主机先置 TB8=1，发送一帧从机的地址号，然后再置 TB0=8，发送数据。

2. 从机

1）所有从机置串行口控制寄存器 SCON 中的 SM2 位为 1，允许多机通信。

2）通信开始后，所有从机接收一帧主机发送来的从机地址号，如果 RB8 为 0，说明接收的是数据帧，将中断标志位 RI 清 0，将接收到的数据丢弃；如果 RB8 为 1，说明接收的是地址帧，将中断标志位置 1，将接收到的数据装入 SBUF，中断所有从机（满足 SM2=1，RB8=1 条件，可以置位 RI），各从机在中断服务程序中对地址号进行判别。

3）地址号与主机发送的地址号不相符的从机，保持 SM2=1 的状态，此时接收到的主机发送来的数据帧的第 9 位都为 0，所以不能置位 RI，接收到的数据无效，自然丢失。

4）地址号与主机发送的地址号相符的从机，SM2 置为 0，接收到的数据有效。

7.5 串行通信接口电路及串行通信协议

EIA-232、EIA-422 和 EIA-485 是最常见的串行通信技术标准，以前被称为 RS-232、RS-422 和 RS-485。这几种串行通信标准最初都是由 EIA（电子工业协会）指定并发布的，所以最初均以“RS”为前缀，现在工业通信领域仍习惯以 RS 作为这几种标准的前缀。其中，EIA-232 在 1962 年发布，后续出现了一些改进版本，最为常用的是在 1969 年发布的 EIA-232-C 版。本教材中仍使用“RS”作为串行通信协议的前缀。

7.5.1 RS-232C 总线标准

RS-232C 是目前在个人计算机通信及工业通信中应用最广泛的一种串行接口。它被定义为一种在低速率串行通信中增加通信距离的单端标准。RS-232C 采取不平衡传输方式，或者称为单端通信。标准协议规定，它的传输距离可达约 15m，最高传输速率为 20kbit/s。

RS-232C 定义了数据终端设备 DTE 与数据通信设备 DCE 之间的物理接口标准，主要包括引脚定义、电气特性和电平转换等几方面内容。

1. RS-232C 总线标准接口及电气特性

（1）RS-232C 总线标准接口的定义　由于 RS-232C 未对连接器的物理特性进行定义，

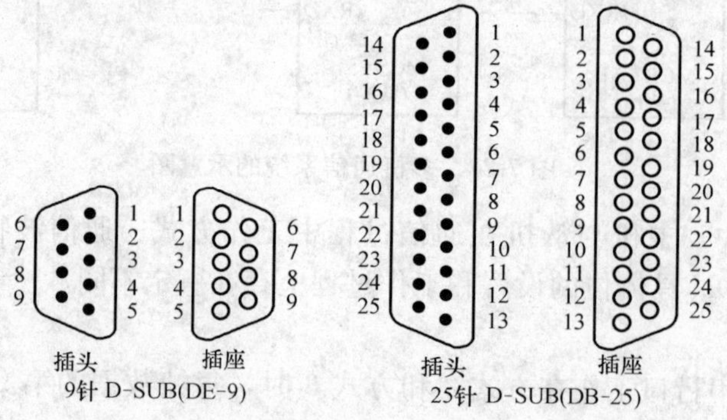

图 7-23　DB9 和 DB25 串行口连接器

所以它的总线接口连接器有 DB25 和 DB9 两种，两种连接器如图 7-23 所示。

表 7-3 中给出了 DB9 串行口连接器的引线定义及功能。

表 7-3　RS-232 DB9 串行口连接器引线定义及功能

引脚号	名称	数据传送方向	功　能
1	DCD	输入	载波检测
2	RXD	输入	接收数据
3	TXD	输出	发送数据
4	DTR	输出	数据终端准备好（DTE 就绪）
5	GND		信号地
6	DSR	输入	数据通信设备准备好（DCE 就绪）
7	RTS	输出	请求发送
8	CTS	输入	清除发送
9	RI	输入	振铃指示

DB25 串行口连接器的各引线定义及功能与 DB9 略有不同，见表 7-4。

表 7-4　RS-232 DB25 串行口连接器引线定义及功能

引脚号	名称	数据传送方向	功　能
1	SGND		设备地
2	TXD	输出	发送数据
3	RXD	输入	接收数据
4	RTS	输出	请求发送
5	CTS	输入	清除发送
6	DSR	输入	数据通信设备准备好（DCE 就绪）
7	GND		信号地
8	DCD	输入	载波检测
20	DTR	输出	数据终端准备好（DTE 就绪）
22	RI	输入	振铃指示
9～19、21、23～25	NC		未定义

两种类型的连接器是可以连接在一起使用的，连接方法如图 7-24 所示。

（2）RS-232C 总线标准接口的电气特性

RS-232C 总线标准对逻辑电平的规定如下：

1）TXD、RXD：逻辑“1”为－3～－15V；逻辑“0”为 3～15V。

2）RTS、CTS、DSR、DTR、DCD：信号有效为 3～15V；信号无效为－3～－15V。

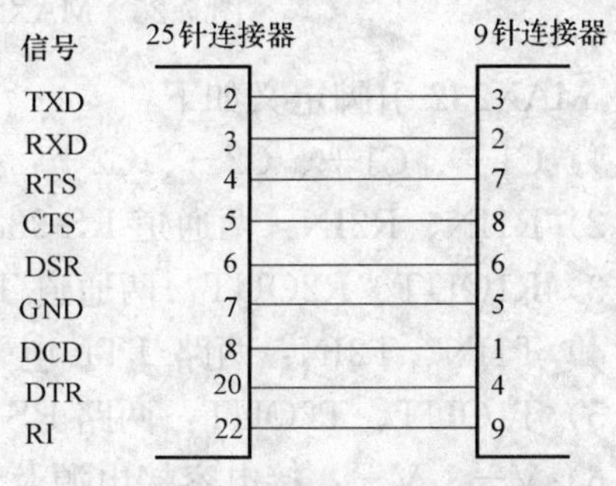

图 7-24　DB9 和 DB25 串行口连接器连接方法

从上面对逻辑电平的规定可以看出，当传输电平的绝对值大于 3V 时，电路可以有效地检测出来，介于－3～＋3V 之间的电压无意义，低于

－15V或高于＋15V 的电压也认为无意义，因此，实际工作时，应保证电平在±（3～15）V之间。

2. RS-232C 总线标准接口器件

根据前面对 RS-232C 接口逻辑电平的描述，可以看出它采用的是负逻辑，这与 TTL 电平在电气规范上不一致，如果要完成个人计算机与 MCS-51 单片机之间的通信，就必须进行电平转换。所以，所谓总线接口器件的功能主要是指进行不同电气规范间信号的电平转换功能。

目前，MAX232 是最常用的 RS-232C/TTL 电平转换器件之一，其内部集成了两路驱动器和接收器；自带电压倍增电路，可以实现将＋5V 电源电压转换为±10V，满足 RS-232C 对逻辑电平的要求；内部的转换电路可以实现 RS-232C 电平与 TTL 电平之间的转换。而且，MAX232 使用方便，只需连接四个 1μF 电容即可工作，其引脚排列、标准应用及内部结构如图 7-25 所示。

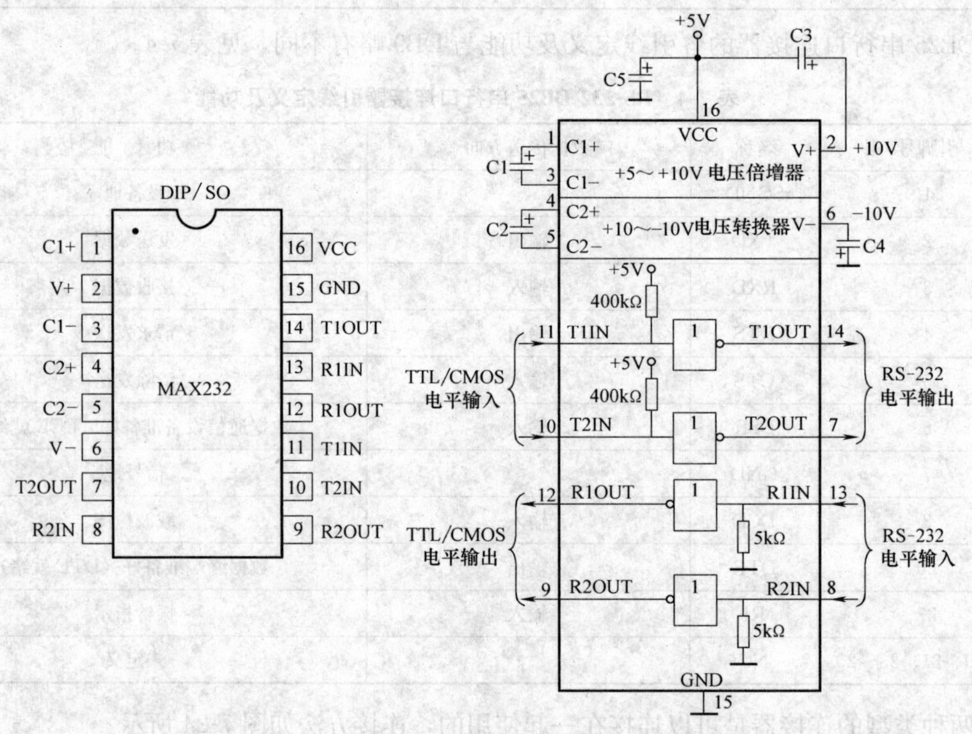

图 7-25　MAX232 引脚排列、标准应用及内部结构

MAX232 引脚定义如下：

1）C1－、C1＋、C2－、C2＋：外部电容，使用时接入 1μF 电容。

2）R1IN、R2IN：两通道 RS-232C 电平输入端。

3）R1OUT、R2OUT：两通道 TTL 电平输出端。

4）T1IN、T2IN：两路 TTL 电平输入端。

5）T1OUT、T2OUT：两路 RS-232C 电平输出端。

6）V－、V＋：接电容接电源及地。

图 7-26 给出了使用 MAX232 芯片构成的标准串行通信的接口电路。可以选择 MAX232 中两路通道中的一路来构建接口，需要注意的是，使用的发送和接收引脚一定要对应。

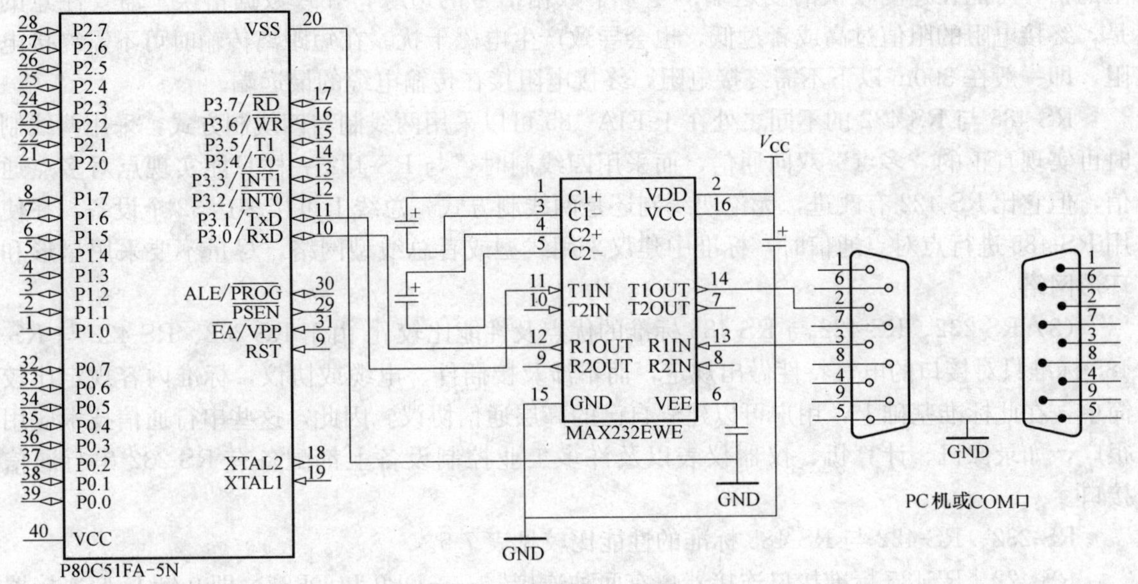

图 7-26　RS-232 标准串行通信的接口电路

7.5.2　RS-422/485 总线标准

1. RS-422/485 总线标准简介

（1）RS-422 标准　鉴于 EIA-232 标准在传输距离上的不足，在它的基础上提出了 EIA-422 标准，它是对 RS-232 标准的扩展。

RS-422 标准是一种全双工的通信方式，采取平衡传输的方式，这使得其最高传输速率可达 10Mbit/s，传输距离最高可达 1 219m。但是在该标准下的数据传输速率是与其所采用的平衡连接双绞线的长度成反比的，所以若想到达其最大传输距离，数据传输速率一般不能超过 100kbit/s；若想获得最高的数据传输速率，长度应在 1.2m 以内。

在 RS-422 标准下，可实现多机通信，允许在一条平衡总线上最多连接 10 个接收器，但该标准的多机通信并不是真正意义上的多机通信。在通信过程中，一条平衡总线上只允许有一台主设备，其余设备都为从设备，通信可以在主设备与从设备之间进行，但不能在从设备之间进行，所以 RS-422 协议下的多机通信是“一点对多点”的双线通信。

（2）RS-485 标准　为了进一步扩展串行通信接口的应用范围，电子工业协会在 RS-422 标准的基础上提出了 RS-485 标准。它增加了多点、双向通信能力，即允许多个发送器连接到同一条总线上，同时增加了发送器的驱动能力和冲突保护特性，扩展了总线共模范围，后命名为 TIA/EIA-485-A 标准。

由于 RS-485 是从 RS-422 基础上发展而来的，所以 RS-485 许多电气规定与 RS-422 相仿，都采用差分平衡传输方式，使用线缆之间的电压差来传递信号，两端电压差最小为 0.2V 以上即有效，任何不大于 12V 或不小于－7V 的电压差值对于接收端都被认为是正确的。同样，RS-485 标准下也可是实现最高 10Mbit/s，最远 1219m 的通信。在使用时，理想情况下需要在传输线上连接终接电阻，其阻值应等于传输线缆的特性阻抗，如果没有终接电阻的话，可能在速度较快的发送端产生多个数据信号的边缘，导致数据错误。需要注意的是，终接电阻的阻值过高或者过低，也会导致产生电磁干扰。在短距离传输时可不需终接电阻，即一般在 300m 以下不需终接电阻，终接电阻接在传输电缆的最远端。

RS-485 与 RS-422 的不同之处在于 EIA-485 可以采用两线制与四线制方式，采用两线制时可实现真正的“多点”双向通信，而采用四线制时，与 RS-422 一样只能实现点对多点通信，但它比 RS-422 有改进，无论四线制还是两线制方式，总线上可接多达 32 个设备。在使用 RS-485 进行点对点通信时，标准中建议采用线型或者总线型网络，尽量不要采用星形和环形网络。

(3) RS-232、RS-422 与 RS-485 标准的优点及性能比较　由于 RS-232、RS-422 与 RS-485 标准只对接口的电气特性做出规定，而不涉及接插件、电缆或协议，标准内容规定比较简单，在此标准基础上，用户可以建立自己的高层通信协议。因此，这些串行通信技术应用很广，如录像机、计算机、仪器仪表以及许多工业控制设备上都配备有 RS-232 串行通信接口。

RS-232、RS-422 与 RS-485 标准的性能比较见表 7-5。

RS-422、RS485 标准接口连接器也有两种连接器——DB9 和 DB37，即 9 针 D 型连接器和 37 针 D 型连接器。需要注意的是个人计算机自身没有 RS-422/485 接口，所以在使用时需要使用 RS-232C/RS-422 或者 RS-232C/RS-485 转换器，将个人计算机的 RS-232C 接口转换为 RS-422/485 接口。

表 7-5　RS-232、RS-422 与 RS-485 标准的性能比较

性　能	RS-232	RS-422	RS-485
信号传送方式	单端	平衡差分	平衡差分
最大传输距离	15m（2.4kbit/s）	1 219m（100kbit/s）	1 219m（100kbit/s）
最大传输速度	20kbit/s	10Mbit/s	10Mbit/s
最大发送器数目	1	1	32
最大接收器数目	1	10	32
接收信号灵敏度	±3V	±0.2V	±0.2V
发送器输出阻抗	300Ω	100Ω	54kΩ
接收器输入阻抗	3～7kΩ	≥4kΩ	≥12kΩ
对地点电压范围	±25V	−0.25～6V	−7～12V

2. RS-422 总线标准的电气特性及接口器件

(1) RS-422 总线标准的电气特性及接口定义　RS-422 总线标准规定了平衡驱动和差分接收方法。每个方向用于数据传输的是两个单端驱动器，输出同一信号时两个驱动器上的信号永远是反相，即在两条线上传输的信号电平当一个表示逻辑 1 时，另一条一定是逻辑 0。在接收端使用差分方式，这样可以抵消传输过程中混入的干扰和噪声，可以有效地识别有用信号、正确接收信息。RS-422 标准所采用的平衡驱动及差分接收的方法如图 7-27 所示，接收端检测 A′与 B′之间电位差即可获得信号。

图 7-27　平衡驱动及差分接收的方法

RS-422 标准下 DB9 连接器各主要信号线的定义及功能见表 7-6。

表 7-6　RS-422 DB9 连接器各主要信号线的定义及功能

引脚号	名　称	功　能	引脚号	名　称	功　能
1	GND	地	6	TXB	通道 B 发送
2	TXA	通道 A 发送	7	RXB	通道 B 接收
3	RXA	通道 A 接收	4、8、9	NC	未定义
5	GND	地			

(2) RS-422 总线接口器件　根据 RS-422 标准的规定，RS-422 的电路由驱动器、平衡连接电缆、终端负载及接收器组成。目前常见的驱动器有 SN75174 或 MC3487（二者在功能上可互换），接收器有 SN75175 或 MC3486（二者在功能上可互换），其引脚排列如图 7-28 所示。

SN75174 是具有三态输出的四通道差分驱动器，完全符合 RS-422 标准规定，适用于噪声环境下的多点传输，采用单＋5V 供电即可工作。其引脚功能如下：

1) 1A、2A、3A、4A：输入端。

2) 1Y、2Y、3Y、4Y：平衡输出端。

3) 1Z、2Z、3Z、4Z：平衡输出端，输出与 Y 端反相。

4) 1，2EN、3，4EN：通道使能端。

其控制真值表见表 7-7。

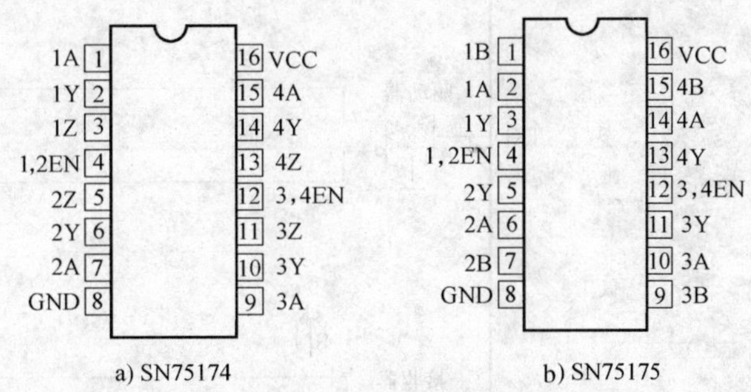

图 7-28　RS-422 电平转换芯片及引脚排列

表 7-7　SN75174 控制真值表

输入 A	使　能	输　出	
		Y	Z
1	1	1	0
0	1	0	1
×	0	高阻	高阻

SN75175 是具有三态输出的四通道差分接收器，同样符合 RS-422 标准规定，适用于噪声环境下的多点传输，采用＋5V 供电即可工作。

其引脚功能如下：

1）1A、2A、3A、4A：差分输入端。

2）1B、2B、3B、4B：差分输入端。

3）1Y、2Y、3Y、4Y：输出端。

4）1，2EN、3，4EN：通道使能端。

其控制真值表见表 7-8。

表 7-8 SN75175 控制真值表

差分输入（A-B）	使　能	输出 Y
$V_{ID} \geqslant 0.2V$	1	1
$-0.2V \leqslant V_{ID} \leqslant 0.2V$	1	×
$V_{ID} \leqslant -0.2V$	1	0
×	0	高阻
开路	1	×

下面给出使用 RS-422 接口进行标准点对点通信的电路，如图 7-29 所示。

一般情况下，差分接收器与断开故障保护电路是连接在一起的。因此，如果驱动器驱动的接收器处在高阻状态，接收器的输出最终会是一个不可知的状态。如果只用一个终接电阻，接收器就不再支持断开故障保护，所以在图 7-29 中加入了外部的上拉及下拉电阻。

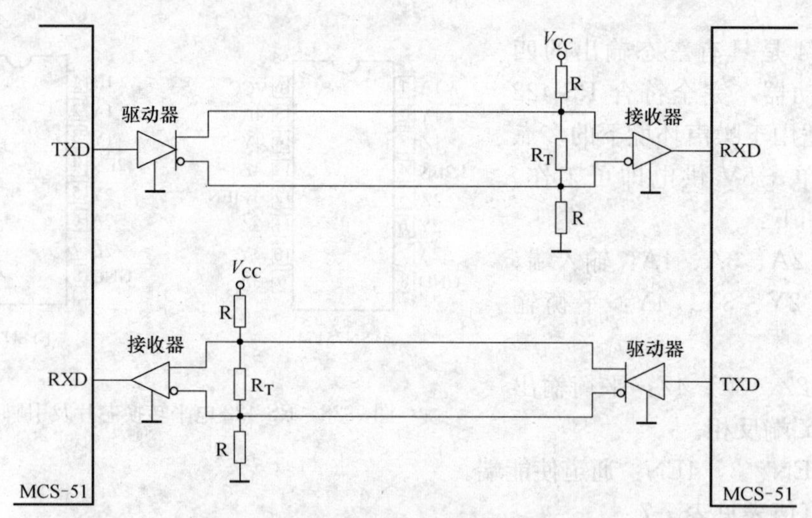

图 7-29　RS-422 标准串行通信电路

3. RS-485 总线标准的电气特性及接口器件

（1）RS-485 总线标准的电气特性及接口定义　RS-485 总线标准在 RS-422 的标准上发展而来，所以在电气特性上与 RS-422 标准基本相同。它同样采用平衡驱动和差分接收的方法进行信号的传送。发送过程中，将待发送的信号转换为两根信号线缆间的电压差；接收时将线缆间的电压差再转换为有效的逻辑信号。所以 RS-422 标准中所有可用的驱动器和接收器芯片在 RS-485 标准下均可使用。

由前面介绍的内容可知，RS-485 的标准为半双工方式，这一点与 RS-422 标准不同。同时它有两线制和四线制两种连接方式。RS-485 标准下 DB9 连接器各信号线的定义见表 7-9。

表 7-9 RS-485 标准 DB9 连接器引线定义及功能

引脚号	名称	功能	引脚号	名称	功能
1	ShieldGnd	屏蔽地	6	CTS+	允许发送+
2	RTS+	请求发送+	7	CTS−	允许发送−
3	RTS−	请求发送−	8	RXD+	接收数据+
4	TXD+	发送数据+	9	RXD−	接收数据−
5	TXD−	发送数据−			

（2）RS-485 总线接口器件　RS-485 标准总线常用接口器件有 MAX481、MAX483、MAX485、MAX487、MAX488、MAX490、MAX491 和 MAX1487 等。

图 7-30 给出了 MAX481、MAX483、MAX485、MAX487 和 MAX1487 等芯片的引脚排列及典型应用。

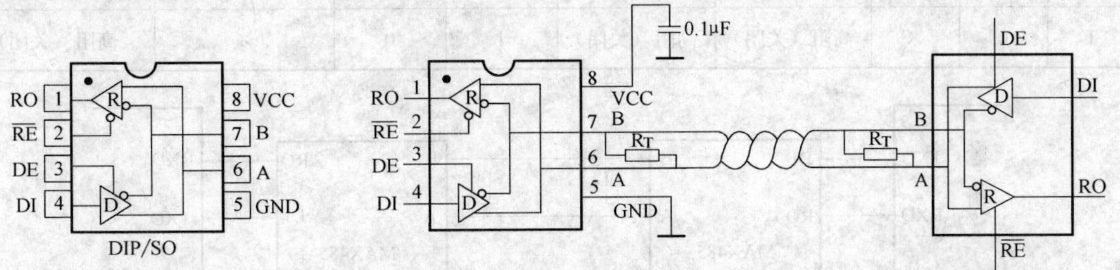

图 7-30　MAX481、MAX483、MAX485、MAX487 和 MAX1487 等芯片的引脚排列及典型应用

图 7-31 给出了 MAX488、MAX490 的引脚排列及典型应用。

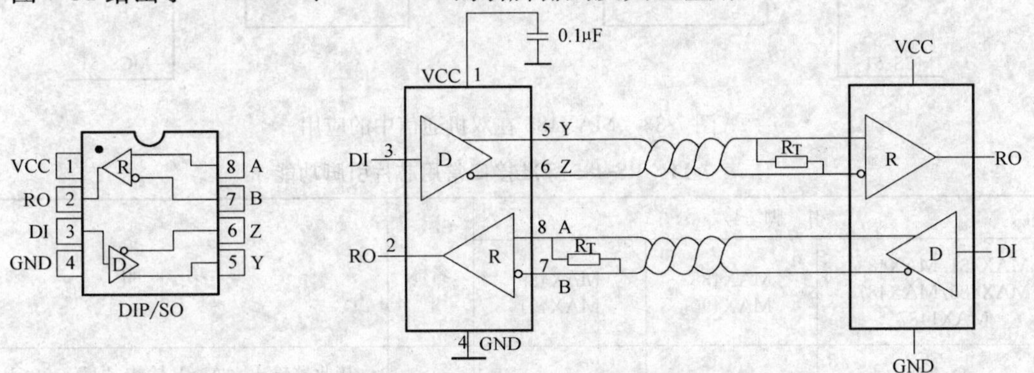

图 7-31　MAX488 和 MAX490 引脚排列及典型应用

图 7-32 给出了 MAX489 和 MAX491 的引脚排列及典型应用。

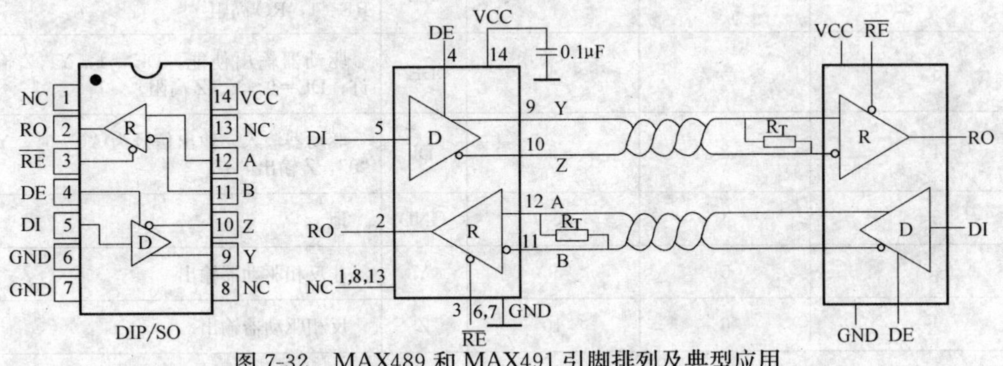

图 7-32　MAX489 和 MAX491 引脚排列及典型应用

MAX481、MAX483、MAX485、MAX487 和 MAX1487 芯片的控制真值表见表 7-10。

表 7-10 MAX481、MAX483、MAX485、MAX487 和 MAX1487 芯片的控制真值表

发送					接收			
输入			输出		输入			输出
$\overline{RE}$	DE	DI	Z	Y	$\overline{RE}$	DE	A-B	RO
×	1	1	0	1	0	0	≥0.2V	1
×	1	0	1	0	0	0	≤−0.2V	0
0	0	×	高阻	高阻	0	0	输入开路	1
1	0	×	高阻（关闭）	高阻（关闭）	1	0	×	高阻（关闭）

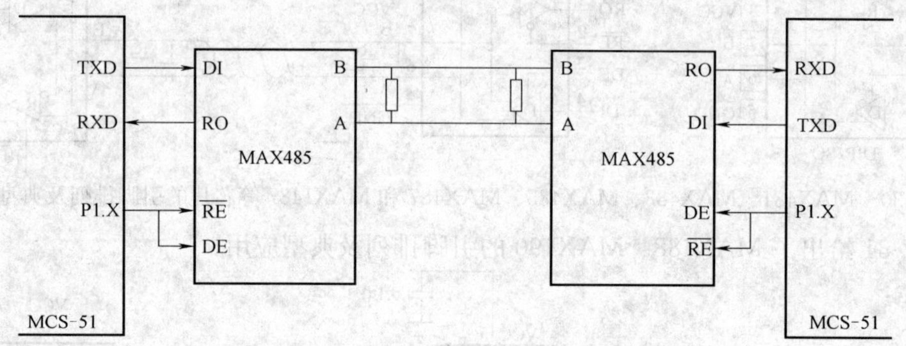

图 7-33 MAX485 在双机通信中的应用

表 7-11 RS-485 标准接口常用芯片引脚功能

引脚号			名称	功能
MAX481/MAX483 MAX485/MAX487 MAX1487	MAX488 MAX490	MAX489 MAX491		
1	2	2	RO	接收器输出。A>B 输出“1”，A<B 输出“0”
2	—	3	$\overline{RE}$	接收器输出使能。$\overline{RE}$=0，RO 输出允许；$\overline{RE}$=1，RO 高阻
3	—	4	DE	驱动器输出使能。DE=1，Y、Z 输出允许；DE=0，Y、Z 高阻
4	3	5	DI	驱动器输入。输出信号为“0”时，Y 输出“0”，Z 输出“1”
5	4	6、7	GND	地
—	5	9	Y	非反相驱动器输出
—	6	10	Z	反相驱动器输出

（续）

引脚号			名称	功　能
MAX481/MAX483 MAX485/MAX487 MAX1487	MAX488 MAX490	MAX489 MAX491		
6	—	—	A	非反相接收器输入、非反相驱动器输出
—	8	12	A	非反相接收器输入
7	—	—	B	反相接收器输入、反相驱动器输出
—	7	11	B	反相接收器输入
8	1	14	VCC	供电，4.75V≤V_{CC}≤5.25V
—	—	1、8、13	NC	空

使用上述芯片可以构建两线制或四线制连接的 RS-485 标准接口，需要注意的是两线制方式的接口工作在半双工方式下，是 RS-485 标准的典型应用形式；使用四线制方式的 RS-485 结构是工作在全双工方式下的。构建半双工方式通常采用 MAX481、MAX483、MAX485、MAX487 和 MAX1487 等芯片，而构建全双工方式一般采用 MAX488、MAX489、MAX490 和 MAX491 芯片。图 7-34 给出了两种方式下构建的 RS-485 标准接口，其中 a 为半双工方式的 RS-485 接口，b 为全双工方式的 RS-485 接口。

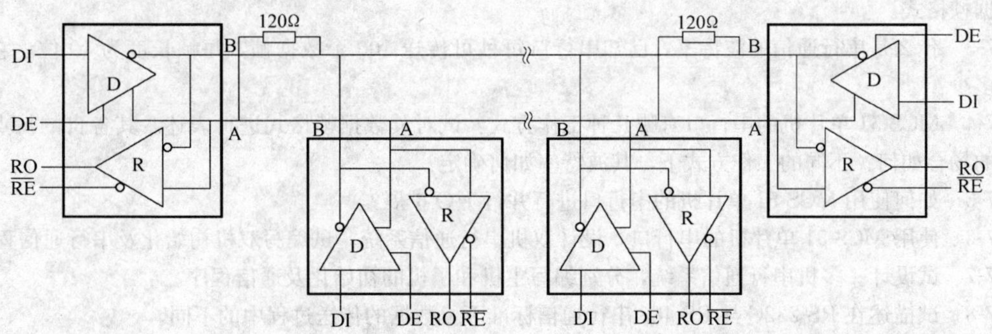

a) MAX481、MAX483、MAX485、MAX487和AX1487应用半双工 RS-485接口

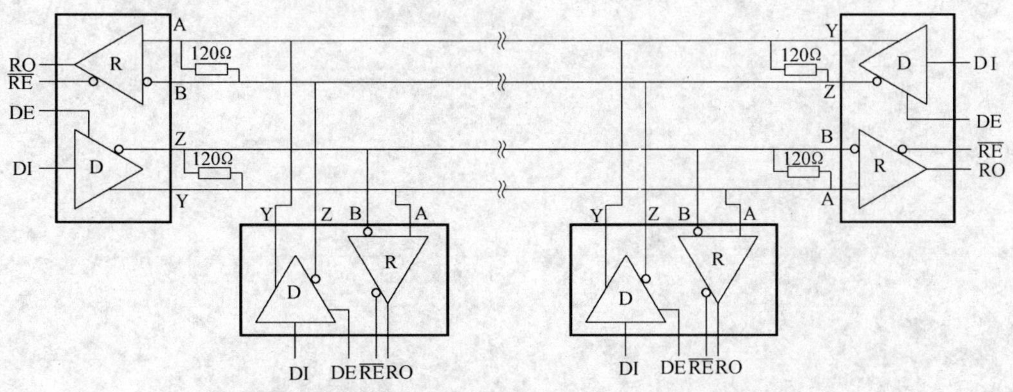

b) MAX488、MAX489、AX490和MAX491应用全双工 RS-485接口

图 7-34　典型 RS-485 应用接口

（3）RS-485 标准多点通信　根据之前对 RS-485 总线标准的说明，在该标准下可以非常方便地搭建多达 32 点的多点通信网络，使用总线收发器件构建的 32 点多机 RS-485 总线通信实现方法如图 7-35 所示。

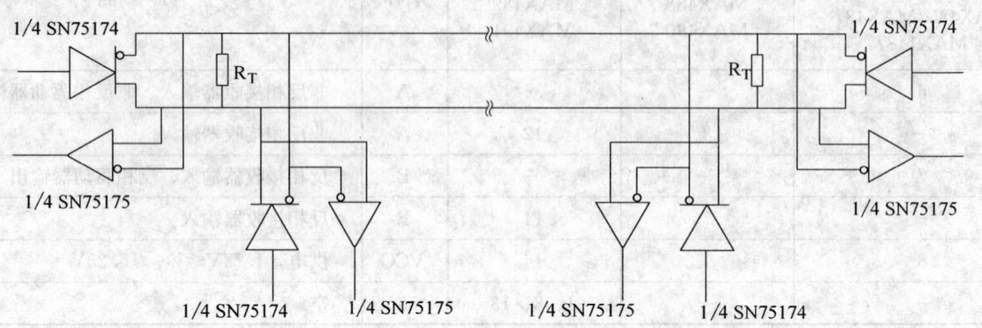

图 7-35　RS-485 总线 32 点多机通信

习　题

7-1　什么是并行通信？什么是串行通信？二者之间的区别和各自的特点是什么？它们分别适用于什么样的应用场合？

7-2　串行通信中常见形式有异步串行通信及同步串行通信，它们的区别和各自的特点是什么？试描述其数据帧格式。

7-3　什么是串行通信的波特率，已知串行口每秒可传送 100 个数据帧，每帧长度为 10 位，它的波特率为多少？

7-4　MCS-51 单片机的串行口有哪几种工作方式？试对其数据帧格式进行表述。其各自的特点和适宜应用的场合如何？不同的工作方式下，其波特率如何确定？

7-5　如何使用 MCS-51 单片机的串行口进行并行 I/O 扩展？

7-6　使用 MCS-51 单片机的串行口，设计双机串行通信系统，试编写双机初始化及串行通信程序。

7-7　试设计一多机串行通信系统，分别编写主机和子机的初始化及通信程序。

7-8　试描述在 RS-232C 与 RS-485 串行通信标准下，数据的传送过程中的不同。

第8章　单片机与外围电路的接口方式

单片机的发展趋势是低功耗CMOS化、功能单片化和体积微型化。低功耗CMOS化是指各个单片机基本都采用了具备高速和低功耗特点的CHMOS（互补高密度金属氧化物半导体）工艺制造。功能单片化是指现在常规的单片机普遍将中央处理器（CPU）、随机存取存储器（RAM）、只读存储器（ROM）、并行和串行通信接口、中断系统、定时电路、时钟电路集成在一块单一的芯片上；增强型的单片机将诸如A/D转换器、PMW（脉宽调制）电路、WDT（看门狗）等都集成在单一的芯片上，这样单片机包含的单元电路就更多，功能就更强大。体积微型化是指许多单片机虽都具有多种封装形式，但其中SMD（表面封装）越来越受欢迎，使得由单片机构成的系统正朝微型化方向发展。

尽管单片机内部集成度越来越高，向着片上系统趋势发展，但在具体的应用中还是要用到外围接口电路，因此掌握单片机外围接口电路是单片机应用的前提。目前，如果将单片机外围接口电路按照总线结构分类，可以归纳为四类：1-wire Bus总线接口电路、SMBus/I^2C总线接口电路、SPI总线接口电路和并行总线接口电路。对于大多数51内核的单片机而言，从硬件结构上不包含1-wire Bus总线、SMBus/I^2C总线和SPI总线的控制接口，需要使用I/O口通过软件模拟这些接口的硬件时序实现相应的接口功能。

本章按照总线结构分别介绍上述各种总线接口电路的相关知识，给出MCS-51单片机与1-wire总线、SMBUS/I^2C总线和SPI总线器件的典型接口电路实例，介绍相应的软件编程思路。关于MCS-51单片机与并行总线器件接口将在第9章存储器扩展部分介绍。

8.1　单总线（1-wire Bus）接口电路

8.1.1　单总线接口电路简介

单总线（1-wire Bus）是Maxim全资子公司Dallas的一项专有技术，与目前多数标准串行数据通信方式如SPI/I^2C/MICROWIRE不同，它采用单根信号线既传输时钟又传输数据，而且数据传输是双向的。单总线具有节省I/O口线资源、结构简单、成本低廉、便于总线扩展和维护等诸多优点。单总线适用于单个主机系统，能够控制一个或多个从机设备，当只有一个从机位于总线上时，系统可按照单节点系统操作。而当多个从机位于总线上时，则系统按照多节点系统操作。为了较为全面地分析单总线系统，下面按照硬件结构、命令序列和信号方式（信号类型和时序）三个部分进行介绍。

8.1.2　硬件结构

顾名思义，单总线就是只有一根数据线，设备主机或从机通过一个漏极开路或三态端口连接至该数据线，这样允许设备在不发送数据时释放数据总线，以便总线被其他设备所使用。单总线端口为漏极开路结构，其内部电路如图8-1所示。

单总线要求外接一个约 5kΩ（4.7kΩ）的上拉电阻，使得单总线的闲置状态为高电平，不管什么原因，如果传输过程需要暂时挂起，且要求传输过程还能够继续的话，则总线必须处于空闲状态。位传输之间的恢复时间没有限制，只要总线在恢复期间处于空闲状态（高电平）就行。如果总线保持低电平超过 480μs，总线上的所有器件将复位。另外，在寄生方式供电时，为了保证单总线器件在某些工作状态下（如温度转换期间、EEPROM 写入等）具有足够的电源电流，必须在总线上提供强上拉（如图 8-1 所示的场效应晶体管）。

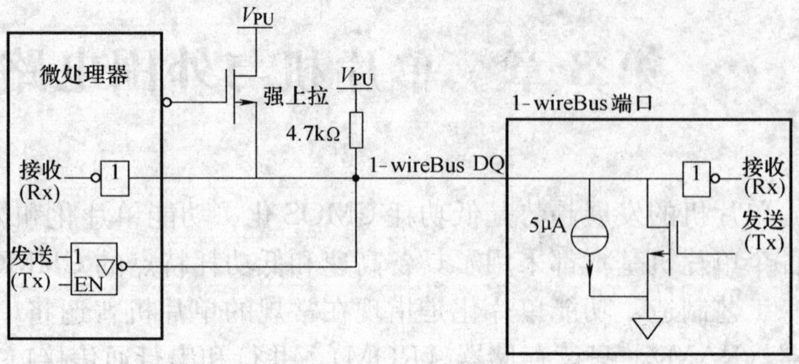

图 8-1 单总线硬件接口的内部电路

8.1.3 命令序列

典型的单总线命令序列如下：

第一步：初始化；

第二步：ROM 命令（跟随需要交换的数据）；

第三步：功能命令（跟随需要交换的数据）。

每次访问单总线器件必须严格遵守这个命令序列，如果出现序列混乱，则单总线器件不会响应主机。但是这个准则对于搜索 ROM 命令和报警搜索命令例外，在执行两者中任何一条命令之后，主机不能执行其后的功能命令，必须返回至第一步。

1. 初始化

基于单总线上的所有传输过程都是以初始化开始的，初始化过程由主机发出的复位脉冲和从机响应的应答脉冲组成。应答脉冲使主机知道，总线上有从机设备，且准备就绪。复位和应答脉冲的时间详见 8.1.4 节单总线信号方式部分。

2. ROM 命令

在主机检测到应答脉冲后，就可以发出 ROM 命令。这些命令与各个从机设备的唯一 64 位 ROM 代码相关，允许主机在单总线上连接多个从机设备时，指定操作某个从机设备。这些命令还允许主机能够检测到总线上有多少个从机设备以及其设备类型，或者有没有设备处于报警状态。从机设备可能支持五种 ROM 命令（实际情况与具体型号有关），每种命令长度为 8 位。主机在发出功能命令之前，必须送出合适的 ROM 命令。ROM 命令的操作流程如图 8-2 所示。下面将简要地介绍各个 ROM 命令的功能，以及在何种情况下使用。

（1）搜索 ROM［F0H］　当系统初始上电时，主机必须找出总线上所有从机设备的 ROM 代码，这样主机就能够判断出从机的数目和类型。主机通过重复执行搜索 ROM 循环（搜索 ROM 命令跟随着位数据交换），以找出总线上所有的从机设备。如果总线只有一个从机设备，则可以采用读 ROM 命令来替代搜索 ROM 命令。在每次执行完搜索 ROM 循环后，主机必须返回至命令序列的第一步（初始化）。

（2）读 ROM［33H］（仅适合于单节点）　该命令仅适用于总线上只有一个从机设备的

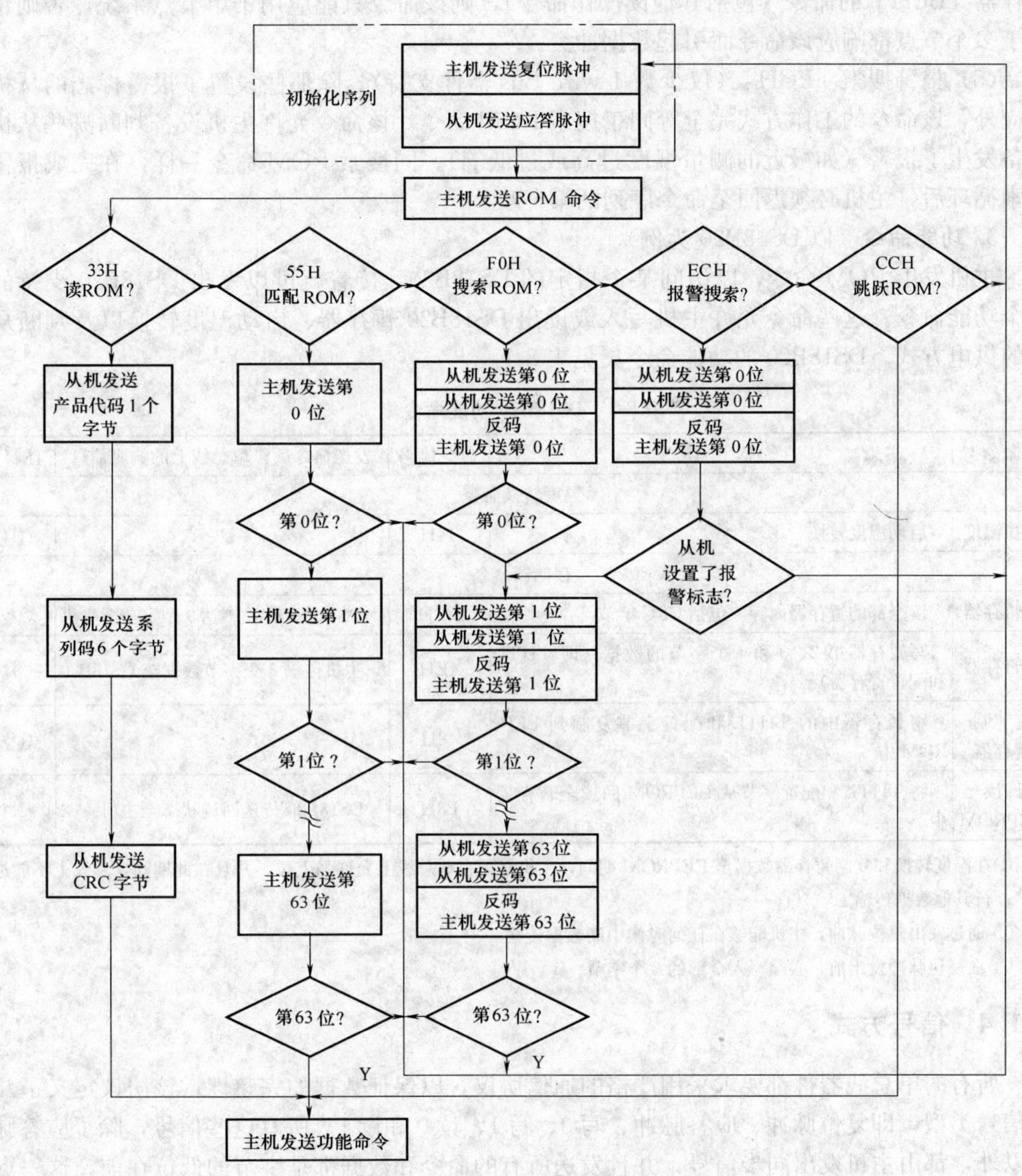

图 8-2　ROM 命令的操作流程

情况。它允许主机直接读出从机的 64 位 ROM 代码，而无须执行搜索 ROM 过程。如果该命令用于多节点系统，则必然发生数据冲突，因为每个从机设备都会响应该命令。

（3）匹配 ROM［55H］　匹配 ROM 命令跟随 64 位 ROM 代码，从而允许主机访问多节点系统中某个指定的从机设备。仅当从机完全匹配 64 位 ROM 代码时，才会响应主机随后发出的功能命令，其他设备将处于等待复位脉冲状态。

（4）跳越 ROM［CCH］（仅适合于单节点）　主机能够采用该命令同时访问总线上的所有从机设备，而无须发出任何 ROM 代码信息。值得注意，如果跳越 ROM 命令跟随的是读暂存器［BEH］的命令（包括其他读操作命令），则该命令只能应用于单节点系统，否则将由于多个节点都响应该命令而引起数据冲突。

（5）报警搜索［ECH］（仅少数 1-wire Bus 器件支持） 除那些设置了报警标志的从机响应外，该命令的工作方式完全等同于搜索 ROM 命令。该命令允许主机设备判断哪些从机设备发生了报警（如最近的测量温度过高或过低等）。同搜索 ROM 命令一样，在完成报警搜索循环后，主机必须返回至命令序列的第一步。

3. 功能命令（以 DS18B20 为例）

主机发出 ROM 命令，以访问某个指定的 DS18B20，接着就可以发出 DS18B20 支持的某个功能命令。这些命令允许主机写入或读出 DS18B20 暂存器、启动温度转换以及判断从机的供电方式。DS18B20 的功能命令集见表 8-1。

表 8-1 DS18B20 功能命令集

命令	描 述	命令代码	发送命令后，单总线上的响应信息	注释
		温度转换命令		
转换温度	启动温度转换	44H	无	①
		存储器命令		
读暂存器	读全部的暂存器内容，包括 CRC 字节	BEH	DS18B20 传输多达 9 个字节至主机	②
写暂存器	写暂存器第 2、3 和 4 个字节的数据（即 THTL 和配置寄存器）	4EH	主机传输 3 个字节数据至 DS18B20	③
复制暂存器	将暂存器中的 THTL 和配置字节复制到 EEPROM 中	48H	无	①
回读 EEPROM	将 THTL 和配置字节从 EEPROM 回读至暂存器中	B8H	DS18B20 传送回读状态至主机	

①在温度转换和复制暂存器数据至 EEPROM 期间，主机必须在单总线上允许强上拉。并且在此期间，总线上不能进行其他数据传输。

② 通过发出复位脉冲，主机能够在任何时候中断数据传输。

③ 在复位脉冲发出前，必须写入全部的 3 个字节。

8.1.4 信号方式

所有的单总线器件都要求采用严格的通信协议，以保证数据的完整性。该协议定义了几种信号类型，即复位脉冲、应答脉冲、写 0、写 1、读 0 和读 1。所有这些信号，除了应答脉冲以外，都由主机发出同步信号，并且发送所有的命令和数据都是字节的低位在前，这一点与多数串行通信格式不同（高位在前）。

1. 初始化序列（复位和应答脉冲）

单总线上的所有通信都是以初始化序列开始，包括主机发出的复位脉冲以及从机的应答脉冲，如图 8-3 所示。当从机发出响应主机的应答脉冲时，即向主机表明它处于总线上，且工作准备就绪。在主机初始化过程，主机通过拉低单总线至少 480μs，以产生（Tx）复位脉冲。接着，主机释放总线，并进入接收模式（Rx）。当总线被释放后，5kΩ 左右的上拉电阻将单总线拉高。在单总线器件检测到上升沿后，延时 15～60μs，接着通过拉低总线 60～240μs，以产生应答脉冲。

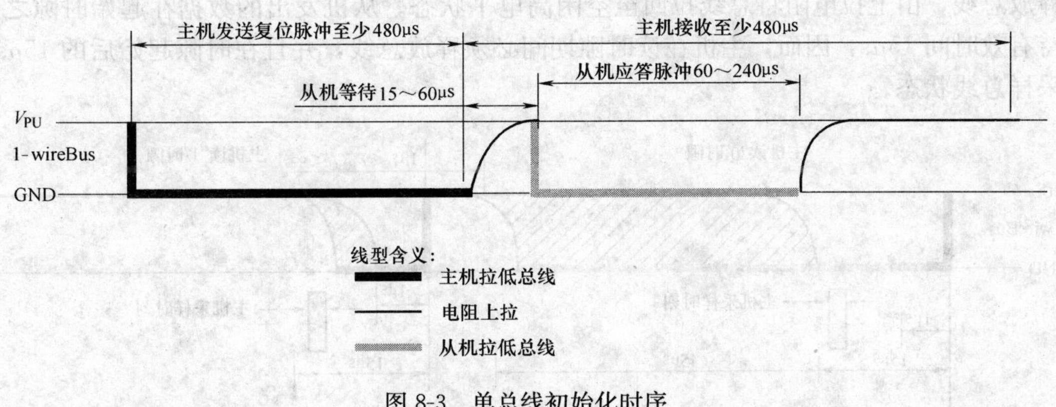

图 8-3　单总线初始化时序

2. 读/写时隙

在写时隙期间，主机向单总线器件写入数据；而在读时隙期间，主机读入来自从机的数据。在每一个时隙，总线只能传输 1 位数据。

3. 写时隙

存在两种写时隙：写“1”和写“0”。主机采用写 1 时隙向从机写入 1，而采用写 0 时隙向从机写入 0。所有写时隙至少需要 60μs，且在两次独立的写时隙之间至少需要 1μs 的恢复时间。两种写时隙均起始于主机拉低总线，如图 8-4 所示。产生写 1 时隙的方式：主机在拉低总线后，接着必须在 15μs 之内释放总线，由 5kΩ 左右上拉电阻将总线拉至高电平；产生写 0 时隙的方式：在主机拉低总线后，只需在整个时隙期间保持低电平即可（至少 60μs）。

在写时隙起始后 15～60μs 期间，单总线器件采样总线电平状态。如果在此期间采样为高电平，则逻辑 1 被写入该器件；如果为 0，则写入逻辑 0。

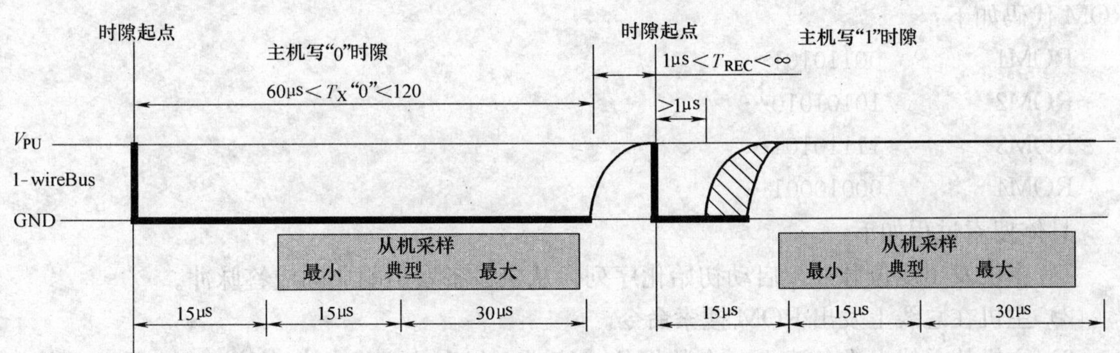

图 8-4　主机产生写时隙的时序控制

4. 读时隙

单总线器件仅在主机发出读时隙时，才向主机传输数据，所以，在主机发出读数据命令后，必须马上产生读时隙，以便从机能够传输数据。所有读时隙至少需要 60μs，且在两次独立的读时隙之间至少需要 1μs 的恢复时间。每个读时隙都由主机发起，至少拉低总线 1μs，如图 8-5 所示。在主机发起读时隙之后，单总线器件才开始在总线上发送 0 或 1。若从机发送 1，则保持总线为高电平；若发送 0，则拉低总线。当发送 0 时，从机在该时隙结束后释放总线，由上拉电阻将总线拉回至空闲高电平状态。从机发出的数据在起始时隙之后，保持有效时间 15μs，因而，主机在读时隙期间必须释放总线，并且在时隙起始后的 15μs 之内采样总线状态。

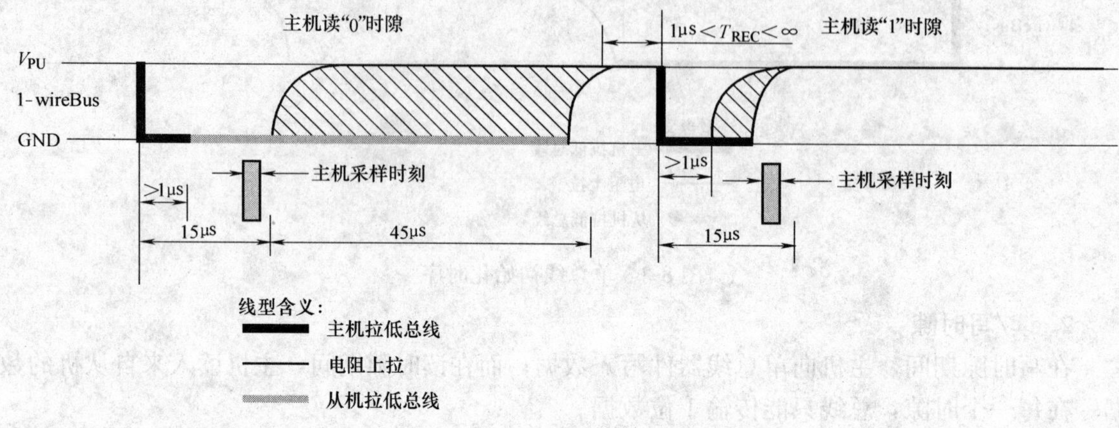

图 8-5 主机产生读时隙的时序控制

8.1.5 ROM 搜索过程

ROM 搜索过程只是一个简单的三步循环程序：读一位、读该位的补码、写入一个期望的数据位。总线主机在 ROM 的每一位上都重复这样的三步循环程序。当完成某个器件后，主机就能够知晓该器件的 ROM 信息。剩下的设备数量及其 ROM 代码通过相同的过程即可获得。

下面是 ROM 搜索过程实例，假设四个不同的器件被连接至同一条总线上，它们的 ROM 代码如下：

ROM1 00110101…
ROM2 10101010…
ROM3 11110101…
ROM4 00010001…

具体搜索过程如下：

1）主机发出复位脉冲，启动初始化序列。从机设备发出响应的应答脉冲。

2）主机在总线上发出 ROM 搜索命令。

3）主机从总线上准备读入一个数据位，这时，每个响应设备分别将 ROM 代码的第一位输出到单总线上。ROM1 和 ROM4 输出 0 至总线，而 ROM2 和 ROM3 输出 1 至总线。线上的输出结果是所有器件的逻辑“与”，所以，主机从总线上读到的将是 0。接着主机开始读另一位，即每个器件分别输出 ROM 代码中第一位的补码，此时，ROM1 和 ROM4 输出 1 至总线，而 ROM2 和 ROM3 输出 0 至总线。这样，主机读到的该位补码还是 0。主机由此判定，总线上有些器件的 ROM 代码第一位为 0，有些则为 1。两次读到的数据位具有以下含义：

00 在该位处存在设备冲突；

01 在该位处所有器件为 0；

10 在该位处所有器件为 1；

11 单总线不存在任何设备。

4）主机写入 0，从而禁止了 ROM2 和 ROM3 响应余下的搜索命令，仅在总线上留下了 ROM1 和 ROM4。

5）主机再执行两次读操作，依次收到 0 和 1，这表明 ROM1 和 ROM4 在 ROM 代码的第二位都是 0。

6）接着主机写入 0，在总线上继续保持 ROM1 和 ROM4。

7）主机又执行两次读操作，收到两个 0，表明所连接的设备的 ROM 代码在第三位既有 0，也有 1。

8）主机再次写入 0，从而禁止了 ROM1 响应余下的搜索命令，仅在总线上留下了 ROM2。

9）主机读完 ROM4 余下的 ROM 数据位。这样就完成了第一次搜索，并找到了位于总线上的第一个设备。

10）重复执行 1）～7）步，开始新一轮的 ROM 搜索命令。

11）主机写入 1，使 ROM4 离线，仅在总线上留下 ROM1。

12）主机读完 ROM1 余下的 ROM 数据，这样就完成了第二次的 ROM 搜索，找到了第二个 ROM 代码。

13）重复执行 1）～3）步，开始新一轮的 ROM 搜索命令。

14）主机写入 1，这次禁止了 ROM1 和 ROM4 响应，余下的搜索命令，仅在总线上留下了 ROM2 和 ROM3。

15）主机又执行两次读操作时隙，读到两个 0。

16）主机写入 0，这样禁止了 ROM3，而留下了 ROM2。

17）主机读完 ROM2 余下的 ROM 数据，这样就完成了第三次的 ROM 搜索，找到了第三个 ROM 代码。

18）重复执行 13）～15）步，开始新一轮的 ROM 搜索命令。

19）主机写入 1，这次禁止了 ROM2，而留下了 ROM3。

20）主机读完 ROM3 余下的 ROM 数据，这样就完成了第四次的 ROM 搜索，找到了第四个 ROM 代码。

说明：每次搜索 ROM 操作，主机只能找到某一个单总线器件的 ROM 代码，所需要的最短时间为 960μs＋(8＋364)61μs＝13.16ms，所以，主机能够在 1s 之内读出 75 个单总线的 ROM 代码。

8.1.6　单总线器件接口实例——单片机与 DS18B20 温度传感器的接口

DS18B20 是采用 1-wire Bus 单总线技术的典型产品，其内部由四个主要的数据部件组成：

1）64 位激光 ROM：光刻 ROM 中的 64 位序列号是出厂前被光刻好的，它可以看作是该 DS18B20 的地址序列码。64 位光刻 ROM 的排列是：开始 8 位（28H）是产品类型标号，接着的 48 位是该 DS18B20 自身的序列号，最后 8 位是前面 56 位的循环冗余校验码（CRC＝X8＋X5＋X4＋1）。光刻 ROM 的作用是使每一个 DS18B20 都各不相同，这样就可以实现一根总线上挂接多个 DS18B20 的目的。

2）温度灵敏部件：DS18B20 中的温度传感器可完成对温度的测量。

3）非易失性温度报警触发器 TH 与 TL：可通过软件写入用户报警上下限值。

4）配置寄存器：为中间结果暂存器中的字节 4。可以设置 DS18B20 温度转换的分辨率（9 位、10 位、11 位、12 位）。上电默认值为 12 位分辨率。测量温度范围为 －55～＋125℃，在－10～＋85℃范围内，精度范围为±0.5℃。

DS18B20 的内部存储器包括一个高速暂存 RAM 和一个非易失性的可电擦除的 EEPROM，后者存放高温度和低温度触发器 TH、TL 及结构寄存器。

暂存存储器包含了 8 个连续字节，前两个字节是测得的温度信息，第 1 个字节的内容是温度的低 8 位，第 2 个字节是温度的高 8 位，即它的低 10 位储存由 AD 转换器送来的 10 位温度读数，11 位～15 位未用（以 12 位转化为例：用 16 位符号扩展的二进制补码读数形式提供，以 0.0625℃/LSB 形式表达）。第 3 个和第 4 个字节是 TH、TL 的易失性拷贝，第 5 个字节是结构寄存器的易失性拷贝，这三个字节的内容在每一次上电复位时被刷新。第 6、7、8 个字节用于内部计算。第 9 个字节是冗余检验字节。DS18B20 采用节省空间的 TO—90 封装，其引脚排列如图 8-6 所示，引脚功能见表 8-2。

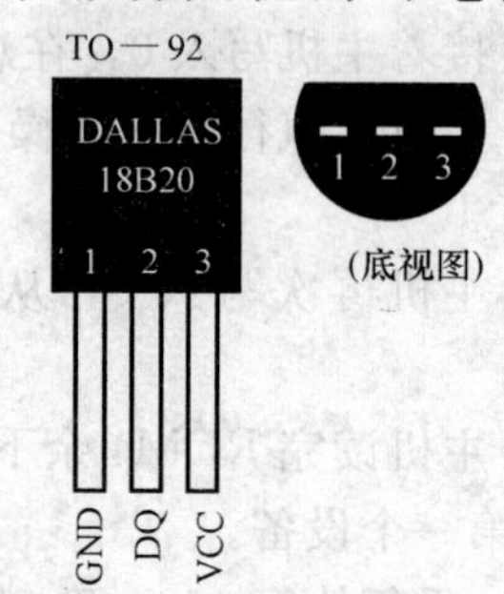

图 8-6 DS18B20 的引脚排列

表 8-2 DS18B20 引脚功能

引脚号	名称	说　明
1	GND	地
2	DQ	数据输入/输出脚（单线接口，可作寄生供电）
3	VDD	电源电压。＋3～＋5.5V

DS18B20 与 MCS-51 单片机（AT89C51）的接口电路如图 8-7 所示。图中 V_{CC}为外部＋5V电源，P1.0 用于向 DS18B20 读取数据，P1.1 用于向 DS18B20 写入数据，这样设计可增强总线驱动能力。

由于 DS18B20 与微处理器间采用 1-wire Bus 单总线数据传送，为了保证数据可靠地传输，任意时刻 1-wire Bus 上只能有一个控制信号或数据。进行数据通信时应符合 1-wire Bus 协议，否则将无法读取测量结果。如果应用中系统有实时中断，需要保证不影响 DS18B20 的时序，否则采用 1-wire Bus 对 DS18B20 进行数据传送时必须关闭中断。

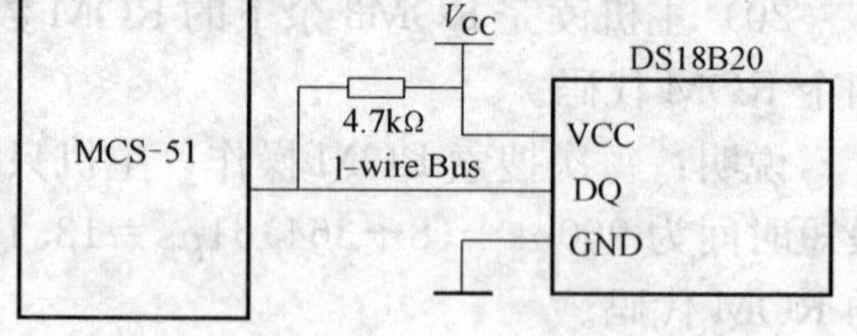

图 8-7 DS18B20 与 MCS-51 单片机的接口电路

其读写时序主要有初始化、读时间片和写时间片三种时序操作。访问 DS18B20 的操作顺序应遵循以下三步：

1）初始化。

2）ROM 命令（分别是读 ROM、搜索 ROM、匹配 ROM、跳过 ROM、报警搜索）。

3）DS18B20 命令（有温度转换、写暂存器、读暂存器、拷贝暂存器、恢复 EEPROM、读取电源、供电方式）。

在 MCS-51 单片机系统中使用 DS18B20 测量温度，系统使用 12MHz 晶体振荡器，单线连接，DS18B20 的 DQ 引脚连接到单片机的 P1.7 口，FLAG1 标志位为“1”时表示检测到 DS18B20，TEMPER_NUM 用来保存读出的温度数据，对 DS18B20 操作的功能子程序代码如下：

```
TEMPER_L       EQU    36H
TEMPER_H       EQU    35H
DQ             BIT    P1.7
;DS18B20 初始化汇编程序
INIT_1820:     SETB   DQ
               NOP
               CLR    DQ
               MOV    R0，#06BH
TSR1:          DJNZ   R0，TSR1              ；延时
               SETB   DQ
               MOV    R0，#25H
TSR2:          JNB    DQ，TSR3
               DJNZ   R0，TSR2
               LJMP   TSR4                  ；延时
TSR3:          SETB   FLAG1                 ；置标志位，表示 DS18B20 存在
               LJMP   TSR5
TSR4:          CLR    FLAG1                 ；清标志位，表示 DS18B20 不存在
               LJMP   TSR7
TSR5:          MOV    R0，#06BH
TSR6:          DJNZ   R0，TSR6              ；延时
TSR7:          SETB   DQ
               RET

;重新写 DS18B20 暂存存储器设定值
RE_CONFIG:     JB     FLAG1，RE_CONFIG1；若 DS18B20 存在，转 RE_CONFIG1
               RET
RE_CONFIG1:    MOV    A，#0CCH              ；发 SKIP ROM 命令
               LCALL  WRITE_1820
               MOV    A，#4EH               ；发写暂存存储器命令
               LCALL  WRITE_1820
               MOV    A，#00H               ；TH（报警上限）中写入 00H
               LCALL  WRITE_1820
               MOV    A，#00H               ；TL（报警下限）中写入 00H
               LCALL  WRITE_1820
               MOV    A，#1FH               ；选择 9 位温度分辨率
               LCALL  WRITE_1820
```

```
                RET

;读出转换后的温度值
GET_TEMPER: SETB  DQ                    ;定时入口
            LCALL INIT_1820
            JB    FLAG1, TSS2
            RET                         ;若DS18B20不存在则返回
TSS2:       MOV   A, #0CCH              ;跳过ROM匹配
            LCALL WRITE_1820
            MOV   A, #44H               ;发出温度转换命令
            LCALL WRITE_1820
            LCALL INIT_1820
            MOV   A, #0CCH              ;跳过ROM匹配
            LCALL WRITE_1820
            MOV   A, #0BEH              ;发出读温度命令
            LCALL WRITE_1820
            LCALL EAD_1820
            MOV   TEMPER_NUM, A         ;将读出的温度数据保存
            RET

;读DS18B20的程序,从DS18B20中读出一个字节的数据
READ_1820:  MOV   R2, #8
RE1:        CLR   C
            SETB  DQ
            NOP
            NOP
            CLR   DQ
            NOP
            NOP
            NOP
            SETB  DQ
            MOV   R3, #7
            DJNZ  R3, $
            MOV   C, DQ
            MOV   R3, #23
            DJNZ  R3, $
            RRC   A
            DJNZ  R2, RE1
            RET

;写DS18B20的程序
WRITE_1820: MOV   R2, #8
            CLR   C
```

```
WR1：           CLR    DQ
                MOV    R3，#6
                DJNZ   R3，$
                RRC    A
                MOV    DQ，C
                MOV    R3，#23
                DJNZ   R3，$
                SETB   DQ
                NOP
                DJNZ   R2，WR1
                SETB   DQ
                RET

；读 DS18B20 的程序，从 DS18B20 中读出两个字节的温度数据
READ_18200：    MOV    R4，#2         ；将温度高位和低位从 DS18B20 中读出
                MOV    R1，#36H       ；低位存入 36H（TEMPER_L），高位存入 35H
                                      （TEMPER_H）
RE00：          MOV    R2，#8
RE01：          CLR    C
                SETB   DQ
                NOP
                NOP
                CLR    DQ
                NOP
                NOP
                NOP
                SETB   DQ
                MOV    R3，#7
                DJNZ   R3，$
                MOV    C，  DQ
                MOV    R3，#23
                DJNZ   R3，$
                RRC    A
                DJNZ   R2，RE01
                MOV    @R1，A
                DEC    R1
                DJNZ   R4，RE00
                RET
```

8.2　SMBus/ I²C 总线接口电路

SMBus 是 System Management Bus 的缩写，是 1995 年由 Intel 提出的，应用于移动个

人计算机和桌面个人计算机系统中的低速率通信，后来应用于单片机系统。其 I/O 接口只有两条接线：SDA 和 SCL。SCL（Serial Clock）为传输总线时钟，SDA（Serial Data）为传输总线数据。SMBus 与 I^2C 总线兼容。要了解更多的信息，可参考以下文档：

1）The I^2C-Bus and how to use it（including specifications），PHILIPS Semiconductor。

2）The I^2C-Bus Specification—Version 2.0，PHILIPS Semiconductor。

3）System Management Bus Specification—Version 1.1，SBS Implementers Forum。

8.2.1 I^2C 与 SMBus 总线简介

I^2C 总线是 Philips 公司开发的双向两线总线，又称 Intel IC 总线。I^2C 总线已成为一个国际标准，目前有很多种 IC 芯片上具有该接口，而且得到超过 50 家公司的许可，有广泛应用。随着应用领域的扩展，要求总线速度更高，供电电源电压更低，I^2C 总线版本在不断升级，目前已知高版本有 V2.1—2000。I^2C 总线是一个真正的多主机总线，如果两个或更多主机同时初始化数据传输，可通过冲突检测和仲裁防止数据被破坏。I^2C 总线数据位传输速率在标准模式下可达 100kbit/s，快速模式下可达 400kbit/s，高速模式下可达 3.4Mbit/s，片内滤波器可滤去总线数据线上的毛刺波，以保证数据完整。符合 I^2C 总线的 CMOS IC 还具有极低的电流消耗，抗高噪声干扰，电源电压范围宽，工作温度范围广等优点。

SMBus 总线仅需串行数据 SDA 和时钟 SCL 在总线上传输数据。每个器件都有一个唯一的地址，无论是微控制器、LCD 驱动器、存储器或键盘接口，只要符合 SMBus 总线（或 I^2C 总线）规范，均可以采用 DIP 拨码开关或相关控制寄存器配置一个唯一的地址。SMBus 器件按数据的流向可分为发送器和接收器。发送器发送数据，接收器则接收数据。一般来说，同一个 SMBus 器件既可以是发送器，也可以是接收器。例如，SMBus 总线储存器在发送数据前，需接收存储空间地址，再把该地址所存的数据发送出去。此时存储器既是发送器，又是接收器，在接收存储器地址时为接收器，在发送数据时为发送器。SMBus 器件除按发送器和接收器划分之外，更多的场合是按主机（Master）和从机（Slave）划分。主机初始化总线数据传输，并负责输出总线的时钟信号。任何被寻址的器件都可认为是从机，从机不输出总线时钟，依靠主机的总线时钟信号同步数据传输。主、从机均可以是发送器或接收器，也可动态角色变换。SMBus 总线是单工总线，即总线上同一时刻发送方只能发送数据，不能接收数据；而 SPI 和 URAT 总线（在异步模式下）则可在同一时刻既能发送数据，又能接收数据。

8.2.2 SMBus/I^2C 器件连接

SMBus/I^2C 器件一般要求其输入/输出端口为开漏设计，在总线终端通过上拉电阻拉至相应逻辑电平。例如，对于 3.3V 器件，上拉至 3.3V 电源，对于 5V 器件，上拉至 5V 电源，同一总线上允许不同电平要求的器件共存。

图 8-8 所示是典型的 5V 与 3.3V SMBus/I^2C 器件互连方法。通过 VT1 和 VT2 进行逻辑 1 电平转换。现分析其电平转换过程：当所有的器件数据线输出均为逻辑 1 时，由于是开漏设计，因此所有器件的 SDA 输出口为高阻态。此时 SDA1 的电平经上拉电阻拉至 3.3V（器件输入电流很低，可以将电流经上拉电阻产生的电压损失忽略），即 VT1 的源极 S 端为 3.3V，与其栅极 G 端的电平相当，VT1 处于截止状态，漏极 D 端高阻，从而漏极 D 端电平

由外电路决定。SDA2 由上拉电阻拉至 5V，从而可保证总线上逻辑 1 时，SDA1 端为 3.3V，SDA2 端为 5V。当 SDA1 端处于高电平，SDA2 端某个器件数据输出为逻辑 0 时，即可将 SDA2 拉至低电平。此时，由于 VT1 源极 S 端为 3.3V，经低压二极管 VD1 对漏极 D 端形成回路，从而使得源极 S 端的电平被二极管拉低（此时 VT1 栅极 G 端电平高于 S 端，VT1 饱和，进一步确保源极 S 端和漏极 D 端电平相近），从而 SDA2 和 SDA1 端均为逻辑 0。当 SDA2 端处于高电平，而 SDA1 端某个器件产生低电平时，则 VT1 栅极 G 端高于源极 S 端，使 VT1 饱和，漏极 D 端电平与源极 S 端相近，从而使 SDA2 端也处于低电平。SCL1 和 SCL2 也按同样机制工作，保证总线的多电平转换。

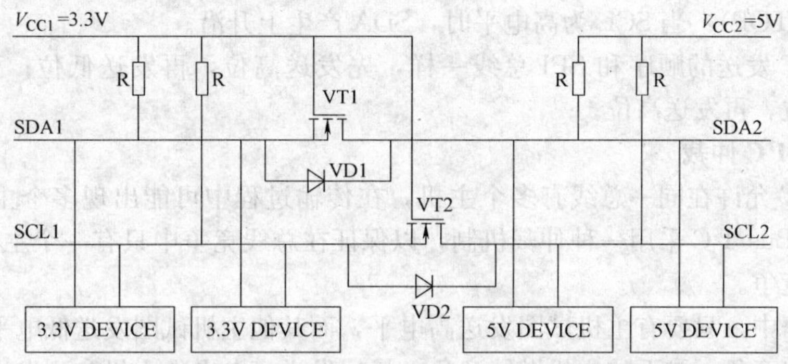

图 8-8　3.3V 与 5V SMBus/I²C 器件互连方法

同一总线上 SMBus/I²C 器件的连接数量取决于总线的电平上升时间和下降时间，要求其分别短于 300ns 和 1000ns。连接的器件越多，其器件产生的旁路电容越大，RC 时间常数越大，上升时间越长。一般要求器件产生的电容值小于 400pF（包括 PCB 布板产生的电容）。上拉电阻值取决于 IC 器件的电气参数，一般来说，总线上挂的器件越多，上拉电阻宜越小，以保证驱动电流满足总线要求和 RC 时间常数不过大。对于 2、3 个器件而言，2.5kΩ 的上拉电阻一般能满足要求。

8.2.3　SMBus/I²C 协议

1. SMBus/I²C 帧时序

SMBus/I²C 一个完整的数据帧，由起始位、地址＋读/写控制位、确认（或非确认）位、数据位（8 位）和停止位组成，而且是分次发送的。图 8-9 所示为一个 SMBus/I²C 帧时序。

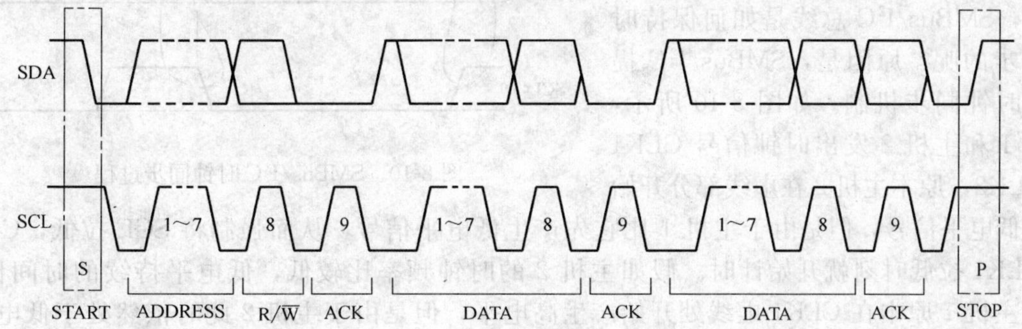

图 8-9　SMBus/I²C 帧时序

起始位（START）：在 SCL 为高电平时，SDA 产生下降沿（由高电平变为低电平）信号。

地址（ADDRESS）+读/写控制位（R/W）：由 1 字节构成，高 7 位为地址，最低位为读/写控制，读为 1，写为 0。

确认位（ACK）/非确认位（NACK）：1 位，当 SCL 为高电平时，SDA 为低电平（非确认位 SDA 则为高电平）。

数据位（DATA）：8 位，注意，数据位、地址位和确认位等在 SCL 为高电平期间是不允许产生电平变化的，否则将被理解成起始位（下降沿）或停止位（上升沿）。

停止位（STOP）：当 SCL 为高电平时，SDA 产生上升沿。

SMBus/I²C 发送的顺序和 SPI 总线一样，先发送高位，再发送低位；而 UART 则不同，先发送低位，再发送高位。

2. SMBus/I²C 仲裁

SMBus/I²C 允许在同一总线有多个主机，在传输过程中可能出现多个主机同时发送信息的情况。SMBus/I²C 采用一种仲裁机制，以保证在总线竞争中只有一个主机取得发送权，其他主机退出竞争。

在总线竞争中，只要有主机试图发送高电平，而其他主机试图发送低电平时，发送高电平的主机将退出竞争，剩下的主机继续竞争，最后发送高电平的主机拿到发送权，并继续发送数据。在竞争过程中已发送的数据不需要重发，因为 SMBus/I²C 采用开漏设计，所发送的高电平被低电平拉低，所以不影响赢取发送权的主机所发送的数据。而退出竞争的主机需通过软件查询总线竞争失败，并通过软件控制停止发送。

因为 SMBus/I²C 协议是由高位到低位顺序发送的，当发送地址为高位时，A 主机发送 1，B 和 C 主机发送 0，所以 A 主机将查询到总线竞争失败信号，B 和 C 主机继续竞争，直到发送最低位时，B 退出竞争，C 取得仲裁胜利。注意 A 主机和 B 主机在查询到竞争失败时，要对其竞争失败信息做出反应，也就是由软件控制停止发送。

几个主机同时发送信息，各个主机在 SCL 上输出时钟，由于各个主机的时钟会有差异，且 SCL 上的时钟不仅有频率上的差异，还有相位上的差异，那么，SMBus/I²C 总线是如何保持时钟同步的呢？原因是，SMBus/I²C 提供了时钟同步机制。如图 8-10 所示，主机 1 和主机 2 发出时钟信号 CLK1 和 CLK2，原本主机 2 在虚线部分开始产生低电平信号，但是由于主机 1 比它先产生低电平信号，从而强制将 SCL 拉低，CLK2 在 CLK1 拉低时刻就开始计时。假如主机 2 的时钟频率比较低，低电平持续的时间比较长，主机 1 原本在 CLK1 虚线处开始产生高电平，但是由于主机 2 此时依然处于低电平，所以主机 1 强制处于低电平，直至主机 2 处于高电平才开始计数高电平周期。SMBus/I²C 这种时钟同步机制能保证低速系统和高速系统兼容，让高速系统能很“礼貌”地等待低

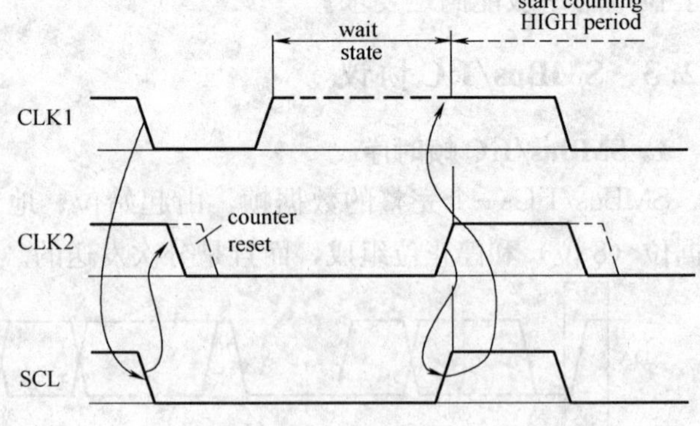

图 8-10 SMBus/I²C 时钟同步过程

速系统。

在 SMBus/I²C 总线中，一般要求主机发送起始之前，先查询总线状态，若总线忙，则等待直至总线空闲才开始发送，这需要软件完成。若总线上只有一个主机和一个从机则可以忽略这点。

如果总线上的某个器件出现故障，使时钟一直处于低电平，则任何通信将不能继续进行下去，SMBus/I²C 需要怎样处理呢？当低电平持续时间超过 25ms，SMBus/I²C 将认为是低电平超时，主机需在 10ms 内产生总线复位信号。当 SCL 和 SDA 线高电平持续 50μs 以上，SMBus/I²C 协议认为此为总线空闲状态。因此，使用没有 SMBus/I²C 总线控制器的单片机连接总线时，要用模拟总线协议的软件判断低电平超时。

3. SMBus/I²C 传输模式

SMBus/I²C 传输模式可分为主机发送、主机接收、从机发送和从机接收四种。

8.2.4　SMBus/I²C 总线器件接口实例 1——CAT24CXXX 与单片机接口

CAT24CXXX 是集 EEPROM 存储器，精确复位控制器和看门狗定时器三种流行功能于一体的芯片。CAT24C161/162（16KB）、CAT24C081/082（8KB）、CAT24C041/042（4KB）和 CAT24C021/022（2KB）主要作为 I²C 串行 CMOS EEPROM 器件，采用先进的 CMOS 工艺，大大降低了器件的功耗。CAT24CXXX 的另一特点是 16 字节的页写缓冲区，提供 8 脚 DIP 和 SOIC 封装。CAT24CXXX 的复位功能和看门狗定时器功能保证系统出现故障的时候能给 CPU 一个复位信号。CAT24CXXX 的第 2 脚输出低电平复位信号，第 7 脚输出高电平复位信号。CAT24CXX1 的看门狗溢出信号从 SDA 引脚输出，CAT24CXX2 不具备看门狗功能。CAT24CXXX 的主要特点如下：

1）支持 I²C 总线数据传送协议。

2）数据线上的看门狗定时器（仅对 CAT24CXX1）。

3）和 400kHz I²C 总线兼容。

4）2.7～6V 的工作电压。

5）低功耗 CMOS 工艺。

6）16 字节页写缓冲区。

7）片内防误擦除写保护。

8）高低电平复位信号输出，精确的电源电压监视器，可选择 5V、3.3V 和 3V 的复位门槛电平。

9）10^6 次擦写周期，数据保存可长达 100 年。

10）8 脚 DIP 或 SOIC 封装。

CAT24CXXX 引脚排列如图 8-11 所示。

各引脚功能如下：

1）NC：空引脚。$\overline{\text{RESET}}$为复位信号低电平有效输出，输出低电平复位触发信号，该引脚强制复位的条件下，保持输出低电平复位信号约 200ms，开漏状态，需接上拉电阻。

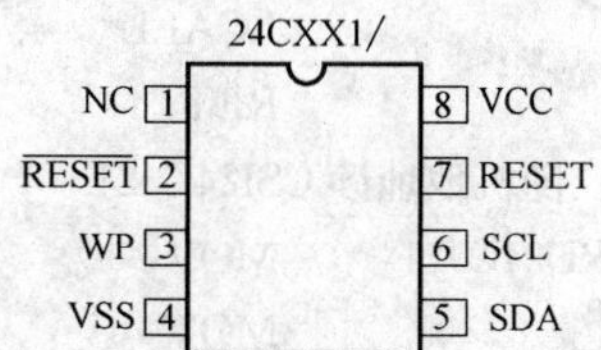

图 8-11　CAT24CXXX 引脚排列

2）WP：写保护信号，如将该引脚置高电平，EEP-

ROM 就被写保护（只读），将该引脚接地或悬空，可以对器件进行读写操作。

3）VSS：电源地。

4）SDA：双向串行数据/地址引脚，用于器件所有数据的发送或接收，是一个开漏输出引脚，可与其他开漏输出或集电极开路输出进行线或（wire-OR），在 24CXX1 系列中，SDA 还作为看门狗定时器监控器。

5）SCL：串行时钟，串行输入输出数据时，该引脚用于输入时钟。

6）RESET：复位信号高电平有效输出，输出高电平复位触发信号，该引脚强制复位的条件下，保持输出高电平复位信号约 200ms，开漏状态，需接上拉电阻。

7）VCC：电源正。

这里以 CAT24C021 说明 CAT24CXXX 与单片机接口的硬件电路，如图 8-12 所示。SCL 接到单片机的 P1.2 引脚、SDA 接到单片机的 P1.3 引脚。

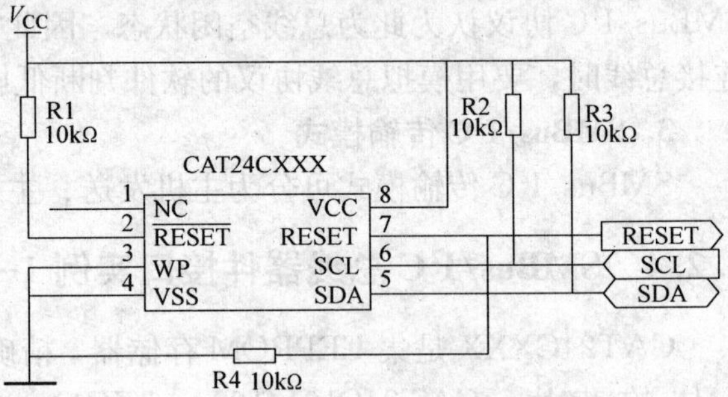

图 8-12 CAT24C021 与单片机接口的硬件电路

图 8-12 所示电路应用说明：即使不使用看门狗与复位功能，2 脚上拉电阻 R1 与 7 脚下拉电阻 R4 也不能节省，否则芯片不能正常工作。

单片机与 CAT24C021 接口的汇编程序如下：

```
INCLUDE      VI2C_ASM.ASM                     ；包含 VI2C 平台软件包
INCLUDE      REG51.INC                        ；包含 MCS-51 单片机头文件
；软件包定义变量
ACK          BIT        10H                   ；应答标志位
SLA          DATA       50H                   ；器件从地址
SUBA         DATA       51H                   ；器件子地址
NUMBYTE      DATA       52H                   ；读/写的字节数
；使用前定义常量
SDA          EQU        P1.3
SCL          EQU        P1.2
MTD          EQU        30H                   ；发送数据缓冲区首址
MRD          EQU        40H                   ；接收数据缓冲区首址（缓冲区 40H～4FH）
CAT24C021    EQU        0A0H                  ；定义器件地址
WRADR        EQU        13H                   ；定义写入地址
WRDATA       EQU        0F0H                  ；定义定入数据
；立即地址读 CAT24C021
NARD24C021：MOV         SLA，      #CAT24C021
             LCALL      IRDBYTE               ；读出值在 ACC
             RET
；随机地址读 CSI24C021
RD24C021：   MOV        SLA，      #CSI24C021
             MOV        SUBA，     #WRADR     ；指定单元地址
             MOV        NUMBYTE，  #01H       ；读出 1 字节数据
```

```
            LCALL   IRDNBYTE
            MOV     A,          MRD
            RET
；连续读
RDNB24C021： MOV     SLA,        ＃CSI24C021
            MOV     SUBA,       ＃10H          ；指定起始地址 10H
            MOV     NUMBYTE,    ＃20H          ；读出 32 字节数据
            LCALL   IRDNBYTE                   ；读出数据依次放在接收缓冲区 MRD
            RET
；字节写 CSI24C021
WRB24C021：  MOV     SLA,        ＃CSI24C021    ；指定地址写单字节
            MOV     SUBA,       ＃WRADR        ；指定单元地址
            MOV     NUMBYTE,        ＃01H      ；写 1 字节数据
            MOV     MTD,        ＃WRDATA
            LCALL   IWRNBYTE
            RET
；页写
WRNB24C021： MOV     R0,         ＃MTD          ；从地址 00H 起写入 16 个数据
            MOV     R4,         ＃16
            CLR     A
PWLOOP1：    MOV     @R0,        A              ；数据装载到发送缓冲区 MTD
            INC     R0
            INC     A
            DJNZ    R4,         PWLOOP1
            MOV     SLA,        ＃CAT24C021    ；指定地址写多字节
            MOV     SUBA,       ＃00           ；指定单元地址
            MOV     NUMBYTE,    ＃16           ；写入 1 页数据
            LCALL   IWRNBYTE
            RET
；复位看门狗
RSTWDT：     CLR     SDA                        ；喂狗脉冲
            NOP
            SETB    SDA
            RET
            END
```

8.2.5 SMBus/I²C 总线器件接口实例 2——单片机与 X9241 数字电位接口

X9241 是 Xicor 公司生产的一种串行 I²C 总线接口集成数字电位器。它把 4 个非易失性数控电位器（E²POT）集成在一片 CMOS 集成电路内（电阻值有 2kΩ、10kΩ、50kΩ），每个电位器的滑动端共有 64 个离散的调节节点，并有四个 8bit 的 EEPROM 数据寄存器以及一个滑动端计数寄存器（WCR）。用户可以通过相应指令使电位器的 WCR 与某个数据寄存器相关联，也可以直接控制 WCR 以达到改变电位器滑动端位置的目地。

X9241 内部包括一个 I^2C 接口和 4 个数字电位器。每个数字电位器由电阻阵列及与之对应的 WCR、4 个 8 位数据寄存器 R0～R3 等部分构成。

X9241 共有 20 个引脚、3 种封装形式，分别是 DIP、SOIC 及 TSSOP。其引脚排列如图 8-13 所示，引脚功能见表 8-3。

表 8-3　X9241 引脚功能

引脚号	符号	功　　能
14	SCL	I^2C 总线串行时钟
9	SDA	I^2C 总线串行数据
4，16，5，15	A0～A3	设置器件从属地址低 4 位
3，8，11，17	VH0～VH3	电位器终端，等效于机械电位器的上端
2，7，12，18	VL0～VL3	电位器终端，等效于机械电位器的下端
1，6，13，19	VW0～VW3	电位器滑动端，等效于机械电位器中心抽头
20	VCC	系统电源正极
10	VSS	系统地

图 8-14 所示为 X9241 与单片机接口的硬件电路。

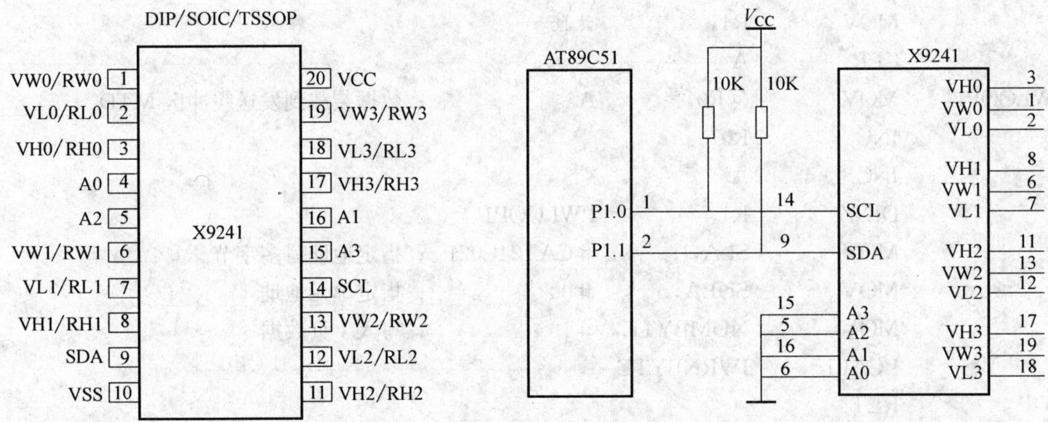

图 8-13　X9241 引脚排列　　　图 8-14　X9241 与单片机接口的硬件电路

主器件（AT89C51）输出它所要访问的从器件（X9241）地址，该地址的格式如图 8-15 所示。

0	1	0	1	A3	A2	A1	A0

图 8-15　访问 X9241 地址的格式

对于 X9241 来说，这个地址的高 4 位固定为 0101，低 4 位由物理的器件地址 A0～A3 输入端状态决定。如图 8-14 所示，由于只连接一片 X9241 数字电位器，则地址 A3A2A1A0＝0000，故 X9241 的器件地址固定为 50H。这样，X9241 把串行数据流与地址输入端的状态进行比较，若所有位都比较成功，则该器件在总线上做出一个应答响应。

主器件在发送完起始条件及器件地址，且从器件做出应答之后，将指令及寄存器指针的信息送到 X9241 的下一个字节，其格式如图 8-16 所示。

I3	I2	I1	I0	P1	P0	R1	R0

图 8-16　信息送到 X9241 的格式

图 8-16 中，低 4 位中前两位（R0 和 R1）指出 4 个寄存器中的一个，后两位（P0 和 P1）选择 4 个电位器中的哪一个；高 4 位决定指令。X9241 共有 9 条指令，见表 8-4。

表 8-4　X9241 指令

指　令	I3	I2	I1	I0	P1	P0	R1	R0	功能说明
Read WCR	1	0	0	1	1/0	1/0	×	×	读 P1、P0 指定的 WCR 内容
Write WCR	1	0	1	0	1/0	1/0	×	×	写新值到 P1、P0 指定的 WCR 中
Read Data Register	1	0	1	1	1/0	1/0	1/0	1/0	读 P1、P0 和 R1、R0 指定的寄存器内容
Write Data Register	1	1	0	0	1/0	1/0	1/0	1/0	写新值到 P1、P0 和 R1、R0 指定的寄存器中
XFT Data Register to WCR	1	1	0	1	1/0	1/0	1/0	1/0	传输由 P1、P0 和 R1、R0 指定的寄存器内容到与它相关的 WCR 中
XFT WCR to Data Register	1	1	1	0	1/0	1/0	1/0	1/0	传输由 P1、P0 指定的 WCR 的内容到 R1、R0 指定的寄存器中
Global XFT Data Register to WCR	0	0	0	1	×	×	1/0	1/0	传输由 R1、R0 指定的所有四个数据寄存器的内容到与它们相应的 WCR 中
Global XFT WCR to Data Register	1	0	0	0	×	×	1/0	1/0	传输所有 WCR 中的内容到与它们相应的由 R1、R0 指定的数据寄存器中
Increment/Decrement Wiper	0	0	1	0	1/0	1/0	×	×	使能增加/减少由 P1、P0 指定的滑动端计数寄存器（WCR）的内容

对 X9241 操作的 9 条指令中包括 4 条两字节指令，4 条三字节指令和 1 条增加/减少指令：

1）两字节指令：这 4 条两字节指令用作在 WCR 与数据寄存器中的一个之间交换数据；这种传输可以发生在 4 个电位器之一与它们的一个辅助寄存器之间，或全局性地发生在所有 4 个电位器与它们的一个辅助寄存器之间；操作时序如图 8-17a 所示。

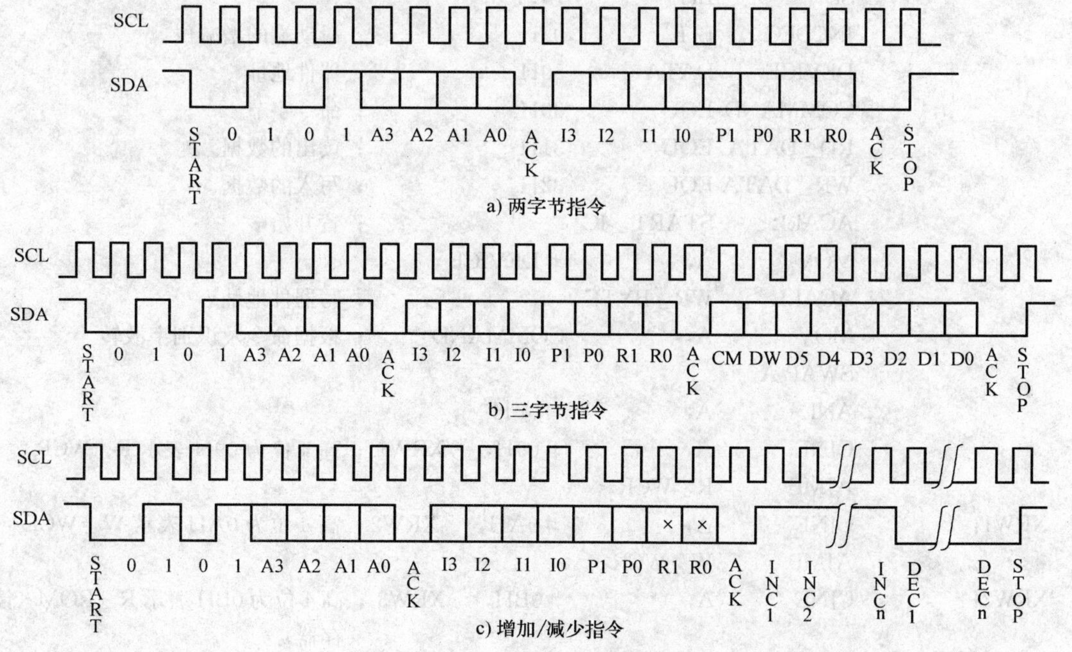

a) 两字节指令

b) 三字节指令

c) 增加/减少指令

图 8-17　X9241 指令操作时序

2）三字节指令：这 4 条指令是在主机和 X9241 之间传输数据，无论是主机与一个数据寄存器或是主机直接与 WCR 之间都可以；这些指令是读、写 WCR（即读出、写入选定电位器的当前滑动端的位置）或读、写数据寄存器（即读出、写入选定的非易失性寄存器的内容）；操作时序如图 8-17b 所示。

3）增加/减少指令：这条指令与其他的指令不同，一旦这条指令发出且 X9241 已用一个应答来响应后，主机才能够以时钟来触发选定的滑动端升或降一个电阻段；操作时序如图 8-17c 所示。

X9241 提供一个把阵列串联起来的机构，可以把一个阵列的 63 个电阻元件与一个相邻阵列的电阻元件串联起来，其控制位在三字节指令中。对于三字节指令，其数据字节包括用来定义滑动端位置的 6 位（LSB）加上高 2 位：CM（串联方式 Caseade Mode）和 DW（禁止滑动端 Disable Wipe）。CM 位的状态用来使能或禁止串联方式，当 WCR 的 CM 位被置为 0 时，则电位器是正常工作方式；当 CM 位置 1，则与它相邻的高序号的电位器串联连接。例如，电位器 WCR1 的位 7 被置为 1，则 POT1 与 POT2 被串联使用。DW 位的状态用于使能或禁止滑动端，当 WCR 的 DW 位被置为 0（或 1）时，则滑动端被使能（或被禁止），禁止时该滑动端是电气上隔离并且是浮空的，当工作于串联方式时，被串联阵列的 VH、VL 及滑动端 VW 这三个输出端必须在电气上与外部连接，除了一个滑动端被使能以外，其余的滑动端必须被禁止。用户可以通过改变 WCR 的内容来改变滑动端的位置。如果将 4 个电阻阵列中的 2 个、3 个或 4 个串联起来，可构成 127、190 或 253 个抽头的数字电位器。

在图 8-14 所示的连接中，单片机（AT89C51）的时钟为 12MHz，X9241 的器件地址固定为 50H。调用时将直接位 02H 用作滑动端的增减位，命令字节存于 30H 单元，要写入的数据存于 32H 单元；程序执行结束将读出的数据存于 31H 单元。其模块程序清单如下：

```
RW9241:   SCL        BIT      P1.0
          SDA        BIT      P1.1
          INCDEC     BIT      02H            ；滑动端的增减位
          DEVICE     DATA     50H            ；器件地址
          COMMAND    EQU      30H            ；命令字节
          RD_DATA    EQU      31H            ；读出的数据
          WR_DATA    EQU      32H            ；写入的数据
          ACALL      START_IC                ；置开始
          MOV        A,       #DEVICE
          ACALL      WR_BYTE                 ；写器件地址
          MOV        A,       COMMAND        ；根据命令及识别字散转
          SWAP A
          ANL        A,       #0FH
          CJNE       A,       #09H,   XRW1   ；高 4 位为 09H 表示 R_WCR
          AJMP       R_WCR
XRW1:     CJNE       A,       #0AH,   XRW2   ；高 4 位为 0AH 表示 W_WCR
          AJMP       W_WCR
XRW2:     CJNE       A,       #0BH,   XRW3   ；高 4 位为 0BH 表示 R_ROM（读寄
                                               存器）
          AJMP       R_ROM
```

```
XRW3：      CJNE    A，          #0CH，   XRW4 ；高4位为0CH表示W_ROM（写
                                               寄存器）
            AJMP    W_ROM
XRW4：      CJNE    A，          #0DH，   XRW5 ；高4位为0DH表示将寄存器中的值
                                               传送到WCR
            AJMP    ROM_WCR
XRW5：      CJNE    A，          #0EH，   XRW6 ；高4位为0EH表示将WCR中的值
                                               传送到寄存器
            AJMP    WCR_ROM
XRW6：      CJNE    A，          #01H，   XRW7 ；高4位为01H表示全局寄存器中的
                                               值传送到WCR
            AJMP    A_ROM_WCR
XRW7：      CJNE    A，          #08H，   XRW8 ；高4位为08H表示全局WCR中的
                                               值传送到寄存器
            AJMP    A_WCR_ROM
XRW8：      CJNE    A，          #02H，   XRW9 ；高4位为02H表示指定的WCR增/减
            AJMP    INC_DEC
XRW9：      ACALL   STOP_IC                    ；命令执行完毕，STOP并返回
            RETI
R_WCR：     MOV     A，          COMMAND       ；读WCR子程序
            ACALL   WR_BYTE
            ACALL   RD_BYTE
            MOV     RD_DATA，    A
            ACALL   ACK_IC
            AJMP    XRW9
W_WCR：     MOV     A，          COMMAND       ；写WCR子程序
            ACALL   WR_BYTE
            MOV     A，          WR_DATA
            ACALL   WR_BYTE
            AJMP    XRW9
R_ROM：     MOV     A，          COMMAND       ；读寄存器子程序
            ACALL   WR_BYTE
            ACALL   RD_BYTE
            MOV     RD_DATA，A
            ACALL   ACK_IC
            AJMP    XRW9
W_ROM：     MOV     A，          COMMAND       ；写寄存器子程序
            ACALL   WR_BYTE
            MOV     A，          WR_DATA
            ACALL   WR_BYTE
            AJMP    XRW9
ROM_WCR：   MOV     A，          COMMAND       ；寄存器中数据送WCR子程序
            ACALL   WR_BYTE
```

```
            AJMP     XRW9
WCR_ROM:    MOV      A,       COMMAND     ；WCR中数据送寄存器子程序
            ACALL    WR_BYTE
            AJMP     XRW9
A_ROM_WCR:  MOV      A,       COMMAND     ；全局寄存器中数据送 WCR 子程序
            ACALL    WR_BYTE
            AJMP     XRW9
A_WCR_ROM:  MOV      A,       COMMAND     ；全局 WCR 中数据送寄存器子程序
            ACALL    WR_BYTE
            AJMP     XRW9
INC_DEC:    MOV      R7,      ＃63
            MOV      A,       COMMAND     ；指定的 WCR 增/减子程序
            ACALL    WR_BYTE
            JB       INCDEC,  WCRINC
            CLR      SDA
            SETB     SCL
            JMP      IDC
WCRINC:     CLR      SCL
            SETB     SDA
IDC:        CLR      SCL
            SETB     SCL
            DJNZ     R7,      IDC
            AJMP     XRW9
START_IC:   SETB     SDA                  ；开始子程序
            SETB     SCL
            CLR      SDA
            CLR      SCL
            RET
WR_BYTE:    MOV      B,       ＃08        ；写字节子程序，共写 8 位
WR_BYTE1:   CLR      SCL
            RLC      A                    ；向左移位至 CY
            MOV      SDA ,    C           ；数据输出
            SETB     SCL
            DJNZ     B,       WR_BYTE1
            CLR      SCL
            SETB     SDA
            SETB     SCL
            JB       SDA,     $           ；检测 X9241E 的应答
            CLR      SCL
            RET
RD_BYTE:    MOV      B,       ＃08        ；读字节子程序，共读 8 位
RD_BYTE1:   SETB     SCL
            MOV      C,       SDA
```

```
            RLC     A
            CLR     SCL
            DJNZ    B,          RD_BYTE1
            RET
STOP_IC:    CLR     SDA                     ；停止子程序
            SETB    SCL
            SETB    SDA
            CLR     SCL
            CLR     SDA
            RET
ACK_IC:     CLR     SDA                     ；应答子程序
            SETB    SCL
            CLR     SCL
            RET
```

8.2.6　SMBus/I²C 总线器件接口实例 3——单片机与 DS1302 串行实时时钟芯片接口

DS1302 串行实时时钟芯片的主要组成部分包括：移位寄存器、控制逻辑、振荡器、实时时钟以及 RAM。DS1302 慢速充电时钟芯片包括实时时钟/日历和 31 字节（31×8bit）的静态 RAM。它经过一个简单的串行接口与微处理器通信。实时时钟/日历提供秒、分、时、日、周、月和年等信息。对于小于 31 天的月，月末的日期自动进行调整，还包括了闰年校正的功能。时钟的运行可以采用 24 小时或带 AM（上午）/PM（下午）的 12 小时格式。使用同步串行通信，简化了 DS1302 与微处理器的通信。与时钟/RAM 通信仅需三根线：$\overline{RST}$（复位）、I/O（数据线）、SCLK（串行时钟）。数据可以以每次 1 个字节或多达 31 个字节的多字节形式传送至时钟/RAM 或从其中送出。DS1302 设计成 2.5～5.5V 满度工作范围，能在非常低的功耗下工作，消耗小于 1μW 的功率便能保存数据和时钟信息。可选的慢速充电至 VCC1 的能力和备份电源引脚。DS1302 引脚排列如图 8-18 所示，其引脚功能见表 8-5。

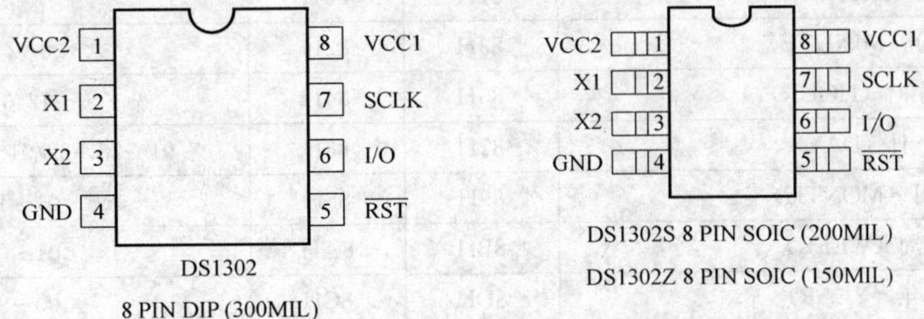

图 8-18　DS1302 引脚排列

表 8-5　DS1302 的引脚功能

引脚号	名称	功能描述	引脚号	名称	功能描述
1	VCC1	电源引脚	5	$\overline{RST}$	复位
2	X1	32.768kHz 晶体振荡器引脚	6	I/O	数据输入/输出
3	X2	32.768kHz 晶体振荡器引脚	7	SCLK	串行时钟
4	GND	地	8	VCC2	电源引脚

DS1302与AT89C51单片机接口的硬件电路如图8-19所示。图中，BT为3.6V/60mA·h的充电电池，用于时钟/日历数据和31字节（31×8位）的静态RAM数据掉电保护。

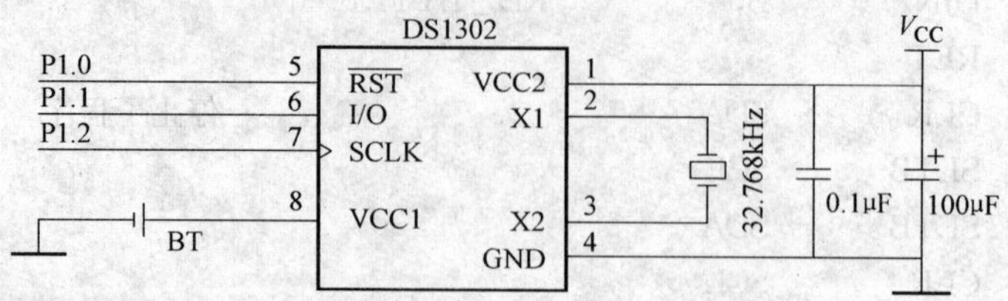

图8-19 DS1302与AT89C51单片机接口的硬件电路

为了初始化任何的数据传送，把$\overline{RST}$置为高电平且把提供地址和命令信息的8位装入到移位寄存器。无论传送方式是单字节传送还是多字节传送，开始8位指定40个字节中（时钟/日历数据和31字节RAM数据）的哪一个将被访问。在开始8个时钟周期把命令字装入移位寄存器之后，另外的时钟在读操作时输出数据，在写操作时输入数据。时钟脉冲的个数在单字节方式下为8加8，在多字节方式下为8加最大可加248的数。

DS1302地址/命令字节列于表8-6。每一数据传送由命令字节初始化。最高有效位MSB（位7）必须为逻辑1，如果它是0，禁止写DS1302。位6为逻辑0时指定时钟/日历数据，为逻辑1时指定RAM数据。位1～位5指定进行输入或输出的特定寄存器。最低有效位LSB（位0）为逻辑0时指定进行写操作（输入），为逻辑1时指定进行读操作（输出）。命令字节总是从最低有效位LSB（位0）开始输入。时钟/日历及RAM地址见表8-7。

表8-6 DS1302地址/命令字节

7	6	5	4	3	2	1	0
1	R/$\overline{C}$	A4	A3	A2	A1	A0	R/$\overline{W}$

表8-7 DS1302时钟/日历及RAM地址

寄存器	读地址	写地址	数据
秒（SECOND）	81H	80H	0～59
分（MINUTE）	83H	82H	0～59
小时（HOUR）	85H	84H	0～12/0～24
日（DAY）	87H	86H	01～28，29/01～30/01～31
月（MONTH）	89H	88H	01～12
周（WEEK）	8BH	8AH	01～07
年（YEAR）	8DH	8CH	00～99
写保护寄存器（CONTROL）	8FH	8EH	80H写保护；00H写允许
慢速充电寄存器（TRICKLE CHARGER）	91H	90H	TCS TCS TCS TCS DS DS RS RS
时钟/日历多字节方式（CLOCK BURST）	BFH	BEH	
RAM0～RAM30	C1H～FDH	C0H～FCH	* * * * * * * *
RAM多字节方式（RAM BURST）	FFH	FEH	

数据输入/输出传送方式可以是单字节传送也可以是多字节传送，应严格按图8-20中

DS1302 数据传输时序进行编程。

VCC2 在双电源系统中提供主电源，在这种运用方式中，VCC1 连接到备份电源，以便在没有主电源的情况下能保存时间以及数据。DS1302 由 VCC1 或 VCC2 两者中较大者供电。

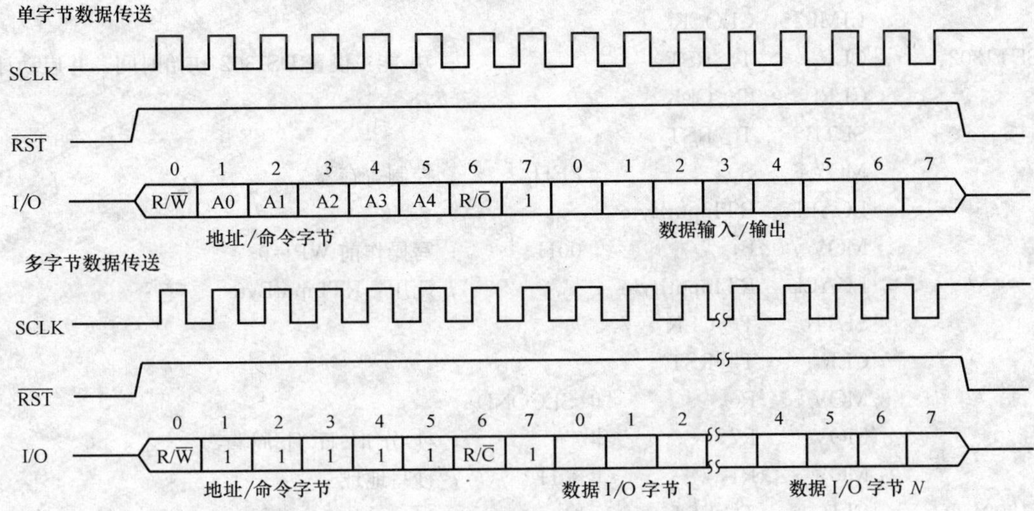

图 8-20　DS1320 数据传输时序

对于图 8-19 的 DS1302 与单片机接口的硬件电路，系统软件主程序初始化应将慢速充电（Trickle Charge）寄存器赋初值，因 VCC2 引脚与＋5V 电源相连，VCC1 引脚与 3.6V 充电电池相连，为使慢速充电器工作，可将慢速充电寄存器赋值为 1010 1001，即两个二极管和一个 2kΩ 电阻连接在 VCC2 与 VCC1 引脚之间构成慢速充电器。程序清单如下：

```
;DS1302 汇编程序调用
T_CLK     BIT     P1.0                ;实时时钟时钟线引脚
T_IO      BIT     P1.1                ;实时时钟数据线引脚
T_RST     BIT     P1.2                ;实时时钟复位线引脚
SECOND    EQU     50H                 ;秒寄存器
MINUTE    EQU     51H                 ;分寄存器
HOUR      EQU     52H                 ;时寄存器
DAY       EQU     53H                 ;日寄存器
MONTH     EQU     54H                 ;月寄存器
WEEK      EQU     55H                 ;周寄存器
YEAR      EQU     56H                 ;年寄存器
          ORG     0000H
          LJMP    MAIN
          ORG     0100H
MAIN:     MOV     SECOND,   #55H      ;功 能：给秒、分、时、日、月、周、年赋初值
          MOV     MINUTE,   #58H
          MOV     HOUR,     #23H
          MOV     DAY,      #18H
          MOV     MONTH,    #05H
```

```
            MOV     WEEK,       #05H
            MOV     YEAR,       #07H
            LCALL   SET1302                 ; 调用设置 1302 子程序
CLOCK:      LCALL   GET1302                 ; 调用读取 1302 子程序
            LJMP    CLOCK
SET1302:    CLR     T_RST                   ; 功 能: 设置 DS1302 初始时间, 并启动计时
            CLR     T_CLK
            SETB    T_RST
            MOV     B,          #8EH        ; 控制寄存器
            LCALL   RTInputByte
            MOV     B,          #00H        ; 写操作前 WP=0
            LCALL   RTInputByte             ; 调用: RTInputByte
            SETB    T_CLK
            CLR     T_RST
            MOV     R0,         # SECOND
            MOV     R7,         #7          ; 秒 分 时 日 月 周 年
            MOV     R1,         #80H        ; 秒写地址
S13021:     CLR     T_RST
            CLR     T_CLK
            SETB    T_RST
            MOV     B,          R1          ; 写秒 分 时 日 月 周 年 地址
            LCALL   RTInputByte
            MOV     A,          @R0         ; 写秒数据
            MOV     B,          A
            LCALL   RTInputByte
            INC     R0
            INC     R1
            INC     R1
            SETB    T_CLK
            CLR     T_RST
            DJNZ    R7,         S13021
            CLR     T_RST
            CLR     T_CLK
            SETB    T_RST
            MOV     B,          #8EH        ; 控制寄存器
            LCALL   RTInputByte
            MOV     B,          #80H        ; 控制, WP=1, 写保护
            LCALL   RTInputByte
            SETB    T_CLK
            CLR     T_RST
            RET
GET1302:    MOV     R0,         # SECOND    ; 从 DS1302 读时间
            MOV     R7,         #7
```

```
              MOV     R1,         #81H        ;秒地址
G13021:       CLR     T_RST
              CLR     T_CLK
              SETB    T_RST
              MOV     B,          R1          ;秒 分 时 日 月 周 年 地址
              LCALL   RTInputByte             ;调 用:RTInputByte,
              LCALL   RTOutputByte            ;调 用:RTOutputByte
              MOV     @R0,        A           ;秒
              INC     R0
              INC     R1
              INC     R1
              SETB    T_CLK
              CLR     T_RST
              DJNZ    R7,         G13021
              RET
RTInputByte:  MOV     R4,         #8          ;功 能:写 1302 一个字节(内部子程序)
INBIT1:       MOV     A,          B
              RRC     A
              MOV     B,          A
              MOV     T_IO,       C
              SETB    T_CLK
              CLR     T_CLK
              DJNZ    R4,         INBIT1
              RET
RTOutputByte: MOV     R4,         #8          ;功能:读 1302 一个字节(内部子程序)
OUTBIT1:      MOV     C,          T_IO
              RRC     A
              SETB    T_CLK
              CLR     T_CLK
              DJNZ    R4,         OUTBIT1
              RET
```

8.3　SPI 总线接口电路

8.3.1　SPI 总线简介

SPI（Serial Peripheral Interface）是由 Motorola 公司开发的全双工同步串行总线。SPI 接口主要应用在 EEPROM、FLASH、实时时钟、A/D 转换器，以及数字信号处理器和数字信号解码器之间通信。SPI 采用串行同步通信协议，以主从方式工作，由一个主设备和一个或多个从设备组成。主设备启动一个与从设备的同步通信，在主器件的移位脉冲下，数据按位传输，高位在前，低位在后，全双工通信，数据传输速度总体来说比 I^2C 总线要快，速度可达到 5Mbit/s，具体速度大小取决于 SPI 硬件。例如，Xicor 公司的 SPI 串行器件传输

速度能达到 5Mbit/s。

SPI 接口由 MOSI（主器件数据输出、从器件数据输入），MISO（主器件数据输入、从器件数据输出），SCLK（串行移位时钟信号，由主器件产生），$\overline{SS}$（从器件使能信号，由主器件控制）四种信号构成，$\overline{SS}$决定了唯一的与主设备通信的从设备，如没有$\overline{SS}$信号，则只能存在一个从设备，主设备通过产生移位时钟来发起通信。对于 SPI 接口从器件来说，数据在时钟的上升或下降沿由 MISO 输出，在紧接着的下降或上升沿由 MOSI 读入，这样经过 8/16 次时钟的改变，完成 8/16 位数据的传输。芯片上“从属选择”（Slave-select）的引脚数决定了可连到总线上的器件数量。图 8-21 所示为包含两个从模块的 SPI 总线连接示意图。

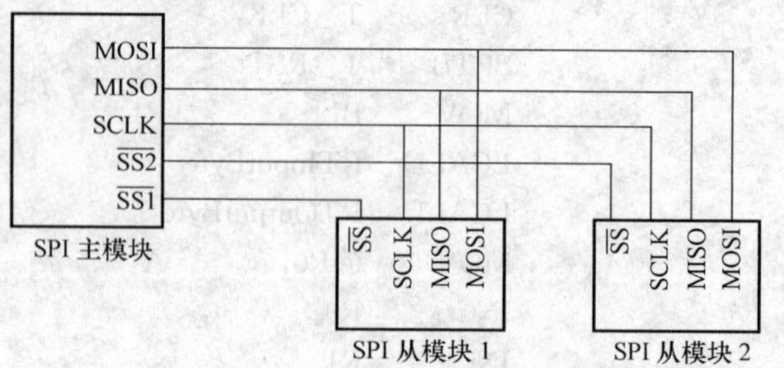

图 8-21 SPI 总线连接示意图

8.3.2 SPI 总线时序

在 SPI 传输中，数据是同步进行发送和接收的。数据传输的时钟基于来自主处理器的时钟脉冲，Motorola 公司没有定义任何通用 SPI 的时钟规范。然而，最常用的时钟设置基于时钟极性（CPOL）和时钟相位（CPHA）两个参数，CPOL 定义 SPI 串行时钟的活动状态，而 CPHA 定义相对于 MISO 数据位的时钟相位。CPOL 和 CPHA 的设置决定了数据取样的时钟沿。

SPI 主模块为了和外部设备进行数据交换，根据外部设备工作要求，输出串行同步时钟极性和相位可以进行配置，时钟极性（CPOL）对传输协议没有重大的影响。如果 CPOL＝0，串行同步时钟的空闲状态为低电平；如果 CPOL＝1，串行同步时钟的空闲状态为高电平。时钟相位（CPHA）能够配置用于选择两种不同的传输协议之一进行数据传输。如果 CPHA＝0，在串行同步时钟的第一个跳变沿（上升或下降）数据被采样；如果 CPHA＝1，在串行同步时钟的第二个跳变沿（上升或下降）数据被采样。SPI 主模块和与之通信的外部设备时钟相位和极性应该一致。SPI 接口时序如图 8-22 所示。

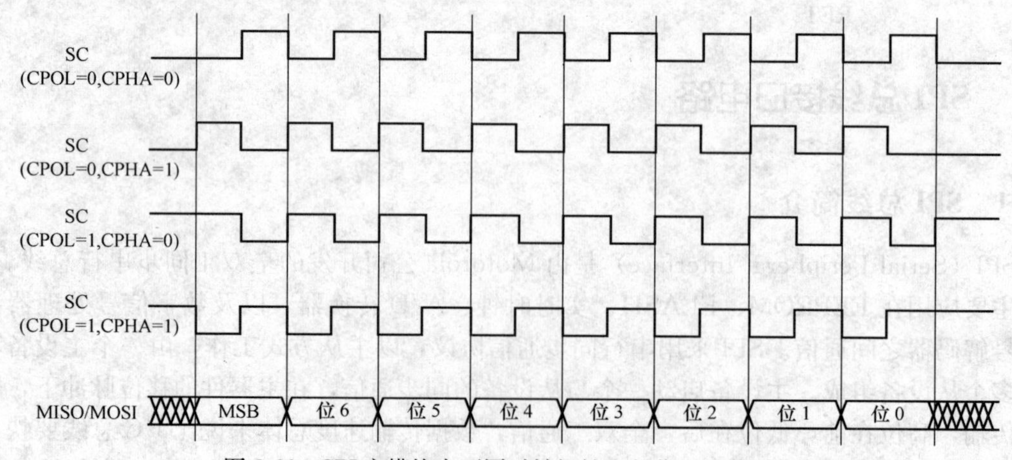

图 8-22 SPI 主模块在不同时钟极性和相位下工作时序

8.3.3　SPI 总线数据传输过程

假设主模块 8 位寄存器装的是待发送的数据 10101010，从模块 8 位寄存器装的是待发送的数据 01010101，上升沿发送、下降沿接收、高位在前。那么第一个上升沿来的时候，MOSI =1，主模块寄存器=0101010x，MISO=0，从模块寄存器=1010101x。下降沿到来的时候，MISO 上的电平将锁存到主模块寄存器的最低位，主模块寄存器=0101010 MISO，MOSI 上的电平将锁存到从模块寄存器的最低位，从模块寄存器=0101010 MOSI，这样在 8 个时钟脉冲以后，两个寄存器的内容互相交换一次，就完成里一个 SPI 时序，见表 8-8。

表 8-8　SPI 操作数据传输示例

时钟脉冲	主模块 SBUFF	从模块 SBUFF	MISO	MOSI
0	10101010	01010101	0	0
1 上	0101010x	1010101x	0	1
1 下	01010100	10101011	0	1
2 上	1010100x	0101011x	1	0
2 下	10101001	01010110	1	0
3 上	0101001x	1010110x	0	1
3 下	01010010	10101101	0	1
4 上	1010010x	0101101x	1	0
4 下	10100101	01011010	1	0
5 上	0100101x	1011010x	0	1
5 下	01001010	10110101	0	1
6 上	1001010x	0110101x	1	0
6 下	10010101	01101010	1	0
7 上	0010101x	1101010x	0	1
7 下	00101010	11010101	0	1
8 上	0101010x	1010101x	1	0
8 下	01010101	10101010	1	0

8.3.4　SPI 总线器件接口实例——单片机与 TLC2543 12 位 A/D 芯片接口

TLC2543 是 TI 公司的产品。它是具有 11 个模拟输入通道的串行 A/D 转换器，采样精度达 12 位，外接串行时钟最高频率可达 4.1MHz，能满足多数较高精度、多通道数据采集的要求。TLC2543 可以通过控制字编程控制转换是单极性或是双极性，数据输出格式是 8 位、12 位或 16 位。它采用简单的 3 线 SPI 串行接口，可方便地与 MCS-51 单片机（如 AT89C51）进行连接。TLC2543 的控制字写入及转换结果的输出都是通过串行数据完成的，是 12 位数据采集系统的最佳选择器件之一。其主要性能如下：

1）具有 11 个模拟输入通道。

2）具有 66kbit/s 的采样速率。

3）最大转换时间为 10μs。

4）线性度误差范围最大为±1LSB。

5）具有低供电电流（典型值 1mA）。

6）掉电模式电流 4μA。

TLC2543 的引脚排列如图 8-23 所示，引脚功能见表 8-9。由于 MCS-51 单片机不具有 SPI 或相同能力的接口，为了便于与 TLC2543 接口，采用软件合成 SPI 操作。为减少数据传输速度受微处理器的时钟频率的影响，应尽可能选用较高的时钟频率。TLC2543 与单片机接口的硬件电路如图 8-24 所示。TLC2543 的 I/O 时钟、数据输入、片选信号由 P1.0、P1.2，P1.3 提供，转换结果由 P1.2 口串行读出，时钟频率可选择为 24MHz。

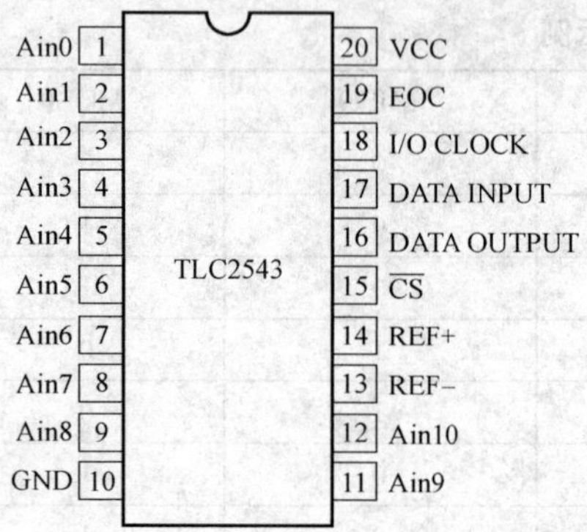

图 8-23 TLC2543 引脚排列

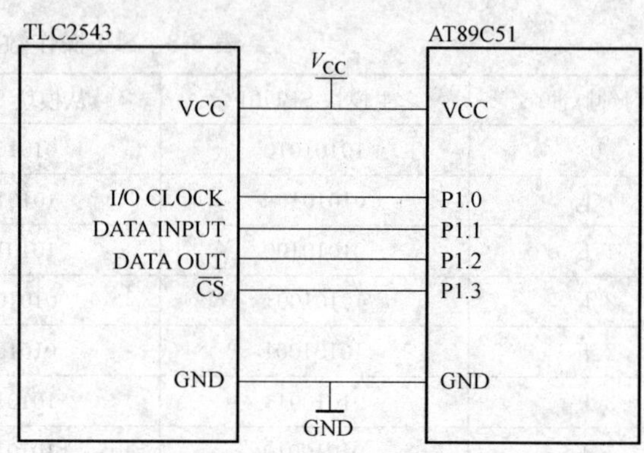

图 8-24 TLC2543 与单片机接口的硬件电路

表 8-9 TLC2543 引脚功能

引脚号	符号	功能
1～9，11，12	Ain0～Ain10	模拟输入端，由内部多路器选择。对 4.1 MHz 的 I/O CLOCK，驱动源阻抗必须≤50Ω
15	$\overline{CS}$	片选端。$\overline{CS}$由高到低变化将复位内部计数器，并控制和使能 DATA OUT，DATA INPUT 及 I/O CLOCK；$\overline{CS}$由低到高的变化，将在一个设置时间内禁止 DATA INPUT 和 I/O CLOCK
17	DATA INPUT	串行数据输入端。串行数据以 MSB 为前导，并在 I/O CLOCK 的前四个上升沿移入 4 位地址，用来选择下一个要转换的模拟输入信号或测试电压；之后 I/O CLOCK 将余下的几位依次输入
16	DATA OUT	A/D 转换结果三态输出端。$\overline{CS}$为高时，该引脚处于高阻状态；$\overline{CS}$为低时，该引脚由前一次转换结果的 MSB 值置成相应的逻辑电平
19	EOC	转换结束端。在最后的 I/O CLOCK 下降沿之后，EOC 由高电平变为低电平，并保持到转换完成及数据准备传输
10，20	GND，VCC	电源正端、地
13，14	REF－，REF＋	正、负基准电压端。通常 REF＋端接 VCC 端，REF－端接 GND 端，最大输入电压范围取决于两端电压差
18	I/O CLOCK	时钟输入/输出端

TLC2543 每次转换和传输数据使用 16 个时钟周期，且在每次传输周期之间插入$\overline{CS}$的时序，工作时序如图 8-25 所示。

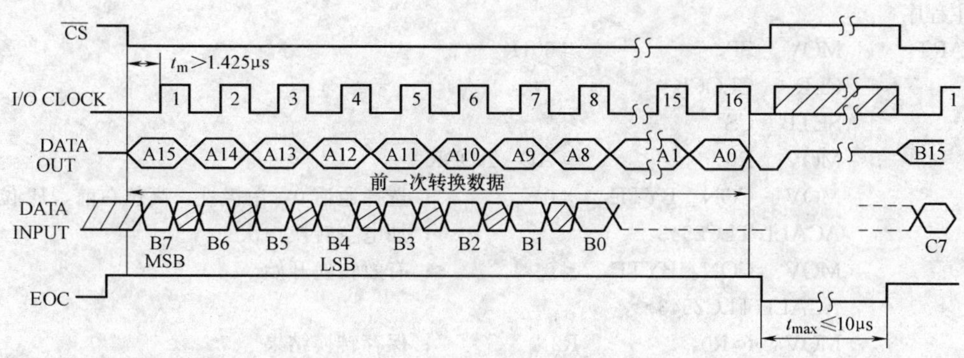

图 8-25　TLC2543 工作时序

从图 8-25 可以看出，在 TLC2543 的$\overline{CS}$时开始转换；I/O CLOCK 的前 8 个上升沿将 8 个输入数据送入输入数据寄存器；同时它将前一次转换的数据的其余 8 位移出 DATA OUT 端，在 I/O CLOCK 下降沿时数据变化。当$\overline{CS}$为高时，I/O CLOCK 和 DATA INPUT 被禁止，DATA OUT 为高阻态。

TLC2543 的工作模式可通过输入数据寄存器进行设置，其输入数据寄存器包含 8 位，功能定义见表 8-10。

表 8-10　TLC2543 输入数据寄存器位功能定义

功能选择		输入 DATA BYTE			
		(MSB) D7 D6 D5 D4	D3 D2	D1	D0 (LSB)
输入通道 Ain0～Ain10		00H～0AH			
内部电压检测	$(V_{ref+}-V_{ref-})/2$	0BH			
	V_{ref-}	0CH			
	V_{ref+}	0DH			
输出数据位长度	8 位		0 1		
	12 位		0/1 0		
	16 位		1 1		
数据输出方式	MSB 在前			0	
	LSB 在前			1	
转换极性方式	单极性				0
	双极性				1

单片机与 TLC2543 的接口程序如下：

```
；物理地址定义
CLOCK        BIT   P1.0
DATAINPUT    BIT   P1.1
DATAOUT      BIT   P1.2
CS           BIT   P1.3
CON_BYTE     EQU   29H                    ；控制字
AD_ADDR      EQU   30H                    ；A/D转换结果存储起始地址
```

```
；主程序
START：     MOV   SP，          #60H
           CLR   CLOCK
           SETB  CS
           MOV   R0，          #AD_ADDR
           MOV   CON_BYTE，    #0          ；选择通道0，单极性，高位在前，12位输出
           ACALL TLC2543                   ；加电空转换一次
           MOV   CON_BYTE，    #0          ；有效转换开始
           ACALL TLC2543
           MOV   @R0，         R2          ；保存转换结果
           INC   R0
           MOV   @R0，         R3          ；数据处理
；TLC2543转换子程序，每次转换结果MSByte放在R2，LSByte放在R3
TLC2543：   CLR   CLOCK
           SETB  CS
           NOP
           NOP                             ；延时大于1.4μs
           CLR   CS                        ；开始转换
           MOV   R5，          #08         ；8位控制字移入2543，结果高8位移出2543
           MOV   A，           CON_BYTE    ；装入控制字
LOOP1：     MOV   C，           DATAOUT
           RLC   A
           MOV   DATAINPUT，C
           SETB  CLOCK
           NOP
           NOP
           CLR   CLOCK
           DJNZ  R5，          LOOP1
           MOV   R2，          A           ；转换结果高8位装入R2
           MOV   R5，          #04         ；读取低4位转换结果
           MOV   A，           #0
LOOP2：     MOV   C，           DATAOUT
           RLC   A
           MOV   DATAINPUT，C
           SETB  CLOCK
           NOP
           NOP
           CLR   CLOCK
           DJNZ  R5，          LOOP2       ；低4位转换结果装入R3
           MOV   R3，          A
           RET
```

习　题

8-1　单片机外围接口电路按照总线结构分哪几类？都是什么？

8-2　单总线（1-wire Bus）是哪个公司提出来的？有什么特点？靠什么方法区分 1-wire Bus 上被操作的器件？

8-3　DS18B20 内部有哪几个模块？DS18B20 的典型特点是什么？

8-4　I^2C 总线的信号是怎么定义的？一次完整的 I^2C 操作时序包括哪几个时序过程？

8-5　I^2C 总线多个器件之间是怎样实现总线仲裁的？

8-6　I^2C 总线的时钟是如何同步的？

8-7　I^2C 总线传输有几种模式？

8-8　SPI 接口包括几种信号，每种信号都有什么功能？

8-9　在 SPI 传输中，数据是同步进行发送和接收的，数据传输的时钟是基于什么参数设置的？

8-10　请画图说明具有两个从模块的 SPI 总线是如何连接的？

第 9 章　MCS-51 单片机外部并行总线与存储器扩展

9.1　外部并行总线与存储器扩展概述

单片机系统与外围器件连接方式有两种：一种是各个器件通过独立的连线，占用独立的 I/O 端口与单片机连接，通常称为独立连接或者分散连接；另外一种是各个器件连接在一组公共的信息传输线上，由单片机进行统一控制，采用分时复用技术进行信息交换，这种方式称为总线连接。

下面以一个简单的例子来说明总线的特点以及信息交换过程。假设 MCS-51 单片机需要外接 A、B、C 三个器件，那么至少可以建立如图 9-1a 与图 9-1b 所示的两种互连结构。

在图 9-1a 所示独立互连结构中，单片机与 A、B、C 三个器件连接时，占用了三组 I/O 接口，由于每个器件独立占用一组 I/O 接口，那么每当增加一个外围器件时，就要消耗一些单片机的 I/O 接口，虽然这种方式具有直观、易于设计的优点，但是它占用接口较多，如果初期设计考虑不足，当系统复杂时会出现 I/O 接口“紧张”的现象，并影响系统的扩展性，甚至会导致系统无法扩展。

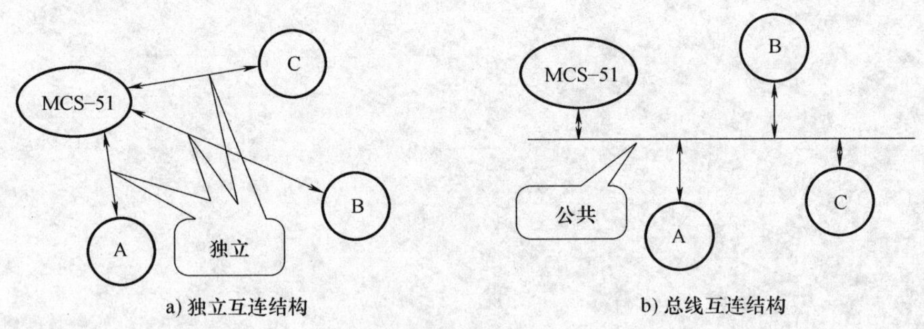

图 9-1　单片机与 A、B、C 三个器件连接方式

在图 9-1b 所示总线互连结构中，MCS-51 单片机系统提供一组“公共通道”，这个公共通道即为总线，每个器件都与“公共通道”相连接，那么系统就存在“MCS-51↔公共通道↔A”、“MCS-51↔公共通道↔B”与“MCS-51↔公共通道↔C”多条“传输通道”，实现了单片机与总线上器件的任意互连，而且当增加总线器件时，只要能与“公共通道”相连接即可，对单片机系统几乎没有什么影响。

显然这种方式有利于系统扩展，并解决了独立互连结构扩展时受 I/O 接口数量限制的问题，同时有利于“器件接口”的标准化。

由于多个“器件”共用“公共通道”，那么有时就会出现“拥挤”现象，例如当 A 器件与 MCS-51 单片机通信时，C 器件也要与 MCS-51 单片机进行通信，此时 A 与 C 只能是“分时”利用这个“公共通道”，要么先“MCS-51↔公共通道↔A”，然后再“MCS-51↔公共通道↔C”，要么先“MCS-51↔公共通道↔C”，然后再“MCS-51↔公共通道↔A”，为防止信息交换错误，一个通道链路工作时不容许其他任何链路存在。

为高效有序地利用总线这个“公共通道”，系统就要有一个类似于“交通指挥中心”的叫做“总线控制器”的器件，它集成在 MCS-51 单片机的内部。那么总线控制器是如何找到总线上的器件并把它们区分开呢？原来总线上的每一个器件都有一个编号，而且一般情况下这个编号是唯一的，这个“编号”也就是所谓器件的“总线地址”。器件的总线地址与电路连接有关，当电路设计完成后，每个器件的地址就已经确定了。

例如，在图 9-1b 中就可将“A 器件”编号为“0”，“C 器件”编号为“1”，“B 器件”编号为“2”。如果 MCS-51 单片机要从 C 器件得到一个数据，那么单片机会通过总线控制器进行如下操作：

首先，单片机在一组信号线上发出“1 号地址”，总线上的每个器件都会把这个地址与自己的地址进行比对（比对过程是由硬件逻辑电路自动完成），这样具有 1 号地址的 C 器件就获得了与单片机通信的权利，即单片机通过总线寻址找到了 C 器件。

然后在另外一个信号线上，发出“读命令”，C 器件在“读命令”的控制下将数据发送到一组专用的数据信号线上。MCS-51 单片机从数据信号线读取数据。

最后取消“读命令”，取消“地址”信息，释放总线。

例子中的“公共通道”就是总线，它是连接多个器件的信息传输线，是多个器件共享的传输介质，在物理角度上它就是一组电线。按总线上传输信息的不同，又将总线分为三类：数据总线、地址总线和控制总线。

1. 数据总线

数据总线（Data Bus，DB）是用来传输单片机与外设器件之间数据信息的一组信号线，MCS-51 单片机的数据总线字长（位数）是 8 位，即一次可以传输 1 字节的数据。数据总线是一组双向传输总线，单片机可以通过数据总线向外设设备输出数据（写数据），也可以通过数据总线从外部设备上输入数据（读操作）。接在总线上外部器件的数据接口要求具有三态输出能力，当外部器件没有被寻址时，其数据输出接口应为高阻状态。

2. 地址总线

地址总线（Address Bus，AB）是用于指出数据总线上的源数据或者目的数据所在器件位置的一组信号线。地址总线是单向总线，由单片机总线控制器向外送出，MCS-51 单片机地址总线是 16 位，最多可以寻址 2^{16} 个逻辑地址，即 64K（65536）个逻辑地址。接在总线上外部器件的地址线引脚为输入引脚，通常这些引脚都应具有较高的输入阻抗。

3. 控制总线

控制总线（Control Bus，CB）是 CPU 与总线器件之间用来相互协调操作的一组信号线，信号线有输入的也有输出的，但对每一个具体信号线而言方向是单向的，如读信号线、写信号等。

图 9-2 给出了一个 MCS-51 单片机系统的总线扩展结构。图中，MCS-51 单片机通过外部并行总线扩展了程序存储器（ROM）、数据存储器（RAM）、A/D 转换器、D/A 转换器、LCD 显示器和扩展 I /O 端口等外部器件。

从图 9-2 中可以看出，外部总线把 MCS-51 单片机与各外部器件连接起来，进行数据、地址和控制信号的传送，不仅减少系统中传输线的数量，同时也增加了系统的可扩展性。实际上，只要是总线规范与 MCS-51 单片机并行总线时序符合的总线器件都可以连接在它的外部总线上，具体需要扩展哪些器件由实际工程的要求决定。

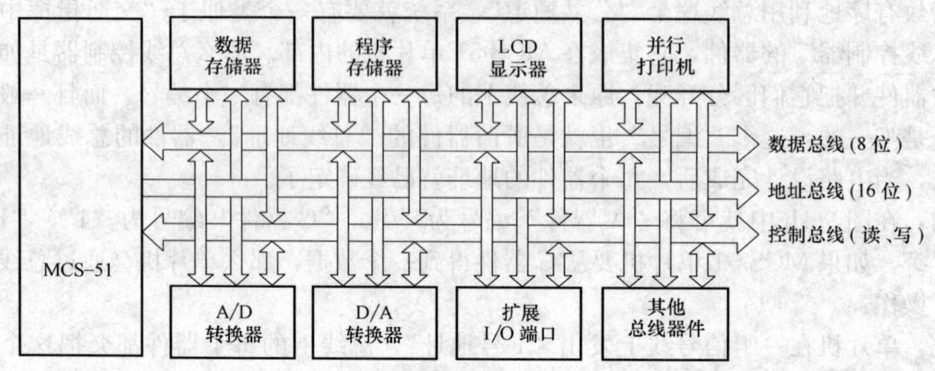

图 9-2 MCS-51 单片机系统总线扩展结构

9.2 MCS-51 单片机的外部总线

9.2.1 外部总线结构

MCS-51 单片机的外部总线是寻址范围为 64K 的 8 位并行总线，外部总线结构如图 9-3 所示。其中，P0 口作为 8 位数据总线；P0、P2 口作为 16 位地址总线，P0 口为低 8 位地址总线，P2 口为高 8 位地址总线。控制总线包括读、写、锁存控制等信号线，具体接口如下：

1）$\overline{RD}$：读信号线，占用单片机的 P3.7 口，它是一个输出信号线，当单片机读取外部数据存储器（RAM）或者外部设备数据时，由$\overline{RD}$提供低电平的读控制信号。

2）$\overline{WR}$：写信号线，占用单片机的 P3.6 口，它是一个输出信号线，当单片机向外部数据存储器（RAM）或者外部设备写数据时，由$\overline{WR}$提供低电平的写控制信号。

3）ALE：低 8 位地址锁存控制信号线，通过增加外部锁存器实现了 P0 口作为地址总线与数据总线的复用。

4）$\overline{PSEN}$：程序存储器（ROM）的读选通信号线，当读外部程序存储器时$\overline{PSEN}$输出低电平读控制信号。

5）EA：单片机片内与片外程序存储器的选择信号，当 EA 接高电平时选择片内程序存储器，当 EA 接低电平时选择片外程序存储器。

MCS-51 单片机在扩展外部数据存储器或者 I/O 接口、A/D 转换器与 D/A 转换器等外部设备时，读写控制线为$\overline{RD}$和$\overline{WR}$；扩展外部程序存储器时，读控制信号线为$\overline{PSEN}$，由于扩展数据存储器与扩展程序存储器时，读写控制总线是独立的，因此 MCS-51 单片机可以扩展 64KB 的外部数据存储器，同时也可以扩展 64KB 的外部程序存储器，两者独立编址，互不影响。

从 MCS-51 单片机的总线结构可以看出，外部总线要占用 P0、P2、P3.6 与 P3.7 共 18 个 I/O 接口，此时仅剩下 P1 口与 P3 口的部分 I/O 接口供用户使用，同时 P0 口既作为数据总线又作为地址总线的低 8 位。P0 口复用的工作原理将在总线时序一节进行详细阐述。

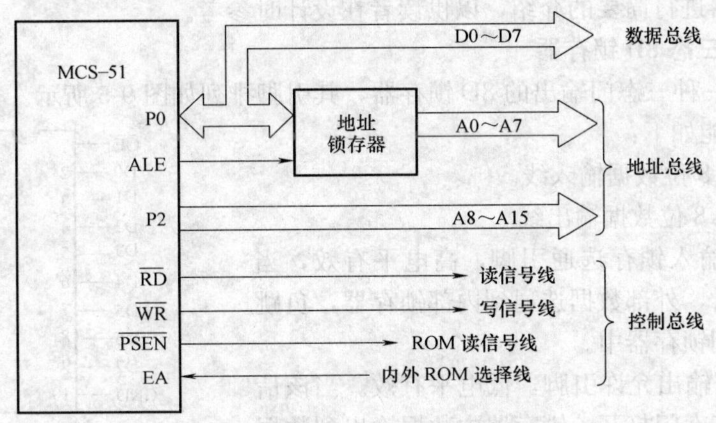

图 9-3　MCS-51 单片机外部总线结构

9.2.2　外部并行总线电路与地址锁存器

根据 MCS-51 单片机的总线结构设计的 MCS-51 单片机（AT89C51）外部并行总线电路如图 9-4 所示。采用 74HC573 作为地址锁存器，ALE 接在 74HC573 锁存控制引脚上，实现了 P0 作为数据线和地址线复用接口，接在 P0 口的 D0～D7 是 8 位数据总线，A0～A15 为 16 位地址总线，$\overline{\text{WR}}$为写 RAM 控制信号线，$\overline{\text{RD}}$为读 RAM 控制信号线，$\overline{\text{PSEN}}$为读 ROM 控制信号线，EA 是内外 ROM 选择线，设计时根据实际需要将 EA 接在正电源上或者地线上来选择内部或者外部 ROM。

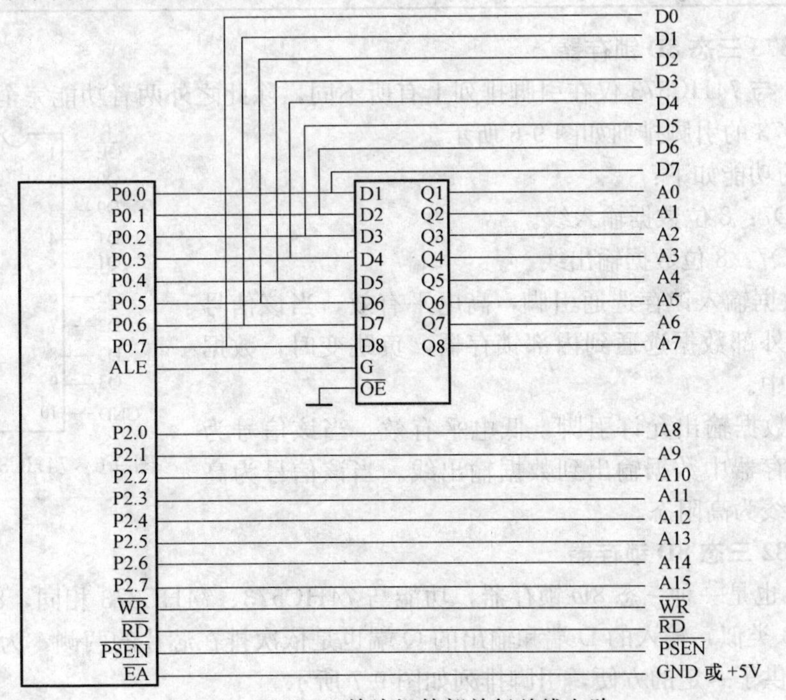

图 9-4　MCS-51 单片机外部并行总线电路

除 74HC573 以外，目前常用的地址锁存器芯片还有 74HC373 与 Intel8282 等，下面就这几种地址锁存器进行简要的介绍，以供读者在设计时参考。

1. 74HC573 三态 8D 锁存器

74HC573 是一种三态门输出的 8D 锁存器，其引脚排列如图 9-5 所示。

各引脚的功能如下：

1）D0～D7：8 位数据输入线。

2）Q0～Q7：8 位数据输出线。

3）G：数据输入锁存选通引脚，高电平有效，当该信号为高电平时，外部数据选通到内部锁存器，负跳变时，数据锁存到锁存器中。

4）$\overline{OE}$：数据输出允许引脚，低电平有效。当该信号为低电平时，三态门打开，锁存器中数据输出到数据输出线，当该信号为高电平时，输出线为高阻抗。

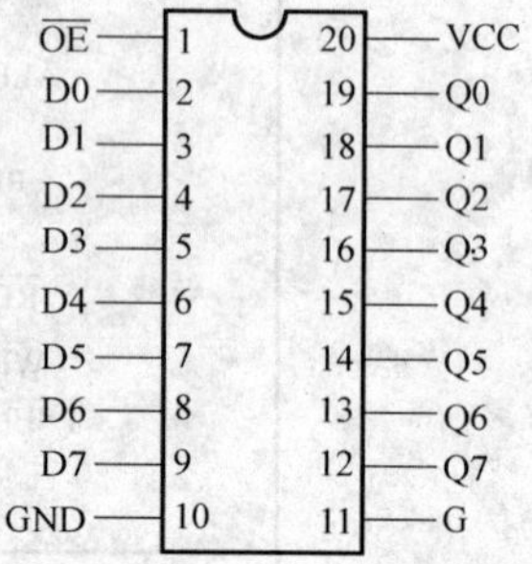

图 9-5 74HC573 的引脚排列

74HC573 真值表见表 9-1。

表 9-1 74HC573 真值表

$\overline{OE}$	G	D	Q
0	1	1	1
0	1	0	0
0	0	×	不变
1	×	×	高阻态

2. 74HC373 三态 8D 锁存器

74HC373 与 74HC573 仅在引脚排列上有所不同，除此之外两者功能完全相同，可互为替代。74HC373 的引脚排列如图 9-6 所示。

各引脚的功能如下：

1）D0～D7：8 位数据输入线。

2）Q0～Q7：8 位数据输出线。

3）G：数据输入锁存选通引脚，高电平有效，当该信号为高电平时，外部数据选通到内部锁存器，负跳变时，数据锁存到锁存器中。

4）$\overline{OE}$：数据输出允许引脚，低电平有效。当该信号为低电平时，锁存器中数据输出到数据输出线。当该信号为高电平时，输出线为高阻态。

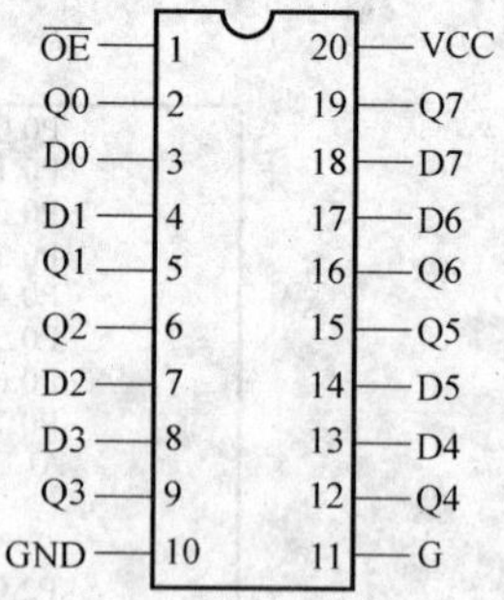

图 9-6 74HC373 引脚排列

3. Intel8282 三态 8D 锁存器

Intel8282 也是一种三态 8D 锁存器，功能与 74HC573、74HC373 相同，8282 引脚的排列与 74HC573 类似，输入的 D 端和输出的 Q 端也是依次排在芯片的两侧，为绘制印制电路板时的布线提供了一定的方便，引脚排列如图 9-7 所示。

各引脚的功能如下：

1）D0～D7：8 位数据输入线。

2）Q0～Q7：8 位数据输出线。

3）STB：数据输入锁存选通引脚，高电平有效。当该信号为高电平时，外部数据选通到内部锁存器，负跳变时，数据锁存，该引脚相当于 74HC573 的 G 端。

4）$\overline{\text{OE}}$：数据输出允许引脚，低电平有效。当该信号为低电平时，锁存器中数据输出到数据输出线，当该信号为高电平时，输出线为高阻态。

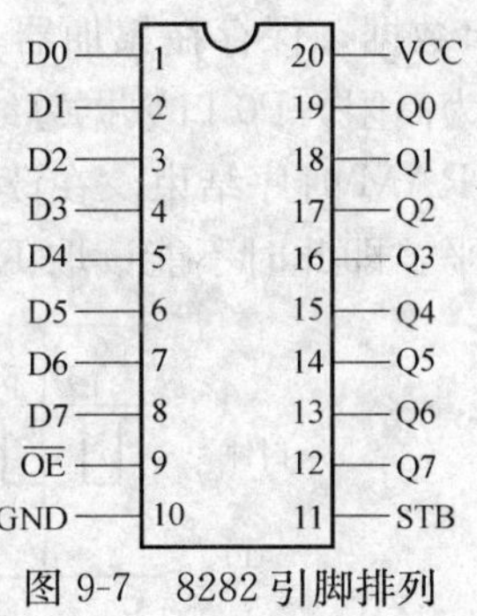

图 9-7 8282 引脚排列

9.2.3 读写外部 RAM 时序

MCS-51 单片机读写外部 RAM 或者外部设备时，需要的控制信号有 ALE、$\overline{\text{RD}}$（读）和$\overline{\text{WR}}$（写）。P0 口作为地址/数据复用的双向总线，即 P0 口除输出低 8 位地址外，还要被用作数据总线来传输数据，因此要用 ALE 来锁存 P0 口的低 8 位地址，以实现复用，P2 口用来输出高 8 位地址。当不访问外部总线时，ALE 输出频率为 1/6 振荡器频率的方波信号，它可以用作外部时钟或是定时脉冲信号，但是当有对外部 RAM 或 I/O 接口的总线操作时，ALE 每个机器周期将缺少一个高电平脉冲，此时使用需要引起注意。

1. 读外部 RAM 总线操作时序

读外部数据存储器或者外部设备的指令有两条。

1）MOVX A，@DPTR ；（（DPTR））→（A），读取外部 RAM 或者 I/O

这条指令寻址范围是 64K，执行时低 8 位地址（DPL）将被送至 P0 口，通过锁存器锁存形成 A0～A7 地址，高 8 位地址（DPH）将被送至 P2 口对应的 A8～A15 地址总线，由于 P0 口的低 8 位地址被锁存，并且锁存器的输入端为高阻，所以 P0 口得到释放，此时 P0 口将作为数据总线传输数据。

2）MOVX A，@Ri ；（（Ri））→（A），读取外部 RAM 或者 I/O

这条指令寻址范围是 256 个字节，执行时 Ri 中的 8 位地址被送至 P0 口，通过锁存器锁存形成 A0～A7 地址，锁存后 P0 口得到释放，被作为数据总线进行传输数据。

注意：这条指令不存在高 8 位地址，在总线操作时 P2 口上的状态将保持不变，本质上，这条指令就是地址为 8 位的外部并行总线，地址总线是 P0 口，数据总线是 P0 口，控制信号线有 ALE、$\overline{\text{RD}}$和$\overline{\text{WR}}$，与 P2 口没有关系，此时 P2 口可以作为用户 I/O 端口使用。

读外部 RAM 操作涉及的信号线有 P0、P2、$\overline{\text{RD}}$以及 ALE，时序如图 9-8 所示。在第一个机器周期的 S1P1 状态，ALE 信号由低变高；在 S2 状态时，若执行 MOVX A，@DPTR 指令，则 DPTR 中的地址数据被送到地址总线上，低 8 位（DPL）地址被送到 P0 口总线上，高 8 位（DPH）地址送到 P2 口上；若执行 MOVX A，@Ri 指令，Ri 中的 8 位地址数据被送到 P0 口的地址总线上，P2 口不参与总线控制，保持 P2 口原有的电平状态，同时在 S2P1 的下降沿，ALE 由高变低，ALE 的这个下降沿将把 P0 口的低 8 位地址信息锁存到 74HC573 锁存器（或者 74HC373 等）中，高 8 位地址则由 P2 口保持；在 S3 状态，P0 口得到释放变成高阻悬浮状态；在 S4 状态，$\overline{\text{RD}}$信号变为低电平，被寻址的外部 RAM 检测到有效的$\overline{\text{RD}}$信号后把数据送到连接在 P0 口的数据总线上；在 S5 状态，单片机总线控制器读回 P0 口数据，保存在累加器 A 中；在 S6 状态，$\overline{RD}$变为高电平，被寻址的外部 RAM 的数据线变为高阻，P0 口数据总线变为悬浮状态被释放，P2 口地址总线变高电平。至此，一个读外部 RAM 时序结束。在读外部 RAM 操作期间，外部程序存储器读控制线$\overline{PSEN}$一直保持高电平，即此时不能读取 ROM，读 RAM 和 ROM 两者是分时操作的。

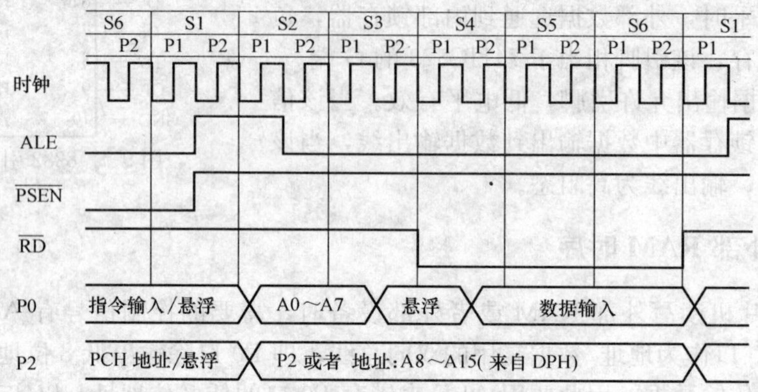

图 9-8　读外部数据存储器总线时序

2. 写外部 RAM 总线操作时序

写外部数据存储器或者外部设备的命令有两条：

1）MOVX @DPTR，A ；(A) → ((DPTR)) 写外部 RAM 或者 I/O

这条指令寻址范围是 64K，执行时 DPTR 中的地址被送至 P0、P2 口地址总线，在写信号$\overline{WR}$的控制下，将 A 中的数据通过数据总线 P0 口送至外部 RAM 或者其他总线器件。

2）MOVX @Ri，A　；(A) → ((Ri)) 写外部 RAM 或者 I/O

这条指令寻址范围是 256 个字节，执行时 Ri 中的 8 位地址被送至 P0 口地址总线，在写信号$\overline{WR}$的控制下，将 A 中的数据通过数据总线 P0 口送至外部 RAM 或者其他总线器件。这条指令操作时 P2 口不参与控制。

向外部 RAM 写数据操作时涉及的信号线有 P0、P2、$\overline{WR}$以及 ALE，时序如图 9-9 所示。地址输出以及锁存过程与读过程相同，但是写过程是 CPU 主动把数据送上 P0 口的数据总线，因此在 S3 状态时，CPU 先将累加器 A 中的数据送到 P0 口总线上，在 S4 状态时，

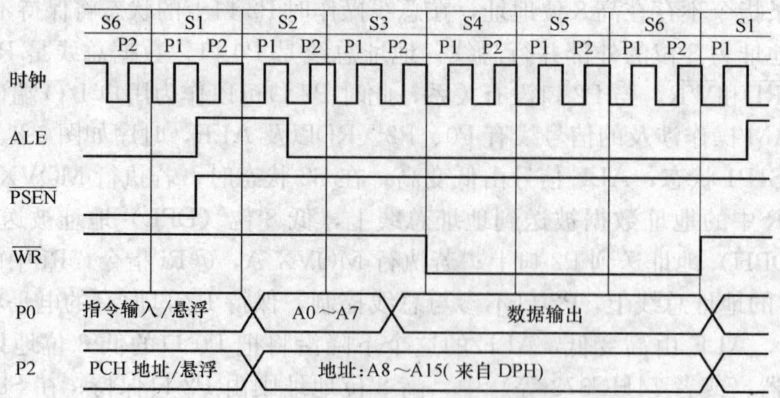

图 9-9　写外部数据存储器总线时序

写控制信号$\overline{WR}$由高变低，此时被寻址的 RAM 或者外部设备检测到写信号有效，就将 P0 口数据总线上的数据写到 RAM 内了。

9.2.4　读外部 ROM 时序

MCS-51 单片机访问程序存储器涉及的控制信号有 ALE 地址锁存控制信号、$\overline{PSEN}$外部 ROM 读控制信号、EA 片内外 ROM 访问控制信号，若访问单片机内部程序存储器 EA 要接高电平，若访问外部程序存储器时 EA 要接低电平。读取指令时，程序指针 PC 中数据就是指令地址，P0 口作为地址/数据复用的双向总线，用于输入指令或输出程序存储器的低 8 位地址 PCL，P2 口用于输出程序存储器的高 8 位地址 PCH。并且 MCS-51 单片机的 ROM 和 RAM 的编址与读写是严格分开的，所以，对外部 ROM 的操作时序分为两种情况，即执行非 MOVX 指令时序和执行 MOVX 指令时序。

当单片机程序存储在外部 ROM 时，如果执行的不是 MOVX 指令，则不需要从外部 RAM 读取数据，只需要访问外部 ROM 读取这些指令，读取这些指令的时序如图 9-10 所示。在读指令时，每个机器周期中，ALE 输出两次地址锁存信号，在每个 ALE 下降沿时，锁存出现在 P0 口上的低 8 位 PCL，同时，$\overline{PSEN}$也是每个机器周期中有效两次，用于选通片外程序存储器，将指令读入片内。在这种情况下，ALE 以振荡器 1/6 频率的方波输出，可以为外部电路提供时钟信号。

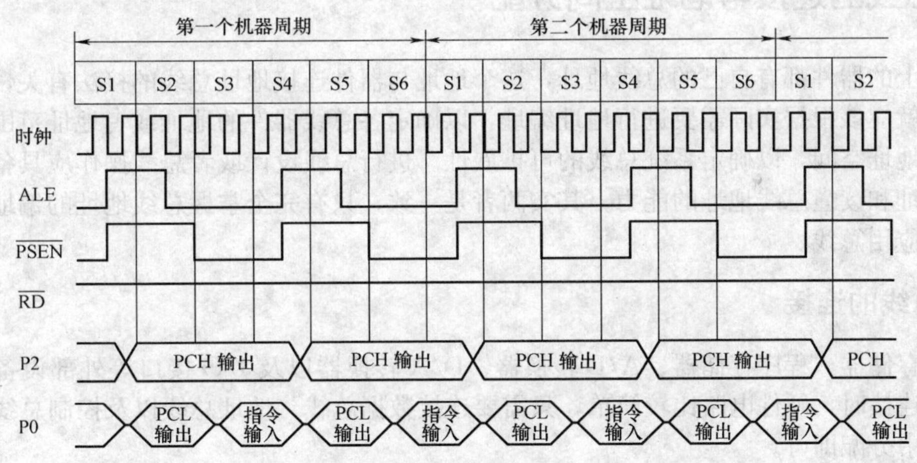

图 9-10　执行非 MOVX 时读取外部 ROM 时序

在执行访问外部 RAM 的 MOVX 指令时操作时序有所变化，其主要原因在于执行 MOVX 指令时，16 位地址应为 DPTR 指向的数据存储器，时序如图 9-11 所示。在指令读入时，地址总线输出 PC 指向指令所在的程序存储器地址。在指令读入后，若判定为 MOVX 指令时，ALE 在该机器周期 S5 状态锁存的 P0 口的地址不是程序存储器的低 8 位，而是 DPTR（或者 Ri）指向的数据存储器的地址。若执行的是 MOVX A，@DPTR 或是 MOVX @DPTR，A 指令，则此地址就是 DPL（数据指针低 8 位），在 P2 口上出现的是 DPH（数据指针的高 8 位）。若执行的是 MOVX A，@ Ri 或 MOVX @ Ri，A 指令，则 Ri 的内容为低 8 位地址，而 P2 口线上将是 P2 口锁存器的内容。在同一机器周期中将不再出现$\overline{PSEN}$有效取指信号，下一个机器周期中 ALE 有效锁存信号也不再出现。而当$\overline{RD}$/$\overline{WR}$信号有效时，

P0 口将读/写数据存储器中的数据。由图 9-11 可以看出，将 ALE 用作定时脉冲输出时，执行一次 MOVX 指令就会丢失一个脉冲，只有在执行 MOVX 指令时的第二个机器周期期间，地址总线才由数据存储器使用。

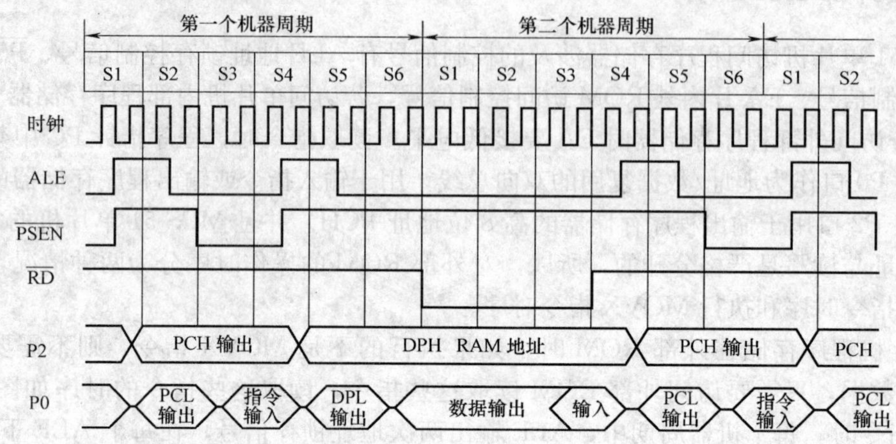

图 9-11 执行 MOVX 时读取外部 ROM 时序

9.3 总线的连接与地址空间分配

总线上的器件都有自己的总线地址，这个地址与器件连接地址总线的接法有关，系统在设计初期就应该根据实际需要进行地址编址，以确定各总线器件的地址或者地址范围，并明确剩余的地址空间，以确定系统总线的可扩展性。进行总线设计或者总线操作应具备能为器件分配地址和读懂总线地址的能力，其实两者是一致，只有完全掌握总线地址的编址原理才能熟练地应用总线。

9.3.1 总线的连接

数据存储器、程序存储器、A/D 转换器、D/A 转换器以及 I/O 接口等外部设备与单片机总线相连接时，硬件电路比较简单，只需要连接数据总线、地址总线以及控制总线，并在地址空间中分配即可。

外部设备器件连接在总线上时，器件接口线就是总线上的负载，也就是单片机 I/O 口的负载，当总线上扩展器件较多时要考虑总线的驱动能力。在对 TTL 负载驱动时，只需考虑驱动电流的大小，在对 MOS 负载驱动时，MOS 负载的输入电流很小，更多地要考虑对分布电容的电流驱动，如果总线驱动能力不够时，要采用总线驱动器（如 74HC244、74HC245 等）对总线驱动能力进行扩展。

1. 数据总线的连接

外部总线器件与 MCS-51 单片机总线相连接时，只需将芯片的数据输入/输出接口线 D0～D7 与总线的 D0～D7 对应连接即可，若连接在总线的器件数据线是 16 位或者 32 位时，可在电路上增加缓冲器和锁存器进行分时多次读取。

2. 控制总线的连接

MCS-51 单片机的控制总线仅有读写控制线 $\overline{RD}$、$\overline{WR}$ 与 $\overline{PSEN}$。仅在扩展外部程序存储

器时，读控制信号采用$\overline{PSEN}$，将$\overline{PSEN}$直接连接 ROM 的输出使能脚（$\overline{OE}$引脚）即可。其他几乎所有情况都采用$\overline{RD}$与$\overline{WR}$进行读写控制，比如 RAM、A/D 转换器、D/A 转换器等，硬件接线只需要将$\overline{RD}$、$\overline{WR}$直接与芯片的读写控制端相连。

3. 地址总线的连接

由于存储器存储容量的不同，存储器芯片的地址线数也不同，MCS-51 单片机的地址总线是 16 位地址总线，通常是将单片机的低位地址线与存储器的地址线相连，单片机的高位地址线用作片选或者作为他用。

地址线的连接决定地址空间的分配，常用的地址分配的方法有线选法和译码法两种，译码法又分为部分译码和完全译码。下面分别予以介绍。

9.3.2　线选法

线选法就是直接用单片机的地址线作为存储器芯片（总线器件）的片选信号，即将一条地址线与存储器芯片的片选引脚直接连接，通常会选取高位地址线作为片选。下面通过一个具体的例子，来说明线选法的具体应用。

假如 MCS-51 单片机系统需要外扩 24KB 的数据存储器，数据存储器采用三片 8KB 的 6264 RAM 芯片实现，为了说明方便，将 MCS-51 单片机总线锁存等电路简化为 U1，直接给出数据、地址和控制总线。6264 是 8KB 的静态随机存取存储器，后面会有详细的介绍，这里仅将应用到的引脚作简要的说明：A0～A12 是地址线；D0～D7 是双向三态数据线；$\overline{CE}$是片选信号输入引脚，低电平有效；$\overline{OE}$是读选通信号输入引脚，$\overline{WE}$是写允许信号输入引脚，$\overline{OE}$和$\overline{WE}$也都是低电平有效。

采用线选法设计的外部 RAM 扩展电路如图 9-12 所示。

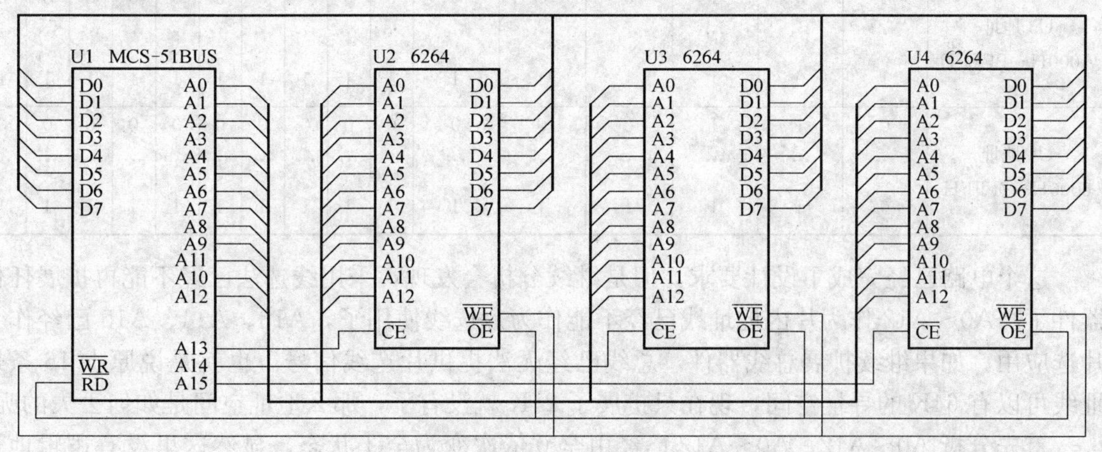

图 9-12　线选法 24KB 的外部 RAM 扩展电路

总线连接时，将三片 6264 的数据接口并联在一起直接与 MCS-51 单片机的数据总线 D0～D7 相连接。6264 有 13 条地址线，2^{13}等于 8192，即为 8K，每个数字标识一个字节存储单元，因此 13 条地址线正好可以区分 6264 内部的 8K 字节，在与单片机地址线连接时，直接将三片 6264 的地址线并联在一起直接与单片机地址线 A0～A12 相连。所有 6264 的读引脚$\overline{OE}$并联在一起接在$\overline{RD}$读控制线上，写引脚$\overline{WE}$并联在一起接在$\overline{WR}$写控制线上，两个都为低电平有效，符合 MCS-51 单片机的总线时序要求。为了区分这三片 6264，采用 A13、A14、A15 直接与 U2、U3、U4 的片选引脚$\overline{CE}$相连接，即 A13、A14、A15 分别为 U2、U3、U4 的片选信号，由于每一时刻只能有一片 RAM 和单片机进行交换数据，所以 A13、A14、A15 任意时刻最多只能有一个为 0，否则将会有两片或者两片以上的 RAM 片选有效。此时，如果进行读操作，多个 RAM 同时向数据总线上传送数据，电平将会产生矛盾，总线操作无法正确进行，甚至会损坏 RAM 的数据接口。每片 6264 的地址空间分析见表 9-2。

根据对总线连接的分析可以看出，片内地址由 A0～A12 形成，A0～A12 由全 0 变为全 1，即 0000H～1FFFH 对应存储器内部的 8K 空间，与高位片选地址 A13、A14、A15 合成就得到了以下结论：

U2 对应的地址空间：C000H～DFFFH；

U3 对应的地址空间：A000H～BFFFH；

U4 对应的地址空间：6000H～7FFFH。

表 9-2　6264 地址空间分析

	$\overline{CE}$(U4)	$\overline{CE}$(U3)	$\overline{CE}$(U2)	A12	A11	A10	A9	A8	A7	A6	A5	A4	A3	A2	A1	A0
U2 地址 C000H～DFFFH	1	1	0	0	0	0	0	0	0	0	0	0	0	0	0	0
	1	1	0	0	0	0	0	0	0	0	0	0	0	0	0	1
	1	1	0	0	0	0	0	0	0	0	0	0	0	0	1	0
	1	1	0	0	0	0	0	0	0	0	0	0	0	0	1	1
	…	…	…	…	…	…	…	…	…	…	…	…	…	…	…	…
	1	1	0	1	1	1	1	1	1	1	1	1	1	1	1	1
U3 地址 A000H～BFFFH	1	0	1	0	0	0	0	0	0	0	0	0	0	0	0	0
	…	…	…	…	…	…	…	…	…	…	…	…	…	…	…	…
	1	0	1	1	1	1	1	1	1	1	1	1	1	1	1	1
U4 地址 6000H～7FFFH	0	1	1	0	0	0	0	0	0	0	0	0	0	0	0	0
	…	…	…	…	…	…	…	…	…	…	…	…	…	…	…	…
	0	1	1	1	1	1	1	1	1	1	1	1	1	1	1	1

这个电路已经完成了设计要求，但是继续分析会发现，采用线选法已经不能再扩展任何器件了。A0～A12 作为片内地址线已经不能作为片选线使用了，A13、A14、A15 已经作为片选应用，如果继续扩展总线器件，总线已经无法提供片选线信号。也就是说原本 16 条地址线可以有 64K 的寻址空间，现在只扩展了 24K 就没有了，那么地址空间是如何丢失的呢？

首先分析 A0～A12。A0～A12 已经由全 0 依次变为全 1 状态，显然这里没有逻辑地址丢失，所有的可用逻辑组合都已被应用了。现在再看片选信号，作为片选的 A13、A14、A15 地址线原本有 8 种逻辑（见表 9-3），系统仅仅用了 3、5、6 这三种逻辑，即 011、101、110，由于不能使两个芯片同时有效，其他的五种逻辑在线选法中已经不能被使用，因此，系统丢失了五个 A0～A12 由全 0 依次变为全 1 状态，A0～A12 由全 0 依次变为全 1 状态可以表示 8K 空间，即系统丢失的是 5×8K，共 40K 的地址空间，加上已经应用的 24K 空间，正好就是总线的最大寻址空间，这也就是地址空间丢失的原因。

表 9-3　A13、A14、A15 逻辑组合分析

片　选	0	1	2	3	4	5	6	7
$\overline{CE}$(U2)(A13)	0	1	0	1	0	1	0	1
$\overline{CE}$(U3)(A14)	0	0	1	1	0	0	1	1
$\overline{CE}$(U4)(A15)	0	0	0	0	1	1	1	1

下面分析地址空间的连续性。U3 的地址空间是 A000H～BFFFH，BFFFH 的下一个地址是 C000H，恰好是 U2 地址空间的首地址，U3 与 U2 地址首尾相连，显然这 16K 的 RAM 地址空间是连续的，但是 U4 的地址空间 6000H～7FFFH 与 U3、U2 都不相连，显然这 24K 的 RAM 被分成了两部分，一部分是 A000H～DFFFH，另一部分就是 6000H～7FFFH，地址空间并不连续。这将对程序设计与程序移植带来一定的不便。

显然，线选法的优点是电路简单，不需要地址译码器硬件，成本低。缺点是会造成地址空间的浪费，地址空间不连续，地址不唯一，不适合较大的系统应用，并且给软件移植带来麻烦。

9.3.3 译码法

译码法就是使用译码器对 MCS-51 单片机的高位地址进行译码，译码器的译码输出作为存储器芯片的片选信号，这是一种最常用的存储器地址分配的方法，能有效地利用存储器空间，适用于大容量多芯片的存储器扩展。译码法分为完全译码和部分译码两种。

完全译码：16 条地址线都与被寻址芯片有关时，低位地址与芯片连接，高位地址都参与译码；或者全部地址线参与译码，此时可以使器件地址唯一，与寻址单元一一对应。

部分译码：地址译码时仅使用部分地址线，而其他地址未参加译码（即相对于芯片总线上有地址线是悬浮的）。部分译码存在地址空间重叠的现象，即地址与被寻址单元不是一一对应的，而是一个寻址单元占用了几个地址，若 n 条地址线不接，一个寻址单元占用 2^n 个地址。

常用的 74 系列的译码器芯片有 74HC138（3-8 译码器）、74HC139（双 2-4 译码器）等译码器，对它们的灵活使用，可以得到所要的组合译码，产生片选信号。

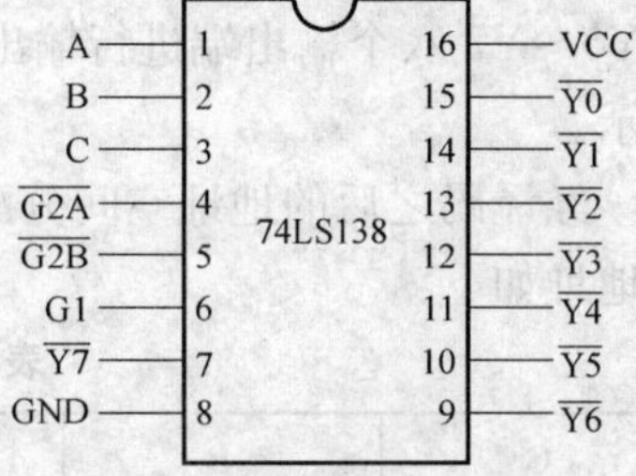

图 9-13　74HC138 引脚排列

1）74HC138：74HC138 是 3-8 译码器，即对 A、B、C 三个数据输入信号进行译码，得到八种输出状态，其中 G1、$\overline{G2A}$ 与 $\overline{G2B}$ 为使能端，只有当 G1 为高电平，$\overline{G2A}$ 与 $\overline{G2B}$ 均为低电平时，译码器才能进行译码，否则译码器输出均为高电平。当译码器有效时，对应的译码输出低电平其余的为高电平，译码真值表见表 9-4。74HC138 的引脚排列如图9-13所示。

表 9-4　74HC138 真值表

输入						输出							
G1	$\overline{G2A}$	$\overline{G2B}$	C	B	A	$\overline{Y7}$	$\overline{Y6}$	$\overline{Y5}$	$\overline{Y4}$	$\overline{Y3}$	$\overline{Y2}$	$\overline{Y1}$	$\overline{Y0}$
1	0	0	0	0	0	1	1	1	1	1	1	1	0
1	0	0	0	0	1	1	1	1	1	1	1	0	1
1	0	0	0	1	0	1	1	1	1	1	0	1	1

（续）

输 入						输 出							
G1	$\overline{G2A}$	$\overline{G2B}$	C	B	A	$\overline{Y7}$	$\overline{Y6}$	$\overline{Y5}$	$\overline{Y4}$	$\overline{Y3}$	$\overline{Y2}$	$\overline{Y1}$	$\overline{Y0}$
1	0	0	0	1	1	1	1	1	1	0	1	1	1
1	0	0	1	0	0	1	1	1	0	1	1	1	1
1	0	0	1	0	1	1	1	0	1	1	1	1	1
1	0	0	1	1	0	1	0	1	1	1	1	1	1
1	0	0	1	1	1	0	1	1	1	1	1	1	1
其他状态			×	×	×	1	1	1	1	1	1	1	1

2）74HC139：74HC139 是双 2-4 译码器，两个译码器完全独立，分别有各自的数据输入端、译码状态输出端和数据输入允许端。其引脚排列如图 9-14 所示，真值表见表 9-5。

表 9-5 74HC139 真值表

输 入			输 出			
$\overline{G}$	B	A	$\overline{Y3}$	$\overline{Y2}$	$\overline{Y1}$	$\overline{Y0}$
1	×	×	1	1	1	1
0	0	0	1	1	1	0
0	0	1	1	1	0	1
0	1	0	1	0	1	1
0	1	1	0	1	1	1

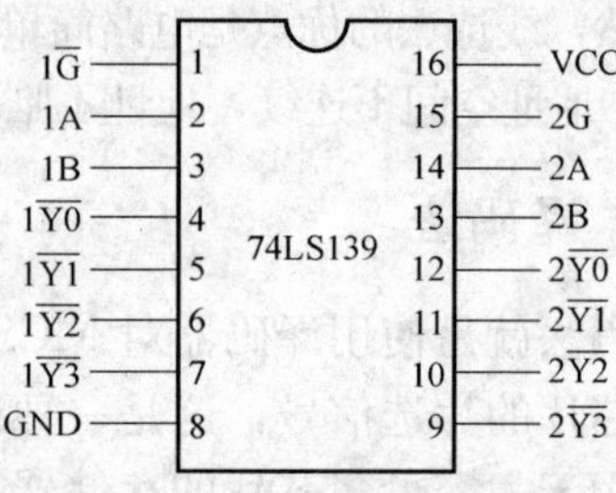

图 9-14 74HC139 引脚排列

下面以 74HC138 为例扩展三片 8KB 的 6264。由 74HC138 真值表可知，把 G1 接到＋5V，$\overline{G2A}$、$\overline{G2B}$接地，A13（P2.5）、A14（P2.6）、A15（P2.7）分别接到 74HC138 的 A、B、C 端，A0～A7（P0.0～P0.7）、A8～A12（P2.4～P2.0）这 13 根地址线接到三片 6264 的 A12～A0 引脚，完成对 6264 存储单元的选择。由于对高 3 位地址译码，译码结果由Y0～Y7 八个输出端进行输出，三片 6264 片选用 Y0、Y1 与 Y2 输出进行选择，如图 9-15 所示。

经译码之后的地址空间分配见表 9-6。从图 9-15 以及表 9-6 中可以看出，三片 6264 占用的地址如下：

表 9-6 74HC138 译码后的地址空间分配

C A15	B A14	A A13	有效 输出端	地址范围
0	0	0	Y0	0000H～1FFFH
0	0	1	Y1	2000H～3FFFH
0	1	0	Y2	4000H～5FFFH
0	1	1	Y3	6000H～7FFFH
1	0	0	Y4	8000H～9FFFH
1	0	1	Y5	A000H～BFFFH
1	1	0	Y6	C000H～DFFFH
1	1	1	Y7	E000H～FFFFH

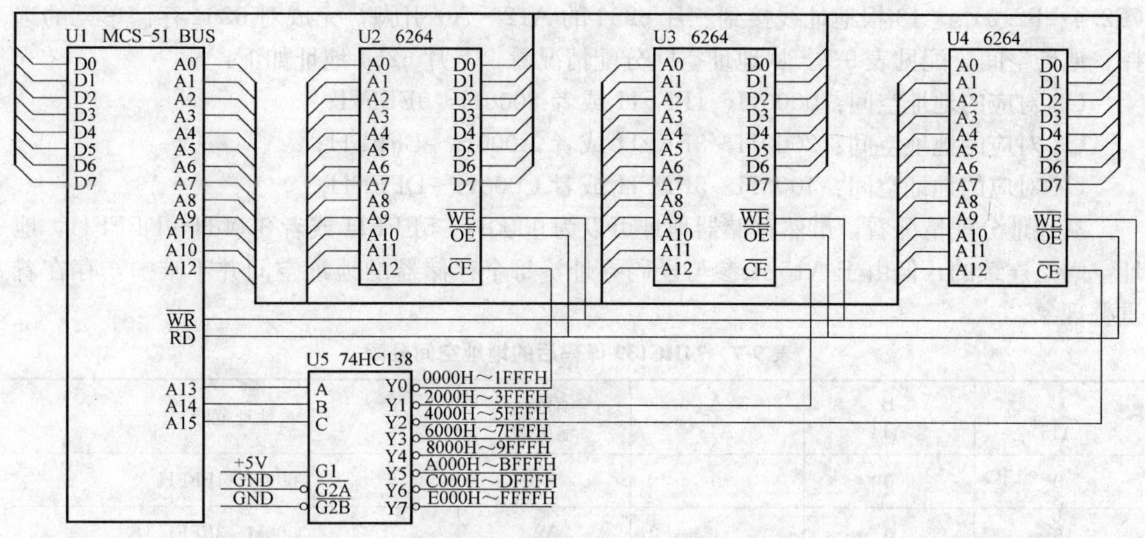

图 9-15　64KB 地址空间的分配

U2 对应的地址空间：0000H～1FFFH；

U3 对应的地址空间：2000H～3FFFH；

U4 对应的地址空间：4000H～5FFFH。

可以看出，这三片 6264 地址首尾相连，从整体上看就相当于一个地址空间为 0000H～5FFFH 的 24KB RAM。而且这种除了单元选择的地址线外，剩余的高位地址线全部参加译码的方式称为全部译码方式。由于采用的是全地址译码方式，MCS-51 单片机发地址码时，每次只能选中一个存储单元，存储器之间根本不会产生地址重叠与空间丢失的问题。

上面的例子是采用完全译码方式分配的地址空间，下面的是部分译码方式扩展外部存储器的例子，如图 9-16 所示。

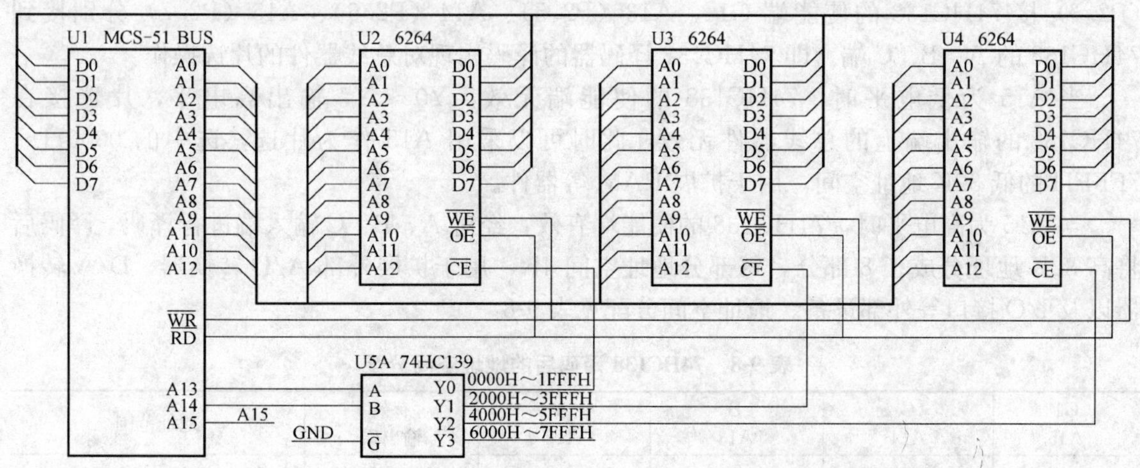

图 9-16　部分译码方式扩展存储器

译码器采用 74HC139 进行设计，地址线 A15（P2.7）悬浮没有参加寻址译码，A13（P2.5）、A14（P2.6）分别接到 74HC139 的 A、B 端，A0～A7（P0.0～P0.7）、A8～A12

（P2.4～P2.0）这 13 根地址线接到三片 6264 的 A12～A0 引脚，完成对 6264 存储单元的选择。地址空间分配见表 9-7。从地址空间分配情况看，三片 6264 地址如下：

U2 对应的地址空间：0000H～1FFFH 或者 8000H～9FFFH；

U3 对应的地址空间：2000H～3FFFH 或者 A000H～BFFFH；

U4 对应的地址空间：4000H～5FFFH 或者 C000H～DFFFH。

从地址分配情况看，虽然存储器地址可以为 0000H～5FFFH 或者 8000H～DFFFH，地址空间是连续的，但由于 A15 未参与译码寻址，每个存储器的地址空间并不唯一，存在着重叠现象。

表 9-7　74HC139 译码后的地址空间分配

C A15	B A14	A A13	有效 输出端	地址范围
0	0	0	Y0	0000H～1FFFH
0	0	1	Y1	2000H～3FFFH
0	1	0	Y2	4000H～5FFFH
0	1	1	Y3	6000H～7FFFH
1	0	0	Y0	8000H～9FFFH
1	0	1	Y1	A000H～BFFFH
1	1	0	Y2	C000H～DFFFH
1	1	1	Y3	E000H～FFFFH

很多情况下设计需要扩展一个较大的 RAM，同时也要用总线驱动 A/D 转换器或者D/A 转换器等器件，此时可以参考图 9-17 进行设计。电路采用 74HC138 进行译码，A15（P2.7）接 74HC138 的使能端 G1，A13（P2.5）、A14（P2.6）、A15（P2.7）分别接到 74HC138 的 A、B、C 端。即 74HC138 译码器的译码实现对总线器件的片选操作。

当 A15 为低电平时，74HC138 的使能端无效，Y0～Y7 输出高电平，片选接在 74HC138 的输出端上的总线器件无效，此时可以采用 A15 作为片选，选中的 0000H～7FFFH 的低 32K 地址空间，用于扩展 RAM 等器件。

当 A15 为高电平时，74HC138 的使能端有效，经对 A、B、C 输入端进行译码，译码后将高 32K 地址分成了 8 部分，每部分地址空间 4K，用于扩展外部 A/D 转换器、D/A 转换器以及 I/O 接口等外部设备。地址空间分配见表 9-8。

表 9-8　74HC138 译码后的地址空间分配

G1 A15	C A14	B A13	A A12	有效 输出端	地址范围
0	×	×	×	译码无效	0000H～7FFFH
1	0	0	0	Y0	8000H～8FFFH
1	0	0	1	Y1	9000H～9FFFH
1	0	1	0	Y2	A000H～AFFFH

（续）

G1 A15	C A14	B A13	A A12	有效 输出端	地址范围
1	0	1	1	Y3	B000H～BFFFH
1	1	0	0	Y4	C000H～CFFFH
1	1	0	1	Y5	D000H～DFFFH
1	1	1	0	Y6	E000H～EFFFH
1	1	1	1	Y7	F000H～FFFFH

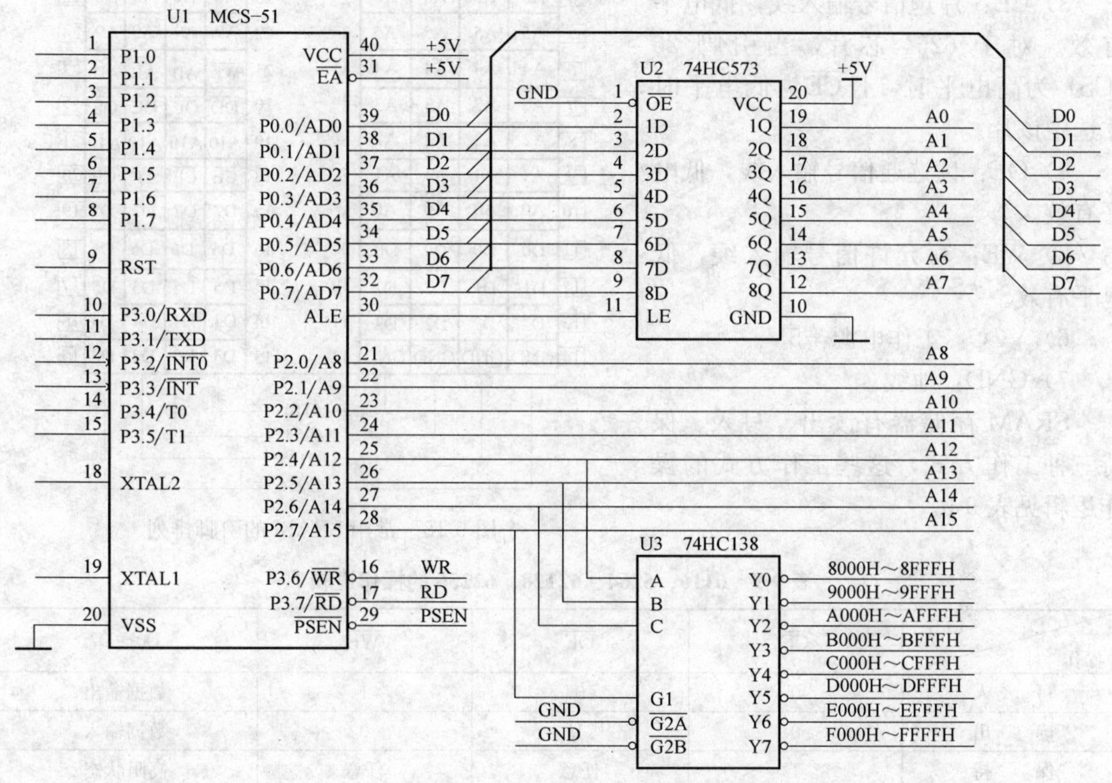

图 9-17　74HC138 译码分配总线地址空间

译码器的译码方案是多种多样的，设计者可根据系统的设计要求来选择不同的方案，但在总线系统设计时，应尽可能地保证分配的地址空间连续，以减少编程时的麻烦，并有利于程序的移植。

9.4　静态数据存储器的扩展

MCS-51 单片机受存储器结构与寻址寄存器（8 位）的限制，片内最多只有 256B 的 RAM，在一些工程中数据量较大，片内 RAM 不能满足程序要求时，需要扩展外部数据存储器。在 MCS-51 单片机系统中，外扩的数据存储器一般都采用静态数据存储器，即 SRAM。本节将主要讨论静态数据存储器的特性以及与 MCS-51 单片机的接口电路的设计。

9.4.1 常用的 SRAM 芯片

单片机系统中常用的 SRAM 芯片典型型号有 6116（2K×8）、6264（8K×8）、62128（16K×8）、62256（32K×8）。它们都是用单 5V 电源供电，双列直插封装，6116 为 24 引脚封装，6264、62128、62256 为 28 引脚封装。这些 SRAM 的引脚排列如图 9-18 所示。

SRAM 的各引脚功能如下：

1）A0～A14：地址输入线。

2）D0～D7：双向三态数据线。

3）$\overline{CE}$：片选信号输入线，低电平有效。对于 6264 芯片，当引脚 26（CS）为高电平时，且$\overline{CE}$为低电平时才选中该片。

4）$\overline{OE}$：读选通信号输入线，低电平有效。

5）$\overline{WE}$：写允许信号输入线，低电平有效。

6）VCC：工作电源＋5V。

7）GND：地线。

SRAM 存储器有读出、写入、保持三种工作方式，这些工作方式的操作逻辑见表 9-9。

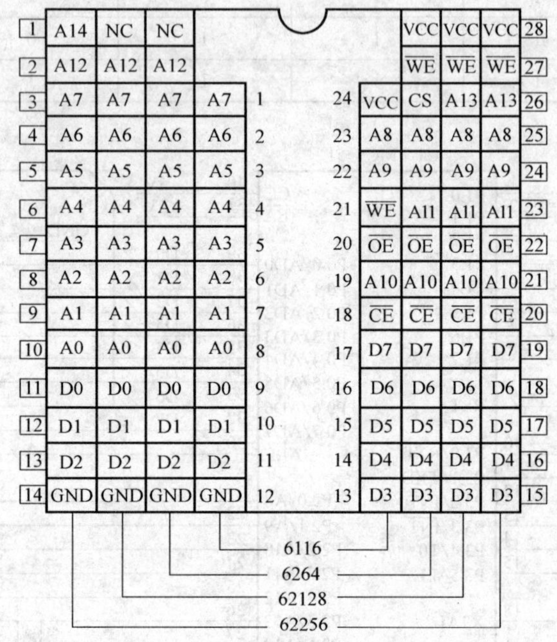

图 9-18 常用 SRAM 的引脚排列

表 9-9 6116、6264、62128、62256 的操作逻辑

信号 操作	$\overline{CE}$	$\overline{OE}$	$\overline{WE}$	D0～D7
写　　入	0	0	1	数据输出
读　　出	0	1	0	数据输入
保　　持	1	任意	任意	高阻状态

对于 CMOS 的静态 RAM 电路，$\overline{CE}$端为高电平时，电路处于降耗状态。此时，VCC 电压可降至 3V 左右，内部所存储的数据也不会丢失。

常用 SRAM 芯片的主要技术特性见表 9-10。

表 9-10 常用 SRAM 主要技术指标

型号 特性	6116	6264	62256
容量	2KB	8KB	32KB
引脚数	24	28	28
工作电压	5V	5V	5V
典型工作电流/mA	35	40	8
典型静态工作电流/mA	5	2	0.5
存取时间	由产品型号决定，例如 62256 读取时间为 100ns		

9.4.2　典型的外扩数据存储器接口电路

扩展数据存储器时，由 P2 口提供高 8 位地址，P0 口分时提供低 8 位地址和 8 位双向数据总线。片外 SRAM 的读和写由 MCS-51 单片机的$\overline{RD}$（P3.7）和$\overline{WR}$（P3.6）信号控制，RAM 的片选端$\overline{CE}$由地址译码器的译码输出控制。因此，SRAM 在与单片机连接时，主要解决地址分配、数据线和控制信号线的连接。

图 9-19 给出了用线选法扩展 MCS-51 单片机外部数据存储器的电路。图中数据存储器选用 6264，该片地址线为 A0～A12，故 MCS-51 单片机剩余地址线为三根。用线选法可扩展三片 6264。三片 6264 对应的存储器空间见表 9-11。

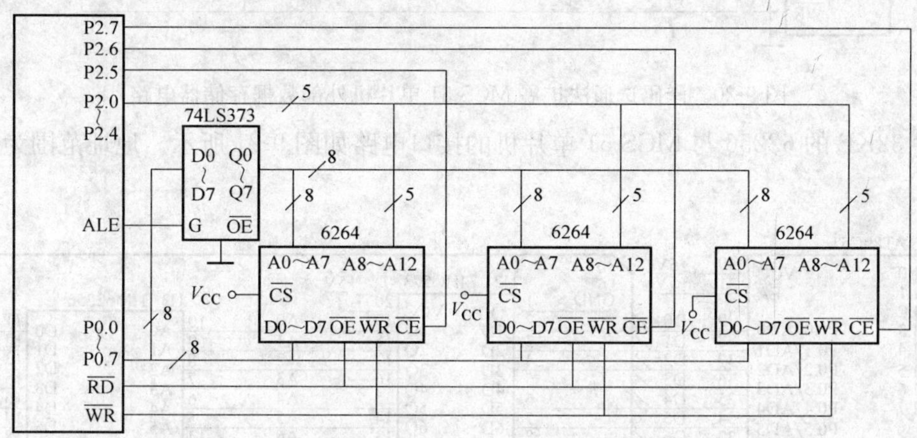

图 9-19　线选法扩展三片 6264 电路

表 9-11　图 9-19 中三片 6264 对应的存储空间

P2.7	P2.6	P2.5	选中芯片	地址范围	存储容量
1	0	1	IC1	C000H～DFFFH	8KB
1	0	1	IC2	A000H～BFFFH	8KB
0	1	1	IC3	6000H～7FFFH	8KB

用译码选通法扩展 MCS-51 单片机的外部数据存储器电路如图 9-20 所示。图中数据存储器选用 62128，该芯片地址线为 A0～A13，这样，MCS-51 单片机剩余地址线为两根，若采用 2-4 译码器可扩展四片 62128，各片 62128 地址空间分配见表 9-12。

表 9-12　62128 的地址空间分配

2-4 译码器输入		2-4 译码器有效输出	选中芯片	地址范围	存储容量
P2.7	P2.6				
0	0	Y0	IC1	0000H～3FFFH	16KB
0	1	Y1	IC2	4000H～7FFFH	16KB
1	0	Y2	IC3	8000H～BFFFH	16KB
1	1	Y3	IC4	C000H～FFFFH	16KB

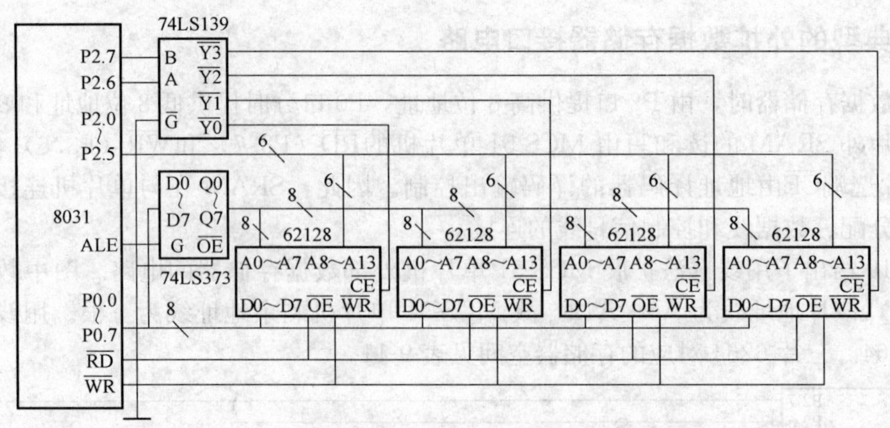

图 9-20 译码选通法扩展 MCS-51 单片机外部数据存储器电路

一片 32KB 的 62256 与 MCS-51 单片机的接口电路如图 9-21 所示。地址范围为0000H～7FFFH。

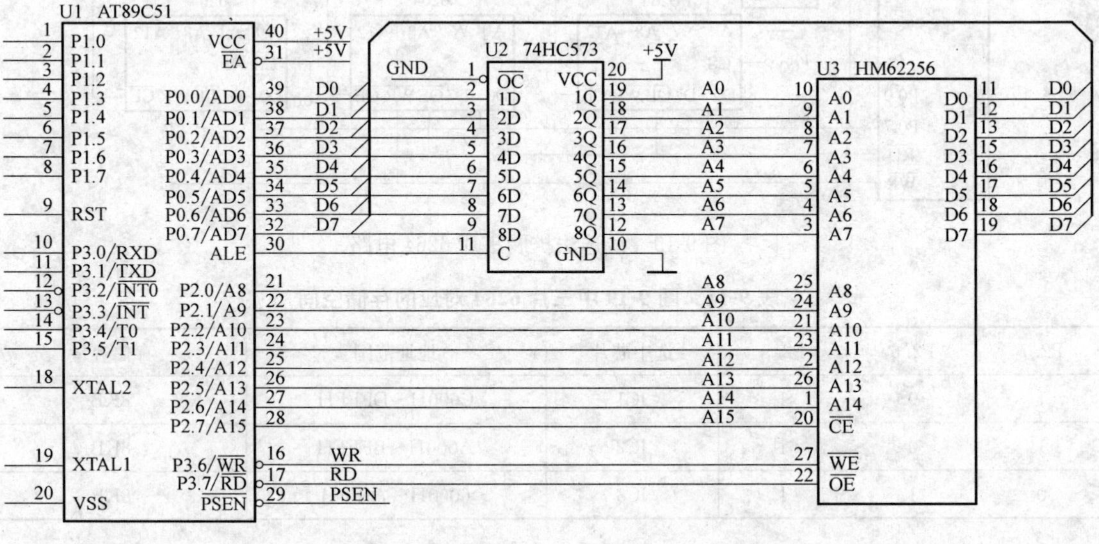

图 9-21 MCS-51 单片机与 62256 的接口电路

例 9-1 编写程序将片外数据存储器中 1000H～107FH 全部清零。

方法一：根据题意是向外部 RAM 的一片连续存储区写 0 操作，用 DPTR 作为数据区地址指针，同时使用 R2 作为循环计数器。程序段如下：

```
        MOV     DPTR,       ＃1000H     ；设置访问地址起始地址
        MOV     R2,         ＃80H       ；设置循环计数初值
        CLR     A                       ；清零累加器 A
LOOP：  MOVX    @DPTR,      A           ；将 A 中的 0 写到外部 RAM
        INC     DPTR                    ；地址指针加 1
        DJNZ    R2          LOOP        ；计数减 1，不为 0 则跳至 LOOP
```

方法二：用 DPTR 作为数据区地址指针，但不使用字节计数器，而是比较 DPTR 中的

特征地址。程序段如下：

```
       MOV   DPTR,  #1000H        ；设置访问地址起始地址
       CLR   A                    ；清零累加器 A
LOOP:  MOVX  @DPTR, A             ；将 A 中的 0 写到外部 RAM
       INC   DPTR                 ；地址指针加 1
       MOV   R2,    DPL           ；读取 DPTR 底位
       CJNE  R2,    #80H,  LOOP   ；与结束地址比较，未结束则跳至 LOOP
```

9.5　程序存储器的扩展

程序存储器一般采用只读存储器，因为这种存储器在电源关断后，仍能保存程序（此特性称为非易失性的），在系统上电后，CPU 可取出这些指令予以重新执行。

只读存储器简称为 ROM（Read Only Memory）。ROM 中的信息一旦写入之后，就不能随意更改，特别是不能在程序运行的过程中写入新的内容，故称之为只读存储器。

向 ROM 中写入信息叫做 ROM 编程。根据编程的方式不同，ROM 分为以下几种：

1．掩模 ROM

掩膜 ROM 是在制造过程中编程。因编程是以掩模工艺实现的，因此称为掩模 ROM。这种芯片存储结构简单，集成度高，但由于掩模工艺成本较高，因此只适合于大批量生产。在批量大的生产中，一次性掩模生产成本是很低的。

2．可编程 ROM（PROM）

PROM（可编程只读存储器）芯片出厂时并没有任何程序信息，是由用户用独立的编程器写入的。但 PROM 只能写入一次，写入内容后，就不能再进行修改。

3．EPROM

EPROM 是用电信号编程，用紫外线擦除的只读存储芯片。在芯片外壳上的中间位置有一个圆形窗口，通过这个窗口照射紫外线就可擦除原有的信息。

4．EEPROM（E^2PROM）

EEPROM 是一种用电信号编程，也用电信号擦除的 ROM 芯片，对 EEPROM 的读写操作与 RAM 存储器几乎没有什么差别，只是写入的速度慢一些，但断电后能够保存信息。

5．FLASH ROM

FLASH ROM 又称闪烁存储器，简称闪存。FLASH ROM 是在 EPROM、EEPROM 的基础上发展起来的一种非易失性、电擦除型存储器。其特点是可快速在线修改其存储单元中的数据，标准改写次数可达 10^4 次，而成本却比普通 EEPROM 低得多，因而可大量替代 EEPROM。与 EEPROM 相比，EEPROM 的写入速度较慢。而 FLASH ROM 的读写速度都很快，存取时间可达 70s。由于其性能比 EEPROM 要好，所以目前大有取代 EEPROM 的趋势。

目前许多公司生产的以 MCS-51 为内核的单片机，在芯片内部集成了数量不等的 FLASH ROM。例如，美国 Atmel 公司生产的兼容 MCS-51 的单片机 AT89C51/AT89C52/AT89C55，片内分别有 4KB/8KB/20KB 的 FLASH ROM。对于这类单片机，扩展外部程序存储器的工作即可省去。

9.5.1 常用的 EPROM 芯片

程序存储器的扩展可根据需要来使用上述的各种只读存储器的芯片，但使用比较多的是 EPROM、EEPROM，下面首先对常用的 EPROM 芯片进行介绍。

EPROM 的典型芯片是 27 系列产品，例如，2716（2KB×8）、2732（4KB×8）、2764（8KB×8）、27128（16KB×8）、27256（32KB×8）、27512（64KB×8）。型号名称“27”后面的数字表示其位存储容量。如果换算成字节容量，只需将该数字除以 8 即可。例如，“27256”中的“27”后面的数字为“256”，256÷8=32KB。

随着大规模集成电路技术的发展，大容量存储器芯片的产量剧增，售价不断下降。大容量存储器芯片的性价比明显增高，而且由于有些厂商已停止生产小容量的芯片，使市场上某些小容量芯片的价格反而比大容量芯片还贵（例如，目前 2716、2732 在市场上已经很难买到）。所以，在扩展程序存储器设计时，应尽量采用大容量的芯片。这样，不仅可以使电路板的体积缩小，成本降低，还可以降低整机功耗和减少控制逻辑电路，从而提高系统的稳定性和可靠性。

27 系列 EPROM 的芯片引脚排列如图 9-22 所示，参数见表 9-13。

表 9-13　27 系列 EPROM 芯片参数

参数 型号	VCC/V	VPP/V	I_m/mA	I_s/mA	T_{rm}/ns	容量
TMS2732A	5	21	132	32	200～450	4K×8 位
TMS2764	5	21	100	35	200～450	8K×8 位
INTEL2764A	5	12.5	60	20	200	8K×8 位
INTEL27C64	5	12.5	10	0.1	200	8K×8 位
INTEL27128A	5	12.5	100	40	150～200	16K×8 位
SCM27C128	5	12.5	30	0.1	200	16K×8 位
INTEL27256	5	12.5	100	40	220	32K×8 位
MBM27C256	5	12.5	8	0.1	250～300	32K×8 位
INTEL27512	5	12.5	125	40	250	64K×8 位

注：VCC 是芯片供电电压，VPP 是编程电压，I_m 为最大静态电流，I_s 为维持电流，T_{rm} 为最大读出时间。

各引脚功能如下：

1）A0～A15：地址线引脚。地址线引脚的数目由芯片的存储容量来定，用来进行单元选择。

2）D7～D0：数据线引脚。

3）$\overline{CE}$：片选输入端。

4）$\overline{OE}$：输出允许控制端。

5）$\overline{PGM}$：编程时，加编程脉冲的输入端。

6）VPP：编程时，编程电压（+12V 或+25V）输入端。

7）VCC：+5V，芯片的工作电压输入端。

8）GND：数字地。

9）NC：无用端。

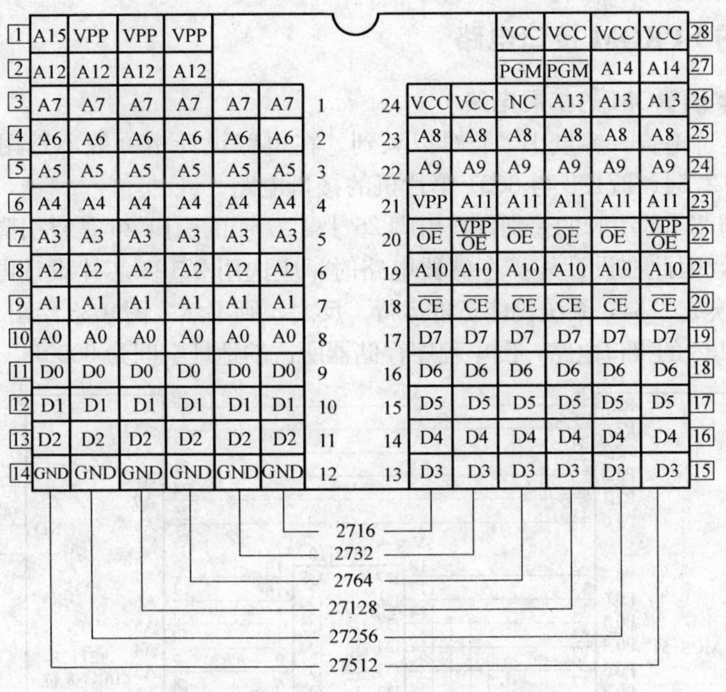

图 9-22　常用 EPROM 芯片引脚排列

EPROM 芯片的工作方式：EPROM 一般都有五种工作方式，由$\overline{CE}$、$\overline{OE}$、$\overline{PGM}$各信号的状态组合来确定。五种工作方式见表 9-14。

表 9-14　EPROM 的五种工作方式

引脚信号方式	$\overline{CE}$，$\overline{PGM}$	$\overline{OE}$	VPP	D7～D0
读出	低	低	+5V	程序读出
未选中	高	×	+5V	高阻
编程	正脉冲	高	+25V（或+12V）	程序写入
程序校验	低	低	+25V（或+12V）	程序读出
编程禁止	低	高	+25V（或+12V）	高阻

1）读出方式：一般情况下，EPROM 工作在这种方式。工作在此种方式的条件是使片选控制线$\overline{CE}$为低，同时让输出允许控制线$\overline{OE}$为低，VPP 引脚加上+5V 电压，就可将 EPROM 中的指定地址单元的内容从数据引脚 D7～D0 上读出。

2）未选中方式：当片选控制线$\overline{CE}$为高电平时，芯片进入未选中方式，这时数据输出为高阻抗悬浮状态，不占用数据总线。EPROM 处于低功耗的维持状态。

3）编程方式：在 VPP 引脚加上规定好的高压，$\overline{CE}$和$\overline{OE}$端加上合适的电平（不同的芯片要求不同），就能将数据线上的数据写入到指定的地址单元。此时，编程地址和编程数据分别由系统的 A15～A0 和 D7～D0 提供。

4）编程校验方式：在 VPP 引脚保持相应的编程电压（高压），再按读出方式操作，读出编程固化好的内容，以校验写入的内容是否正确。

5）编程禁止方式：本工作方式输出呈高阻状态，不写入程序。

9.5.2 典型的 EPROM 接口电路

1. 使用单片 EPROM 的扩展电路

2716、2732 价格贵，容量小，且难以买到。在电路设计中一般不选用这两种芯片。因此，这里仅介绍 2764、27128 与 8031 单片机的接口电路。

由于 2764 与 27128 引脚的差别仅在引脚 26 上，2764 的引脚 26 是空引脚，27128 的 26 引脚是地址线 A13，因此在设计外扩存储器电路时，应选用 27128 芯片设计电路。在实际应用时，可将 27128 换成 2764，系统仍能正常运行。反之，则不然。图 9-23 给出了 MCS-51 单片机外扩 16KB 的 27128 的接口电路，图中程序存储器所占的地址空间为 0000H～03FFFH。

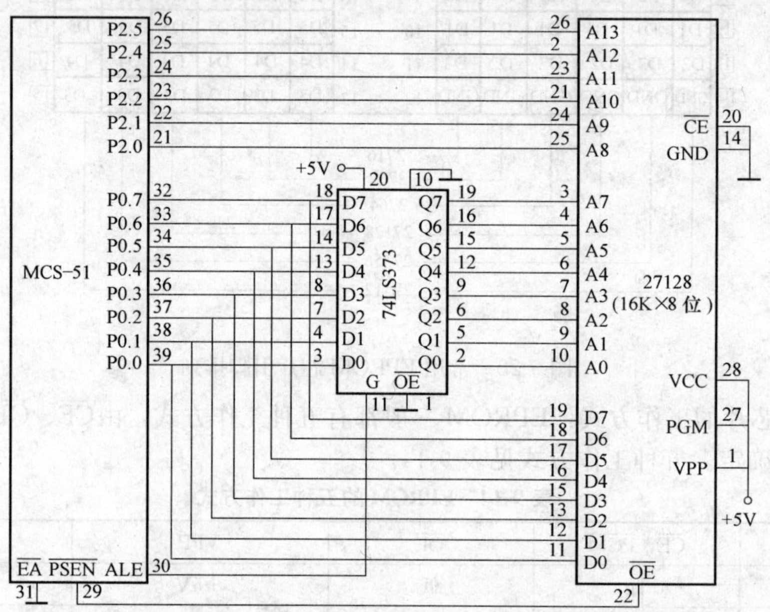

图 9-23 MCS-51 单片机与 27128 的接口电路

2. 使用多片 EPROM 的扩展电路

与单片 EPROM 扩展电路相比，多片 EPROM 的扩展除片选线$\overline{CE}$外，其他均与单片扩展电路相同。图 9-24 给出了利用四片 27128 扩展成 64KB 程序存储器的接口电路。片选信

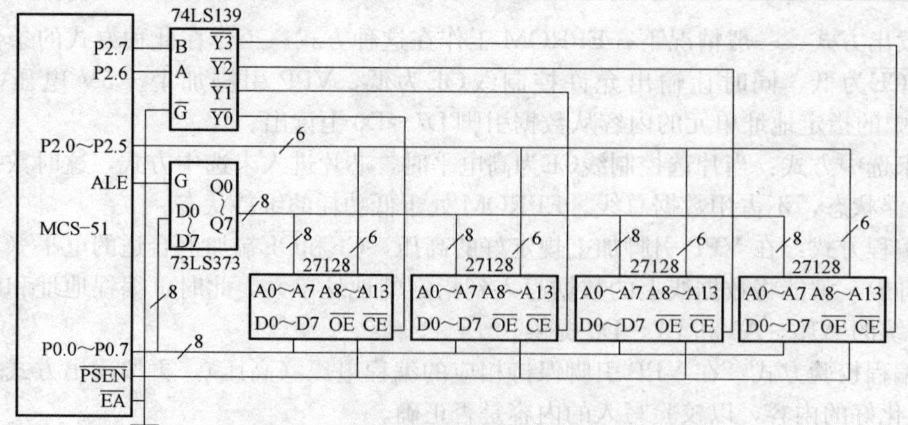

图 9-24 四片 27128 与 MCS-51 的接口电路

号由译码选通产生。四片 27128 各自所占的地址空间，请读者自己分析。

9.5.3　常用的 EEPROM 芯片

EEPROM 是电可擦除可编程只读存储器，其突出优点是能够在线擦除和改写，无须像 EPROM 那样用紫外线照射才能擦除。较新的 EEPROM 产品在写入时能自动完成擦除，且不再需要专用的编程电源，可以直接使用单片机系统的＋5V 电源。

EEPROM 用于单片机系统中，既可以扩展为片外 EEPROM，也可以扩展为片外 RAM。它使单片机系统的设计既可以方便地修改程序，又能保存调试好地程序。当然，与 RAM 相比，EEPROM 写操作速度是很慢的。另外，它的擦除/写入是有寿命限制的，虽然有 10^4 次之多，但远不宜用在数据频繁更新的场合。因此应注意均衡使用各单元，不然有些单元会提前结束寿命。

EEPROM 既具有 ROM 的非易失性特点，又能像 RAM 一样随机地读/写，每个单元保留信息的时间长达 20 年，不存在在日光下信息缓慢丢失的问题。

常用的 EEPROM 芯片有 2816/2816A，2817/2817A，2864A 等。这些芯片的引脚排列如图 9-25 所示，其主要性能见表 9-15（表中芯片均为 Intel 产品）。

28	2864A	2817/2817A	2816/2816A	24	24	2816/2816A	2817/2817A	2864A	28
1	NC	RDY/$\overline{BUSY}$					VCC	VCC	28
2	A12	NC					$\overline{WE}$	$\overline{WE}$	27
3	A7	A7	A7	1	24	VCC	NC	NC	26
4	A6	A6	A6	2	23	A8	A8	A8	25
5	A5	A5	A5	3	22	A9	A9	A9	24
6	A4	A4	A4	4	21	VPP	NC	A11	23
7	A3	A3	A3	5	20	$\overline{OE}$	$\overline{OE}$	$\overline{OE}$	22
8	A2	A2	A2	6	19	A10	A10	A10	21
9	A1	A1	A1	7	18	$\overline{CE}$	$\overline{CE}$	$\overline{CE}$	20
10	A0	A0	A0	8	17	D7	D7	D7	19
11	D0	D0	D0	9	16	D6	D6	D6	18
12	D1	D1	D1	10	15	D5	D5	D5	17
13	D2	D2	D2	11	14	D4	D4	D4	16
14	GND	GND	GND	12	13	D3	D3	D3	15

图 9-25　常用 EEPROM 引脚排列

表 9-15　EEPROM 的主要性能

参数 \ 器件型号	2816	2816A	2817	2817A	2864A
取数时间/ns	250	200/250	250	200/250	250
读操作电压/V	5	5	5	5	5
写/擦操作电压/V	21	5	21	5	5
字节擦除时间/ms	10	9～15	10	10	10
写入时间/ms	10	9～15	10	10	10
容量/B	2K×8	2K×8	2K×8	2K×8	8K×8
封装	DIP24	DIP24	DIP28	DIP28	DIP28
兼容	2716	2716			6264A

在芯片的引脚设计上，2KB 的 EEPROM 2864A 与相同容量的 EPROM 2716 和 SRAM 6116 是兼容的，8KB 的 EEPROM 2864A 与同容量的 EPROM 2764 和 SRAM 6116 也是兼容的。2816、2817 和 2864A 的读取数据时间均为 250ns，写入时间 10ms。

表 9-16 中给出了 Intel 公司生产的常见 EEPROM 的工作方式。EEPROM 芯片中 RDY/$\overline{BUSY}$为开路输出，应接上拉电阻至＋5V。

表 9-16 EEPROM 的工作方式

型号	工作方式	引脚信号				
		$\overline{CE}$	$\overline{OE}$	$\overline{WE}$	RDY/$\overline{BUSY}$	输入/输出
2816A	引脚号	(18)	(20)	(21)		(9～11，13～17)
	读	0	0	1		DOUT
	维持	1	任意	任意		高阻
	字节擦除	0	1	0		DIN=1
	字节写入	0	1	0		DIN
	全片擦除	0	10～15V	0		DIN=1
	不操作	0	1	1		高阻
	E/W 禁止	1	1	0		高阻
2817A	引脚号	(20)	(22)	(27)	(1)	(11～13，15～19)
	读	0	0	1	高阻	DOUT
	维持	1	任意	任意	高阻	高阻
	字节写入	0	1	0	0	DIN
	字节擦除	字节写入之前自动擦除				
2864A	引脚号	(20)	(22)	(27)		(11～13，15～19)
	维持	0	任意	任意		高阻
	读	0	0	1		DOUT
	写	0	0	负脉冲		DIN
	数据查询	0	0	1		DOUT

下面对 Intel 公司产品 2817A 和 2864A 的工作方式作详细说明。

2817A 在写入 1 个字节信息之前，自动地对所要写入的单元进行擦除，因而无须进行专门的字节/芯片擦除操作。当向 2817A 发出字节写入命令后，2817A 将锁存地址、数据及控制信号，从而完成一次操作。在写入期间，2817A 的 RDY/$\overline{BUSY}$引脚呈低电平，此时，它的数据总线呈高阻状态，因而允许处理器在此期间执行其他的任务。一次写操作一旦结束，2817A 便将 RDY/$\overline{BUSY}$线置为高电平，此时处理器可以对 2817A 进行新的字节操作。

由表 9-16 可知，2864A 有四种工作方式：

1. 维持方式

当信号$\overline{CE}$为高电平时，2864A 进入低耗维持方式。此时，输出线呈高阻态，芯片的电流从 140mA 降至维持电流 60mA。

2. 读方式

当信号$\overline{CE}$和$\overline{OE}$为高电平时内部数据缓冲器被打开，数据送上总线，此时，可进行读操作。

3. 写方式

2864A 提供了两种数据写入方式：字节写入和页写入。

1）页写入：为了提高写入速度，2864A 片内设置了 16 字节的页缓冲器，并将整个存储器列划分成 512 页，每页 16 字节。页的区分可由地址的高 9 位（A4～A12）来确定，地址的低 4 位（A0～A13）用以选择页缓冲器中的 16 个地址单元之一。对 2864A 的写操作可分成两步来实现：第一步，在软件控制下把数据写入页缓冲器，这步称为页装载，与一般的 SRAM 写操作是一样的；第二步，在最后一个字节（即第 16 个字节）写入页缓冲器 20ns 后自动开始，把页缓冲器的内容写到 EEPROM 阵列对应地址的单元中，这一步称为页储存。

写方式时，$\overline{CE}$为低电平，在$\overline{WE}$下降沿，地址码 A0～A12 被片内锁存器锁存，在$\overline{WE}$上

升沿时数据被锁存。片内还有一个字节装载限时定时器，只要时间未到数据可以随机地写入页缓冲器。在连续向页缓冲器写入数据的过程中，不要担心限时定时器会溢出，因为每当 $\overline{WE}$下降沿时，限时定时器自动被复位并重启。限时定时器要求写入 1 字节数据的操作时间 T_{BLW}需满足 $3\mu s < T_{BLW} < 20\mu s$，这是正确完成对 2864A 页面写入操作的关键。当 1 页装载完毕不再有$\overline{WE}$时，限时定时器将溢出，于是页存储操作随即自动开始。首先把选中页的内容擦除，然后写入的数据由页缓冲器传递到 EEPROM 阵列中。

2）字节写入：字节写入的过程与页写入类似，不同在于仅写入 1 个字节，限时定时器就溢出。

4. 数据查询方式

数据查询是指用软件检测写操作中的页存储周期是否完成。

在页存储期间，如果对 2864A 执行读操作，那么读出的是最后写入的字节，若芯片的转储工作未完成，则读出数据的最高位是原来写入字节最高位的反码。据此，CPU 可判断芯片的编程是否结束。如果读出的数据与写入的数据相同，表示芯片已完成编程，CPU 可继续向 2864A 装载下一页数据。

上面介绍的 EEPROM 都是针对 Intel 公司的产品，其他公司的产品不一定相同。例如，市场上常见的 SEEQ 公司的 2864 只有字节写入方式，没有页写入方式，也没有数据查询功能，这时，可以采用延时方法解决可靠写入 EEPROM 数据的问题。

9.5.4　典型的 EEPROM 接口电路

1. MCS-51 单片机外扩 2817A

2817A 与 MCS-51 单片机的接口电路如图 9-26 所示。图中，2817A 既可以作为外部的数据储存器，又可以作为程序存储器。MCS-51 单片机通过 P1.0 查询 2817A 的 RDY/

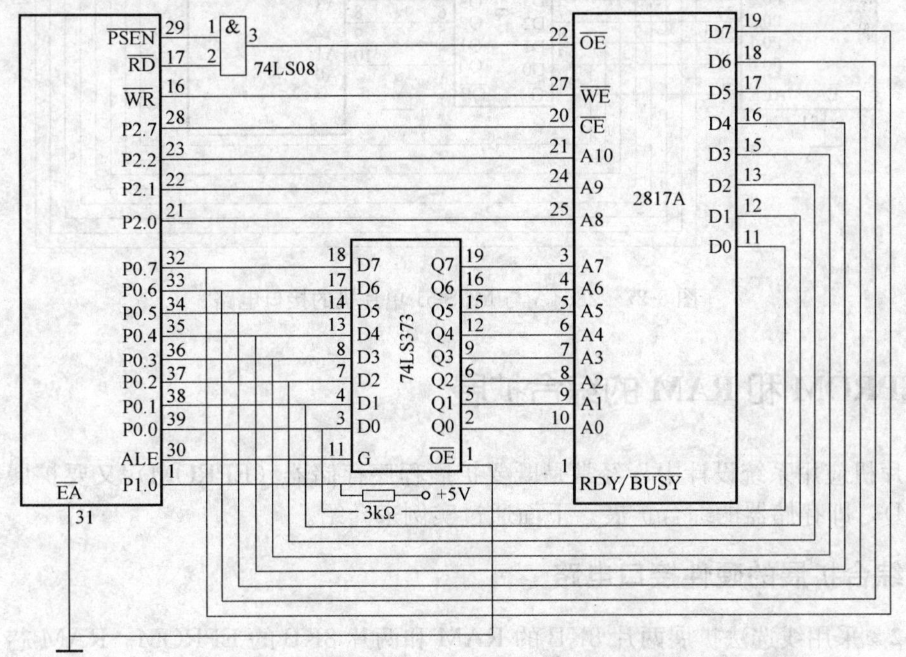

图 9-26　2817A 与 MCS-51 单片机接口电路

$\overline{BUSY}$引脚状态，来完成对 2817A 的写操作。2817A 的片选信号由 P2.7 提供，在系统中有其他 ROM 和 RAM 存储器时，需统一考虑编址问题。

2. MCS-51 单片机外扩 2864A

2864A 与 MCS-51 单片机的接口电路如图 9-27 所示。2864A 的片选端$\overline{CE}$与高地址线 P2.7 相连，当 P2.7 为低电平时才能选中 2864A，这种线选法决定了 2864A 对应多组地址空间，即 0000H～1FFFH、4000H～5FFFH、6000H～7FFFH。这 8KB 存储器可作为数据存储器使用，但关掉电源数据不丢失，读写操作应采用 MOVX 指令操作。

MCS-51 单片机对 2864A 进行写操作时所用指令如下：

```
MOVX        @DPTR,    A
MOVX        @R0,      A
```

MCS-51 单片机对 2864A 进行读操作时所用指令如下：

```
MOVX    A,  @DPTR
MOVX    A,  @R0
```

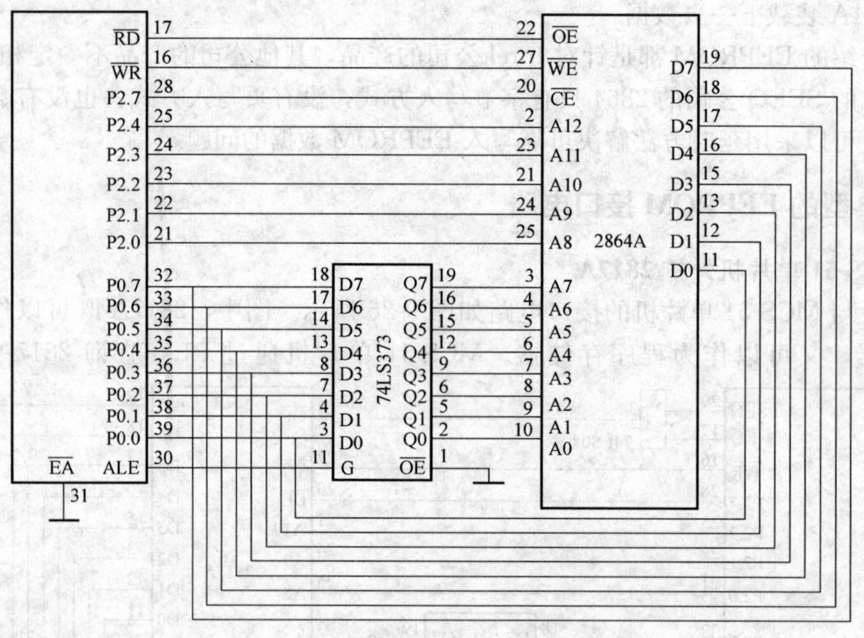

图 9-27 2864A 与 MCS-51 单片机的接口电路

9.6 EPROM 和 RAM 的综合扩展

在单片机应用系统设计中，经常是既要扩展程序存储器（EPROM）又要扩展数据存储器（RAM），即存储器的综合扩展。下面通过实例来介绍。

9.6.1 综合扩展的硬件接口电路

例 9-2 采用线选法扩展两片 8KB 的 RAM 和两片 8KB 的 EPROM。RAM 芯片选用两片 6264，EPROM 芯片选用两片 2764，共扩展四片存储器芯片，扩展接口电路如图 9-28

所示。

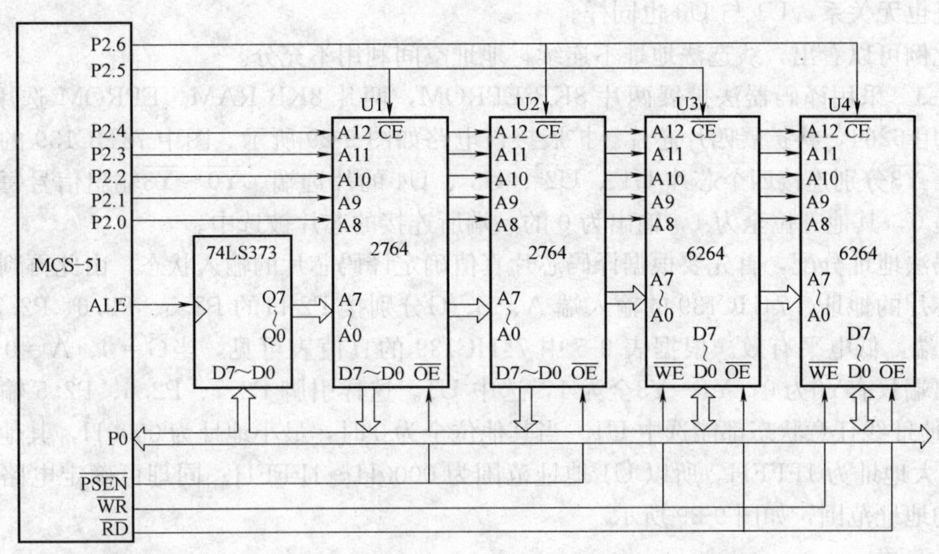

图 9-28　例 9-2 的 EPROM 和 RAM 的综合扩展接口电路

1. 控制信号及片选信号

地址线 P2.5 直接接到 U1（2764）和 U3（6264）的片选$\overline{CE}$端。当 P2.6＝0，P2.5＝1 时，U2 和 U4 的片选端$\overline{CE}$为低电平，U1 和 U3 的$\overline{CE}$全为高电平。当 P2.6＝1，P2.5＝0 时，U1 和 U3 的$\overline{CE}$端都是低电平，同时选中两个芯片，具体哪个芯片工作还要通过$\overline{PSEN}$、$\overline{WR}$、$\overline{RD}$控制信号控制。当片外程序存储区读选通信号$\overline{PSEN}$为低电平时，读取的是 EPROM 中的程序；当读、写选通信号$\overline{RD}$或$\overline{WR}$为低电平时则到 RAM 中读数据或向 RAM 写入数据。$\overline{PSEN}$、$\overline{WR}$、$\overline{RD}$三个信号是在执行指令时产生的，任一时刻，只能执行一条指令，所以只能有一个信号有效，不可能同时有效。

2. 各芯片地址空间分配

硬件电路一旦确定，各个芯片的地址范围实际就已经确定，编程时只要给出要选择的芯片的地址，就能准确地选中该芯片。下面结合图 9-28，介绍 U1、U2、U3、U4 地址范围的确定方法。

程序和数据存储器地址均用 16 位，P0 口确定低 8 位，P2 口确定高 8 位。

如 P2.6＝0、P2.5＝1，选中 U2、U4。地址线 A15～A0 与 P0、P2 对应关系见表 9-17。

表 9-17　地址线 A15～A0 与 P0、P2 对应关系

P2.7	P2.6	P2.5	P2.4	P2.3	P2.2	P2.1	P2.0	P0.7	P0.6	P0.5	P0.4	P0.3	P0.2	P0.1	P0.0
空	×	×	×	×	×	×	×	×	×	×	×	×	×	×	×

表 9-17 中，显然除 P2.6、P2.5 位固定外，其他“×”位均可不变。设无用位 P2.7＝0，“×”各位全为 0 则为最小地址 2000H；若“×”各位均变为 1 则为最大地址 3FFFH，所以 U2 和 U4 占用地址空间为 2000H～3FFFH 共 8KB。同理 U1、U3 地址范围为4000H～5FFFH（P2.6＝1、P2.5＝0、P2.7＝0），U2 与 U4 占用相同的地址空间，由于二者一个为

程序存储器，一个为数据存储器，三个控制线$\overline{PSEN}$、$\overline{WR}$、$\overline{RD}$只能有一个有效。隐藏地址空间重叠也无关系，U1 与 U3 也同样。

从此例可以看出，线选法地址不连续，地址空间利用不充分。

例 9-3 采用译码器法扩展两片 8KB EPROM，两片 8KB RAM。EPROM 选用 2764，RAM 选用 6264，共扩展四片芯片。扩展接口电路如图 9-29 所示。图中 74HC139 的四个输出端$\overline{Y0}$～$\overline{Y3}$分别连接四个芯片 U1 、U2 、U3 、U4 的片选端。$\overline{Y0}$～$\overline{Y3}$输出信号每次只能有一位是 0，其他三位全为 1，输出为 0 的一端所连接的芯片被选中。

译码法地址分配，首先要根据译码芯片真值确定译码芯片的输入状态，由此再判断其输出端中芯片的地址。74HC139 的输入端 A、B、$\overline{G}$分别接 P2 口的 P2. 5、P2. 6、P2. 7 三端，$\overline{G}$为使能端，低电平有效。根据表 9-5 中 74HC139 的真值表可见，当$\overline{G}$＝0、A＝0、B＝0 时，输出端只有$\overline{Y0}$为 0，$\overline{Y1}$～$\overline{Y3}$全为 1，选中 U1。这样引脚 P2. 7、P2. 6、P2. 5 输出全为 0，其他地址线任意状态都能选中 U1。当其他位全为 0 时，最小地址为 0000H，其他位全为 1 时，最大地址为 1FFFH。所以 U1 地址范围为 0000H～1FFFH。同理可确定电路中各个存储器的地址范围，如图 9-29 所示。

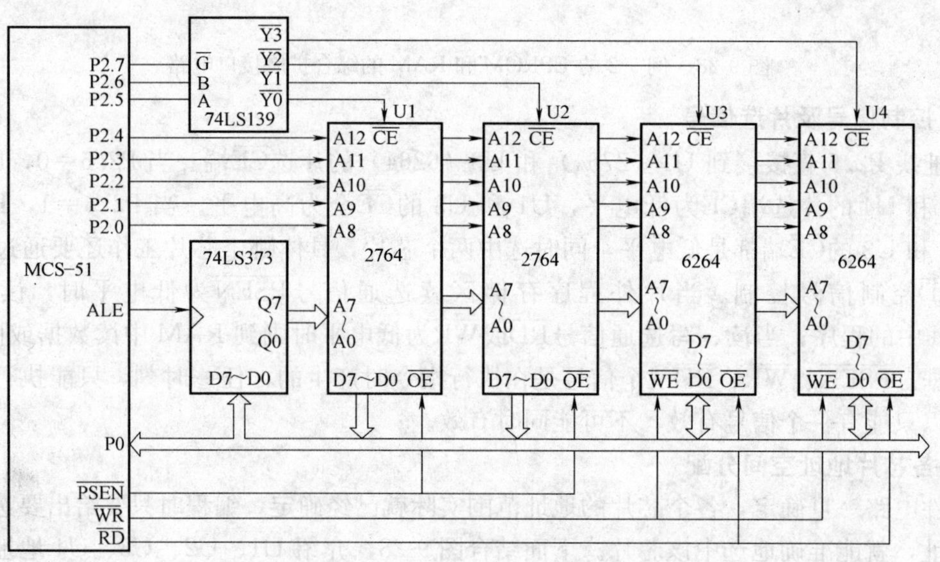

图 9-29 例 9-3 采用译码法的综合扩展电路

9. 6. 2 扩展存储器电路的软件设计

为了使读者弄清楚单片机与外扩展的存储器软、硬件之间的关系，下面结合图 9-29 所示电路，说明片外读指令和写数据的过程。

1. 单片机外程序区读指令过程

当一接通电源时，单片机上电复位。复位后程序计数器 PC＝0000H，PC 是程序指针，它总是指向将要执行的程序地址。CPU 就从 0000H 开始读取指令，执行程序。在读指令期间，PC 地址低 8 位送往 P0 口，经锁存器锁存到 A0～A7 地址线上。PC 高 8 位地址送往 P2 口，直接由 P2. 0～P2. 4 锁存到 A8～A12 地址线上。P2. 5～P2. 7 输出给 74HC139 进行片选。这样，根据P2、P0口状态就选中了第一个程序存储器芯片U1（2764）的第一个地址0000H。然后当$\overline{PSEN}$端变为低电平时，把0000H中的指令代码经P0口读入内部RAM中，进行译码从而决定进行何种操作。取出一个指令字节后PC自动加1，然后去第二个字节，依次类推。当PC＝1FFFH时从U1最后一个单元读取指令，然后PC＝2000H，CPU向P0、P2送出2000H地址时则选中第二个程序存储器U2，U2的地址范围为2000H～3FFFH，读指令过程同U2，不再赘述。

2. 单片机外数据存储区读写数据过程

当执行程序中，遇到MOV类指令时，表示与片内RAM交换数据；当遇到MOVX类指令时，表示对片外数据区寻址。片外数据只能间接寻址。

例如，把片外1000H单元的数据送到片内RAM 50H单元中，程序如下：

```
MOV     DPTR      ＃1000H
MOVX    A,        @DPTR
MOV     50H,      A
```

先把寻址地址1000H送到数据指针寄存器DPTR中，当执行MOVX A，@DPTR指令时，DPTR的低8位（00H）经P0口输出并锁存，高8位（10H）经P2口直接输出，根据P0、P2状态选中U3（6264）的1000H单元。当读选通信号$\overline{RD}$为低电平时，片外1000H单元的数据经过P0口送往累加器A。当执行MOV 50H，A指令时，则把该数据存入片内50H单元。

向片外数据区写数据的过程与读数据时类似。

例如，把片内50H单元的数据送到片外1000H单元中，程序如下：

```
MOV     A,        50H
MOV     DPTR      ＃1000H
MOVX    @DPTR,    A
```

先把片内RAM 50H单元的数据送到A中，再把寻址地址1000H送到数据指针寄存器DPTR中，当执行MOVX @DPTR，A指令时，DPTR的低8位（00H）由P0口输出并锁存，高8位（10H）由P2口直接输出，根据P0、P2状态选中U3（6264）的1000H单元。当写选通信号$\overline{WR}$为低电平时，A中的内容送往片外1000H单元中。

MCS-51单片机读写片外数据存储器中的内容，除了使用MOVX A，@DPTR和MOVX @DPTR，A指令外，还可以使用MOVX A，@ Ri和MOVX @ Ri，A指令。这时通过P0口接收Ri中的内容（低8位地址），而把P2口原有的内容作为高8位地址输出。下面介绍的例9-4即是采用MOVX @Ri，A指令的例子。

例9-4　编写程序将程序存储器中以TAB位首地址的32个单元的内容依次传送到外部RAM以7000H为首地址的区域中去。

数据指针DPTR指向标号TAB的首地址。R0既指示外部RAM的地址，又表示数据标号TAB的位移量。此程序为一循环程序，循环次数为32，R0的值从0～31，R0的值达到32就结束循环。程序如下：

```
        MOV     P2,       ＃70H
        MOV     DPTR,     ＃TAB
        MOV     R0,       ＃0
LOOP：  MOV     A,        R0
```

```
        MOVC    A,      @A+DPTR
        MOVX    @R0,    A
        INC     R0
        CJNE    R0,     ＃32H,      LOOP
        ……
TAB:    DB      ……
```

习　题

9-1　简述 MCS-51 单片机的外部并行的结构组成。

9-2　简述什么是线选法与译码法，并说明各自的优缺点。

9-3　什么是完全译码，什么是部分译码，各有什么特点。

9-4　在 MCS-51 单片机系统中，总线外部程序存储器和数据存储器共用外部的 16 条地址总线和 8 条数据总线，为何不会发生冲突?

9-5　起始地址范围为 0000H～3FFFH 的存储器的容量是（　　）KB。

9-6　11 根地址线可寻址的是（　　）个存储单元，32KB 存储单元需要（　　）条地址线?

9-7　在 MCS-51 单片机系统中，PC 和 DPTR 都用于提供地址，但 PC 是为访问（　　）存储器提供地址，而 DPTR 是为访问（　　）存储器提供地址。

9-8　32KB RAM 存储器的首地址若为 2000H，则末地址为（　　）。

9-9　试编写一段程序（例如将 05H 和 06H 合并为 56H），设原始数据放在片外数据区 6000H 单元和 6001H 单元中，按顺序拼装后的单字节数放入 6001H 中。

9-10　假设外部数据存储器 8000H 单元的内容为 20H，执行下列指令后：

```
MOV     P2,     ＃80H
MOV     R0,     ＃00H
MOVX    A,      @R0
```

累加器 A 中的内容为（　　）。

9-11　编写程序将外部数据存储器中的 A000H～A080H 单元全部清零。

9-12　现有 AT89C51 单片机、74HC573 锁存器、一片 2764 EPROM 和两片 6264 RAM，请组成一个单片机应用系统，要求：

1）画出硬件电路，并注明主要引脚；

2）指出该应用系统程序存储器空间和数据存储器空间各自的地址范围。

第 10 章　MCS-51 单片机常用接口电路

10.1　扩展 I/O 接口的设计

MCS-51 单片机要通过 I/O 接口来和外设交换信息，I/O 扩展属于单片机系统扩展的一部分，MCS-51 单片机有 P0～P3 共四个 8 位的并行 I/O 口，由于 P0 和 P2 在很多场合要用作 16 位的地址总线和 8 位的数据总线，真正能用作 I/O 接口的只有 P1 口和 P3 口的部分引脚，在具体应用设计中往往需要扩展 I/O 接口。

10.1.1　接口电路的作用

1. 输入数据三态缓冲

单片机通过总线读取输入设备的数据时，往往数据总线上连接多个输入设备，为了不让这些输入数据发生冲突，只允许当前地址选中的设备上的数据传送，作为数据源使用数据总线，其余的输入设备处于隔离状态。

2. 输出数据锁存

由于单片机系统往往需要通过数据总线连接多个输出设备，某一时刻上出现在数据总线上的信息只是针对其中一个输出设备，这就要求输出接口具有锁存功能，将针对这一输出设备的数据锁存到该输出接口，以保证输出设备接收使用。

3. 实现和不同外部设备的速度匹配

大多数的外部设备的速度很慢，无法和微秒量级的单片机速度相比。单片机只有在确认外部设备已为数据传送做好准备的前提下才能进行 I/O 操作。想知道外部设备是否准备好，需 I/O 接口电路与外部设备之间传送状态信息。

10.1.2　I/O 端口的编址方法

在介绍 I/O 端口编址之前，首先要弄清楚 I/O 接口（Interface）和 I/O 端口（Port）的概念。I/O 端口简称 I/O 口，常指 I/O 接口电路中具有端口地址的锁存器或缓冲器。I/O 接口是指单片机与外部设备间的 I/O 接口芯片。一个 I/O 接口芯片可以有多个 I/O 端口，传送数据的称为数据口，传送命令的称为命令口，传送状态的称为状态口。当然，并不是所有的外部设备都需要三种端口齐全的 I/O 接口。

I/O 端口的编址实际上是给所有 I/O 接口中的端口编址，以便 CPU 通过端口地址和外部设备交换信息。常用的 I/O 端口编址有两种方式，一种是独立编址方式，另一种是统一编址方式。

独立编址方式就是 I/O 地址空间和存储器地址空间分开编址。独立编址的优点是 I/O 地址空间和存储器地址空间相互独立，界限分明。但是，却需要设置一套专门的读写 I/O 的指令和控制信号。

统一编址方式就是把 I/O 端口的寄存器与数据存储器单元同等对待，统一进行编址。统一编址方式的优点是不需要专门的 I/O 指令，直接使用访问数据存储器的指令进行 I/O 操作，简单、方便且功能强。

MCS-51 单片机使用的是 I/O 和外部数据存储器 RAM 统一编址的方式，用户可以把外部 64KB 的数据 RAM 空间的一部分作为 I/O 接口的地址空间，每一接口芯片中的一个功能寄存器（端口）的地址就相当于一个 RAM 存储单元，CPU 可以像访问外部存储器 RAM 那样访问 I/O 接口芯片，对其功能寄存器进行读、写操作。

10.1.3 I/O 数据的传送方式

为了实现和不同外部设备的速度匹配，I/O 接口必须根据不同外部设备选择恰当的 I/O 数据传送方式。I/O 数据传送的几种方式如下：同步传送、异步传送和中断传送。

1. 同步传送方式

同步传送又称无条件传送。当外部设备速度可与单片机速度相比拟时，常常采用同步传送方式，最典型的同步传送就是单片机和外部数据存储器之间的数据传送。

2. 异步传送方式

异步传送又称为有条件传送，也称查询传送。单片机通过查询得知外部设备准备好后，再进行数据传送。异步传送的优点是通用性好，硬件连线和查询程序十分简单，但效率不高。为了提高单片机的工作效率，通常采用中断传送方式。

3. 中断传送方式

中断传送方式是利用 MCS-51 单片机本身的中断功能和 I/O 接口的中断功能来实现 I/O 数据的传送。单片机只有在外部设备准备好后，发出数据传送请求，才中断主程序，而进入与外部设备进行数据传送的中断服务程序，进行数据的传送。中断服务完成后又返回主程序继续执行。因此，采用中断方式可以大大提高单片机的工作效率。

10.1.4 扩展 I/O 接口电路的方法

扩展 I/O 接口的方法大体上有三种：使用集成 I/O 接口芯片扩展 I/O 口、使用 74LS 系列 TTL 电路扩展并行 I/O 口以及使用 MCS-51 单片机串口扩展 I/O 接口。

使用集成 I/O 接口芯片扩展 I/O 口，就是使用 8255A 或 8155H 可编程集成接口电路通过并行总线扩展 MCS-51 单片机系统的输入、输出接口，端口与数据存储器统一编址，共用 64K 地址空间。由于 MCS-51 衍生单片机集成的 I/O 资源越来越多，加之 8255 或 8155 功耗大、技术落后，导致在实际设计中使用 8255 或 8155 可编程集成接口电路扩展单片机系统 I/O接口的越来越少，因此在本教材中对这种方法不作详细介绍。

74 系列的集成电路也可以作为 MCS-51 单片机的扩展 I/O 口，如 74XX244、74XX245、74XX273、74XX373、74XX573 等。另外，为了减少印制电路板走线数量，往往更多的单片机应用设计工程师利用 MCS-51 单片机的串口来扩展并行 I/O 口，这种方法既实用又能简化硬件电路的连线。

10.1.5 用缓冲器和锁存器扩展并行 I/O 口

在 MCS-51 单片机的应用系统中，采用 TTL 或 CMOS 集成电路三态门或锁存器也可以构成各种类型的简单 I/O 口，在有些场合能降低成本、缩小体积。通常这种 I/O 口都是通过并行总线扩展的。由于总线方式下 P0 口要分时复用，故构成输出口时，接口芯片应具有锁存功能。构成输入口时，要求接口芯片具有三态缓冲或锁存选通，数据的输入、输出由单片机的读/写信号控制。

图 10-1 所示是利用 74HC273 和 74HC245，通过并行总线扩展出一个输入端口和一个输出端口的电路实例。74HC273 是 8D 锁存器，用作扩展输出口，Q0～Q7 输出端接八个发光二极管，以显示八个按钮开关状态，某位低电平时对应的二极管发光。74HC245 是双向缓冲驱动器，用于扩展输入口，DIR 接地，数据传输方向为 B 到 A，输入端 B1～B8 分别接八个按键。74HC273 和 74HC245 的工作受控于 AT89C51 的 P2.7、$\overline{RD}$、$\overline{WR}$这三条控制线。电路的工作原理如下：

当 P2.7＝0，$\overline{RD}$＝0（$\overline{WR}$＝1）时选中 74HC245，此时若无按钮按下，输入全为高电平，但某按钮按下时则对应位输入为 0，74HC245 的输入端不全为 1，其输入状态通过数据总线（P0 口）被读入 AT89C51 片内。当 P2.7＝0，$\overline{WR}$＝0（$\overline{RD}$＝1）时选中 74HC273 芯片，CPU 通过数据总线（P0 口）输出数据锁存到 74HC273，74HC273 的输出端低电平时对应的发光二极管点亮。

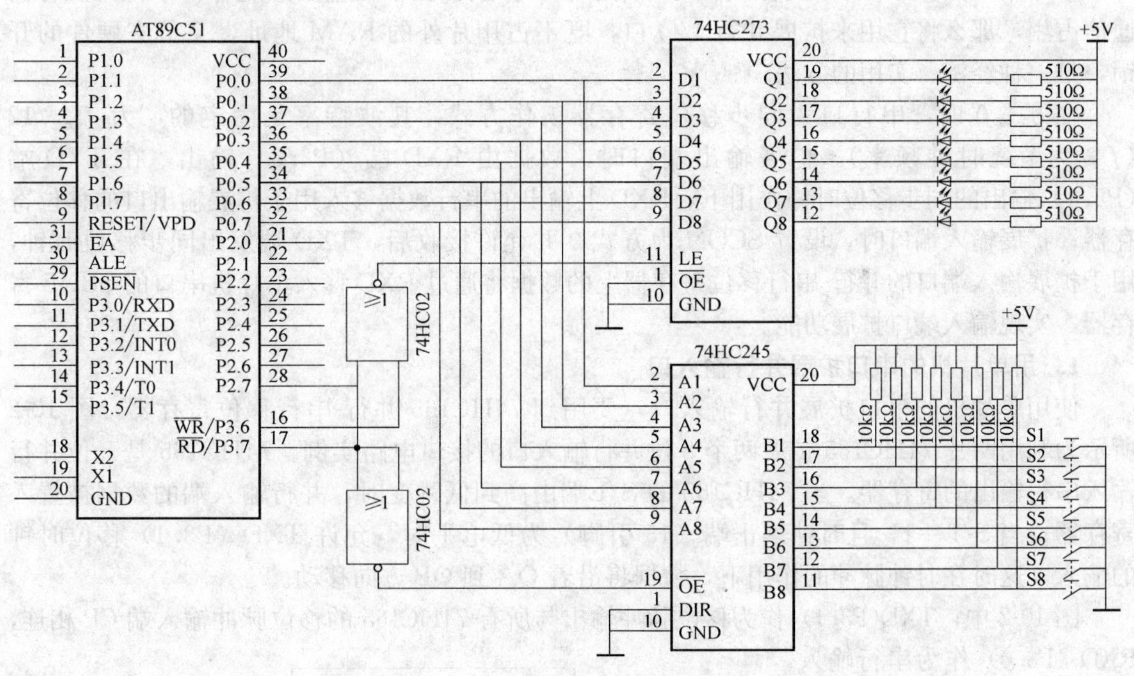

图 10-1　使用 TTL 集成电路扩展 I/O 接口的电路实例

在图 10-1 中，只要保证 P2.7＝0，其他地址位对读写操作无影响，如地址用 7FFFH（无效为全 1），或用 0000H（无效位全为 0）都可以。对图 10-1 的硬件电路编写程序，通过读 74HC245 来查询按键状态，将按键状态读入累加器 A，再通过写 74HC273 的方式将按键的状态通过发光二极管显示出来。

输入程序段如下：

```
MOV     DPTR,     #7FFFH      ；I/O 地址→DPTR
```

```
LOOP： MOVX    A,       @DPTR
                                ；RD为低电平，按键状态通过 74HC245 接口读
                                  入累加器 A
```

输出程序段如下：

```
       MOV     DPTR,    #7FFFH  ；I/O 地址→DPTR，LED 驱动端口和按键输入
                                  端口地址相同
       MOVX    @DPTR    A       ；将暂存在累加器 A 中的按键状态发送到 LED
                                  端口显示出来，对应有按键按下位的 LED 将
                                  被点亮
       LJMP    LOOP             ；循环查询
```

从程序可看出，对于扩展接口的输入/输出就像从外部 RAM 读/写数据一样方便。图 10-1 仅仅扩展了一片输入端口和一片输出端口，如果不够用，还可扩展多片 74HC245、74HC273 之类的芯片。但作为输入口时，一定要求有三态功能，否则将影响总线的正常工作。

10.1.6 用单片机的串口扩展并行 I/O 口

MCS-51 单片机串行口的方式 0 可以用于 I/O 扩展。如果在应用系统中，串行口没有被通信占用，那么将它用来扩展并行 I/O 口，既不占用片外的 RAM 地址，又节省硬件的开销，是一种经济、实用的方法。

在方式 0 时，串行口为同步移位寄存器工作方式，其波特率是固定的，为 $f_{OSC}/12$（f_{OSC}为系统时钟频率）。扩展输出端口时，数据由 RXD 端（P3.0）输出，在 TXD 端（P3.1）输出的同步移位时钟作用下，RXD 上输出的串行数据移入用于扩展输出口的移位寄存器；扩展输入端口时，设置 SCON 为方式 0 并允许接收后，TXD 端发出同步移位时钟，用于扩展输入端口的并行-串行移位寄存器上的数据将通过 RXD 移入单片机串口的 SBUF 寄存器，实现输入端口扩展功能。

1. 用单片机的串口扩展并行输入口

使用单片机的串口扩展并行输入口，要用到 74HC165 并行-串行移位寄存器，图 10-2 所示为利用两片 74HC165 扩展两个 8 位并行输入口的接口电路实例。74HC165 是 8 位并行输入串行输出的寄存器。当 74HC165 的 S/$\overline{L}$端由高到低跳变时，并行输入端的数据被置入寄存器；当 S/$\overline{L}$=1，且时钟禁止端（15 引脚）为低电平时，允许 TXD（P3.1）移位时钟的输入，这时在时钟脉冲的作用下，数据将沿着 QA 到 QB 方向移动。

图 10-2 中，TXD(P3.1) 作为移位脉冲输出与所有 74HC165 的移位脉冲输入端 CP 相连，RXD（P3.0）作为串行输入端与 74HC165 的串行输出端 QH 相连，P1.7 与 S/$\overline{L}$相连控制 74HC165 的移位与并入，74HC165 的时钟禁止端 CLKINH（15 引脚）接地，表示允许时钟输入。当扩展多个 8 位输入口时，相邻两芯片的首尾（QH 与 SDI）

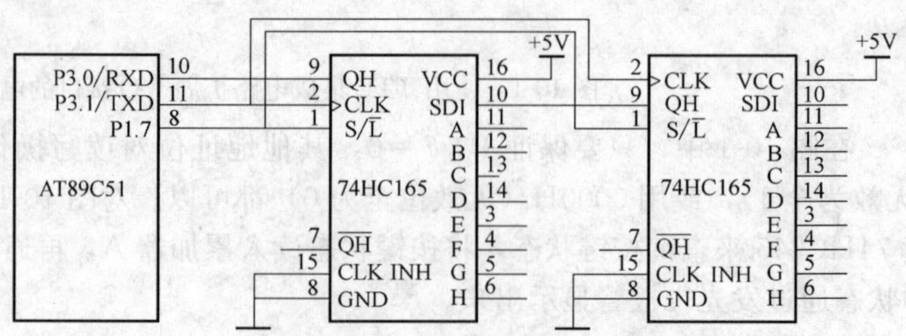

图 10-2 用单片机串口扩展并行输入 I/O 接口电路实例（一）

相连。

例 10-1　对图 10-2 的硬件电路编写程序，从 16 位扩展口读入 1 组数据（2 字节），并把它们转存到内部 RAM 30H 开始的单元。汇编程序如下：

```
        MOV     R0,     #30H    ；设置内部 RAM 数据区首址
START:  CLR     P1.7
                                ；并行置入数据，S/L̄=0
        SETB    P1.7
                                ；允许串行移位 S/L̄=1
        MOV     R2,     #02H    ；设置每组字节数，即外扩 74HC165 的个数
RXDAT:  MOV     SCON,   #10H    ；设置串口方式 0，允许接收，启动接收过程
WAIT:   JNB     RI,     WAIT    ；未接收完 1 帧，循环等待
        CLR     RI              ；清 RI 标志，准备下次接收
        MOV     A,      SBUF    ；读入数据
        MOV     @R0,    A       ；送至 RAM 缓冲区
        INC     R0              ；指向下一个地址
        DJNZ    R2,     RXDAT   ；未读完 1 组数据，继续
```

上面的程序对串行接收过程采用的是查询等待的控制方式，如有必要，也可改成中断方式。从理论上讲，按图 10-2 方法扩展输入端口数量上几乎是无限的，但扩展得越多，I/O 口的操作速度也就越慢。

2. 用单片机的串口扩展并行输出口

使用单片机的串口扩展并行输出口，要用到 74HC595 串行-并行移位寄存器，74HC595 是串行输入 8 位并行输出带锁存功能的移位寄存器。图 10-3 所示为利用 74HC595 扩展两个 8 位并行输出口的接口电路实例。

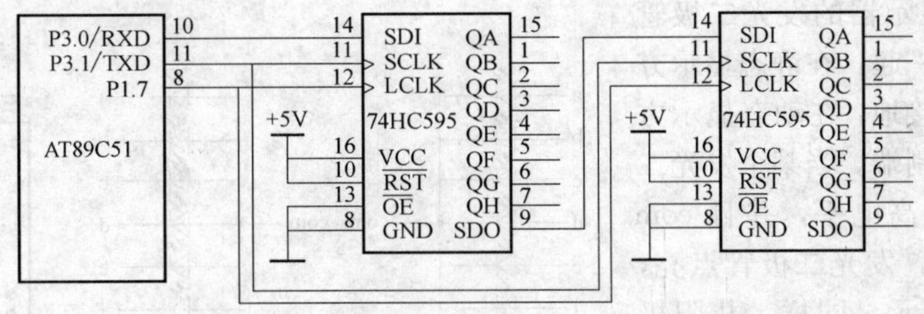

图 10-3　用单片机串口扩展并行输出 I/O 接口电路实例（二）

当 MCS-51 单片机串行口在方式 0 的发送状态时，串行数据由 P3.0（RXD）送出，移位时钟由 P3.1（TXD）送出。在移位时钟的作用下，串行口发送缓冲器的数据 1 位 1 位地从 P3.0 移入 74HC595 中。需要指出的是，由于 74HC595 具有输出锁存功能，一组完整数据经串口输出后，还要通过锁存控制端施加锁存脉冲才能将数据输出到 74HC595 的 QA～QH，这是 74HC595 与 74LS164 的不同之处。

例 10-2　对图 10-3 所示的硬件电路编写程序，将内部 RAM 单元 30H、31H 的内容经串行口由 74HC595 并行输出。汇编程序如下：

```
START:  MOV     R7,     #02H    ；设置要发送的字节个数
        MOV     R0,     #30H    ；设置地址指针
```

```
        MOV     SCON,   #00H    ；设置串行口为方式 0
SEND:   MOV     A,      @R0
        MOV     SBUF,   A       ；启动串行口发送过程
WAIT:   JNB     TI,     WAIT    ；1 帧数据未发送完，循环等待
        CLR     TI
        INC     R0              ；取下一个数
        DJNZ    R7,     SEND    ；未发送完，继续，发送完从子程序返回
        SETB    P1.7            ；允许移位寄存器输出到 QA～QH
        CLR     P1.7            ；锁存输出
        RET
```

10.2 MCS-51 单片机与 LED 显示器的接口

大多数的 MCS-51 单片机应用系统，都要配置用于显示设备信息的显示设备，如 LED 显示器、LCD 显示器、CRT 显示器等。本节介绍 MCS-51 单片机与 LED 显示器接口电路的设计以及软件编程。

10.2.1 LED 显示器接口原理

LED（Light Emitting Diode）是发光二极管英文名称的缩写。LED 显示器是由发光二极管构成的，所以在显示器前面冠以"LED"。LED 显示器在单片机系统中的应用非常普遍。

1. LED 显示器的结构

常用的 LED 显示器为 8 段（或 7 段，8 段比 7 段多了一个小数点"dp"段），每一个段对应一个发光二极管。LED 显示器分为共阳极和共阴极两种，结构及外形如图 10-4 所示。共阴极 LED 显示器的发光二极管的阴极连接在一起，在静态显示方式下公共阴极接地，在动态显示方式下接位码控制端。当某个发光二极管的阳极为高电平，并且 com 端为低电平时，发光二极管点亮，相应的段被显示。同样，共阳极 LED 显示器的发光二极管的阳极连接在一起，在静态显示方式下公共阴极接正电源，在动态扫描显示方式下接位码控制端。当某个发光二极管的阴极接低电平，并且 com 端为高电平时，发光二极管被点亮，相应的段被显示。

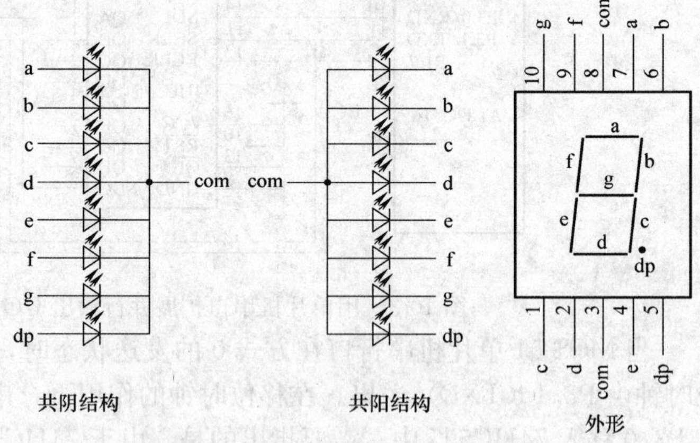

图 10-4 8 段 LED 结构及外形

LED 显示器每一个段都要使用限流电阻，动态显示方式段驱动电流设计在 10～20mA，静态显示方式段驱动电流设计在 5～10mA，具体驱动电流选择还要根据 LED 的发光特性决定，一般高亮 LED 驱动电流小，普亮 LED 驱动电流大。一定不能整个 7 段或 8 段 LED 在 com 端使用一个限流电阻，虽然也能点亮，但会造成 LED 显示器各个段之间亮度不匀，而

且容易损毁 LED。

2. 段码

为了使 LED 显示器显示不同的符号或数字，就要把不同段的 LED 点亮，这样就要为 LED 显示器提供代码，因为这些代码可使相应的 LED 显示器段发光，从而显示不同字型，因此该代码称之为段码（或称之为字型码）。

7 段发光二极管，再加上一个小数点位，共计 8 段。因此提供给 LED 显示器的段码（或字型码）正好是 1 个字节。段码字节中各个位与段之间的对应关系见表 10-1。

表 10-1　段码字节中各个位与段之间的对应关系

代码位	D7	D6	D5	D4	D3	D2	D1	D0
显示段	dp	g	f	e	d	c	b	a

按照表 10-1 中段码字节中各个位与段之间对应关系格式，得出 8 段 LED 显示器的段码，见表 10-2。

表 10-2　8 段 LED 显示器的段码

显示字符	共阴极段码	共阳极段码	显示字符	共阴极段码	共阳极段码
0	3FH	C0H	C	39H	C6H
1	06H	F9H	D	5EH	A1H
2	5BH	A4H	E	79H	86H
3	4FH	B0H	F	71H	8EH
4	66H	99H	P	73H	8CH
5	6DH	92H	U	3EH	C1H
6	7DH	82H	T	31H	CEH
7	07H	F8H	y	6EH	91H
8	7FH	80H	H	76H	89H
9	6FH	90H	L	38H	C7H
A	77FH	88H	“灭”	00H	FFH
B	7CH	83H	…	…	…

表 10-2 只列出了常用段码，读者可以根据实际情况选用或自己设计。另外，段码是相对的，它由各字段在字节中所处的位决定。如果将表 10-1 中段码字节各个位与段之间对应关系格式改为表 10-3 中所列，则表 10-2 中“0”的段码 3FH（共阴），就要变 7EH（共阴）。总之，字型及段码可由设计者自行设定，不必拘于表 10-2 的形式。但一般习惯上还是把 a 段对应段码的最低位。

表 10-3　段码字节中各个位与段之间的对应关系

代码位	D0	D1	D2	D3	D4	D5	D6	D7
显示段	dp	g	f	e	d	c	b	a

10.2.2　LED 显示器工作原理

由 N 个 LED 显示块可拼接成 N 位的 LED 显示器。图 10-5 所示为 4 位 LED 显示器的结构。

N 个 LED 显示块有 *N* 条位选线和 8×*N* 条段码线。段码线控制显示字符的字型，而位选线为各个 LED 显示块中各段的公共端，它控制该 LED 显示位的亮或暗。LED 显示器有静态显示和动态显示两种显示方式。

1. LED 显示器的静态显示方式

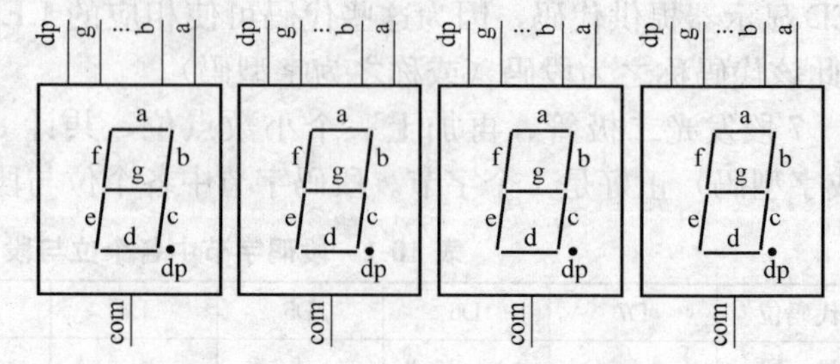

图 10-5 4 位 LED 显示器的结构

LED 显示器工作于静态显示方式时，各位的共阴极（或共阳极）连接在一起并接地（或＋5V）。每位的段码线（a～dp）分别与一个 8 位的锁存器输出相连。之所以称为静态显示，是因为各个 LED 的显示字符一经确定，相应锁存器锁存的段码输出将维持不变，直到送入另一个字符的段码为止。正因为如此，静态显示器的亮度都较高。

图 10-6 所示为 4 位静态 LED 显示器电路。该电路各位可独立显示，只要在该位的段码线上保持段码电平，该位就能保持相应的显示字符，每一段都要加限流电阻（图中使用的是 510Ω 限流电阻）。由于各位分别由一个 8 位的数据输出口控制段码线，故在同一时间里，每一位显示的字符可以各不相同。这种显示方式接口编程容易，付出的代价是占用口线较多。如图 10-6 电路所示，静态驱动 4 位 LED 显示器，要占用四个 8 位端口，才能完成驱动功能。可以使用串口通过四片 74HC595 扩展输出 I/O 口，驱动该 LED 显示器。或者用锁存器（如 74HC373）扩展输出 I/O 接口（要用四片 74HC373 芯片）驱动该 LED 显示器。如果显示的位数增多，则需要增加锁存器。因此在显示位数较多的情况下，一般都采用动态显示方式。

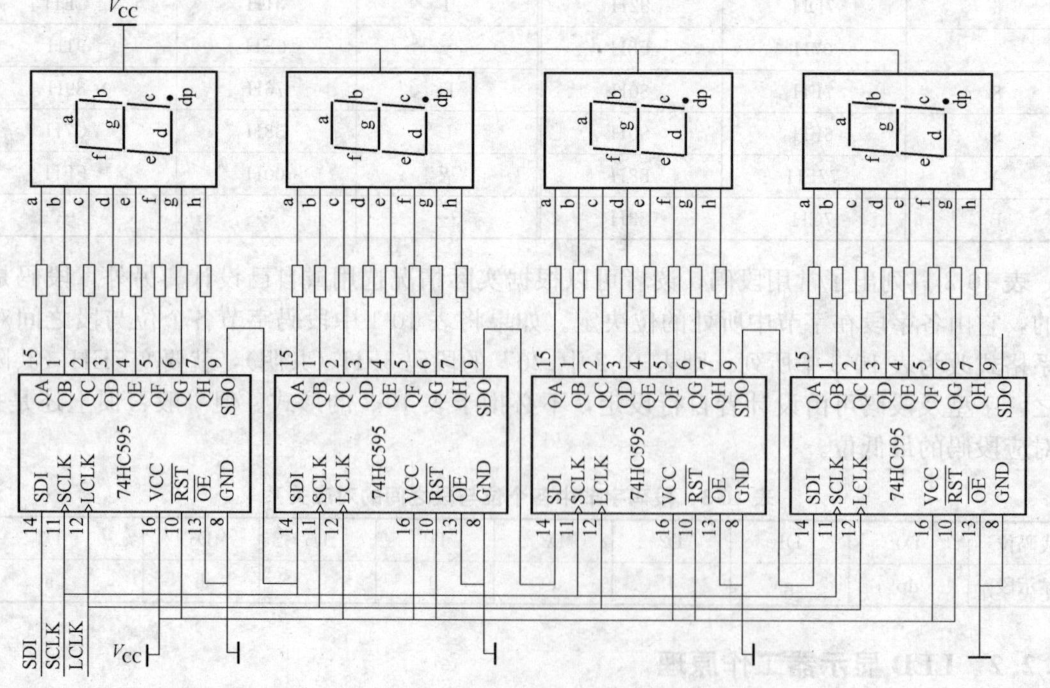

图 10-6 4 位静态 LED 显示器电路

例 10-3 对图 10-6 所示的静态显示电路进行编程，SDI 接到单片机的 P1.0，SCLK 接到单片机的 P1.1，LCLK 接到单片机的 P1.2。要显示的段码存在 30H、31H、32H、33H 四个连续的内部 RAM 单元，先送出的单元显示在后。P1.0 和 P1.1 用来模拟单片机的串口方式 0 输出，程序代码如下：

```
；I/O 接口定义
SDI         EQU     90H                 ；SDI 接到单片机的 P1.0
SCLK        EQU     91H                 ；SCLK 接到单片机的 P1.1
LCLK        EQU     92H                 ；LCLK 接到单片机的 P1.2
；显示子程序入口
DISPLAY：   MOV     R2，      ＃00H     ；显示位计数置初值
DISP1：     MOV     A，       ＃30H     ；取显示缓存首地址
            ADD     A，       R2        ；取当前要显示的段码地址
            INC     R2                  ；位计数加 1
            MOV     R0，      A         ；当前显示缓存地址送 R0
            MOV     A，       @R0       ；去要显示内容的段码
            MOV     R3，      ＃08H     ；设置循环次数，8 次移位输出完整一个字节
DISP2：     RRC     A                   ；累加器移出低位至进位标志
            MOV     SDI，     C         ；将溢出的低位送给 SDI（P1.0）
            SETB    SCLK
            CLR     SCLK                ；输出一个移位脉冲
            DJNZ    R3，      DISP2     ；判断一个字节输出是否完成
            CJNE    R2，      ＃04H，   DISP1
            SETB    LCLK                ；
            CLR     LCLK                ；输出一个锁存脉冲，将 74HC595 内移位寄
                                        存器输出锁存输出
            RET                         ；完成 4 位显示返回
```

2. LED 动态显示方式

在多位 LED 显示时，为简化硬件电路，通常将所有位的对应段码线并联在一起，由一个 8 位 I/O 口控制，形成段码线的多路复用，而各位的共阳极或共阴极分别由相应的 I/O 线控制，形成各位的分时选通。图 10-7 所示为 4 位 8 段共阳动态 LED 显示器电路。其中段码线占用一个 8 位 I/O 口，位选线占用一个 8 位 I/O 口。由于各位的段码线并联，8 位 I/O 口输出的段码对各个显示位来说都是相同的。因此，在同一时刻，如果各位位选线都处于选通状态的话，4 位 LED 显示器将显示相同的字符。若要各位 LED 显示器能够同时显示出与本位相应的显示字符，就必须采用动态显示方式，即在某一时刻，只让某一位的位选线处于选通状态，而其他各位的位选线处于关闭状态，同时，段码线上输出相应位要显示的字符的段码。这样，在同一时刻，4 位 LED 显示器中只有选通的那一位显示出字符，而其他三位则是熄灭的。同样，在下一时刻，只让下一位的位选线处于选通状态，而其他各位的位选线处于关闭状态，在段码线上输出将要显示字符的段码，则同一时刻，只有选通位显示出相应的字符，而其他各位则是熄灭的。如此循环下去，就可以使各位显示出将要显示的字符。虽然这些字符是在不同时刻出现的，而在同一时刻，只有一位显示，其他各位熄灭，但由于 LED 显示器的余辉和人眼的视觉暂留作用，只要循环扫描速度足够快，则可以造成多位同

时亮的视觉效果，达到同时显示的目的。

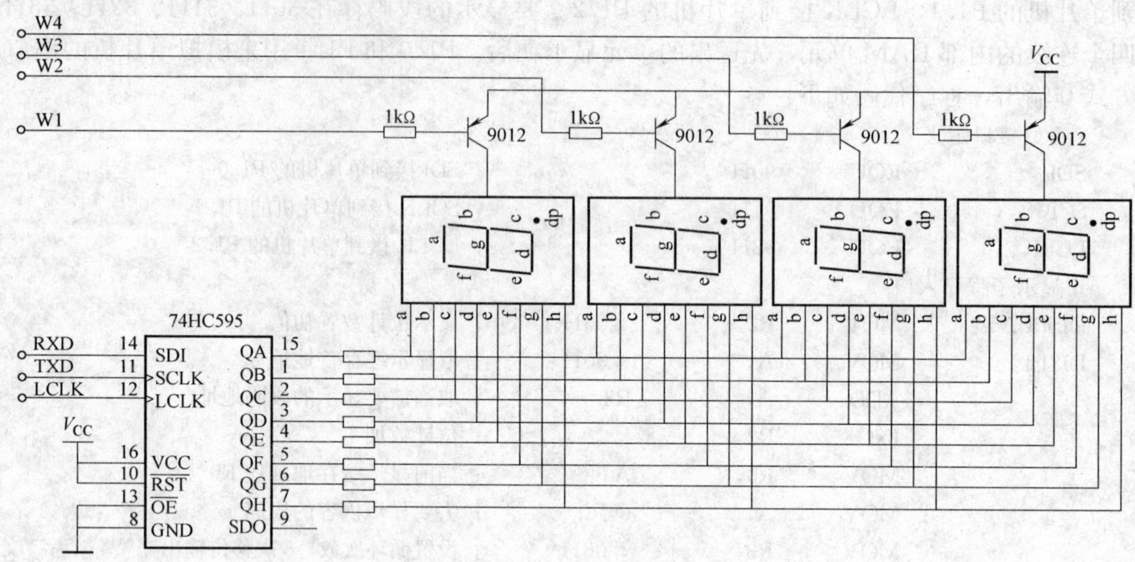

图 10-7 4 位 8 段共阳动态 LED 显示器电路

LED 显示器不同位显示的时间间隔应根据实际情况而定。LED 从导通到发光有一定的延时，导通时间太短，则发光太弱，人眼无法看清。但也不能太长，因为要受限于临界闪烁频率，如果使用软件延时管理，时间越长占用 CPU 时间也越多。另外，显示位数增多，也将占用大量 CPU 时间，因此动态显示是以牺牲 CPU 时间来换取器件的减少的。

例 10-4 对图 10-7 中显示电路编程，系统时钟为 12MHz，要求使用定时器产生 2ms 中断，定时控制显示刷新，在数码管上从左到右顺序显示“1234”。数码管的位 W1、W2、W3、W4 分别接单片机的 P1.0、P1.1、P1.2、P1.3，段码由串口通过 74HC595 扩展 8 位并口管理，单片机的 P2.7 口控制 74HC595 的锁存信号 LCLK。

分析：对图 10-7 中显示电路，表 10-4 给出了动态显示“1234”的过程，某一时刻，只有一位 LED 显示器被选通显示，其余位则是熄灭的，但人眼看到的是 4 位稳定的同时显示的字符“1234”。另外，串口输出低位在前，因此 74HC595 的 QH 对应输出段码的低位，所以“1”、“2”、“3”、“4”的段码分别是 9FH、25H、0DH、99H。

表 10-4 4 位动态 LED 显示“1234”的过程

显示字符	段码	位码	显示器显示状态				位选通时序
4	9FH	FEH	1				T1
3	25H	FDH		2			T2
2	0DH	FBH			3		T3
1	99H	F7H				4	T4

程序代码如下：

```
；I/O 接口定义
LCLK      EQU      0A7H           ；LCLK 接到单片机的 P2.7
```

```
W_IO      EQU    90H                   ；P1 口为位码控制口
DISP_BIT  BIT    00H                   ；定义位变量 DISP_BIT 对应于 RAM 的 20H
                                         最低位，用来管理定时显示
DISP_W    EQU    2FH                   ；显示扫描位计数，用来记录下一个要显示的
                                         LED 显示器位
；主程序
          ORG    0000H                 ；复位入口地址
          LJMP   START                 ；跳到主程序
          ORG    000BH                 ；定时/计数器 0 中断入口地址
          LJMP   T0_INT                ；跳到定时/计数器 0 的中断服务程序
START：   MOV    SP，       ＃5FH      ；初始化堆栈指针
          MOV    TMOD，     ＃01H      ；定时/计数器 0 工作于方式 1
          MOV    TH0，      ＃0F8H     ；设置定时 2ms 的定时器初值高位
          MOV    TL0，      ＃30H      ；设置定时 2ms 的定时器初值低位
          SETB   TR0                   ；允许 T0 计数
          SETB   ET0                   ；允许 T0 中断
          SETB   EA                    ；开单片机中断
          MOV    DISP_W，   ＃00H      ；指向显示的第一个数码管
          CLR    DISP_BIT              ；清除定时标志 DISP_BIT
LOOP：    LCALL  DISPLAY               ；调显示子程序
          LJMP   LOOP
T0_INT：  MOV    TH0，      ＃0F8H     ；设置定时 2ms 的定时器初值高位
          MOV    TL0，      ＃30H      ；设置定时 2ms 的定时器初值低位
          SETB   DISP_BIT              ；定时中断到置位定时显示标志 DISP_BIT
          RETI                         ；中断返回
；显示子程序入口
DISPLAY： JB     DISP_BIT， DISP1      ；定时标志为 1，跳到 DISP1
          RET                          ；定时标志为 0，子程序直接返回
DISP1：   MOV    R2，       ＃00H      ；显示位计数置初值
          MOV    A，        ＃30H      ；取显示缓存首地址
          ADD    A，        R2         ；取当前要显示的段码地址
          INC    R2                    ；位计数加 1
          MOV    R0，       A          ；当前显示缓存地址送 R0
          MOV    A，        @R0        ；去要显示内容的段码
          MOV    R3，       ＃08H      ；设置循环次数，8 次移位输出完整 1 个字节
          MOV    W_IO，     ＃0FFH     ；关闭所有位显示
          MOV    DPTR，     ＃ DM      ；取段码表首地址
          MOV    A，        DISP_W     ；位指针值为 0、1、2、3
          MOVC   A，        @A+DPTR    ；取出要显示的段码
          MOV    SBUF，     A          ；将要显示的段码写入串口输出缓存器
          JNB    TI，       $          ；字节没发送完等待
          CLR    TI                    ；发送完成清除 TI 标志
          SETB   LCLK                  ；
```

```
            CLR     LCLK                          ；输出 1 个锁存脉冲，将 74HC595 内移位寄
                                                    存器输出锁存输出
            MOV     DPTR，      ＃ WM             ；取位码表首地址
            MOV     A，         DISP_W
            MOVC    A，         @A＋DPTR          ；取出要显示的位码
            MOV     W_IO，      A
            CLR     DISP_BIT                      ；显示刷新后清除定时标志
            RET                                   ；完成 4 位显示返回
    WM：    DB      0FEH，0FDH，0FBH，0F7H        ；位码表
    DM：    DB      9FH，25H，0DH，99H            ；共阳段码表，1、2、3、4 的段码
```

例 10-5 使用 LED 集成驱动器控制 LED 显示器。在 LED 显示器应用领域中，一般要求控制芯片使用简单、功能多样化、多级灰度调节、外围电路精简可靠、译码与功率驱动集于一体。MAX7219 是一种新型的 8 位 LED 显示控制驱动器。其接口采用流行的同步串行（10MHz）外部设备接口（SPI），可与任何一种单片机方便接口，具有内部自带时钟电路、无需任何外围元件、显示功能多样化等特点。从本质上讲，MAX7219 是以静态驱动的方式更新显示数据，以自扫描方式动态驱动 LED 显示器。每片 MAX7219 最多可同时驱动 8 位 8 段共阴极 LED 显示器。

MAX7219 内部具有 8×8RAM 功能控制寄存器，可方便寻址，对每位数字可单独控制、刷新，不需写整个显示器。显示亮度可数字控制，可禁止所有显示，达到降低功耗的效果，但并不影响对寄存器的修改。MAX7219 还有一个掉电模式、一个允许用户从 1 位到 8 位数显示选择的扫描界限寄存器和一个强迫所有 LED 接通的测试模式。当使用多于 8 位 LED 显示器时，只需将 N 片级联，便可轻松实现 $N\times8$ 位 LED 显示。当 $N\geqslant8$ 时，应考虑到提高总线驱动能力。MAX7219 引脚排列如图 10-8 所示。

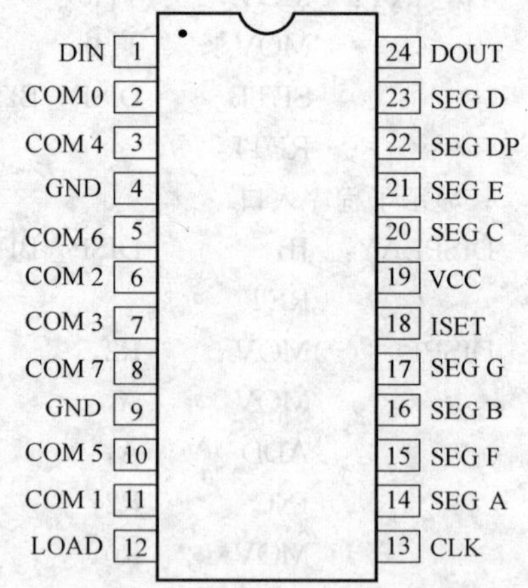

图 10-8 MAX7219 引脚排列

各引脚功能如下：

1）DIN：串行数据输入，当 LOAD 为高电平，串行输入数据的最后 16 位被锁定。

2）LOAD：装载数据输入，在 CLK 的下降沿，数据被加载到内部 16 位移位寄存器中。

3）CLK：移位时钟输入，最高频率为 10MHz。在 CLK 的上升沿，数据被移入到内部移位寄存器中；在 CLK 的下降沿，数据从 DOUT 输出。

4）DOUT：串行数据输出，输入到 DIN 的数据在 16.5 个移位时钟周期后在 DOUT 端有效，用于 N 片级联。

5）ISET：电流设置引脚，通过一个电阻（RSET ）连接到 VCC 端，用于设定段电流。

6）VCC：供电电源＋。

7）GND：供电电源－。

8）COM0～COM7：8 位数据驱动线，它从显示器吸入电流。

9）SEGA～SEGDP：7 段数码和小数点线，给显示器的段提供源电流。

MAX7219 与单片机（AT89C51）的基本连接电路如图 10-9 所示。使用 3 线 SPI 接口驱动 8 个数码管。MAX7219 内部数字和控制寄存器是 16 位字，MCU 采用 I/O 口模拟同步串行外部设备接口（SPI）实现 2 字节，即 8＋8＝16 位数据传输，数据首先加载到 MAX7219 内部的 16 位移位寄存器中，然后通过 LOAD 由低到高的电平转换，实现串行输入数据的最后 16 位被锁定到数字和控制寄存器。

由 16 位数据报发送到 DIN 端的串行数据在每个 CLK 的上升沿被移入到内部 16 位寄存器。然后，在 LOAD 的上升沿数据被锁存到数据或控制寄存器。LOAD 必须在第 16 个 CLK 上升沿同时或之后，但在下一个时钟下降沿之前变高，否则数据就会丢失。DIN 端的数据通过移位寄存器传送，并在 16.5 个时钟周期后通过 16 位移位寄存器出现在 DOUT 端。数据在 CLK 的下降沿输出。数据位标记为 D0～D15，其中 D8～D11 为寄存器地址，D0～D7 为数据，D12～D15 为“无关”位。接收到的第一位为 D15，是最高位（MSB）。

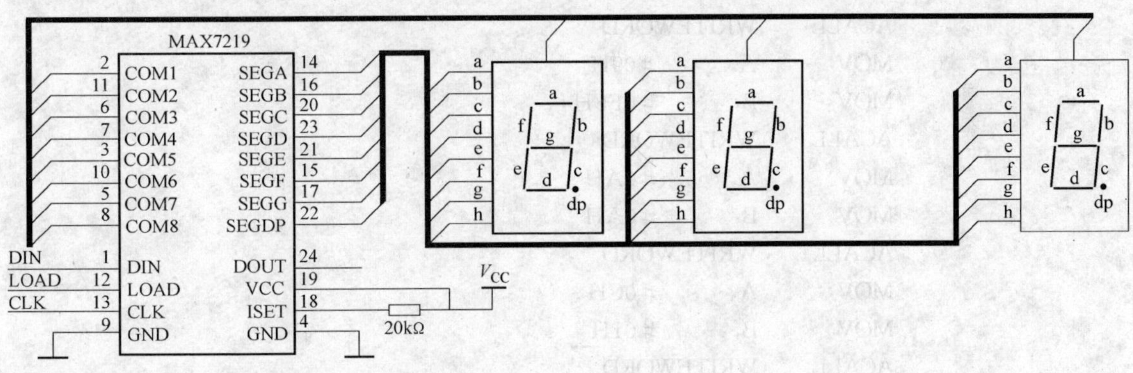

图 10-9　MAX7219 与 8 位微处理器的基本连接电路

在图 10-9 中，如果 DIN 端连接到单片机的 P1.0 口，LOAD 端连接到单片机的 P1.1 口，CLK 端连接到单片机的 P1.2 引脚，30H～37H 存放要显示的 BCD 码，则使用汇编语言编写的 MAX7219 接口程序如下：

```
DIN         BIT         P1.0
LOAD        BIT         P1.1
CLK         BIT         P1.2
SHUOZHI     EQU         30H
MAIN:       LCALL       CHUSHIHUA       ；调用初始化程序
            MOV         R2,     ＃00H   ；显示缓存区首地址
MAIN_1:     MOV         A,      R2      ；写显示缓存区
            MOV         30H,    A
            INC         A
            MOV         31H,    A
            INC         A
            MOV         32H,    A
            INC         A
            MOV         33H,    A
            INC         A
```

```
            MOV     34H,  A
            INC     A
            MOV     35H,  A
            INC     A
            MOV     36H,  A
            INC     A
            MOV     37H,  A
            LCALL   DISPLAY7219                 ；调显示子程序
            LCALL   DS1S
            INC     R2
            AJMP    MAIN_1
CHUSHIHUA： MOV     A,    #0BH                  ；初始化 7219 子程序
            MOV     B,    #07H
            ACALL   WRITEWORD
            MOV     A,    #09H
            MOV     B,    #0FFH
            ACALL   WRITEWORD
            MOV     A,    #0AH
            MOV     B,    #0AH
            ACALL   WRITEWORD
            MOV     A,    #0CH
            MOV     B,    #01H
            ACALL   WRITEWORD
            RET
WRITEWORD： CLR     LOAD                        ；向 7219 写入两个字节数据
            ACALL   WRITEBYTE
            MOV     A,    B
            ACALL   WRITEBYTE
            SETB    LOAD
            RET
WRITEBYTE： MOV     R7,   #8
WRITE1：    NOP
            CLR     CLK
            RLC     A
            MOV     DIN,  C
            NOP
            SETB    CLK
            DJNZ    R7,   WRITE1
            RET
DISPLAY7219：MOV    R1,   #SHUOZHI              ；将显示缓存数据写入 7219 显示
            MOV     R6,   #8
            MOV     R4,   #01H
DISP7219：  MOV     A,    @R1
```

```
MOV     B,      A
MOV     A,      R4
ACALL   WRITEWORD
INC     R4
INC     R1
DJNZ    R6,     DISP7219
RET
```

10.3　MCS-51 单片机与液晶显示器的接口

LCD（Liquid Crystal Display）是液晶显示器英文名称的缩写，LCD 显示器是一种被动式的显示器，即液晶本身不发光，而是利用液晶经过处理后能改变光线通过方向的特征，达到白底黑字或黑底白字显示的目的。LCD 显示器件由于具有显示信息丰富、功耗低、体积小、重量轻、无辐射等优点，因此被广泛地应用在仪器仪表和控制系统中。

10.3.1　LCD 显示器的分类

当前市场上 LCD 显示器种类繁多，按排列形状可分为字段型、点阵字符型和点阵图形型。

1）字段型是以长条状组成的字符显示。该类显示器主要用于数字显示，也可用于显示西文字母或某些字符，已广泛用于电子表、数字仪表、计算器中。

2）点阵字符型 LCD 显示模块是专门用来显示字母、数字、符号等点阵型液晶显示模块。它由若干个 5×7 或 5×10 点阵组成，每一个点阵显示一个字符。此类显示模块广泛应用在各类单片机应用系统中。

3）点阵图形型是在平板上排列多行或多列，形成矩阵式的晶格点，点的大小可根据显示的清晰度来设计。这类 LCD 显示器广泛应用于图形显示，如游戏机、笔记本电脑和彩色电视等设备中。

10.3.2　点阵字符型液晶显示模块介绍

在单片机应用系统中，常使用点阵字符型 LCD 显示器。要使用点阵字符型 LCD 显示器，必须有相应的 LCD 控制器、驱动器，来对 LCD 显示器进行扫描、驱动，以及一定空间的 RAM 和 ROM 来存储写入的命令和显示字符的点阵。现在人们已将 LCD 控制器、驱动器、RAM、ROM 和 LCD 显示器用印制电路板连接到一起，称为液晶显示模块 LCM（LCD Module)。使用者只要向 LCM 送入相应的命令和数据就可实现所需要的显示内容，这种模块与单片机接口简单，使用灵活方便。产品分为字符和图形两种。下面仅就使用较为广泛的国内天马公司制作的点阵字符液晶显示模块的基本结构、指令功能和特点加以介绍。

1. 基本结构

（1）液晶板　在液晶板上排列着若干 5×7 或 5×10 点阵的字符显示位，从规格上分为每行 8、16、20、24、32、40 位，有 1 行、2 行、及 4 行三类，用户可根据需要来选择购买，也可以根据需要到厂商定做。

（2）模块的电路原理框图　图 10-10 所示为字符型模块的电路原理框图，它由控制器

HD44780、驱动器 HD44100 及几个电阻电容组成。HD44100 是扩展显示字符位用的（例如，16 字符×1 行模块就可不用 HD44100，16 字符×2 行模块就要用一片 HD44100）。

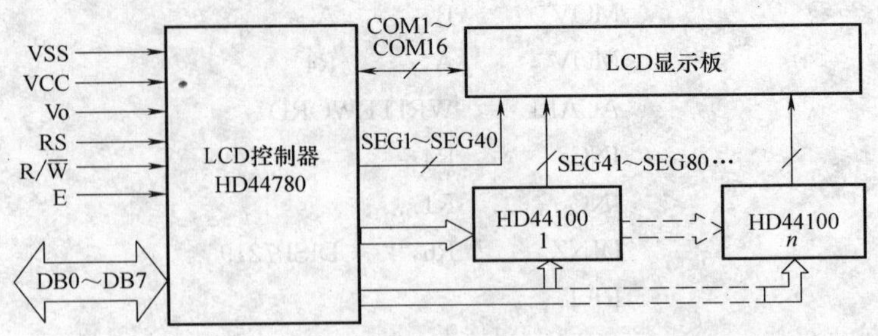

图 10-10 字符型 LCD 模块的电路原理框图

模块上有 14 个引脚（见图 10-10 中左侧），其中有 8 条数据线，3 条控制线，3 条电源线，见表 10-5。通过单片机写入模块的数据和指令，就可对显示方式和显示的内容作出选择。

表 10-5 液晶显示模块引脚说明

引线号	符号	名　称	功　能
1	VSS	地	0V
2	VCC	电源	5（1±5%）V
3	V_O	液晶驱动电压	
4	RS	寄存器选择	1：数据寄存器，0：命令寄存器
5	R/$\overline{W}$	读/写	1：读，0：写
6	E	使能	下降沿触发
7～14	DB0～DB7	8 位数据线	数据传输

（3）LCD 驱动器和控制器　下面对图 10-10 中驱动器 HD44100 和控制器 HD44780 加以简单介绍。

1）LCD 驱动器 HD44100：HD44100 是用低功耗 CMOS 技术制造的大规模 LCD 驱动集成电路。它既可当行驱动用，也可当列驱动用，由 20×2 位二进制移位寄存器、20×2 位数据锁存器和 20×2 位驱动器组成。

2）LCD 控制器 HD44780：HD44780（KS0062）是用低功耗 CMOS 技术制造的大规模点阵 LCD 控制器（兼带驱动器），与 4 位/8 位微处理器相连，它能使点阵 LCD 显示大、小写英文字母、数字和符号。应用 HD44780，用户能用少量元器件就可组成一个完整的点阵 LCD 系统。

功能和特征性如下：

① 可选择 5×7 或 5×10 点阵字符；

② 显示数据 RAM 容量：80×8 位（80 位符）；

③ 字符发生器 ROM 能提供用户所需字符库或标准库；

④ 字库容量：192 个字符（5×7 点阵字型），32 个字符（5×10 点阵字型），可自编 8（5×7 点阵）或 4（5×10 点阵）种字符；

⑤ 输出信号：16 个行扫描信号，40 个列扫描信号；

⑥命令：11 种。

2. 命令格式及命令功能说明

(1) 命令格式　LCD 控制器 HD44780 内有多个寄存器，见表 10-6，RS 和 R/$\overline{W}$引脚上的电平决定寄存器的选择，而 DB7～DB0 则决定命令功能。命令共 11 种，它们是：清屏，返回，输入方式设置，显示开关控制，移位控制，功能设置，CGRAM（字符生成 RAM）地址设置，DDRAM（显示数据 RAM）地址设置，读忙标志 BF 和地址计数器，向 CGRAM 或 DDRAM 写数据，从 CGRAM 或 DDRAM 读数据。这些命令功能强，可组合成各种输入、显示、移位方式以满足不同的要求。

表 10-6　寄存器的选择

RS	R/$\overline{W}$	操　作
0	0	命令寄存器写入
0	1	忙标志和地址计数器读出
1	0	数据寄存器写入
1	1	数据寄存器读出

(2) 命令功能说明

1) 清屏，命令格式见表 10-7。

表 10-7　清屏命令格式

RS	R/$\overline{W}$	DB7	DB6	DB5	DB4	DB3	DB2	DB1	DB0
0	0	0	0	0	0	0	0	0	1

功能：清除屏幕显示，并置地址计数器 AC 为 0。

2) 返回，命令格式见表 10-8。

表 10-8　返回命令格式

RS	R/$\overline{W}$	DB7	DB6	DB5	DB4	DB3	DB2	DB1	DB0
0	0	0	0	0	0	0	0	1	×

功能：置 DDRAM 及显示 RAM 的地址为 0，显示返回到原始位置。

3) 输入方式设置，命令格式见表 10-9。

表 10-9　输入方式设置命令格式

RS	R/$\overline{W}$	DB7	DB6	DB5	DB4	DB3	DB2	DB1	DB0
0	0	0	0	0	0	0	0	I/D	S

功能：设置光标的移动方向，并指定整体显示是否移动。其中，I/D 位如为 1，则是增量方式，如为 0，则是减量方式；S 位如为 1，则移位，如为 0，则不移位。

4) 显示开关控制，命令格式见表 10-10。

表 10-10　显示开关控制命令格式

RS	R/$\overline{W}$	DB7	DB6	DB5	DB4	DB3	DB2	DB1	DB0
0	0	0	0	0	0	1	D	C	B

功能：D 位控制整体显示的开与关，D=1，开显示；D=0，关显示。C 位控制光标的开与关，C=1，光标开；C=0，光标关。B 位控制光标处字符的闪烁，B=1，字符闪烁；B=0，字符不闪烁。

5）移位控制，命令格式见表 10-11。

表 10-11 光标移位控制命令格式

RS	R/$\overline{W}$	DB7	DB6	DB5	DB4	DB3	DB2	DB1	DB0
0	0	0	0	0	1	S/C	R/L	×	×

功能：移动光标或整体显示，DDRAM 中内容不变。其中，S/C=1 时，显示移位；S/C=0 时光标移位。R/L=1 时，向右移位，R/L=0 时向左移位。

6）功能设置，命令格式见表 10-12。

表 10-12 功能设置命令格式

RS	R/$\overline{W}$	DB7	DB6	DB5	DB4	DB3	DB2	DB1	DB0
0	0	0	0	1	DL	N	F	×	×

功能：DL 设置接口数据位数，DL=1 为 8 位数据接口，DL=0 为 4 位数据接口。N 设置显示行数，N=0，单行显示，N=1，双行显示。F 设置字型大小，F=1，为 5×10 点阵，F=0 时为 5×7 点阵。

7）CGRAM 地址设置，命令格式见表 10-13。

表 10-13 CGRAM 地址设置命令格式

RS	R/$\overline{W}$	DB7	DB6	DB5	DB4	DB3	DB2	DB1	DB0
0	0	0	1	A	A	A	A	A	A

功能：设置 CGRAM 的地址，地址范围为 0～63。

8）DDRAM 地址设置，命令格式见表 10-14。

表 10-14 DDRAM 地址设置命令格式

RS	R/$\overline{W}$	DB7	DB6	DB5	DB4	DB3	DB2	DB1	DB0
0	0	1	A	A	A	A	A	A	A

功能：设置 DDRAM 的地址，地址范围为 0～127。

9）读忙标志 BF 及地址计数器，命令格式见表 10-15。

表 10-15 读忙标志 BF 及地址计数器命令格式

RS	R/$\overline{W}$	DB7	DB6	DB5	DB4	DB3	DB2	DB1	DB0
0	1	BF	AC						

功能：BF 为忙标志，BF=1，表示忙，此时 LCM 不能接收命令和数据；BF=0，则表示 LCM 不忙，可以接收命令和数据。AC 为地址计数器的值，范围是 0～127。

10）向 CGRAM/DDRAM 写数据，命令格式见表 10-16。

表 10-16　向 CGRAM/DDRAM 写数据命令格式

RS	R/$\overline{W}$	DB7	DB6	DB5	DB4	DB3	DB2	DB1	DB0
1	0	DATA							

功能：将数据写入 CGRAM 或 DDRAM 中，应与 CGRAM 或 DDRAM 地址设置命令相结合。

11）从 CGRAM/DDRAM 中读数据，命令格式见表 10-17。

表 10-17　从 CGRAM/DDRAM 中读数据命令格式

RS	R/$\overline{W}$	DB7	DB6	DB5	DB4	DB3	DB2	DB1	DB0
1	1	DATA							

功能：本指令从 CGRAM 或 DDRAM 中读出数据，应与 CGRAM 或 DDRAM 地址设置命令相结合。

（3）有关说明

1）显示位与 DDRAM 地址的对应关系，见表 10-18。

表 10-18　显示位与 DDRAM 地址的对应关系

显示位		1	2	3	4	5	6	7	8	9	…	39	40
DDRAM 地址（HEX）	第一行	00	01	02	03	04	05	06	07	08	…	26	27
	第二行	40	41	42	43	44	45	46	47	48	…	66	67

2）标准字符库。图 10-11 所示的是字符库的内容、字符码和字型的对应关系。例如“A”的字符码为 41（HEX），“B”的字符码为 42（HEX）。

3）字符码（DDRAM DATA）、CGRAM 地址与自编字型（CGRAM DATA）之间的关系，见表 10-19。

字符码的高 4 位 DB7～DB4 为 0 时，即为自编字型码，其低 3 位 DB0～DB2 即 aaa 共寻址 8 个自编字符，并与 CGRAM 地址的 DB5～DB3 这 3 位相对应，而 CGRAM 地址的低 3 位 DB2～DB0 则用来寻址自编字型点阵数据，即 CGRAM DATA。点阵数据每字符 8 字节，每字节低 5 位有效。表 10-19 中为字符“¥”的点阵数据。

表 10-19　字符码、CGRAM 地址与自编字型之间的关系

DDRAM DATA	CGRAM 地址		CGRAM DATA（字符“¥”的点阵数据）
76543210	543210		76543210
0000×	aaa	000	×××10001
		001	×××01010
		010	×××11111
		011	×××00100
		100	×××11111
		101	×××00100
		110	×××00100
		111	×××00000

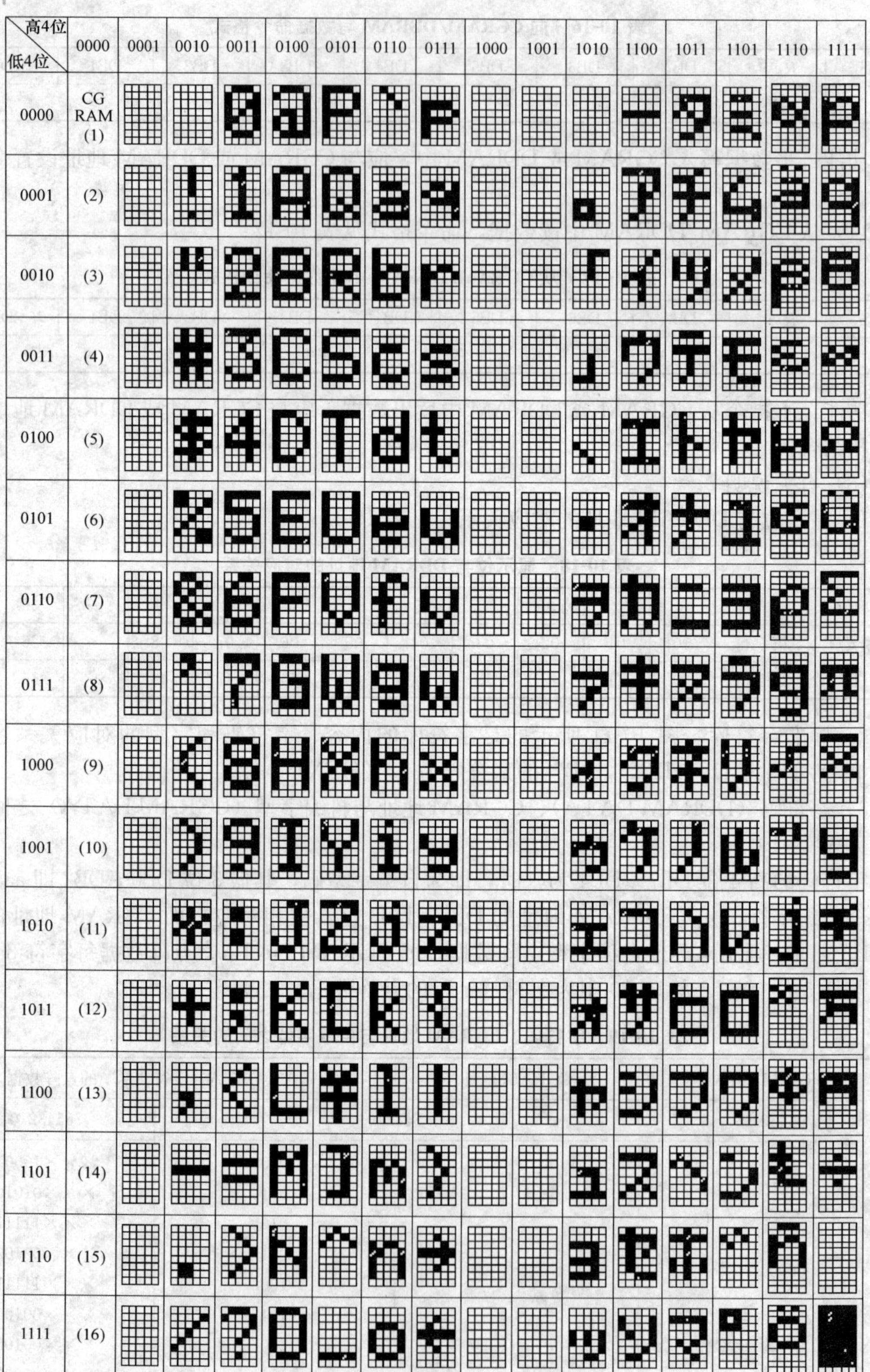

图 10-11　字符库的内容、字符码和字型的对应关系

10.3.3　单片机与 LCD 显示器的接口及软件编程

1. 单片机与 LCD 模块的接口

单片机与 LCD 模块（LCM）的接口电路如图 10-12 所示。也可以将 LCM 挂接在单片机的总线上，通过对数据总线的读写实现对 LCM 的控制，如图 10-12 所示。

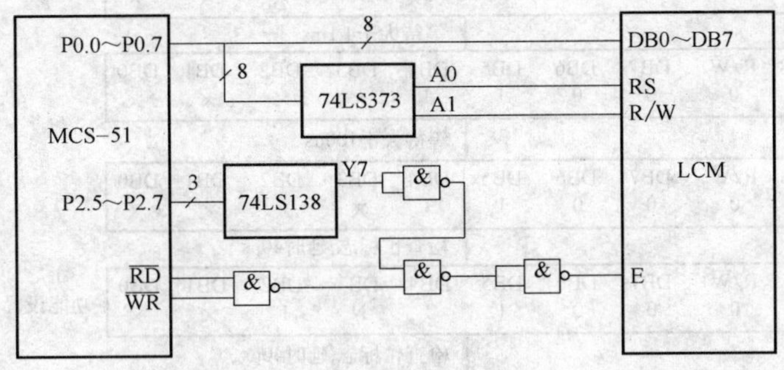

图 10-12　单片机与 LCM 的总线方式接口

2. 软件编程

（1）初始化　用户所编的显示程序，开始必须进行初始化，否则模块无法正常显示。下面介绍两种初始化方法：

1）利用模块内部的复位电路进行初始化：LCM 有内部复位电路，能进行上电复位。复位期间 BF 为 1，在电源电压 V_{CC}达 4.5V 以后，此状态可维持 10ms。复位时依次执行下列命令：

① 清除显示；

② 功能设置，DL＝1，为 8 位数据长度接口；N＝0，单行显示；F＝0，为 5×7 点阵字符；

③ 开/关设置，D＝0，关显示；C＝0，关光标；B＝0，关闪烁功能；

④ 进入方式设置，I/D＝1，地址采用递增方式；S＝0，关显示移位功能。

2）软件初始化：软件初始化流程如图 10-13 所示。

（2）显示程序编写

例 10-6　对图 10-12 所示单片机与 LCM 接口电路编写程序，在第 1 行显示出“CS&S”，第 2 行显示“92”。假定对 LCM 已完成初始化。LCM 的指令寄存器写地址为 0FFFCH，读忙标志及地址计数器地址为 0FFFEH，写 CGRAM/DDRAM 地址为 0FFFDH，CGRAM/DDRAM 地址为 0FFFDH。程序如下：

```
START:  MOV     DPTR,   #0FFFCH     ；命令口地址 0FFFCH 送 DPTR
        MOV     A,      #01H        ；清屏并置 AC 为 0
        MOVX    @DPTR,  A           ；输出命令
        ACALL   F_BUSY              ；等待直至 LCM 不忙
        MOV     A,      #30H        ；功能设置，8 位接口，2 行显示，5
                                    ×7 点阵
        MOVX    @DPTR,  A
        ACALL   F_BUSY
```

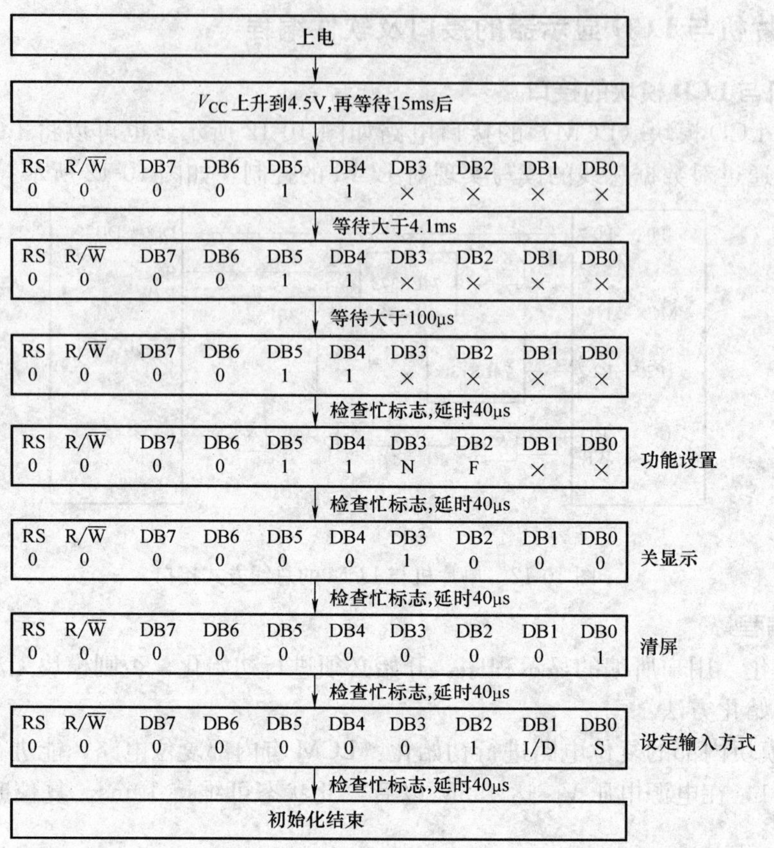

图 10-13 液晶模块软件初始化流程

```
MOV     A,        #0EH          ；开显示及光标，不闪烁
MOVX    @DPTR,    A
ACALL   F_BUSY
MOV     A,        #06H          ；显示??，AC为增量
MOVX    @DPTR,    A
ACALL   F_BUSY
MOV     @DPTR,    #0FFFD H      ；数据口地址0FFFD送DPTR
MOV     A,        #43H          ；C的ASCII码为43H
MOVX    @DPTR,    A             ；第1行第1位显示C
ACALL   F_BUSY
MOV     A,        #53H          ；S的ASCII码为53H
MOVX    @DPTR,    A             ；显示CS
ACALL   F_BUSY
MOV     A,        #26H          ；&的ASCII码为26H
MOVX    @DPTR,    A             ；显示CS&
ACALL   F_BUSY
MOV     A,        #53H
MOVX    @DPTR,    A             ；显示CS&S
```

```
        ACALL   F_BUSY
        MOV     DPTR,   #0FFFCH     ；指向命令口
        MOV     A,      #0C0H       ；置 DDRAM 地址为 40H
        MOVX    @DPTR,  A           ；光标于第 2 行首显示
        ACALL   F_BUSY
        MOV     DPTR,   #0FFFD H    ；指向数据口
        MOV     A,      #39H        ；9 的 ASCII 码为 39H
        MOVX    @DPTR,  A           ；显示 9
        ACALL   F_BUSY
        MOV     A,      #32H        ；2 的 ASCII 码为 32H
        MOVX    @DPTR,  A           ；显示 92
                ……
```

由于 LCD 是慢速显示器件，所以在执行每条指令之前一定要确认 LCM 的忙标志为 0，即非忙状态，否则此指令将失效。上面程序中判定忙标志的子程序 F_BUSY 如下：

```
F_BUSY：  PUSH    DPH
          PUSH    DPL
          PUSH    PSW
          PUSH    A
LOOP：    MOV     DPTR,   #0FFFEH；读忙标志及地址计数器地址为 0FFFEH
          MOVX    A,      @DPTR
          JB      ACC.7,  LOOP   ；忙，继续等待
          POP     A              ；不忙，回复现场返回
          POP     PSW
          POP     DPL
          POP     DPH
          RET
```

10.4　MCS-51 单片机与微型打印机的接口

在 MCS-51 单片机应用系统中多使用微型点阵式打印机，在微型打印机的内部有一个控制用单片机，固化有控制打印程序，智能化程度较高。打印机通电后，由打印机内部的单片机执行固化程序，就可以接收和分析主控 MCS-51 单片机送来的数据和命令，然后通过控制电路，实现对打印头机械动作的控制，进行打印。此外，微型打印机还能够接受人工干预，完成自检、停机和走纸等操作。

在 MCS-51 单片机应用系统中，早期常用的微型打印机有 TPμP-40A/16A、GP16 以及 XLF 嵌入仪器面板上的汉字微型打印机。目前使用较多的是热敏微型打印机，本节介绍 MCS-51 单片机与 WH-AA 热敏微型打印机的接口设计。

10.4.1　WH-AA 热敏微型打印机的主要性能

1）打印方法：直接热敏打印。

2）打印纸宽：57.5mm±0.5mm。

3）打印密度：8 点/mm，384 点/行。

4）打印头寿命：6×10^6 字符行。

5）有效打印宽度：48mm。

6）打印速度：25%的字符率的情况下为 30mm/s。

7）字库：20H～A0H 间的西文字符集 1、2；20H～7FH 间的标准 ASCII 码半角字符；国标一、二级汉字。打印汉字时，不用对打印机进行有关选择字库的任何设置，只需输入汉字标准代码即可。16 点阵汉字默认为放大 2 倍的 16×16 点阵字，24 点阵默认放大 1 倍。

8）接口形式：并口 TTL 电平及串口 TTL 电平、232 电平、485 电平。

9）操作温度：5～50℃。

10）操作相对湿度：10%～80%。

11）储存温度：－20～60℃ 。

12）储存相对湿度：10%～90%。

13）供电电源：DC 5V、3A。

10.4.2 MCS-51 单片机与 WH-AA 热敏微型打印机的并行接口

本系列打印机并口与 Centronics 兼容，支持 BUSY/$\overline{\text{ACK}}$握手协议，接口插座为 IDE20 针插座。当打印机接口为 TTL 电平时，同时兼容 TTL 串口。并行接口插座引脚序号如图 10-14 所示，各引脚的定义见表 10-20。

并行接口信号时序如图 10-15 所示。选通信号$\overline{\text{STB}}$宽度需大于 0.5μs。$\overline{\text{ACK}}$应答信号可与$\overline{\text{STB}}$信号作为一对应答联络信号，也可使用$\overline{\text{STB}}$和 BUSY 作为一对应答联络信号。

表 10-20 并行接口插座引脚定义

引脚号	信 号	方 向	说 明
1	$\overline{\text{STB}}$	入	数据选通触发脉冲，上升沿时读入数据
3	DATA1	入	这些信号分别代表并行数据的第 1 至第 8 位信号，每个信号当其逻辑为 1 时为高电平，逻辑为 0 时为“低”电平
5	DATA2	入	
7	DATA3	入	
9	DATA4	入	
11	DATA5	入	
13	DATA6	入	
15	DATA7	入	
17	DATA8	入	
20	$\overline{\text{ACK}}$	出	回答脉冲，低电平表示数据已被接受而且打印机准备好接收下一数据
18	BUSY	出	高电平表示打印机正“忙”，不能接收数据
14	Ports&p	入	为并口时，此引脚接地
19	PE	出	高电平表示缺纸
4	SEL	出	打印机内部经电阻上拉高电平，表示打印机在线
2、6、8、10、12、16	GND	—	接地，逻辑 0 电平

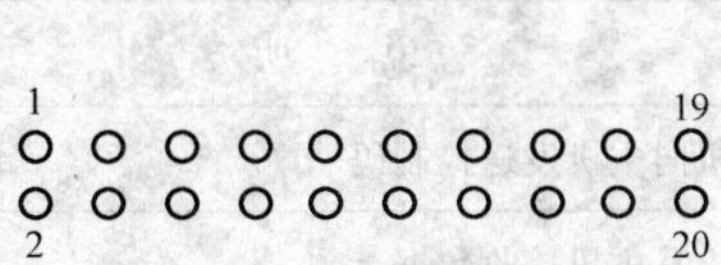

图 10-14　并行接口插座引脚序号

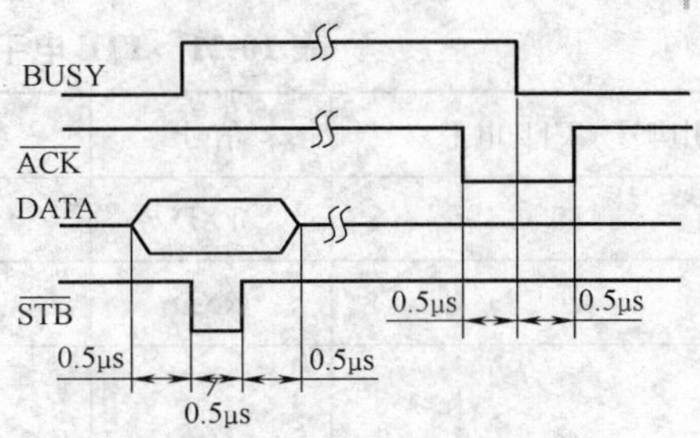

图 10-15　并行接口信号时序

例 10-7　并行接口方式单片机控制打印机时汇编例程。

程序如下：

```
BUSY        EQU     P3.2                ；定义 BUSY 信号引脚
NSTB        EQU     P3.7                ；定义 NSTB 信号引脚
            ORG     0000H
            LJMP    START
START：     MOV     DPTR，  # PRINT_CONTENT
            MOV     R0，    #9          ；存待打印数据的字节数
MAIN：      CLR     A
            MOVC    A，     @A + DPTR
            LCALL   PRINTB
            INC     DPTR
            DJNZ    R0，    MAIN
            MOV     A，     #0DH
            LCALL   PRINTB
            SJMP    $                   ；打印结束死循环
；PRINTB 子程序将累加器 A 中的 1 字节数据发送到打印机
PRINTB：    JB      BUSY，  $           ；等待打印机到空闲
            MOV     P1，    A           ；送数据到数据口
            CLR     NSTB                ；置 NSTB 为低电平
            NOP                         ；延长 NSTB 信号脉冲宽度以满足时序要求
            NOP
            NOP
            SETB    NSTB                ；置 NSTB 为高电平（此时数据将被读入打印机）
            RET
PRINT_CONTENT：
            DB      '北京炜煌'
            DB      0DH
            END
```

10.4.3　MCS-51 单片机与 WH-AA 热敏微型打印机的串行接口

本系列打印机串口电平标准分为三种：TTL 电平、RS-232 电平与 RS-485 电平，其引脚序号与图 10-14 相同。三种电平方式下，各引脚定义见表 10-21～表 10-23。

表 10-21 TTL 电平方式下串行接口插座引脚定义

引脚号（TTL 电平）	信号	方向	说　明
19	TXD	出	打印机向主机发送控制码
20	RXD	入	打印机从主机接收数据
18	BUSY	出	该信号为高电平时，表示打印机“忙”不能接收数据，而当该信号为低电平时，表示打印机“准备好”，可以接收数据
2、6、8、12、16	GND	—	接地，逻辑 0 电平

注：1. “入”表示输入到打印机。
2. “出”表示从打印机输出。
3. 未标引脚为空脚。

表 10-22 RS-232 电平方式下串行接口插座引脚定义

引脚号（RS-232 电平）	信号	方向	说　明
20	TXD	出	打印机向主机发送控制码
19	RXD	入	打印机从主机接收数据
18	BUSY	出	该信号为高电平时，表示打印机“忙”不能接收数据，而当该信号为低电平时，表示打印机“准备好”，可以接收数据
2、6、8、12、16	GND	—	接地，逻辑 0 电平

注：1. “入”表示输入到打印机。
2. “出”表示从打印机输出。
3. 未标引脚为空脚。

表 10-23 RS-485 电平方式下串行接口插座引脚定义

引脚号（RS-485 电平）	信号
19	B
20	A
2、6、8、12、16	GND

用户可在 1200bit/s、2400bit/s、4800bit/s9600bit/s 和 19200bit/s 内选择需要的波特率，出厂时设定波特率为 9600bit/s，改变波特率和通信模式的方法可参照使用手册。通信模式可以选择方式 1 或方式 3，出厂时设定为方式 1，串行连接采用异步传输格式，见表 10-24。

表 10-24 异步串行数据传输格式

1 位	8 位	1 位	1 位
起始位 0	数据位	奇偶校验位	停止位 1

串行口方式 1：1 帧信息为 10 位，1 位起始位，8 位数据位，1 位停止位；串行口方式 3：1 帧信息为 11 位，1 位起始位，8 位数据位，1 位校验位，1 位停止位。

例 10-8　串行接口方式单片机控制打印机的汇编例程。

程序如下：

```
BUSY      EQU     P3.0                  ；定义 BUSY 信号引脚
          ORG     0000H
          LJMP    START
START：   MOV     DPTR，   #PRINT_CONTENT
          MOV     R2，     #77          ；R2 保存待打印数据的字节数
          LCALL   SETUART               ；设置串口
MAIN：    CLR     A
          MOVC    A，      @A+DPTR     ；读出待打印字符
          MOV     R0，     A
          LCALL   PRINTB   ；打印一个字节
          INC     DPTR
          DJNZ    R2，     MAIN
          MOV     A，      #0DH
          LCALL   PRINTB
          LJMP    $                     ；打印结束无限循环
；PRINTB 子程序将累加器 A 中的一字节数据发送到打印机，待发送数据通过 R0 传递
PRINTB：  PUSH    ACC
          JB      BUSY，   $            ；等待打印机到空闲
          JNB     TI，     $            ；等到上一字节发送完
          CLR     TI
          MOV     A，      R0           ；保存待打印数据
          MOV     SBUF，   A            ；送数据到打印机
          POP     ACC
          RET
；设置串口子程序，不使用中断，定时器 1 用作波特率发生器
SETUART： MOV     TMOD，   #20H         ；设置定时器 T1 工作方式 3
          MOV     TH1，    #0FAH
          MOV     TL1，    #0FAH        ；设置波特率为 9600bit/s@ 22.1184MHz
          SETB    TR1                   ；启动定时器 T1
          MOV     SCON，   #50H         ；设置串行口工作方式为异步串行口，方式 1
          SETB    TI                    ；设置标志位，为发送数据作准备
          RET
；定义待打印数据内容，保存在程序段
PRINT_CONTENT：
          DB      '北京炜煌科技微型打印机'，0DH，'MicroPrinter demo'，0DH
          DB      '画线工具栏'，0DH
          DB      '————————————'
          END
```

10.5 MCS-51 单片机与键盘接口

10.5.1 键盘输入的特点

键盘在 MCS-51 单片机应用系统中能实现向单片机输入数据、传送命令等功能，是人工干预单片机的主要手段，属于人机输入接口。

1. 键盘输入信号

键盘实质上是一组按键的集合。通常，按键是利用了机械触点的闭合、断开的作用，如图 10-16a 所示，其行线电压输出波形如图 10-16b 所示。

图 10-16 中，t_1 和 t_3 分别为按键的闭合和断开过程中的抖动期，行线输出电压信号为一串负脉冲，抖动时间长短和开关的机械特性有关，一般为 5～10ms，t_2 为稳定的闭合期，其时间由按键动作所确定，一般为十分之几秒到几秒，其他时间为键开关的断开期。

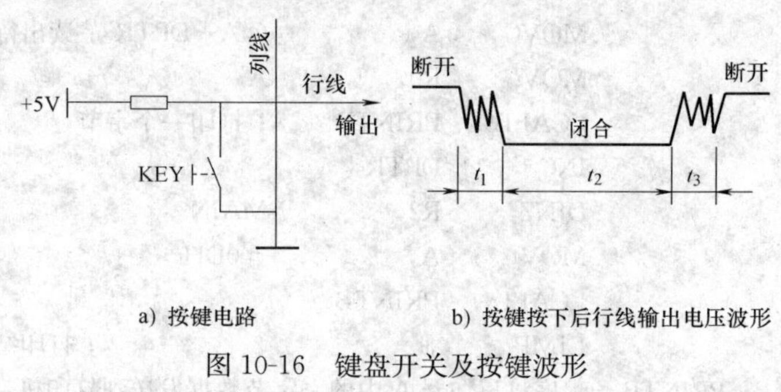

图 10-16 键盘开关及按键波形

2. 按键的确认

按键的闭合与否，反映在行线输出电压上就呈现高电平或低电平，图 10-16a 中行线输出电压信号高电平为按键断开，低电平则为按键的闭合，通过对行线电平高低状态的检测，便可确认按键按下与否。为了确保 CPU 对一次按键动作只确认一次按键，必须消除抖动期 t_1 和 t_3 的影响。下面介绍消除的措施。

3. 按键去抖动

按键去除抖动的方法有硬件去抖动和软件去抖动两种。由于硬件去抖动需要额外增减硬件电路开销，因此实际应用中常采用软件消除按键抖动的方法。

采用软件来消除按键抖动的基本思想如下：在第一次检测到有按键按下时，该按键所对应的行线为低电平，执行一段 10～20ms 的延时子程序后，确认该行线电平是否仍为低电平，如果仍为低电平，则确认该行确实有按键按下。当按键松开时，行线的低电平变为高电平，执行一段 10～20ms 的延时子程序后，检测该行线为高电平，说明按键确实已经松开。采取以上措施，躲开了两个抖动期 t_1 和 t_3，从而消除了按键抖动的影响。

10.5.2 常用键盘接口的工作原理

常用键盘接口分为独立式键盘接口和行列式键盘接口。

1. 独立式键盘接口

独立式键盘就是各键相互独立，每个按键各接一根输入线，通过检测输入线的电平状态可以很容易的判断哪个按键被按下。

在按键数目较多时，独立式键盘电路需要较多的输入口线且电路结构繁杂，故此种键盘适用于按键较少或操作速度较高的场合。下面介绍几种独立式键盘的接口。

独立式键盘接口电路如图 10-17 所示。图 10-17a 为查询方式的独立式键盘工作电路，按键直接与单片机的 I/O 口线相接，通过读 I/O 口，判断各 I/O 口线的电平状态，即可以识别出按下的键。图 10-17b 为中断方式的独立式键盘工作电路，每个按键通过二极管连接到单片机 INT0 引脚上，相当于构成 8 输入 1 输出的与门，只要有一个按键按下，INT0 引脚就会被拉成低电平，向单片机发出中断请求，在中断服务程序中，对按下的按键进行识别。

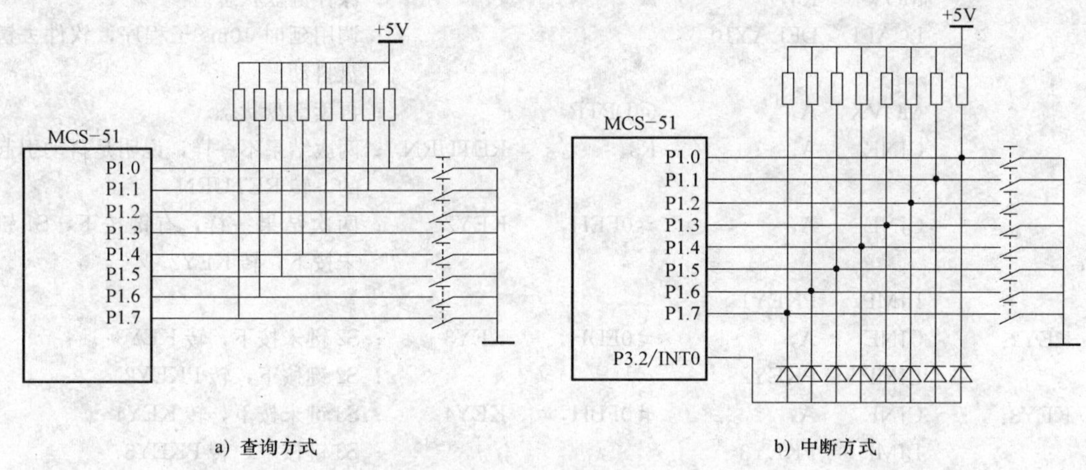

图 10-17　独立式键盘接口电路

此外，也可以用扩展 I/O 口作为独立式键盘接口电路，如采用 8055A 扩展 I/O 口或用三态缓冲器扩展的 I/O 口。扩展 I/O 口作为独立式键盘接口电路，都是通过读取端口单元的对应位来识别按键状态的，和读片外 RAM 的方法相同。前面讲过，由于 8255A 扩展接口在实际设计中使用得越来越少，因此不作介绍。图 10-18 所示为使用 74HC245 三态缓冲器实现独立键盘接口电路。

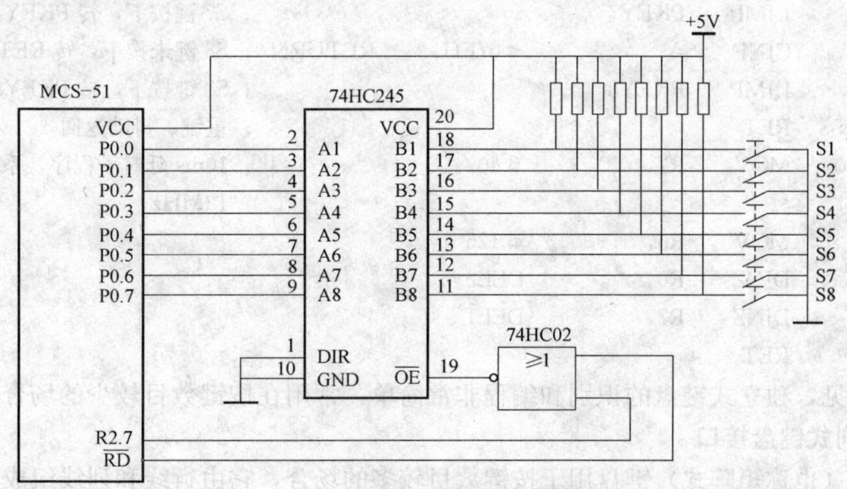

图 10-18　使用三态缓冲器实现独立键盘接口电路

上述各种独立式键盘电路，各按键均采用了上拉电阻，这是为了保证在按键断开时，各 I/O口有确定的高电平，当然如果输入口线内部已有上拉电阻，则外电路的上拉电阻可省去。

例 10-9 对图 10-18 所示的独立式键盘进行软件编程，采用软件消除抖动的方法，以查询工作方式检测各按键的状态。当有且仅有一键按下时才予以识别，如果有两个或多个同时按下将不予以处理。

程序如下：

```
KEYIN:    MOV    DPTP,    #7FFFH              ；键盘地址 7FFFH
          MOVX   A,       @DPTR               ；读键盘状态
          MOV    R3,      A                   ；保存键盘状态值
          LCALL  DELAY10                      ；调用延时 10ms 子程序，软件去键
                                                盘抖动
          MOVX   A,       @DPTR               ；再读键盘状态
          CJNE   A,       R3,      RETURN     ；两次结果不一样，说明是抖动引起
                                                的，转 RETURN
          CJNE   A,       #0FEH,   KEY2       ；两次结果一样，有键按下，S1 键
                                                未按下，转 KEY2
          LJMP   PKEY1
KEY2:     CJNE   A,       #0FDH,   KEY3       ；S2 键未按下，转 KEY3
          LJMP   PKEY2                        ；S2 键按下，转 PKEY2
KEY3:     CJNE   A,       #0FBH,   KEY4       ；S3 键未按下，转 KEY4
          LJMP   PKEY3                        ；S3 键按下，转 PKEY3
KEY4:     CJNE   A,       #0F7H,   KEY5       ；S4 键未按下，转 KEY5
          LJMP   PKEY4                        ；S4 键按下，转 PKEY4
KEY5:     CJNE   A,       #0EFH,   KEY6       ；S5 键未按下，转 KEY6
          LJMP   PKEY5                        ；S5 键按下，转 PKEY5
KEY6:     CJNE   A,       #0DFH,   KEY7；     S6 键未按下，转 KEY7
          LJMP   PKEY6                        ；S6 键按下，转 PKEY6
KEY7:     CJNE   A,       #0BFH,   KEY8       ；S7 键未按下，转 KEY8
          LJMP   PKEY7                        ；S7 键按下，转 PKEY7
KEY8:     CJNE   A,       #07FH,   RETURN     ；S8 键未按下，转 RETURN
          LJMP   PKEY8                        ；S8 键按下，转 PKEY8
RETURN:   RET                                 ；重键、抖动返回
DELAY10:  MOV    R7,      #40                 ；10ms 延时子程序，系统时钟
                                                12MHz
DEL1:     MOV    R6,      #125
DEL2:     DJNZ   R6,      DEL2
          DJNZ   R7,      DEL1
          RET
```

由上可见，独立式键盘的识别和编程非常简单，常用在按键数目较少的场合。

2. 行列式键盘接口

行列式（也称矩阵式）键盘用于按键数目较多的场合，它由行线和列线组成，按键位于行、列的交叉点上。如图 10-19 所示，一个 3×3 的行、列结构可以构成一个具有 9 个按键的键盘。同理，一个 4×4 的行列结构可以构成一个 16 个按键的键盘。相对独立式键盘而言行列式键盘能够节省很多的 I/O 口线。

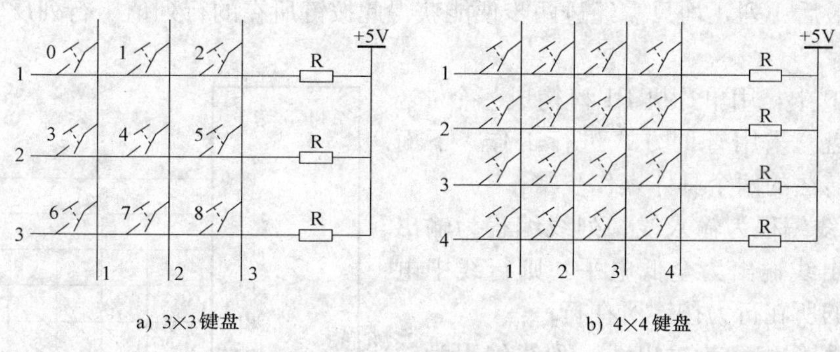

图 10-19　行列式键盘结构

（1）行列式键盘工作原理　按键设置在行线和列线的交点上，行列线分别连接到按键的两端。行线通过上拉电阻接到＋5V 上。无按键按下时，行线处于高电平状态，而当有按键按下时，行线电平状态将由与这些行线相连的列线的电平决定。列线的电平如果为低，则行线电平为低；列线的电平如果为高，则行线的电平也为高。这一点是识别行列式键盘按键是否按下的关键所在。由于行列式键盘彼此将相互发生影响，所以必须将行、列线信号配合起来并作适当的处理，才能确定闭合按键的位置。

（2）按键的识别方法

1）扫描法：下面以图 10-19a 中 2 号键被按下为例，来说明此按键是如何被识别出来的。当 2 号键被按下时，与 2 号键相连的行线电平将受与此按键相连的列线电平决定，而行线电平在无按键按下时处于高电平状态。如果让所有的列线处于低电平，很明显按键所在行电平将被接成低电平，根据此行电平的变化，便能判定此行一定有按键被按下。但还不确定是 2 号键被按下，因为如果 2 号键不被按下，而同一行的 0 号或 1 号键之一被按下，均会产生同样的效果。所以，行线处低电平只能得出某行有按键被按下的结论。为进一步判定到底是哪一列的按键被按下，可采用扫描法来识别。即在某一时刻只让一条列线处于低电平，其余所在列线处于高电平。当第 1 列为低电平，其余各列为高电平时，因为是 2 号键被按下，所以第 1 行仍处于高电平状态；而当第 2 列为低电平，而其余各列为高电平时，同样会发现第 1 行仍处于高电平状态；直到让第 3 列为低电平，其余各列为高电平时，因为此时 2 号键被按下，所以第 1 行的电平将由高电平转换到第 3 列所处的低电平，据此可判断第 1 行第 3 列交叉处的按键，即 2 号键被按下。

根据上面的分析，很容易想到识别键盘有无按键被按下的方法。此方法分两步进行：第一步，识别键盘有无按键被按下；第二步，如有按键被按下，识别出具体的按键。分别介绍如下：

首先把所有的列线均置为低电平，检查各行线电平是否出现低电平，如果出现低电平则说明有按键被按下，如果没出现低电平，则说明无按键被按下。

上述识别具体按键的方法也称为扫描法，即先把某一列置为低电平，其余各列置为高电平，检查各行线电平的变化，如果某行线电平为低电平，则可确定此行此列交叉点处的按键被按下。

2）行列反转法：扫描法要逐列扫描查询，当被按下的按键处于最后 1 列时，则要经过多次扫描才能最后获得此按键所处的行列值。而行列反转法则显得很简练，无论被按键是处于第 1 列或最后 1 列，均只需经过两步便能获得此按键所在的行列值。行列反转法的原理如图 10-20 所示。

图 10-20 中，用单片机 P1 口构成一个 4×4 的矩阵健盘，采用查询方式进行工作，下面介绍行列反转法的两个具体操作步骤：

① 让行线编程为输入线、列线编程为输出线，并使输出线输出为全低电平，则行线中电平由高变低的所在行为按键所在行；

② 再把行线编程为输出线，列线编程为输入线，并使输出线输出全低电平，则列线中电平由高变低所在列即为按键所在的列。

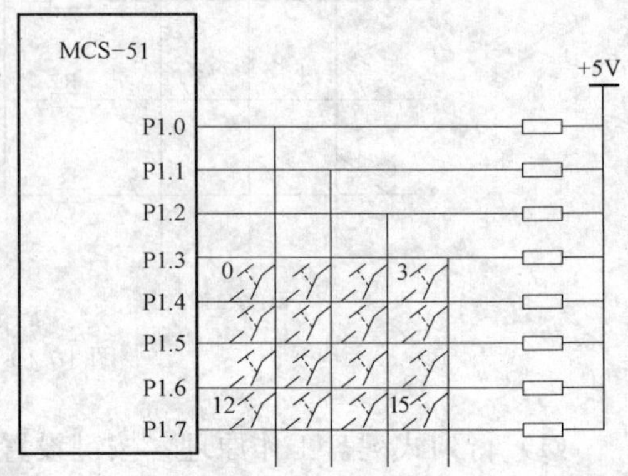

图 10-20 行列反转法的原理

结合上述两步的结果，可确定按键所在行和列，从而识别出所按的按键。

假设 3 号键被按下，那么第 1 步即在 P1.0～P1.3 输出全为 0，然后读入 P1.4～P1.7 位，结果 P1.4=0，而 P1.5、P1.6 和 P1.7 均为 1，因此，第 1 行出现电平变化，说明第 1 行有按键按下；第 2 步让 P1.4～P1.7 输出全为 0，然后读入 P1.0～P1.3 位，结果 P1.3=0，而 P1.0、P1.1 和 P1.2 均为 1，因此第 4 列出现电平的变化，说明第 4 列有按键按下。综合上述分析，即第 1 行第 4 列按键被按下，此按键即是 3 号键。因此行列反转法非常简单适用。当然，实际编程中要考虑采用软件延时进行消除抖动处理。

(3) 键盘的编码　对于独立式键盘，由于按键的数目比较少，可根据实际需要灵活编码。对于行列式键盘，按键的位置由行号唯一确定，所以常常采用依次排列键号的方式对键盘进行编码。以 4×4 键盘为例，键号可以编码为 01H、02H、03H、…、0EH、0FH、10H，共 16 个。

10.5.3 键盘的工作方式

MCS-51 单片机应用系统中，键盘扫描只是单片机的工作内容之一。单片机在忙于各项工作任务时，如何兼顾键盘的输入，取决于键盘的工作方式。键盘工作方式的选取应根据实际应用系统中 CPU 工作的忙、闲情况而定。其原则是既要保证能及时响应按键操作，又不要过多占用 CPU 的工作时间。通常键盘工作方式有三种，即编程扫描、定时扫描和中断扫描。

1. 编程扫描方式

这种方式就是只有当单片机空闲时，才调用键盘扫描子程序，反复地扫描键盘，等待用户从键盘上输入命令或数据，来响应键盘的输入请求。以图 10-20 为例，通过单片机 P1 口与一个 4×4 矩阵键盘接口，键盘采用编程扫描方式，工作过程如下：

1）在键盘扫描程序中，首先判断键盘上有无按键按下。其方法为 P1 口低 4 位输出全 0，读 P1 口高 4 位状态，若 P1.4～P1.7 为全 1，则说明键盘无按键按下。若不全为 1，则说明键盘可能有按键按下。

2）用软件延时 10ms 来消除按键抖动的影响。确实有按键按下时，进行下一步。

3）求按下按键的键号。根据前面介绍的扫描过程，逐列置 0 扫描，读入行线的状态，最后确定按键位置。

4）等待按键释放后，再进行按键功能的处理操作。

2. 定时扫描方式

单片机对键盘的扫描也可采用可定时扫描方式，即每隔一定的时间对键盘扫描一次。在这种扫描方式中，通常利用单片机内的定时器，产生 10～20ms 的定时中断，响应定时器溢出中断请求，对键盘进行扫描，在有按键按下时识别出该按键，并执行相应按键的处理功能程序。

3. 中断扫描方式

为进一步提高单片机扫描键盘的工作效率，可采用中断扫描方式，即只有在键盘有按键按下时，才扫描键盘并执行该按键功能程序，如果无按键按下，单片机将不理睬键盘。

到此，可把键盘所做的工作分为三个层次，如图 10-21 所示。

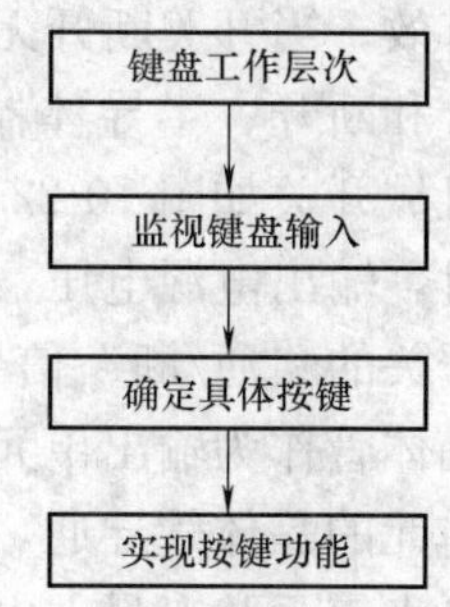

图 10-21　键盘的工作层次

第 1 层：单片机如何来监视键盘输入。体现在键盘工作方式上就是：①编程扫描方式；②定时扫描方式；③中断扫描方式。

第 2 层：确定具体按键的键号。体现在按键的识别方法上就是：①扫描法；②行列反转法。

第 3 层：实现按键的功能，执行按键处理程序。

例 10-10　对图 10-20 所示的键盘使用行列反转法进行编程，程序如下：

```
KEY:  MOV   P1,   #0F0H    ; P1.0～P1.3 为列线，输出低电平，P1.4～
                           P1.7 为行线，置成高电平，为输入做准备
      MOV   A,    P1       ; 读入 P1 口
      ANL   A,    #0F0H    ; 取 P1.4～P1.7 信息
      XRL   A,    #0F0H    ; 判断 P1.4～P1.7 有无低电平
      JZ    RET            ; 如果读回的 P1.4～P1.7 为高电平，说明没
                           有按键操作，返回
      MOV   A,    P1       ; 有按键按下，重新读入 P1 口状态
      MOV   R6,   A        ; 保存键值高位字节
      ORL   A,    #0FH     ; 将低半字节置成高电平，为输入数据做准备
      MOV   P1,   A        ; 将高半字节置成输出状态，并把读入的
                           P1.4～P1.7 重新输出到 P1 口
      MOV   A,    P1       ; 读入 P1 口状态
      ANL   A,    #0FH
      MOV   R7,   A        ; 保存键值低半字节
      MOV   A,    R6
      ANL   A,    #0F0H    ; 取键值高半字节
      ORL   A,    R7       ; 合并键值，最后键值存储在 A 中
      RET
```

上述程序将读取到的键值，存放在累加器 A 中，通过查表或数值比较就能得到具体哪个按键按下。比如键值为 11100111B，就说明是 3 号键按下。

10.6 MCS-51单片机应用系统中典型的开关量接口电路

10.6.1 开关量输入接口

开关量输入接口用于监测物理量的“状态”，这些“状态”可以是电平的高/低、运行的启动/停止、开关的开启/关闭等。实际系统典型的开关量输入包括开关、按钮、其他设备的开关量输出、离散量传感器及其他开/关传感设备等。

开关量的状态通过输入接口电路为单片机系统所感知。当开关闭合有电流导通时，输入状态有效；当开关断开无电流导通时，输入状态无效。常见的开关量有四种形式：机械开关的闭合和断开、半导体器件的导通和截止、高低电平信号、差分电平信号，如图10-22所示。机械开关如图10-22a所示，分为有源开关信号和无源开关信号。有源开关信号当开关闭合时，输出电源电压，如车辆的仪表盘开关提供的就是有源开关信号；无源开关信号输出的是开关的“通/断”信号。半导体开关的导通和截止信号常用于霍尔传感器等集成器件中，使用晶体管作为输出单元，如图10-22b所示，当霍尔元件所处磁场大于一定强度时，作为输出单元的晶体管导通，否则就截止。高低电平信号如图10-22c所示，工业仪表经常用高低电平来表示状态量，电平逻辑多使用DC12V和DC24V。差分电平信号如图10-22d所示，工业仪表或变频器为了便于将逻辑信号远传，使用差分发送器将高低电平转换成差分电平传输。

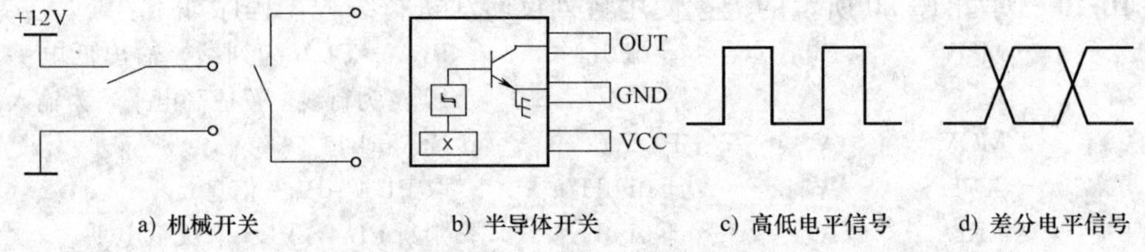

a) 机械开关　b) 半导体开关　c) 高低电平信号　d) 差分电平信号

图10-22　常见的开关量信号

大多数情况下，将实际对象的输入与单片机系统内部电路相隔离是很重要的，这样可以防止某些外部环境对单片机系统电路毁坏现象的发生。电气隔离的有效手段是采用光电隔离，因此在单片机系统中开关量的输入接口多采用光电隔离的方式。图10-23所示为两种典型的光电隔离的开关量输入接口电路。其中，图10-23a适合作为无源机械开关、半导体开

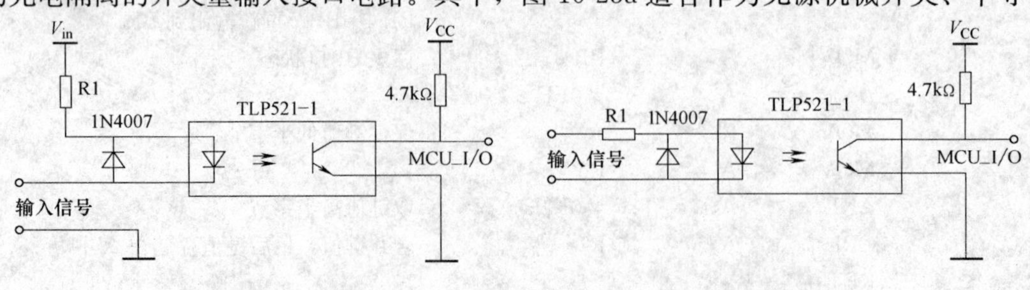

a) 无源开关量的光电隔离　b) 有源开关量的光电隔离

图10-23　典型的光电隔离的开关量输入接口电路

关、高低电平信号等开关量的输入场合使用，输入为高低电平信号时，V_{in}要与输入信号的高电平匹配；图 10-23b 适合作为有源开关信号和差分电平信号使用，光耦合器中，发光二极管的工作电流范围在 5～10mA，限流电阻的阻值可据此选择。

10.6.2　开关量输出接口

在工业生产现场，有不少控制对象是电磁继电器、电磁开关或晶闸管、固态继电器和功率电子开关，其控制信号都是开关量。能否用单片机片内的 I/O 口直接驱动它们呢？这首先就要了解 MCS-51 单片机片内 I/O 口的驱动能力。

MCS-51 单片机有四个并行双向口，每个口由一个锁存器、一个输出驱动器和一个输入缓冲器组成。如果不用外部存储器，P0、P1、P2、P3 这四个口都可以做输出口，但其驱动能力不同，P0 口的驱动能力较大，每位可驱动八个 LSTTL 输入，即当其输出高电平时，可提供 400μA 的电流；当其输出低电平（0.45V）时，则可提供 3.2mA 的灌电流，如低电平允许提高，灌电流可相应加大。P1、P2、P3 口的每一位只能驱动四个 LSTTL，即可提供的电流只有 P0 口的 1/2。所以，任何一个口要想获得较大的驱动能力，只能用低电平输出。8031 通常要用 P0、P1 口作访问外部存储器用，所以只能用 P1、P3 口作输出口。P1、P3 口的驱动能力有限，在低电平输出时，一般也只能提供不到 2mA 的灌电流，所以通常要加总线驱动器或其他的驱动电路。

因此，MCS-51 单片机应用系统在控制大功率负载时，如电动机、电磁铁、继电器、灯泡等，显然不能用 I/O 线来直接驱动，而必须通过各种驱动电路和开关电路来驱动。此外，为了使单片机与强电隔离和抗干扰，有时需加接光耦合器。这些外围驱动电路、光耦合器与单片机的接口电路，被称为单片机的功率接口。开关量输出用于控制“负载”的开和关。“负载”可以是其他设备的开关量输入电路、指示灯、电机、电磁阀，或者实际环境中其他类型的开关设备。

1. 光电隔离的开关量输出接口电路

MCS-51 单片机系统往往要为其他控制器、变频器提供控制信息，这些控制信息可以通过现场总线或输入/输出接口两种形式提供。在一些机电控制系统中，比如控制电动机的起动和停止，往往都是使用接口电路实现的。对于低电压情况下开关量控制输出，可采用晶体管、OC 门或运算放大器等方式。由于机电设备的输入电路多采用图 10-23a 的形式，因此单片机系统更多使用图 10-24 所示的光电隔离开关量输出接口电路与之配合。单片机 I/O 口输出高电平时，光耦合器的发光二极管没有电流流过，光敏晶体管截止；单片机 I/O 口输出低电平时，光耦合器的发光二极管有电流流过，光敏晶体管导通。通过这样的电路处理，可以把单片机 I/O 口输出的高低电平转换成隔离的光敏晶体管的导通或截止信号。

2. 差分式开关量输出接口电路

MCS-51 单片机用在机电系统中的伺服驱动器或变频器时，要将相对光电码盘检测到的电动机的转速或位置信号输出给其他设备。为实现快速变化的电平信号远传，多采用差分方式输出，其接口电路如图 10-25 所示。

3. 集成电路功率输出接口电路

表 10-25 给出了常用集成数字驱动电路的型号和参数。这些驱动电路只要接入合适的限流电阻和偏置电阻，即可直接由 TTL、MOS 以及 CMOS 电路来驱动。当它们用于驱动感

性负载时，必须接限流电阻或钳位二极管。此外，有些驱动器内部还设有逻辑门电路，可以完成与、与非、或以及或非的逻辑功能。

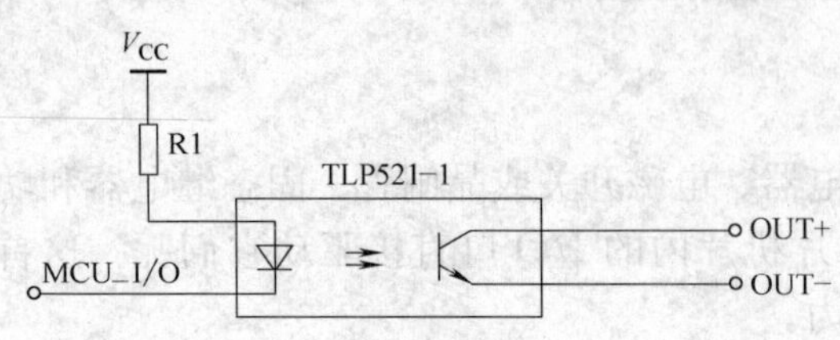

图 10-24 光电隔离的开关量输出接口电路

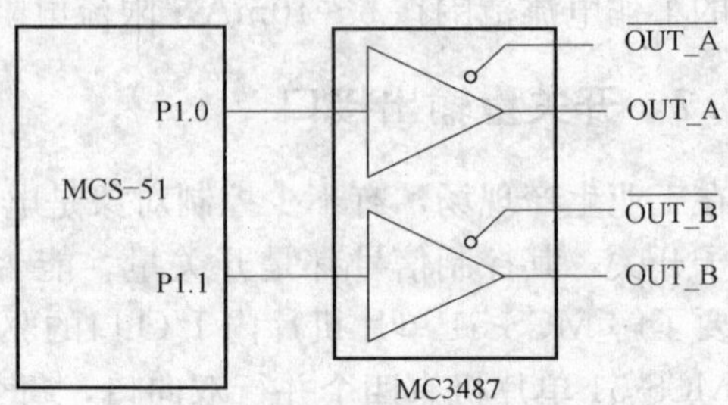

图 10-25 差分式开关量输出接口电路

表 10-25 常用集成数字驱动电路的型号和参数

	与	与非	或	或非	最大工作电压/V	最大输出电流/mA	驱动器的数目	典型延迟时间/ns
具有逻辑门的驱动器	SN75431	SN75432	SN75433	SN75434	15	300	2	15
	SN75451B	SN75452B	SN75453B	SN75454B	20	300	2	21
	SN75461	SN75462	SN75463	SN75464	30	300	2	33
	SN75401	SN75402	SN75403	SN75404	30	500	2	33
		SN75437			35	700	4	300
	SN75446	SN75447	SN75448	SN75449	50	250	2	300
	SN75471	SN75472	SN75473	SN75474	55	300	2	30～100
	SN75476	SN75477	SN75478	SN75479	55	300	2	30～100
	SN75411	SN75412	SN75413	SN75414	55	500	2	30～100
	SN75416	SN75417	SN75418	SN75419	55	500	2	30～100
无逻辑门驱动器	SN75064	SN75066	SN75068		35	1500	4	500
	ULN2064	SN75074	ULN2068		35	1500	4	500
	ULN2074	ULN2066	ULN2841	ULN2845	35	1500	4	500
	ULN2001A	ULN2002A	ULN2003A	ULN2004A	40	350	7	1000
	MC1441	MC1412	MC1413	MC1416	50	500	7	1000
	SN75065	SN75067	SN75069		50	1500	4	500
	ULN2065	SN75075	ULN2069		50	1500	4	500
	ULN2075	ULN2067			50	1500	4	500
	SN75466	SN75467	SN75468	SN75469	60	500	7	130
	L298N				50	4A	4	3000

例 10-11 直流电动机和步进电动机驱动电路。

图 10-26 所示为直流电动机驱动电路，图 10-27 所示为步进电动机驱动电路，都是使用 L298N 作为驱动器件。L298N 是专用驱动集成电路。属于 H 桥集成电路。L298N 与 L293D 的差别是其输出电流增大、功率增强：输出电流为 2A，最高电流 4A，最高工作电压 50V；可以驱动感性负载，如大功率直流电动机、步进电动机、电磁阀等。特别是 L298N 的输入端可以与单片机的 I/O 口直接相连，从而能很方便地受单片机控制，直接驱动直流电动机和步进电动机。L298N 驱动直流电动机能够实现电动机正转与反转，实现此功能只需改变输入端的逻辑电平。

为了避免电动机对单片机的干扰，实际应用中，往往在单片机和 L298N 之间加入光耦合器隔离，从而使系统能稳定可靠地工作。L298N 的引脚 EN A 为 IN1 和 IN2 的使能端，EN B 为 IN3 和 IN4 的使能端，EN A 与 EN B 为高电平时有效，这里的电平指的是 TTL 电平。

图 10-26 中，P1.2 控制使能端 EN A，P1.2 取反后控制使能端 EN B，这样设计能够保证任一时刻只有半桥工作，防止驱动矛盾烧毁芯片。P1.0 作为 IN1 和 IN4 的输入，P1.1 作为 IN2 和 IN3 的输入。VS 接驱动电动机的直流电源，VSS 接单片机系统电源，注意正负。控制信号与直流电动机的运动状态关系对照见表 10-26。

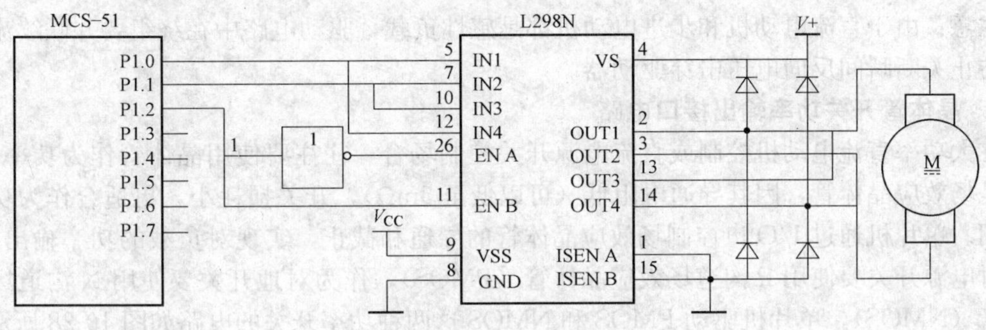

图 10-26　直流电动机驱动电路

表 10-26　控制信号与直流电动机的运动状态关系对照

P1.0	P1.1	P1.2	电动机状态
H	L	L	正转
H	L	H	反转
L	H	L	反转
L	H	H	正转
H	H	×	停转
L	L	×	停转

图 10-27 中使用的是四相步进电动机，EN A 与 EN B 接 V_{CC}，L298N 输出总是使能的。P1.0～P1.3 接到 IN1～IN4 用来产生步进电动机控制节拍。步进电动机的控制逻辑见表 10-27，其中 A、B、C、D 为步进电动机的四个绕组，为 1 表示有电流通过，为 0 表示没有电流通过。

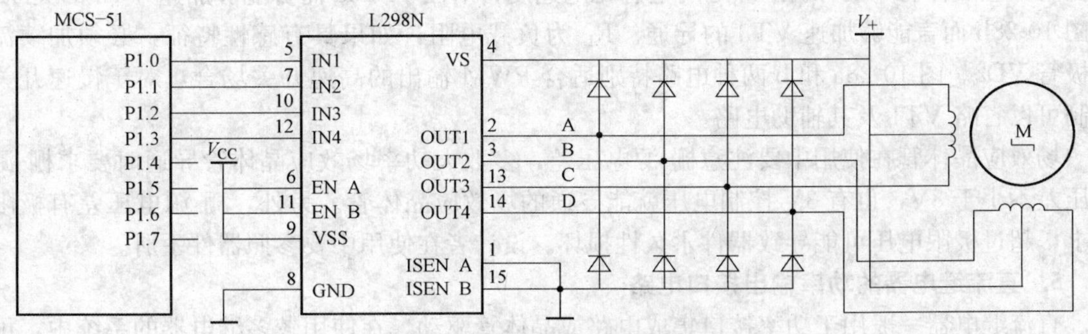

图 10-27　步进电动机驱动电路

表 10-27 步进电动机的控制逻辑

P1.0	P1.1	P1.2	P1.3	A	B	C	D
L	H	H	H	1	0	0	0
H	L	H	H	0	1	0	0
H	H	L	H	0	0	1	0
H	H	H	L	0	0	0	1

注意：由于直流电动机和步进电动机都是感性负载，驱动电路中在绕组要并联续流二极管，防止关断瞬间反向电压击穿驱动器。

4. 晶体管开关功率输出接口电路

在大功率直流电动机控制或直流电源开关控制场合，往往要使用晶体管作为功率开关。尤其是场效应晶体管，因其导通电阻低（可以低至 5mΩ），开关损耗小，更适合作为功率开关使用。单片机通过 I/O 口控制场效应晶体管的导通和截止，实现对负载的功率输出控制。作为对电源开关要使用 P 沟道场效应晶体管（PMOS），作为对地开关要使用 N 沟道场效应晶体管（NMOS）。单片机驱动 PMOS 和 NMOS 这两种功率开关的电路如图 10-28 所示。

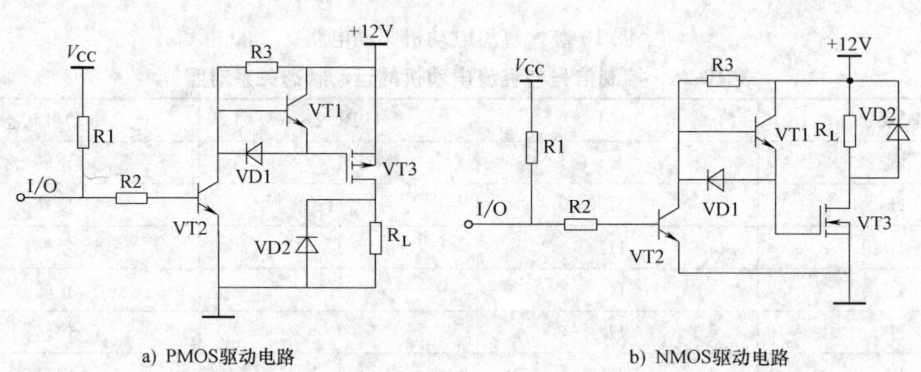

a) PMOS驱动电路　　b) NMOS驱动电路

图 10-28 单片机驱动场效应晶体管功率开关的电路

图 10-28a 和 b 中，VT2 用来将单片机输出的 V_{CC} 电平转换为+12V 电平，同时能够通过二极管 VD1 加快场效应晶体管 VT3 的栅-源之间电容放电速度，对图 10-28a 而言能够加速 VT3 的导通，对图 10-28b 而言能够加速 VT3 的关断。VT1 起到射极输出器作用，能够加快场效应晶体管 VT3 的栅-源之间电容充电速度，对图 10-28a 而言能够加速 VT3 的关断，对图 10-28b 而言能够加速 VT3 的导通。R_L 为负载电阻，如果具有感性特征，必须加续流二极管 VD2。图 10-28a 和 b 两种电路特别适合 PWM 输出的高速开关场合，对于慢速开关控制可以省略 VT1 及其辅助电路。

场效应晶体管在使用中要注意栅-源电压差，多数大功率场效应晶体管导通时要求栅-源电压差不小于 8V，也有 3V 控制电压就能导通的场效应晶体管。另外，栅-源电压差有极限要求，超过极限电压可能导致器件永久性损坏。设计者在使用中要参照器件手册。

5. 直流继电器的功率输出接口电路

直流继电器一般用于功率接口集成电路或晶体管驱动。在使用较多继电器的系统中，可用功率接口集成电路驱动，如 SN75468 等。一片 SN75468 可以驱动七个继电器，驱动电流可达 500mA，输出端最大工作电压为 100V。常用的继电器大部分属于直流电磁式继电器，也称为直流继电器。图 10-29 所示为使用晶体管和光耦合器驱动的直流继电器的接口电路，由于系统电源 V_{CC}和继电器＋12V 供电电源不共地，因此能有效防止继电器动作时产生的噪声对系统的冲击和干扰。

直流继电器的动作由单片机的 I/O 口控制。单片机的 I/O 口输出低电平时，光耦合器的发光二极管发光，光敏晶体管导通，PNP 晶体管 9012 导通，继电器 K 的常开触点吸合，常闭触点断开；单片机的 I/O 口输出高电平时，光耦合器的发光二极管不发光，光敏晶体管截止，PNP 晶体管 9012 截止，继电器 K 的常开触点释放，常闭触点闭合。采用这种控制逻辑可以使直流继电器在上电复位时不产生吸合动作。

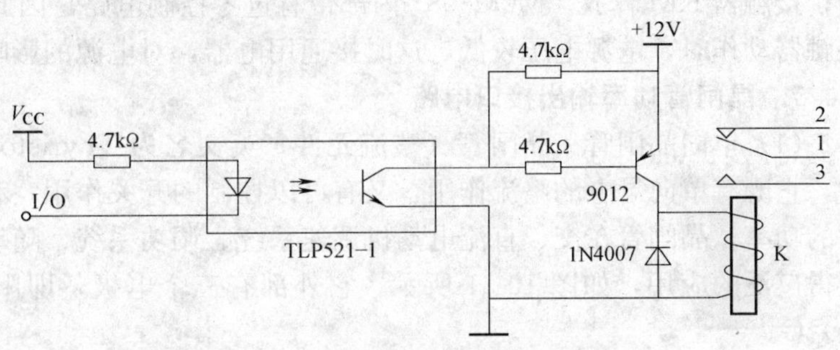

图 10-29 驱动直流继电器的接口电路

继电器 K 由晶体管 9012 驱动，9012 可以提供 300mA 的驱动电流，适用于继电器线圈工作电流小于 300mA 的场合。供电电源的电压范围是 6～30V，光耦合器使用 TLP521-1。9012 的电流放大倍数大于 100，当继电器线圈工作电流为 300mA 时，光耦合器需要输出大于 3mA 的电流。输入光耦合器的电流必须大于 6mA，才能保证向继电器提供 300mA 的电流。光耦合器的输入电流由单片机 I/O 灌电流提供，极限电流能力约为 10mA。

二极管 1N4007 的作用是保护 9012。当继电器 K 吸合时，1N4007 截止，不影响电路工作。继电器释放时，由于继电器线圈存在电感，这时 9012 已经截止，所以会在线圈的两端产生较高的感应电压。这个感应电压的极性是上负下正，负端接在 9012 的集电极上。当感应电压与＋12V 之和大于 9012 的集电极反向耐压时，9012 就有可能损坏。加入 1N4007 后，继电器线圈产生的感应电流由 1N4007 中流过，因此不会产生很高的感应电压，9012 得到了保护。

6. 交流接触器的功率输出接口电路

交流接触器广泛用作电力的开断和控制电路之中。它利用主触点来开闭电路，用辅助触点来执行控制指令。主触点一般只有常开触点，而辅助触点常有两对具有常开和常闭功能的触点。小型的接触器也经常作为中间继电器配合主电路使用。交流接触器的触点通常由银钨合金制成，具有良好的导电性和耐高温烧蚀性。交流接触器的触点数一般较多。由于交流接触器的线圈工作电压是交流电，所以通常使用双向晶闸管驱动或使用一个直流继电器作为中间继电器控制。图 10-30 所示为交流接触器的实物和接口电路。

交流接触器 KM 由双向晶闸管 VT1 驱动。双向晶闸管额定工作电流为交流接触器线圈工作电流的 2～3 倍，额定工作电压为交流接触器线圈工作电压的 2～3 倍。对于工作电压为 220V 的中、小型交流接触器线圈，可以选择 3A、600V 或 800V 的双向晶闸管。

光耦合器 MOC3081 的作用是触发双向晶闸管 VT1 以及隔离单片机系统与接触器系统。

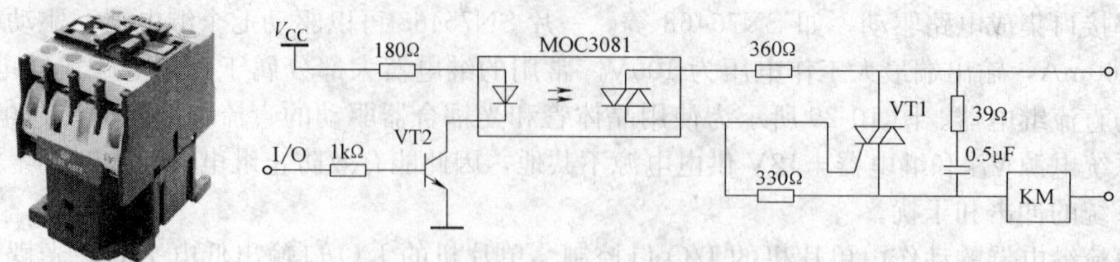

图 10-30 交流接触器实物和接口电路

MOC3081 的输入端接晶体管 VT2，由单片机的 I/O 口控制，要加上拉电阻。单片机的 I/O 口输出高电平时，VT1 导通，接触器 KM 吸合。单片机的 I/O 口输出低电平时，VT1 关断，接触器 KM 释放。MOC3081 内部带有过零控制电路，因此 VT1 工作在过零触发方式。接触器动作时，电源电压较低，这时接通用电器，对电源的影响较小。

7. 晶闸管功率输出接口电路

（1）单向晶闸管 晶闸管（整流元件）英文名为 Thyristor，这是一种大功率半导体器件，它既有单向导电的整流作用，又有可以控制的开关作用，利用它可用较小的功率控制较大的功率。晶闸管在交、直流电动机调速系统、调功系统、随动系统和无触点开关等方面均获得广泛的应用，如图 10-31 所示，它外部有三个电极，即阳极 A、阴极 C、门极（控制极）G。

与二极管不同的是，当阳极和阴极两端加上正向电压而门极不加电压时，晶闸管并不导通，其正向电流很小，处于正向阻断状态；当加上正向电压，且门极上（与阴极间）也加上一正向电压时，晶闸管便进入导通状态，这时管压降很小（1V 左右）。晶闸管导通后，即使控制电压消失仍能保持导通状态，所以控制电压没有必要一直存在，通常采用脉冲形式，以降低触发功耗。普通晶闸管不具有自关断能力，要切断负载电流，只有使用阳极电流减小到维持电流以下，或加上反向电压才能实现。若在交流回路中应用晶闸管，当电流过零和进入负半周时，会自动关断，为了使其再次导通，必须重加控制信号。

（2）双向晶闸管 晶闸管应用于交流电路控制时，如图 10-32 所示，采用两个器件反并联，以保证电流能沿正反两个方向流通。

图 10-31 单向晶闸管　　图 10-32 双向晶闸管

如果把两只反并联的晶闸管制作在同一硅片上，便构成双向晶闸管，门极共用一个，使电路大大简化。其特征如下：

1）门极 G 上无信号时，A1、A2 之间呈高阻抗，管子截止。

2）$V_{A1A2} > 1.5V$ 时，不论极性如何，均可利用 G 触发电流控制其导通。

3）工作于交流时，当每一半周交替时，纯电阻负载一般能恢复截止。但在感性负载情况下，电流相位滞后于电压，电流过零，可能反向电压超过转折电压，使管子反向导通。所以，要求管子能承受这种反向电压，而且一般要加 RC 吸收回路。

4）A1、A2 可调换使用，触发极性可正可负，但触发电流有差异。

双向晶闸管经常用作交流调压、调功、调温和无触点开关，过去其触发脉冲一般都用硬件产生，故检测和控制都不够灵活，而在单片机控制应用系统中则经常可利用软件产生触发脉冲。

（3）光耦合型双向晶闸管　这种器件是一种单片机输出与双向晶闸管之间较理想的接口器件，它由输入和输出两部分组成，输入部分是一砷化镓发光二极管，该二极管在 5～15mA 正向电流作用下发出足够强度的红外光，触发输出部分。输出部分是一硅光敏双向晶闸管，在红外光的作用下可双向导通。有的型号的光耦合双向晶闸管驱动器还带有过零检测电路，以保证在电压为零（接近于零）时才触发晶闸管导通，如 MOC3030/31/32（用于 115V 交流），MOC3040/41（用于 220V 交流）。该器件为 6 引脚双列直插式封装，其引脚配置和内部结构如图 10-33 所示。图 10-34 和图 10-35 所示为这类光耦合型双向晶闸管驱动阻性负载和感性负载的典型电路。图 10-34 和图 10-35 中，光耦合型双向晶闸管输出端导通，触发外部的双向晶闸管 VT 导通。当单片机 I/O 口输出高电平时，MOC3041 输出端的双向晶闸管关断，外部双向晶闸管 VT 也关断。电阻 R_1 的作用是限制流过 MOC3041 输出端的电流不要超过 1A。R_1 的大小由下式计算：

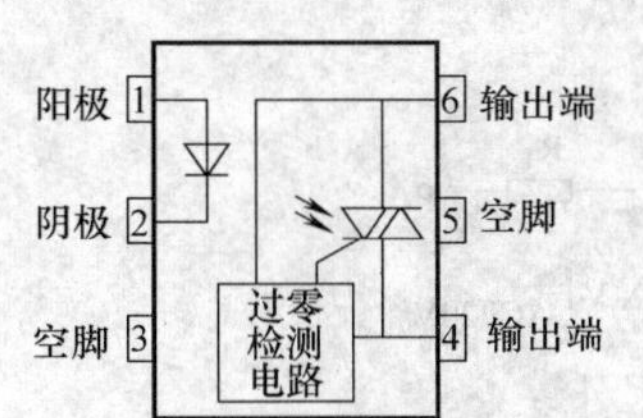

图 10-33　光耦合型双向晶闸管引脚配置和内部结构

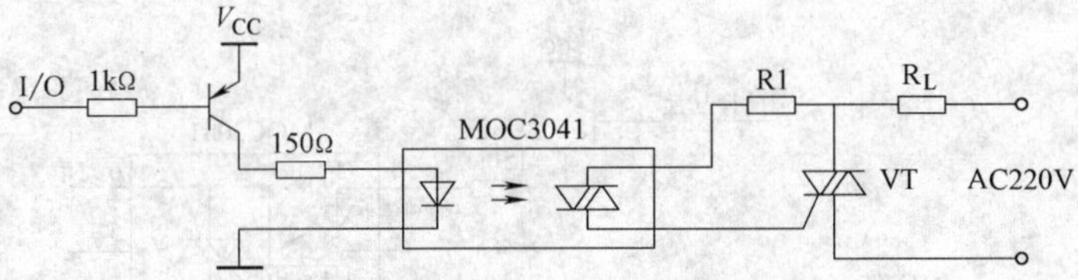

图 10-34　双向晶闸管型触发电路驱动阻性负载

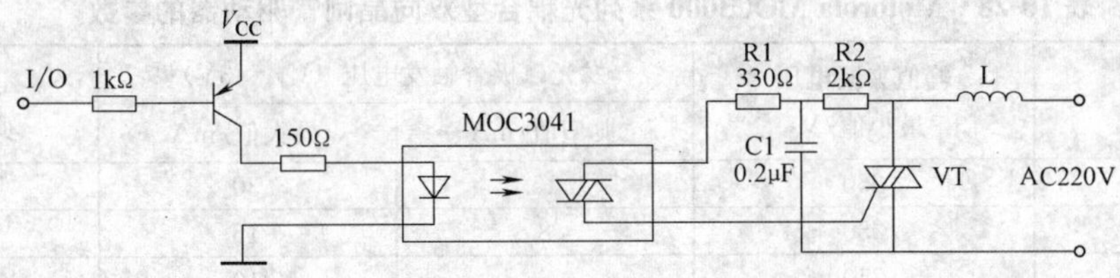

图 10-35　双向晶闸管型触发电路驱动感性负载

$$R_1=\frac{V_P}{I_P}=\frac{220\times\sqrt{2}}{1}\Omega=311\Omega$$

R_1 取 300Ω。由于串入电阻 R_1，使得触发电路有一个最小触发电压，低于这个电压时，VT 才导通，最小触发电压 V_T 由下式计算：

$$V_T=R_1I_{GT}+V_{GT}+V_{TM}=300\times0.05\text{V}+2\text{V}+3\text{V}=21.5\text{V}$$

对应的最小触发延迟角为

$$\alpha=\arcsin\frac{V_T}{V_P}=\arcsin\frac{21.5}{311}=3.96°$$

即触发延迟角不能小于 3.96°，也只有在 3.96°时，内部双向晶闸管才导通。当外接的双向晶闸管功率较大时，需要较大的 I_{GT}，这时最小触发延迟角比较大，可能会超出使用的要求。解决的方法是在大功率晶闸管和 MOC3041 之间再加入一个触发用的晶闸管。这个触发用的晶闸管的限流电阻可以用得比较小，所以最小触发延迟角也可以做得比较小。当负载为感性负载时，由于电压上升率 dv/dt 较大，有可能超过 MOC3041 允许的范围，在阻断状态下，晶闸管的 PN 结相当于一个电容，如果突然受到正向电压，充电电流流过门极 PN 结时，起了触发电流的作用，当电压上升率 dv/dt 较大时，就会造成 MOC3041 的输出晶闸管误导通，因此，在 MOC3041 的输出回路中加入 R_2 和 C1 组成的 RC 回路，降低电压上升率 dv/dt，使 dv/dt 在允许的范围内。经计算 R_2 取 2kΩ。

$$C_1=\frac{389\times10^{-6}}{2\times10^3}\text{ F}=0.19\times10^{-6}\text{F}=0.19\mu\text{F}$$

在使用晶闸管的控制电路中，常要求晶闸管在电源电压为零或刚过零时触发，来减少晶闸管在导通时对电源的影响。这种触发方式称过零触发。过零触发需要过零检测电路，有些光耦合器内部含有过零检测电路，如 MOC3041/ MOC3061/ MOC3081。图 10-36 是使用 MOC3041/ MOC3061/ MOC3081 双向晶闸管的过零触发驱动电路。表 10-28 列出了 Motorola公司 MOC3000 系列光耦合型双向晶闸管驱动器的参数。

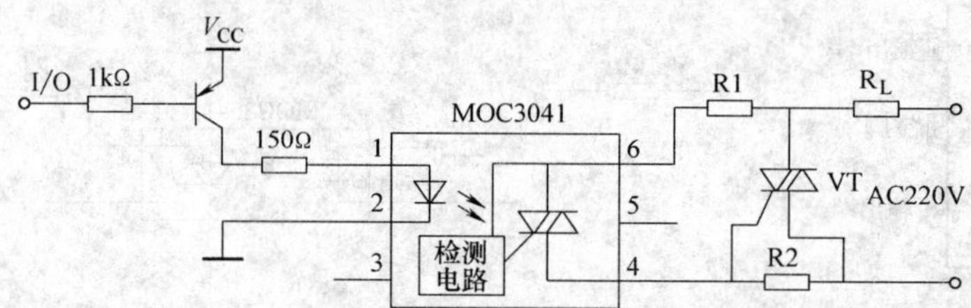

图 10-36 双向晶闸管的过零触发驱动电路

表 10-28 Motorola MOC3000 系列光耦合型双向晶闸管驱动器的参数

型 号	峰值夹断电压最小值/V	发光二极管触发电压（V_{T4}=3V）		正向电压典型值/V
		典型值/mA	最大值/mA	
MOC3009	250	15	30	1.2
MOC3010	250	8	15	1.2
MOC3011	250	5	10	1.2
MOC3012	250	—	5	1.2
MOC3020	400	15	30	1.2
MOC3021	400	8	15	1.2
MOC3022	400	—	10	1.2
MOC3023	400	—	5	1.2
MOC3030	250	—	30	1.3
MOC3031	250	—	15	1.3
MOC3032	250	—	10	1.3
MOC3040	400	—	30	1.3
MOC3041	400	—	15	1.3

8. 固态继电器

固态继电器（Soild State Relay，SSR）是近年发展起来的一种新型电子继电器，其输入控制电流小，用 TTL、HTL、CMOS 等集成电路或加简单的辅助电路就可直接驱动，因此适宜于在单片机测控系统中作为输出通道的控制元件。固态继电器输出利用晶体管或晶闸管驱动，无触点，与普通的电磁式继电器和电磁开关相比，具有无机械噪声、无抖动和回跳、开关速度快、体积小、重量轻、寿命长、工作可靠等特点，并且耐冲击、抗潮湿、抗腐蚀，因此在单片机测控等领域中作为开关量输出控制元件，已逐渐取代传统的电磁式继电器和电磁开关。

（1）固态继电器主要特征

1）功耗低：由于其输入端是采用的光耦合器，其驱动电流仅需几毫安便能可靠地控制，所以可以直接用 TTL、HTL、CMOS 等集成驱动电路控制。

2）高可靠性：由于其结构上无可动接触部件，且采用全塑密闭式封装，所以固态继电器开关时无抖动和无回跳现象，无机械噪声，同时能耐潮、耐震、耐腐蚀；由于无触点火花，可用在有易燃易爆介质的场合。

3）低电磁噪声：交流型固态继电器在采用了过零触发技术后，电路具有零电压开启、零电流关闭的特征，可使对外界和本系统的射频干扰降到最低程度。

4）能承受的浪涌电流大：其数值可为固态继电器额定值的 6～10 倍。

5）对电源电压适应能力强：交流型固态继电器的负载电源电压可以在 30～220V 范围内任选。

6）抗干扰能力强：由于输入与输出之间采用了光电隔离，割断了两者的电气联系，避免了输出功率负载电路对输入电路的影响。另外，又在输出端附加了干扰抑制网络，有效地抑制了线路中 $\mathrm{d}v/\mathrm{d}i$ 和 $\mathrm{d}i/\mathrm{d}t$ 的影响。

（2）固态继电器的分类　固态继电器是一种四端器件，两端输入，两端输出。它们之间用光耦合器隔离。

1）以负载电源类型分类：可分为直流型（DC-SSR）和交流型（AC-SSR）两种。直流型是用功率晶体管做开关器件，交流型则用双向晶闸管做开关器件，分别用来接通和断开直流或交流负载电源。

2）以开关触点形式分类：可分为常开式和常闭式。目前市场以常开式为多。

3）以控制触发信号的形式分类：可分为过零型和非过零型。它们的区别在于负载交流电流导通的条件。非过零型在输入信号时，不管负载电源电压相位如何，负载端立即导通。而过零型必须在负载电源电压接近零且控制信号有效时，输出端负载电源才导通。其关断条件是，在输入端的控制电压撤消后，流过双向晶闸管的负载电流为零时，固态继电器关断。

（3）固态继电器的典型应用

1）固态继电器输入端的驱动电路：固态继电器的输入控制信号大致有两类：最基本的开关触点控制固态继电器（见图 10-37）和 TTL/CMOS 数字信号驱动固态继电器（见图 10-38）。其中，触点控制固态继电器适用于各种机械开关或继电器控制固态继电器的场合，TTL/CMOS 驱动固态继电器适合单片机或各种数字逻辑电路输出信号控制固态继电器的场合。

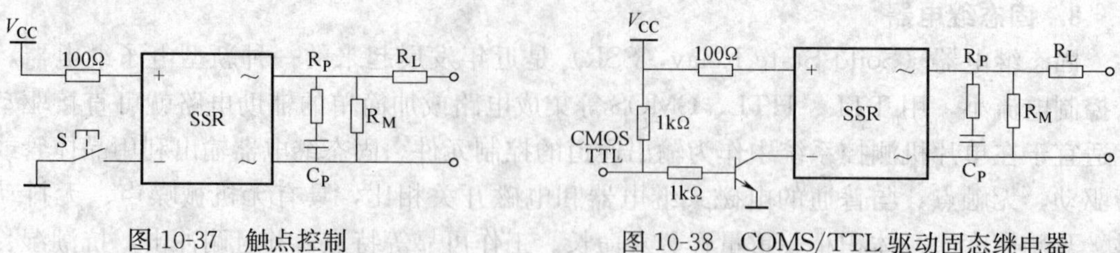

图 10-37 触点控制　　图 10-38 COMS/TTL 驱动固态继电器

2）固态继电器输出端驱动负载电路：直流型固态继电器（DC-SSR）常用输出驱动负载电路有两种：DC-SSR 驱动大功率负载电路（见图 10-39）和 DC-SSR 驱动大功率高压负载电路（见图 10-40）。

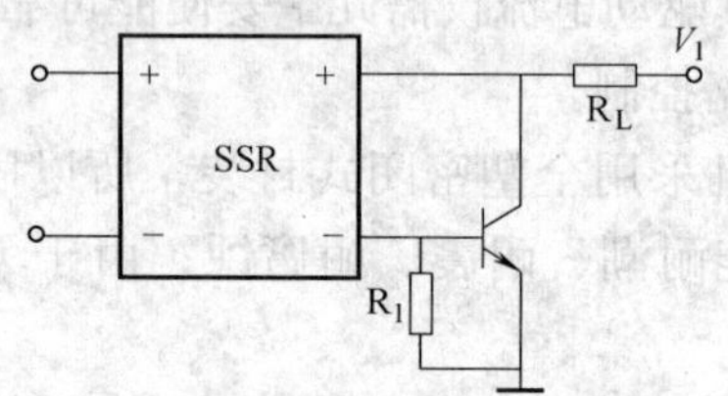

图 10-39 驱动大功率负载电路

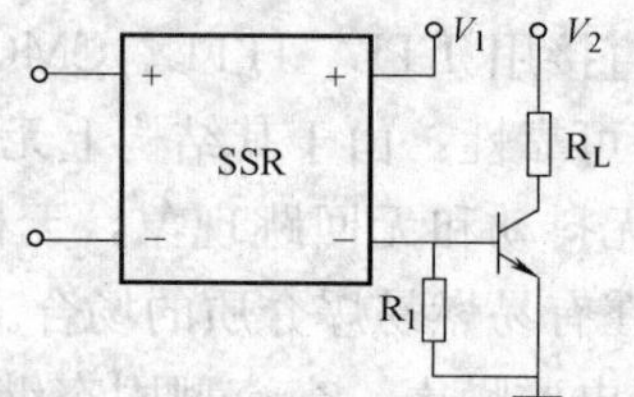

图 10-40 驱动大功率高压负载电路

交流型固态继电器（AC-SSR）常用输出驱动负载电路有以下几种：控制单相交流电动机正反转电路（见图 10-41）、控制三相系统星形负载（见图 10-42）、控制三相系统三角形负载（见图 10-43）和控制大功率三相电动机（见图 10-44）。

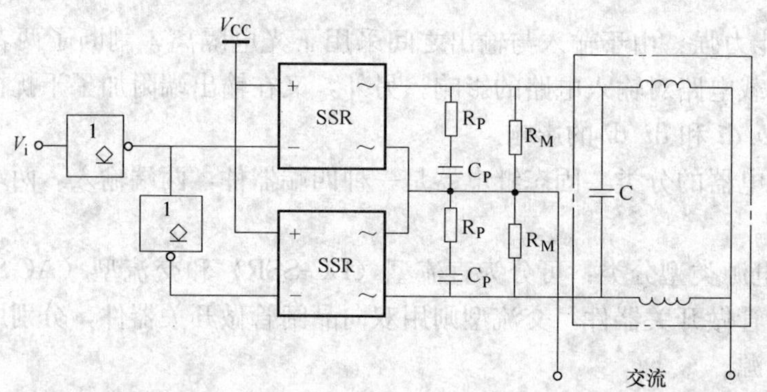

图 10-41 控制单相交流电动机正反转电路

（4）固态继电器使用注意事项

1）电子开关器件的通病是存在通态压降和断态漏电流。固态继电器的通态压降一般小于 2V，断态漏电流通常为 5～10mA，使用中要考虑这两项参数，否则在控制小功率执行器时容易产生误动作。

2）固态继电器的电流容量负载能力随温度升高而下降，其使用的温度范围不太宽（－40～ ＋80℃），所以当使用温度较高时，使用的固态继电器必须留有一定的裕量。

3）固态继电器电压过载能力差，当负载为感性时，在固态继电器的输出端必须加接压敏电阻 R_M，其电压的选择可以取电源电压有效值的 1.6～1.9 倍。

4）输出端负载短路会造成固态继电器损坏，应特别注意避免。对白炽灯、电炉等电阻类负载，要考虑其“冷阻”特性会造成接通瞬间的浪涌电流，有可能超过额定工作值，所以要对电流容量的选择留有余地。为防止故障引起过电流，最简单的方法是采用快速熔断器，要求熔断器的电压不低于线路工作电压，其标称电流值（有效值）与固态继电器的额定电流值一致。

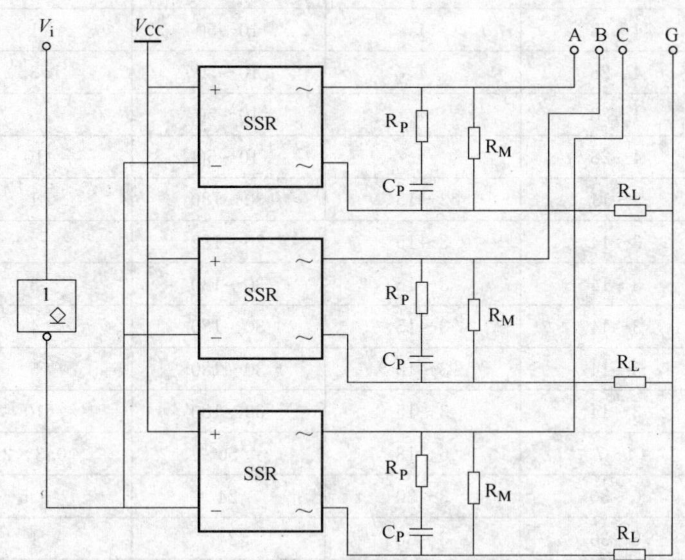

图 10-42　控制三相系统星形负载

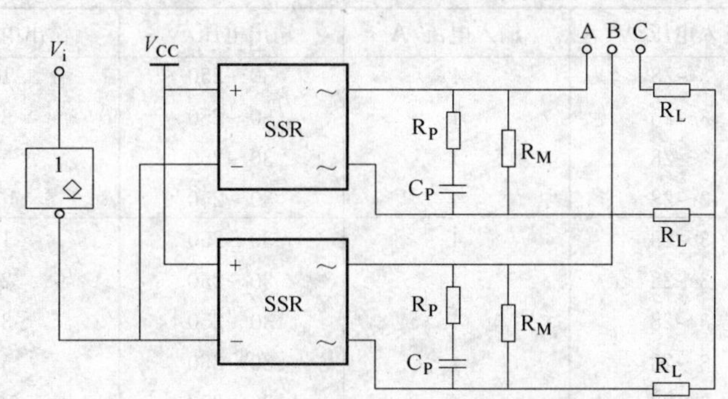

图 10-43　控制三相系统三角形负载

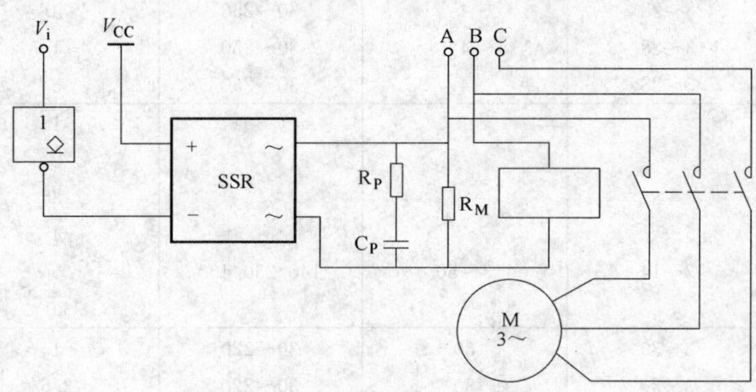

图 10-44　控制大功率三相电动机

(5) 常用的固态继电器　为便于读者选择固态继电器，表 10-29 和表 10-30 分别列出部分常用直流固态继电器和交流固态继电器参数。

表 10-29　常用直流固态继电器参数

型　　号	输入电压/V	输入电流/A	输出电压/V	输出电流/A	厂商
GZ1	4～28	4	10～50	1	苏州集成科技实业有限公司
GZ3	4～28	4	10～50	3	
GZ5	4～28	4	10～50	5	
GZ10	4～28	4	10～50	10	
C603－01	3～14	3～15	30～180	1	北京半导体器件十一厂
C603－02	3～14	3～15	30～180	2	
C603－03	3～14	3～15	30～180	3	
C603－04	3～14	3～15	30～180	4	
C603－05	3～14	3～15	30～180	5	
C603－10	3～14	3～15	30～180	10	
J83－03－2	4～7	6～18	50	0.3×2	
GTJ－0.5DP	6～30	3～30	24	0.5	上海电器电子元件厂
GTJ－1DP	6～30	3～30	24	1	

表 10-30　常用交流固态继电器参数

型　　号	输入电压/V	输入电流/A	输出电压/V	输出电流/A	厂　　商
GJN－1	3～28	4	30～250	1	
GJN－3	3～28	4	30～250	3	
GJN－5	3～28	4	30～250	5	
GJN－10	3～28	4	30～250	10	
GJ1	3～28	4	30～250	1	
GJ2	3～28	4	30～250	2	
GJ3	3～28	4	30～250	3	
GJ5	3～28	4	30～250	5	
GJ10	3～28	4	30～250	10	
GJ20	3～28	4	30～250	20	
GJ40	3～28	4	30～250	40	
GJH－1	3～28	4	30～250	1	
GJH－3	3～28	4	30～250	3	
CG3C－01	3～14	3～50	140/250/400	1	北京半导体器件十一厂
CG3C－02				2	
CG3C－03				3	
CG3C－04				4	
CG3C－05				5	
CG3C－2				20	
GTJ－1AP	3～30	30	30～220	1	
GTJ－2.5AP	3～30	30	30～220	2.5	
SP110	2～6	3～10	350	1	

习 题

10-1 I/O 接口和 I/O 端口有什么区别？I/O 接口的功能是什么？

10-2 常用的 I/O 端口编址有哪两种方式？它们各有什么特点？MCS-51 单片机的 I/O 端口编址采用的是哪种方式？

10-3 I/O 数据传送有哪几种传送方式？分别在哪些场合下使用？

10-4 为什么要消除按键的机械抖动？消除按键的机械抖动的方法有哪几种？原理是什么？

10-5 判断以下说法是否正确：为给以扫描法方式工作的 8×8 键盘提供接口电路，在接口电路中只需要提供两个输入口和一个输出口。

10-6 LED 的静态显示方式与动态显示方式有何区别？各有什么优缺点？

10-7 说明矩阵式键盘按键按下的识别原理。

10-8 对于图 10-20 所示的键盘，采用线反转法原理来编写识别某一按键被按下并得到其键号的程序。

10-9 键盘有哪三种工作方式？它们各自的工作原理及特点是什么？

10-10 根据图 10-6 所示的电路，编写在六个 LED 显示器上轮流显示“1”、“2”、“3”、“4”、“5”、“6”的显示程序。

10-11 根据图 10-7 所示的接口电路编写在八个 LED 上轮流显示“1”、“2”、“3”、“4”、“5”、“6”、“7”、“8”的显示程序，比较一下与上一题显示程序的区别。

10-12 MCS-51 单片机的四个并行双向口 P0～P3 的驱动能力各为多少？要想获得较大的驱动能力，采用低电平输出还是采用高电平输出？

10-13 讨论 MCS-51 单片机的功率接口的意义是什么？

10-14 常用的开关型驱动器件都有哪些？请列举。

10-15 列举在单片机应用系统中常用的电子开关的名称。电子开关的通病是什么？

10-16 集成功率电子开关与机械触点继电器相比具有哪些优越性？

10-17 固态继电器分为哪几类？具有哪些优点？

10-18 使用固态继电器的注意事项都有哪些？

第 11 章　MCS-51 单片机与 ADC、DAC 的接口设计

在控制系统当中，被测量对象经常是温度、压力、流量、速度等非电物理量，需经传感器转换成连续变化的模拟电信号（电压或电流），这些模拟电信号必须转换成数字量后才能在单片机中用软件进行处理；单片机处理完毕的数字量，也常常需要转换为模拟信号后送给执行系统。常见的单片机测控系统结构框图如图 11-1 所示。

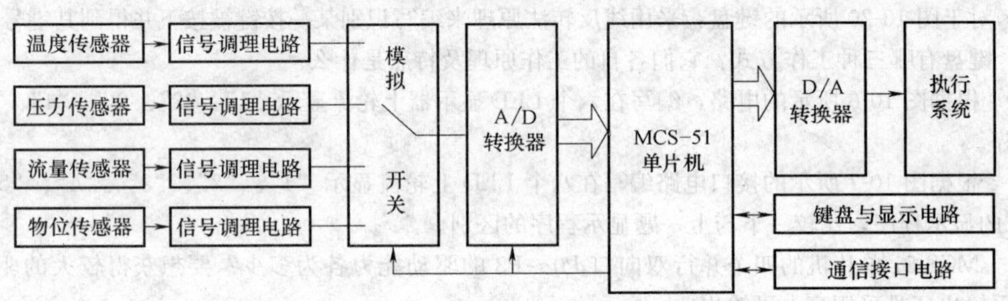

图 11-1　单片机测控系统结构框图

实现模拟量转换成数字量的器件被称为 A/D 转换器，也称为 ADC(Analog to Digital Converter)；数字量转换成模拟量的器件被称为 D/A 转换器，也称为 DAC(Digital to Analog Converter)。

现在已经有很多介绍 A/D、D/A 转换技术与原理的专著，本章不再赘述。在大规模集成电路技术飞速发展的今天，对于单片机应用系统的设计者来说，只需要合理选用商品化的大规模 ADC、DAC 集成芯片，了解它们的引脚、功能以及与单片机的接口设计方法。本章将着重从应用的角度，介绍几种典型的 ADC、DAC 集成芯片以及它们同 MCS-51 单片机的硬件接口设计及软件设计。

11.1　D/A 转换器概述

11.1.1　D/A 转换器工作原理

D/A 转换器被用在模拟量输出系统中，它输入的是数字量，经线性转换后输出对应的模拟量，D/A 转换器的功能如图 11-2 所示，其转换数学原理如图 11-3 所示。

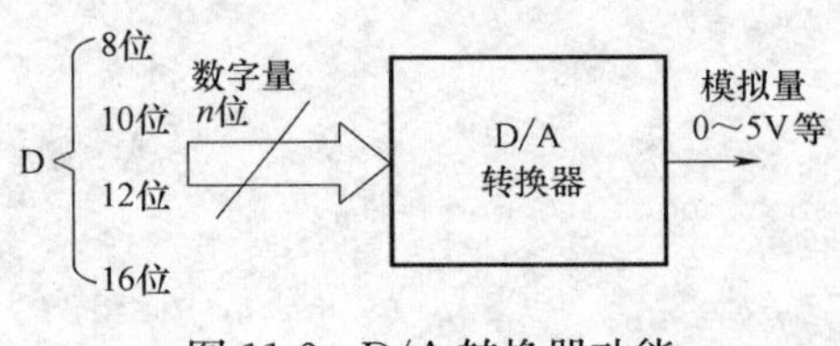

图 11-2　D/A 转换器功能

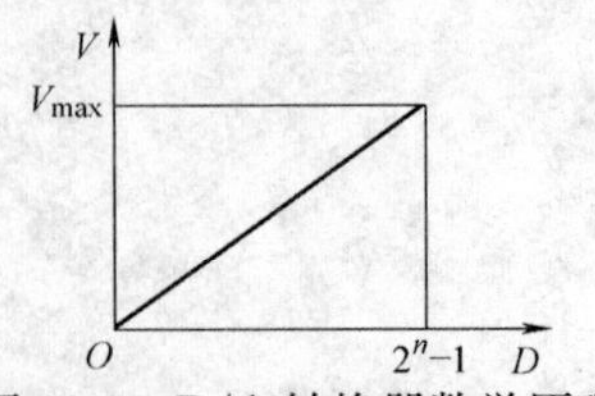

图 11-3　D/A 转换器数学原理

假设图 11-2 与图 11-3 为一个 8 位 D/A 转换器，输入数据为 0～255 时，其对应输出电压为 0～5V，对应关系如下：

当输入数据量 D= 00000000 ～ 输出模拟量 0V

当输入数据量 D= 00000001 ～ 输出模拟量 0.0196V

⋮

当输入数据量 D= 11111111 ～ 输出模拟量 5V

即分辨力为

$$e=\frac{5\text{V}}{225}=0.0196\text{V}$$

此 D/A 转换器的输入输出关系为

$$v_o=D\,\frac{5\text{V}}{2^8-1}=D\times 0.0196\text{V}$$

因此，当系统需要输出某一电压时，只需要给出相对应的数据量 D 即可。

D/A 转换器转换过程是将输入数据 D 送到 D/A 转换器电阻网络，各位二进制数按其权的大小转换为相应的模拟分量，然后再以叠加的方法把各模拟分量相加，其和就是 D/A 转换的结果，工作原理如图 11-4 所示。

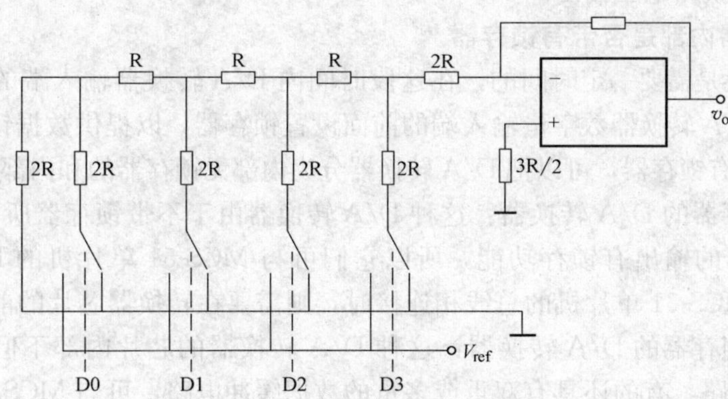

图 11-4　D/A 转换器工作原理

在 T 形电阻网络加权电路中，数据的每个二进制位对应着一个模拟开关，当 $D_i=0$ 时模拟开关将对应电阻接地，当 $D_i=1$ 时对应的电阻被接在 V_{ref} 上，因此各个位经加权电路输出的电压值如下：

当 $D_3\ D_2\ D_1\ D_0$ = 1 000 时

$$v_o=-\frac{V_{ref}}{2}=-D_3\,\frac{V_{ref}}{2^1}$$

当 $D_3\ D_2\ D_1\ D_0$ = 0 100 时

$$v_o=-\frac{V_{ref}}{4}=-D_2\,\frac{V_{ref}}{2^2}$$

当 $D_3\ D_2\ D_1\ D_0$ = 0 010 时

$$v_o=-\frac{V_{ref}}{8}=-D_1\,\frac{V_{ref}}{2^3}$$

当 $D_3\ D_2\ D_1\ D_0$ = 0 001 时：

$$v_o=-\frac{V_{ref}}{16}=-D_0\ \frac{V_{ref}}{2^4}$$

叠加后再经放大器放大后输出电压如下：

$$\begin{aligned}v_o&=-\left(D_0\ \frac{V_{ref}}{2^1}+D_1\ \frac{V_{ref}}{2^2}+D_2\ \frac{V_{ref}}{2^3}+D_3\ \frac{V_{ref}}{2^4}\right)\\&=-V_{ref}\left(\frac{D_0}{2^1}+\frac{D_1}{2^2}+\frac{D_2}{2^3}+\frac{D_3}{2^4}\right)\\&=-\frac{V_{ref}}{2^4}\ (D_0\times2^1+D_1\times2^2+D_2\times2^3+D_3\times2^4)\end{aligned}$$

D/A 转换器有电压输出型与电流转换型，有内部带锁存器的也有不带锁存器的，因此选取时应根据实际需要加以区分。

1. 电压与电流输出形式

D/A 转换器有两种输出形式，一种是电压输出形式，即给 D/A 转换器输入的是数字量，而输出的是电压信号，另一种输出的是电流信号。在实际应用中，对于电流输出的D/A 转换器，如需要模拟电压输出，可在其输出端加一个由运算放大器构成的电流/电压转换电路，将电流输出转换为电压输出。

2. D/A 转换器内部是否带有锁存器

由于D/A 转换是需要一定时间的，在这段时间内 D/A 转换器输入端的数字量应保持稳定，为此应当在 D/A 转换器数字量输入端的前面设置锁存器，以提供数据锁存功能。根据转换器芯片内是否带有锁存器，可以把 D/A 转换器分为内部无锁存器的和内部有锁存器的两类：

1）内部无锁存器的 D/A 转换器：这种 D/A 转换器由于不带锁存器所以内部结构简单。因为 P1 口和 P2 口的输出有锁存功能，所以它们可与 MCS-51 单片机的 P1、P2 口直接相连。但是，当与 MCS-51 单片机的总线相连接时，则需要在转换器芯片的前面增加锁存器。

2）内部带有锁存器的 D/A 转换器：这种 D/A 转换器的芯片内部不但有锁存器，而且还包括地址译码电路，有的还具有双重或多重的数据缓冲电路，可与 MCS-51 单片机的总线直接相连。

3. 内部是否自带电压基准源

有些 D/A 转换器内部自带精密电压基准源，选择这种 D/A 转换器可以简化电路，省去外部电压基准电路。

11.1.2 D/A 转换器的主要技术指标

D/A 转换器的指标很多，一般用户只需关心以下几个指标。

1. 分辨率

分辨率指输入给 D/A 转换器的单位数字量变化时引起的模拟量输出的变化，是输出对输入量变化敏感程度的描述。一个 n 位的 D/A 转换器分辨率可以直接用它的位数来表示，例如 8 位的 D/A 转换器就可以说它的分辨率是 8 位的，另外也经常用$\frac{1}{2^n}$这种方式进行表示。显然，二进制位数越多，分辨率越高，即 D/A 转换器对输入量变化的敏感程度越高。

与分辨率对应的是分辨力。分辨力表示一个 D/A 转换器输出变化的最小值的能力，是

输出满刻度值与 2^n 之比值。显然，二进制位数越多，分辨力越高，即 D/A 转换器对输入量变化的敏感程度越高。例如，若满量程为 10V，根据分辨率定义则分辨力为 $10V/2^n$。对于 8 位的 D/A 转换器，即 $n=8$，分辨力为 $10V/2^n=39.1mV$，即二进制数最低位的变化可引起输出的模拟电压变化 39.1mV，该值占满量程的 0.391%，常用符号 1 LSB 表示。

同理：

10 位 D/A 转换分辨力　　1 LBS = 9.77mV = 0.1% × 满量程

12 位 D/A 转换分辨力　　1 LBS = 2.44mV = 0.024% × 满量程

14 位 D/A 转换分辨力　　1 LBS = 0.61mV = 0.006% × 满量程

16 位 D/A 转换分辨力　　1 LBS = 0.076mV = 0.00076% × 满量程

使用时，应根据对 D/A 转换器分辨率的需要来选定 D/A 转换器的位数。

2. 建立时间

建立时间是描述 D/A 转换器快慢的一个参数，用于表明转换速度。其值为从输入数字量到输出达到终值误差±(1/2)LSB（最低有效位）时所需的时间。输出形式为电流的转换器转换时间较短，而输出形式为电压的转换器，由于要加上完成 *I/V* 转换的运算放大器的延迟时间，因此建立时间要长一些。

3. 转换精度

理想情况下，精度与分辨率基本一致，位数越多精度越高。但是分辨力并不是精度，由于电源电压、参考电压、电阻等各种因素存在着误差，因此精度与分辨率并不完全一致。D/A 转换器的转换精度通常用其转换的线性度的最大误差表示，如，一个 D/A 转换器线性度最大偏差为 1/2 个 LSB，则表示它的转换精度最大误差为分辨力的 1/2。

所以，若 D/A 转换器的位数相同，则分辨率相同，但相同位数的不同转换器，精度会有所不同。与精度有关的指标还有零点误差、增益误差等，一般应用用户只需要关心线性度即可，只要线性度好，其他误差可以通过软件或者硬件电路进行削弱或者消除。

4. 接口方式

D/A 转换器的接口可以分为并行接口与串行接口两种形式。并行接口根据 D/A 转换器的转换位数有 8 位并行总线的、10 位并行总线的等；串行接口常见的有 I^2C、SPI 以及 1wire Bus 等。这里之所以把接口方式单独拿出来进行说明，是因为很多实际系统中由于单片机 I/O 接口数量有限，设计时 I/O 端口资源紧张，此时可以考虑采用串行接口的 D/A 转换器，以减少对单片机 I/O 接口的需求。

11.2　MCS-51 与 DAC0832（8 位并行 DAC）接口技术

11.2.1　DAC0832 的基本特性

美国国家半导体公司的 DAC0832 芯片是具有两个输入数据寄存器的 8 位 DAC，它能直接与 MCS-51 单片机相连接，其主要特性如下：

1）分辨率为 8 位。

2）电流输出，稳定时间为 1μs。

3）可双缓冲输入、单缓冲输入或直接数字输入。

4）单一电源供电（＋5～＋15V）。

5）低功耗，20mW。

DAC0832 的引脚排列如图 11-5 所示，DAC0832 的内部逻辑结构如图 11-6 所示。DAC0832 内部包括三部分电路：8 位输入寄存器用于存放 CPU 送来的数字量，使输入数字量得到缓冲和寄存，由$\overline{LE1}$端加以控制；8 位 DAC 寄存器用于存放待转换的数字量，由$\overline{LE1}$端控制；8 位 D/A 转换电路由 8 位 T 形电阻网络和电子开关组成，电子开关受 8 位 DAC 寄存器输出的数字量控制，T 形电阻网络能输出和数字量成正比的模拟电流。DAC0832 通常需要外接运算放大器，进行电流/电压转换，才能得到模拟输出电压。

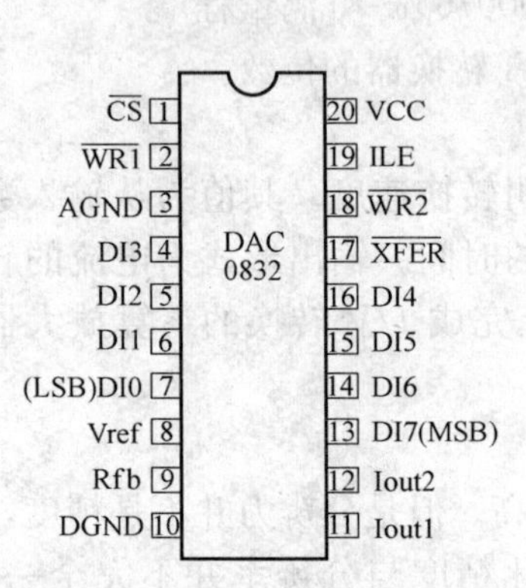

图 11-5　DAC 0832 的引脚排列

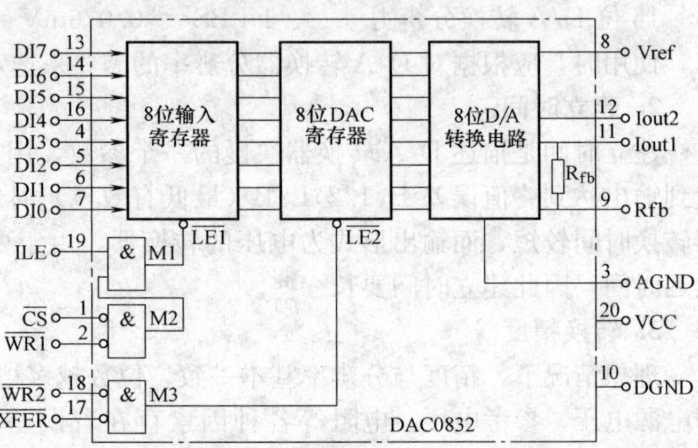

图 11-6　DAC 0832 内部逻辑结构

各引脚的功能如下：

1）DI0～DI7：8 位数字信号输入端，与 CPU 相连，用于输入数字量，DI0 为低位，DI7 为高位。

2）$\overline{CS}$：片选端，当$\overline{CS}$为低电平时，芯片被选中。

3）ILE：数据锁存允许控制端，高电平有效。

4）$\overline{WR1}$：第一级输入寄存器写选通控制，低电平有效。当$\overline{CS}$＝0、ILE＝1、$\overline{CS}$＝0 时，数据信号被锁存到第一级 8 位输入寄存器中。

5）$\overline{XFER}$：数据传送控制，低电平有效。

6）$\overline{WR2}$：DAC 寄存器写选通控制端，低电平有效。当$\overline{XFER}$＝0、$\overline{WR1}$＝0 时，输入寄存器状态进入 8 位 DAC 寄存器中。

7）Iout1：D/A 转换器电流输出 1 端，输入数字量全 1 时，Iout1 输出量大，输入数字量全为 0 时，Iout1 输出量小。

8）Rfb：外部反馈信号输入端，内部已有反馈电阻 Rfb，根据需要也可外接反馈电阻。

9）VCC：电源输入端，可在＋5～＋15V 范围内。

10）DGND：数字信号地。

11）AGND：模拟信号地，最好与基准电压共地。

11.2.2　DAC0832 的接口与应用

MCS-51 单片机与 DAC0832 的接口通常与 DAC 的具体应用有关，因此，先以

DAC0832 为例，讨论有关 DAC 的应用问题，然后介绍它与 MCS-51 单片机的接口。

1. DAC0832 的应用

（1）用作单极性电压输出　在需要单极性模拟电压环境下，单极性 DAC 接口电路如图 11-7 所示。由于 DAC0832 是 8 位的 D/A 转换器，故可得到输出电压 v_o 与输入数字量 B 的关系为

$$v_o = -B\frac{V_{ref}}{256}$$

式中　$B = b_7\times2^7 + b_6\times2^6 + \cdots + b_1\times2^1 + b_0\times2^0$，$V_{ref}/256$ 为一常数。

显然，v_o 和输入数字量 B 成正比。B 为 0 时，v_o 也为 0，输入数字量为 255 时，v_o 为最大值。输出电压为单极性。由于运算放大器输出有负电压，所以运算放大器的供电应采用正负电源进行供电。电路中参考电压采用 TL431 产生 2.5V 的稳定电压。

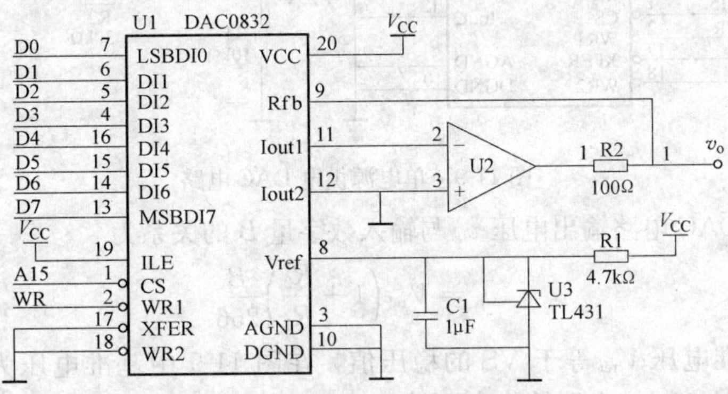

图 11-7　单极性 DAC 接口电路

（2）DAC 用作双极性电压输出　在需要用到双极性电压输出的场合下，可以采用图 11-8所示接口电路。图中，DAC0832 的数字量由 CPU 送来，U2A 和 U2B 均为运算放大器，v_o 通过 2R 电阻反馈到运算放大器 U2B 输入端，其他如图 11-8 所示。U2B 反相输入端为虚拟地，故由基尔霍夫定律列出方程组，并解得

$$v_o = (B-128)\frac{V_{ref}}{128}$$

由上式可知，在选用 $+V_{ref}$ 时，若输入数字量最高位 b7 为 1，则输出模拟电压 v_o 为正；

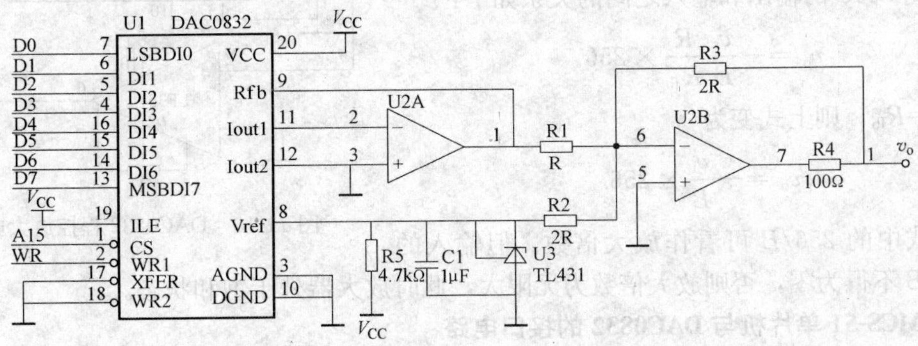

图 11-8　双极性 DAC 接口电路

若输入数字量最高位为 0，则输出模拟电压 v_o 为负。在选用 $-V_{ref}$ 时，v_o 输出值正好和选用 $+V_{ref}$ 时极性相反。

(3) DAC 单电源供电　在以上两种应用中尽管 DAC0832 采用单电源供电，但由于电路存在着负电压输出，因此运算放大器要采用双电源进行供电，在很多时候应用系统仅需要正电压输出，此时可以采用图 11-9 所示的电路。

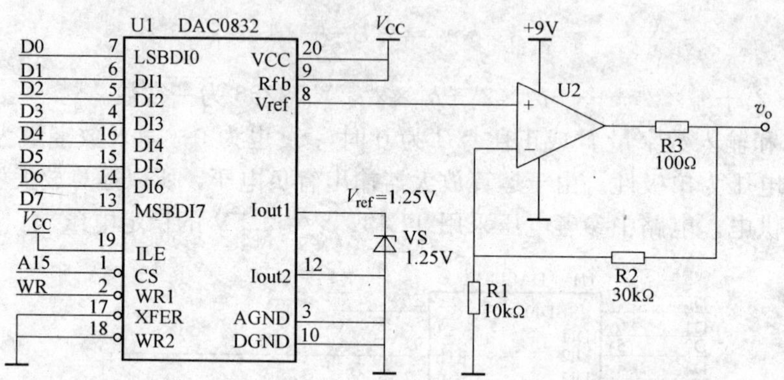

图 11-9　单电源供电 DAC 电路

单电源供电 DAC 电路输出电压 v_o 与输入数字量 B 的关系为

$$v_o = V_{ref}\left(1+\frac{R_2}{R_1}\right)\frac{B}{256}$$

上式中，基准电压 V_{ref} 等于 VS 的稳压值，在图 11-9 中基准电压为 1.25V，R1 取值 10kΩ，R2 取值 30kΩ 时，电路输出电压范围为 0～5V。电阻 R3 为保护电阻，防止输出电路短路导致运算放大器 U2 的损坏。

(4) DAC 用作程控放大器　DAC 还可以用作程控放大器。其电压放大倍数可由 CPU 通过程序设定。图 11-10 所示为用作程控放大器的 DAC 接线。由图可见，需要放大的电压 v_i 和反馈输入端 Rfb 相接，运算放大器输出 v_o 还作为 DAC 的基准电压 V_{ref}，数字量由 CPU 送来，其余如图所示。DAC0832 内部 I_o 一边和 T 形电阻网络相连，另一边又通过内部反馈电阻 Rfb 和 v_i 相通，故可得到 DAC 的输出和输入之间的关系如下：

$$v_o = -\frac{v_i}{B}\frac{R}{R_{fb}}\times 256$$

选 $R=R_{fb}$，则上式变为

$$v_o = -\frac{v_i}{B}\times 256$$

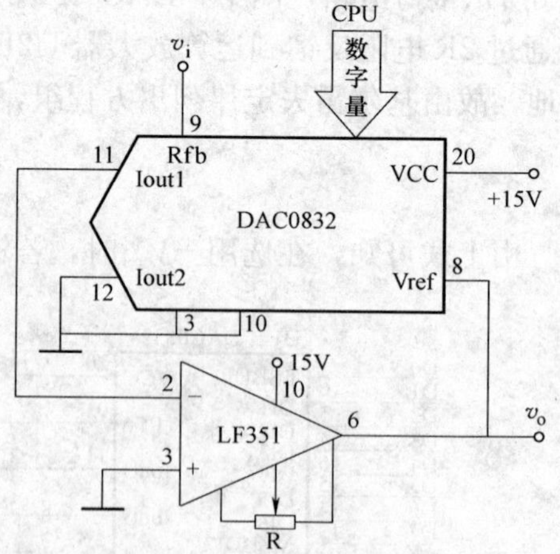

图 11-10　DAC0832 程控放大电路

上式中的 $256/B$ 可看作放大倍数。但输入的数字量 B 不得为零，否则放大倍数为无限大，此时放大器处于饱和状态。

2. MCS-51 单片机与 DAC0832 的接口电路

设计 MCS-51 单片机与 DAC0832 的接口电路时，常用的是单缓冲方式或双缓冲方式的单极性输出。

(1) 单缓冲方式　单缓冲方式是指 DAC0832 内部的两个数据缓冲器有一个处于直通方式，另一个处于受 MCS-51 单片机控制的锁存方式。在实际应用中，如果有一路模拟量输出，或者是多路模拟量输出但并不要求多路输出同步的情况下，就可以采用单缓冲方式。

单缓冲方式的接口电路如图 11-11 所示。

图 11-11 中可见，$\overline{WR1}$ 和 $\overline{XFER}$ 接地，故 DAC0832 的 8 位 DAC 寄存器工作于直通方式。8 位输入寄存器受 $\overline{CS}$ 和 $\overline{WR1}$ 端控制，而且 $\overline{CS}$ 由译码器输出端 FEH 送来，也可由 P2 口的某一根地址线来控制。因此，MCS-51单片机执行如下两条指令就可在 $\overline{WR1}$ 和 $\overline{CS}$ 上产生低电平信号，使 DAC0832 接收 MCS-51 单片机送来的数字量：

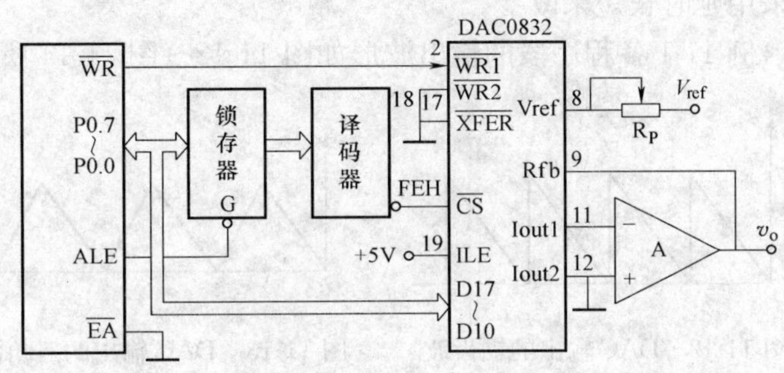

图 11-11　单缓冲方式单极性 DAC0832 接口电路

```
MOV     R0，#0FEH      ；DAC 地址 FEH→R0
MOVX    @R0，A         ；MCS-51 单片机的 WR 和译码器 FEH 输出端有效
```

例 11-1　以图 11-11 DAC0832 单缓冲方式的电路为基础，设计波形发生器，分别写出产生锯齿波、三角波和矩形波的程序。

1）锯齿波的产生程序段如下：

```
START：  MOV     R0，    #0FEH     ；DAC 地址 FEH→ R0
         MOV     A，     #00H      ；数字量→A
LOOP：   MOVX    @R0，   A         ；数字量→D/A 转换器
         INC     A                 ；数字量逐次加 1
         LJMP    LOOP
```

2）三角波的产生程序段如下：

```
START：  MOV     R0，    #0FEH     ；DAC 地址 FEH→R0
         MOV     A，     #00H      ；数字量→A
UP：     MOVX    @R0，   A         ；三角波上升边
         INC     A                 ；数字量逐次加 1
         JNZ     UP
DOWN：   DEC     A                 ；A=0 时再减 1 又为 FFH
         MOVX    @R0，   A         ；三角波下降边
         JNZ     DOWN
         LJMP    UP                ；循环
```

3）方波的产生程序段如下：

```
START：  MOV     R0，    #0FEH     ；DAC 地址 FEH→R0
         MOV     A，     #data1    ；高电平电压
LOOP：   MOVX    @R0，   A         ；置矩形波上限电平
         LCALL   DELAY1            ；调用低电平延时程序
```

```
        MOV     A,      #data2      ；低电平电压
DOWN：  MOVX    @R0，   A           ；置矩形波下限电平
        LCALL   DELAY2              ；调用低电平延时程序
        LJMP    LOOP                ；循环
```

DELAY1、DELAY2 为两个延时程序，决定矩形波高、低电平时的持续时间。频率也可采用延时长短来改变。

例 11-1 各程序段的输出波形如图 11-12～图 11-14 所示。

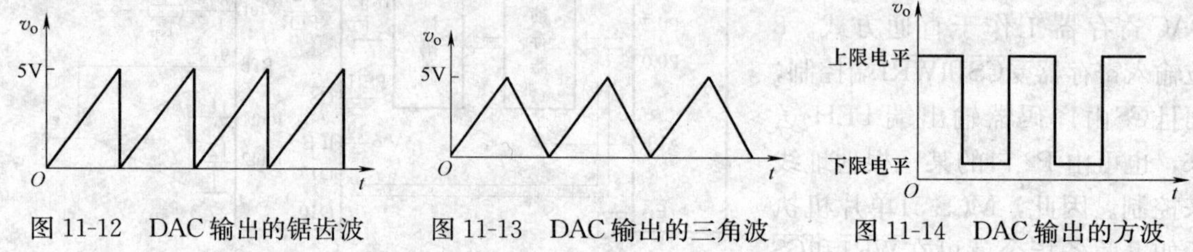

图 11-12 DAC 输出的锯齿波　　图 11-13 DAC 输出的三角波　　图 11-14 DAC 输出的方波

（2）双缓冲方式　多路同步输出，必须采用双缓冲同步方式。接口电路如图 11-15 所示。

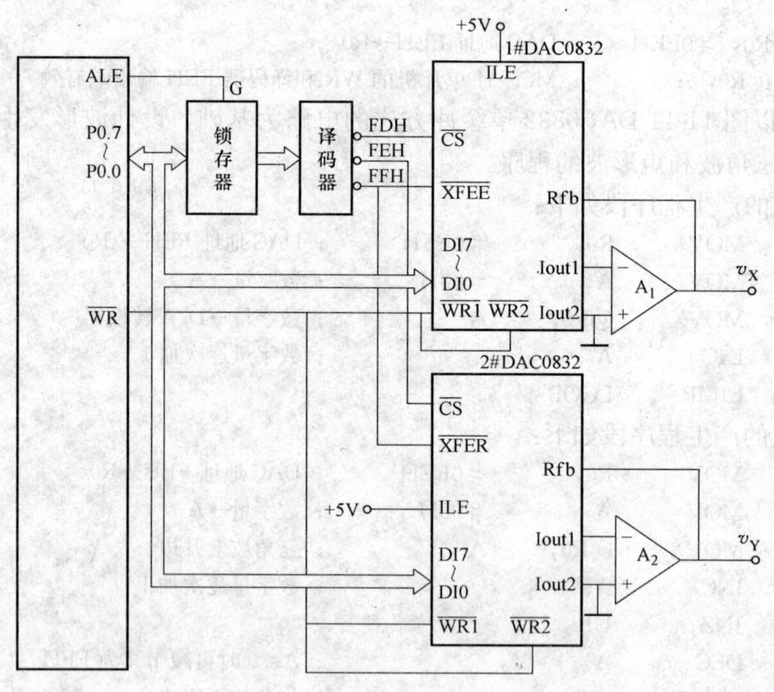

图 11-15　双缓冲同步输出接口电路

1# DAC0832 因和译码器的 FDH 相连，占用 FDH 和 FFH 两个端口地址；2# DAC0832 的两个端口地址为 FEH 和 FFH。其中，FDH 和 FEH 分别为 1# 和 2# DAC0832 的数字量输入控制端口地址，而 FFH 为启动 D/A 转换的端口地址。

图 11-15 中，DAC 输出的 v_X 和 v_Y 信号要同步，控制 X-Y 绘图仪绘制的曲线光滑，否则绘制的曲线是阶梯状。

例 11-2　电路如图 11-15 所示。内部 RAM 中两个长度为 20 的数据块，起始地址分别为 addr1 和 addr2，编写能把 addr1 和 addr2 中数据从 1＃和 2＃DAC0832 同步输出的程序。addr1 和 addr2 中的数据为绘制曲线的 X、Y 坐标点。

DAC0832 各端口地址如下：

FDH：1＃ DAC0832 数字量输入控制端口；

FEH：2＃ DAC0832 数字量输入控制端口；

FFH：1＃和 2＃ DAC0832 启动 D/A 转换端口。

工作寄存器 0 区的 R1 指向 addr1；1 区的 R1 指向 addr2；0 区的 R2 存放数据块长度；0 区和 1 区的 R0 指向 DAC 端口地址。程序如下：

```
        addr1   EQU     20H         ；定义存储单元
        addr2   EQU     40H         ；定义存储单元
DTOUT： MOV     R1，    ＃addr1     ；0 区 R1 指向 addr1
        MOV     R2，    ＃20        ；数据块长度送 0 区 R2
        SETB    RS0                 ；切换到工作寄存器 1 区
        MOV     R1，    ＃addr2     ；1 区 R1 指向 addr2
        CLR     RS0                 ；返回 0 区
NEXT：  MOV     R0，    ＃0FDH      ；0 区 R0 指向 1＃DAC0832 数字量控制端口
        MOV     A，     @R1         ；addr1 中数据送 A
        MOVX    @RO，   A           ；addr1 中数据送 1＃DAC0832
        INC     R1                  ；修改 addr1 指针 0 区 R1
        SETB    RS0                 ；转 1 区
        MOV     R0，    ＃0FEH      ；1 区 R0 指向 2＃DAC0832 数字量控制端口
        MOV     A，     @R1         ；addr2 中数据送 A
        MOVX    @R0，   A           ；addr2 中数据送 2＃ DAC0832
        INC     R1                  ；修改 addr2 指针 1 区 R1
        INC     R0                  ；1 区 R0 指向 DAC 的启动 D/A 转换端口
        MOVX    @R0，   A           ；启动 DAC 进行转换
        CLR     RS0                 ；返回 0 区
        DJNZ    R2，    NEXT        ；若未完，则跳 NEXT
        LJMP    DTOUT               ；送完，则循环
        END
```

11.3　MCS-51 与 TLC5618（双通道 12 位串行 DAC）接口设计

1. TLC5618 的基本特性

TLC5618 是美国 TI 公司生产的带有缓冲基准输入的可编程双路 12 位 DAC。DAC 输出电压范围为基准电压的 2 倍，且其输出是单调变化的。该器件使用简单，使用 5V 单电源工作。器件包含上电复位功能以确保可重复启动。通过与 CMOS 兼容的 3 线串行总线可对 TLC5618 实现数字控制。器件接收用于编程的 16 位字产生模拟输出。数字输入端的特点是带有施密特触发器，它具有高的噪声抑制能力。数字通信协议包括 SPITM、QSPITM 和 MicrowireTM 标准。TLC5618 的引脚排列如图 11-16 所示，各引脚的功能见表 11-1。

表 11-1 TLC5618 引脚功能

引脚号	名称	功能说明	引脚号	名称	功能说明
1	DIN	串行数据输入	5	AGND	接地
2	SCLK	串行时钟输入	6	REFIN	基准电压输入
3	$\overline{CS}$	芯片选择，低电平有效	7	OUTB	DACB 模拟输出
4	OUTA	DACA 模拟输出	8	VCC	电源

TLC5618 通过编程可选择±0.5LSB 的建立时间 3μs 或 15μs（典型值），两个 12 位 CMOS 电压输出 DACA 和 DACB，且同时更新；低功耗：慢速方式为 3mW（典型值），快速方式为 8mW（典型值）；通过串行接口控制可实现 1.21MHz 数据更新速率。

TLC5618 与 MCS-51 单片机的接口电路如图 11-17 所示。

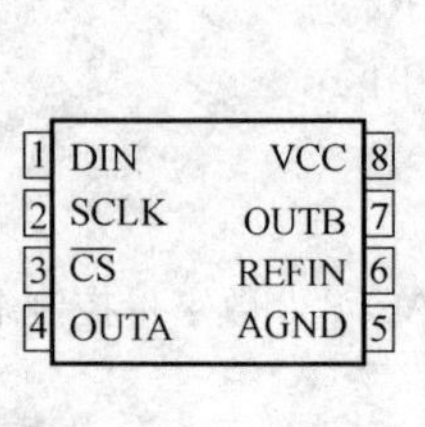

图 11-16 TLC5618 的引脚排列

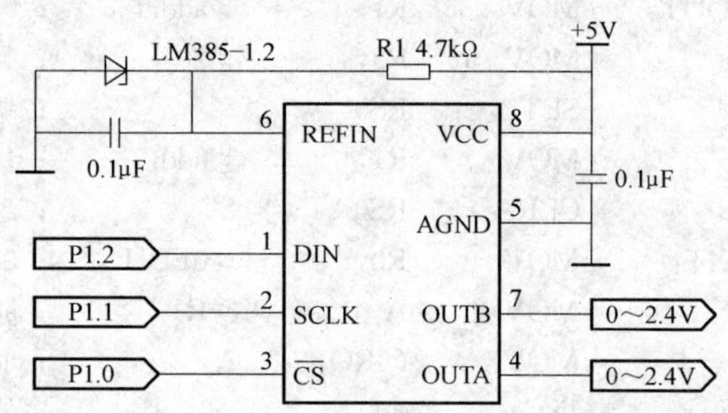

图 11-17 TLC5618 与 MCS-51 单片机的接口电路

2. 操作方法与控制时序

当片选$\overline{CS}$为低电平时，输入数据由时钟定时以最高有效位在前的方式读入 16 位移位寄存器。SCLK 输入的下降沿把数据移入寄存器。然后$\overline{CS}$的上升沿把数据送到 DAC 寄存器。所有片选的跳变应当发生在 SCLK 输入为低电平时。MCS-51 单片机以 8 位字节方式传送数据，因此，把数据输入 DAC 需要两个写周期。16 位数据的高 4 位（D15，D14，D13，D12）为可编程控制位，其功能见表 11-2，低 12 位为用于转换为模拟量的数字数据位。

表 11-2 可编程位 D15～D12 的功能

编程位				器件功能
D15	D14	D13	D12	
1	×	×	×	把串行接口寄存器的数据写入锁存器 A，并用缓冲器锁存数据更新锁存器 B
0	×	×	0	写锁存器 B 和双缓冲锁存器
0	×	×	A	仅写双缓冲锁存器
×	1	×	×	15μs 建立时间
×	0	×	×	3μs 建立时间
×	×	0	×	上电（power—up）操作
×	×	1	×	断电（power—down）方式

TLC5618 操作时序如图 11-18 所示。

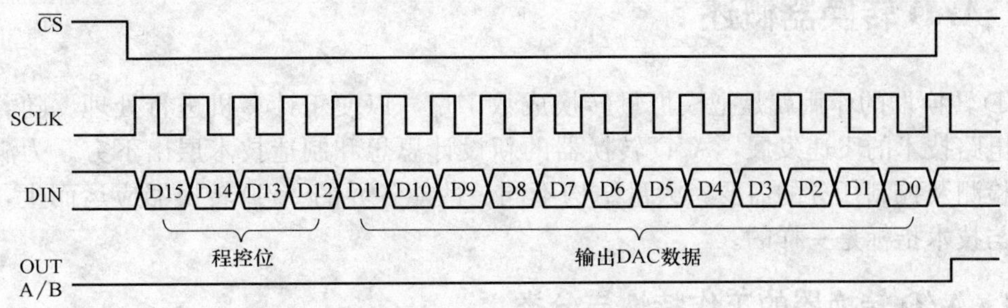

图 11-18　TLC5618 操作时序

TLC5618 的 MCS-51 汇编程序如下：

```
        CS       BIT     P1.0        ；定义片选接口
        SCLK     BIT     P1.1        ；定义串行时钟接口
        DIN      BIT     P1.2        ；定义串行数据输入接口
        DAC_DL   EQU     30H         ；定义存放低 8 位数据的 RAM 地址
        DAC_DH   EQU     31H         ；定义存放高 8 位数据的 RAM 地址
        ORG      0000H
        LJMP     MAIN
MAIN    MOV      30H,    #DataL8     ；设置低 8 位数据
        MOV      31H,    #DataH8     ；设置高 8 位数据
        LCALL    DAC                 ；调用 DAC 输出程序
LOOP    LJMP     LOOP
DAC:    MOV      R7,     #8          ；TLC5618 串行写程序，初始化循环次数
        MOV      A,      DAC_DH      ；读取高 8 位数据，4 位控制与 4 位数据
        CLR      SCLK                ；SCLK 清零
        CLR      CS                  ；片选信号有效
OUT_H:  SETB     SCLK                ；串行时钟 SCLK 置高电平
        MOV      CY,     ACC.7       ；取数据的最高位
        MOV      DIN,    CY          ；输出数据到 DIN
        RL       A                   ；左移累加器 A，准备下一个比特的数据
        CLR      SCLK                ；串行时钟 SCLK 置低电平
        DJNZ     R7,     OUT_H       ；若 8 个比特未输出完毕，则跳至 OUT_H
        MOV      R7,     #8          ；若高 8 位输出完，准备输出低 8 为数据
        MOV      A,      DAC_DL      ；读取低 8 位 DAC 数据
OUT_L:  SETB     SCLK                ；串行时钟 SCLK 置高电平
        MOV      CY,     ACC.7       ；取数据的最高位
        MOV      DIN,    CY          ；输出数据到 DIN
        RL       A                   ；左移累加器 A，准备下一个比特的数据
        CLR      SCLK                ；串行时钟 SCLK 置低电平
        DJNZ     R7,     OUT_L       ；若 8 个比特未输出完毕，则跳至 OUT_L
        SETB     CS                  ；16 个比特数据输出完毕，片选复位
        RET                          ；程序返回
```

11.4 A/D 转换器概述

A/D 转换器的作用就是把模拟量转换成数字量，以便于计算机进行处理。随着超大规模集成电路技术的飞速发展，A/D 转换器的新设计思想和制造技术层出不穷。为满足各种不同的检测及控制任务的需要，大量结构不同、性能各异的 A/D 转换器应运而生，但其基本原理与技术指标是一样的。

11.4.1 A/D 转换器的工作特性与分类

1. A/D 转换器的外特性

A/D 转换器用在对模拟量进行测量的系统中，A/D 转换器将输入的模拟量线性的转换为数字量后输出给 CPU，A/D 转换器的功能如图 11-19 所示，其转换数学原理如图 11-20 所示。

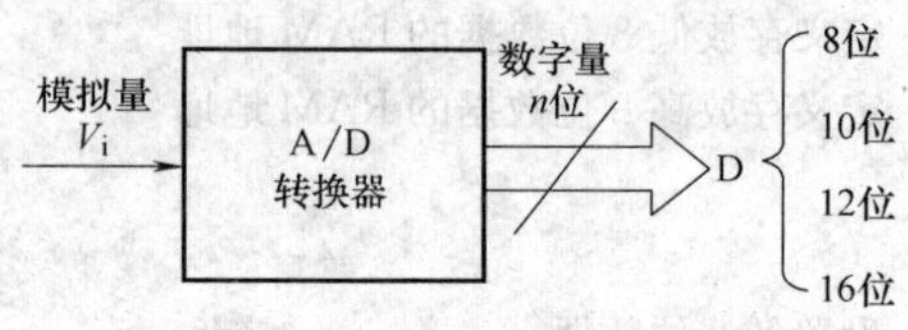

图 11-19 A/D 转换器功能

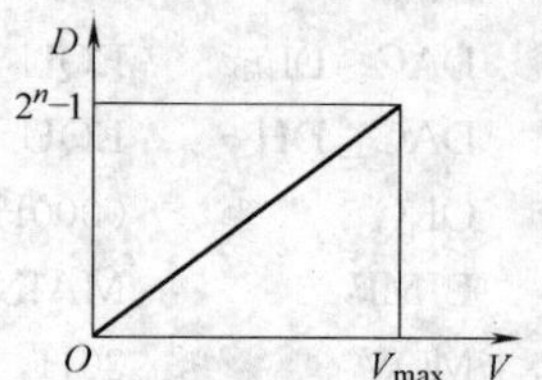

图 11-20 A/D 转换器数学原理

假设图 11-19 与图 11-20 是一个 8 位 A/D 转换器，其输入电压范围是 0～5V，输出的对应值为 0～255 数据，它的输入/输出对应关系如下：

当输入模拟量 0V ～ 输出数据量 D=00000000

当输入模拟量 0.0196V ～ 输出数据量 D=00000001

⋮

当输入模拟量 5V ～ 输出数据量 D=11111111

即 A/D 转换器的输入输出关系为

$$D = v_i \div \frac{5V}{2^8 - 1} = v_i \div 0.0196V$$

2. A/D 转换器的分类

根据 A/D 转换器的原理可将 A/D 分成两大类。一类是直接型 A/D 转换器，另一类是间接型 A/D 转换器，在直接型 A/D 转换器中，输入的模拟电压被直接转换成数字代码，不经任何中间变量；在间接型 A/D 转换器中，首先把输入的模拟电压转换成某种中间变量(如时间、频率、脉冲等)，然后再把这个中间变量转换为数字代码输出。

尽管 A/D 转换器的种类很多，但目前应用较广泛的主要有以下几种类型：逐次比较式转换器、双积分式转换器、Σ-Δ 式 A/D 转换器和 V/F 转换器。

逐次比较型 A/D 转换器，在精度、速度和价格上都适中，是最常用的 A/D 转换器件。双积分 A/D 转换器，具有精度高、抗干扰性好、价格低廉等优点，但转换速度慢，在温度等变化缓慢的单片机测量系统中也得到广泛的应用。Σ-Δ 式 ADC 具有积分式与逐次比较式 ADC 的双重优点。它对工业现场的串模干扰具有较强的抑制能力，不亚于积分式 ADC，它比双积分 ADC 有更高的转换速度，与逐次比较式 ADC 相比，有较高的信噪比，分辨率高，线性好，不需要采样保持电路。由于上述优点，Σ-Δ 式 ADC 在测控系统中被广泛的应用。而 V/F 转换器适用于转换速度要求不太高，需进行远距离信号传输的 A/D 转换过程。

A/D 转换器的分类如图 11-21 所示。

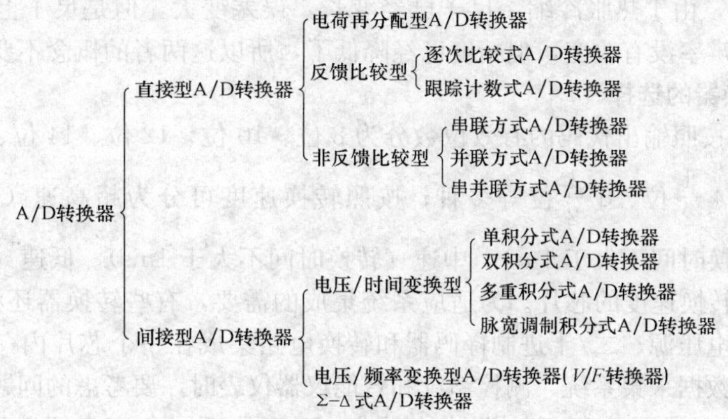

图 11-21　A/D 转换器的分类

11.4.2　A/D 转换器的技术指标与选择

1. A/D 转换器的主要技术指标

(1) 分辨率　A/D 转换器的分辨率是指 A/D 转换器将测量输入量程（可测量的最低电压到最高电压之间的范围）分的份数的多少，一般常用 A/D 转换器的位数表示。例如 AD574 可输出 12 位二进制数，就可以说 AD574 的分辨率是 12 位，即用 2^{12} 个数进行量化，用百分数表示为 $\frac{1}{2^{12}}\times 100\%=0.0244\%$。

在一些 BCD 码输出的 A/D 转换器中也经常采用 $n\frac{k}{m}$ 方式表示，其中 n 表示十进制输出结果数中能从 0～9 变化的位数，m 表示最高位有几个数，k 表示最高位最大的数是 k。例如分辨率为 $4\frac{1}{2}$，即四位半，其表示输出结果中有 4 位数能够从 0 变化到 9，其中最高位有两个数，最大数是 1，即最高位的两个数是 0、1。因此，若满码数为 19999，最小值为 0，则用百分数表示其分辨率为 1/19999×100%=0.005%。

(2) 转换时间和转换速率　A/D 转换器完成一次转换所需的时间为转换时间，转换时间的倒数为转换速率。通常要根据信号的变化速度与采样要求选择 A/D 转换器的转换时间。为了保证转换的正确完成，采样速率必须小于或等于转换速率。

(3) 转换精度　A/D 转换器的转换精度定义为一个实际 A/D 转换器与一个理想 A/D 转换器在量化值上的差值。一般在静态参数中由微分误差、积分误差、线性度等表示，前两者的最终影响体现在线性度上，因此，用户只需要看线性度好坏即可。在静态参数中表示精度的指标还有零点误差、增益误差等，但这些参数是可以通过标定来改善或消除的，而微分误差、积分误差以及线性度是不能通过校正的方法消除的，并且 A/D 转换器出厂时并不保证绝对精度，而是保证一定的线性度。线性度误差通常用 n 个 LSB 表示。LSB 表示输出数据变化 1 个码时对应输入的模拟量，也就是 A/D 转换器的分辨力。

这里做一点声明，分辨率并不能表示 A/D 转换器的转换精度，转换精度只能用误差参数表示。例如，一把分辨率为厘米的 1m 塑料尺，在 25℃时是准确的，它的分辨率是1/100，但是当在 50℃时，由于热胀冷缩，尺子已经变长，误差变大，但是尺子上分的份数、刻度依然没变，即分辨率没有改变，但精度已经降低了，所以这两者的概念不要混淆。

2. A/D 转换器的选择

A/D 转换器按照输出代码的有效位数分为 8 位、10 位、12 位、14 位、16 位和 BCD 码输出的 $3\frac{1}{2}$位、$4\frac{1}{2}$位、$5\frac{1}{2}$位等多种；按照转换速度可分为超高速（转换时间不大于 1ns）、高速（转换时间不大于 1μs）、中速（转换时间不大于 1ms）、低速（转换时间不大于 1s）等几种不同转换速度的芯片。为适应系统集成的需要，有些转换器还将多路转换开关、时钟电路、基准电压源、二/十进制译码器和转换电路集成在一个芯片内，为用户提供了很多方便。在设计数据采集系统、测控系统和智能仪器仪表时，要考虑的问题就是如何选择合适的 A/D 转换器以满足应用系统设计的要求。下面从不同角度介绍选择 A/D 转换器的要点。

（1）A/D 转换器位数与精度的确定　A/D 转换器位数与精度的确定与整个测量控制系统所要测量控制的范围以及测量精度有关，虽然系统精度涉及的环节较多，包括传感器变化精度、信号预处理电路转换精度和 A/D 转换器，以及输出电路、控制机构的精度，甚至还包括软件控制算法。然而估算时，A/D 转换器的位数与精度至少要比总精度要求的最低分辨率高一位，实际选取的 A/D 转换器的位数应与其他环节所能达到的精度相适应。只要不低于它们就行，选得太高也没有意义，而且价格还要高得多。

一般把 8 位以下的 A/D 转换器归为低分辨率 A/D 转换器，10～12 位的为中分辨率，13 位以上的为高分辨率。

（2）A/D 转换器转换速率的确定　A/D 转换器从启动转换到转换结束，输出稳定的数字量，需要一定的时间，这就是 A/D 转换器的转换时间；转换时间的倒数就是每秒钟能完成的转换次数，称为转换速率。用不同原理实现的 A/D 转换器其转换时间是大不相同的。总的来说，积分型、电荷再分配型和跟踪计数式 A/D 转换器的转换速度慢，转换时间从几毫秒到几十毫秒不等，只能构成低速 A/D 转换器，一般适用于对温度、压力、流量等缓变参量的检测和控制。逐次比较式 A/D 转换器的转换时间可从 1～100μs，属于中速 A/D 转换器，常用于工业多通道单片机控制系统和声频数字转换系统等。转换时间最短的高速A/D转换器是那些用双极型或 CMOS 工艺制成的串并联方式和电压/时间、电压/频率变换型的 A/D转换器。转换时间仅为 20～100ns。高速 A/D 转换器适用于雷达、数字通信、实时光谱分析、实时瞬态记录、视频数字转换系统等。

如果用转换时间为 100μs 的 A/D 转换器，其转换速率为 1×10^4 次/s 。根据采样定理和实际需要，1 个周期的波形需采 10 个点，那么这样的 A/D 转换器最高也只能处理 1kHz 的信号。把转换时间减小到 10μs，信号频率可提高到 10kHz。对一般微处理机而言，要在 10μs 内完成 A/D 转换器转换以外的工作，如读数据、再启动、存数据、循环计数等已经比较困难。要继续提高采集数据的速度就不能用 CPU 来控制，必须采用直接存储器访问

（DMA）技术来实现。

（3）是否要加采样保持器　原则上直流和变化非常缓慢的信号可不用采样保持器。其他情况都要加采样保持器。根据分辨率、转换时间、信号带宽，可得到如下数据作为是否要加采样保持器的参考：如果 A/D 转换器的转换时间是 100ms、A/D 转换器是 8 位、没有采样保持器时，信号的允许频率是 0.12Hz；如果 A/D 转换器是 12 位，该频率为 0.0077Hz。如果转换时间是 100μs，A/D 转换器是 8 位时，该频率为 12Hz，12 位时是 0.77Hz。

（4）工作电压和基准电压　有些 A/D 转换器需要±15V 的工作电压，也有一些可在＋12～＋15V 范围内工作，这就是需要多组电源。如果选择使用单一＋5V 工作电压的芯片，与单片机系统可共用一个电源，就比较方便。

基准电压源是提供给 A/D 转换器在转换时所需要的参考电压的，这是保证转换精度的基本条件。基准电压要单独用高精度稳压电源供给。

11.5　MCS-51 与 8 位逐次比较式 ADC 接口技术

11.5.1　与 ADC0809 的接口技术

1. ADC0809 概述

ADC0809 是美国国家半导体公司生产的 CMOS 工艺 8 通道，8 位逐次比较式 ADC。其内部有一个 8 通道多路开关，可以根据地址码锁存译码后的信号，只选通 8 路模拟输入信号中的一个进行 A/D 转换。

ADC0809 的引脚排列如图 11-22 所示，ADC0809 共有 28 脚，采用双列直插式封装。

ADC0809 主要引脚功能如下：

1）IN0～IN7：8 路模拟信号输入端。

2）D0～D7：8 位数字量输出端。

3）A、B、C：控制 8 路模拟通道的切换，A、B、C 分别与 3 根地址线或数据线相连，3 位编码对应 3 个通道地址端口。C、B、A＝000～111 分别对应 IN0～IN7 通道的地址。

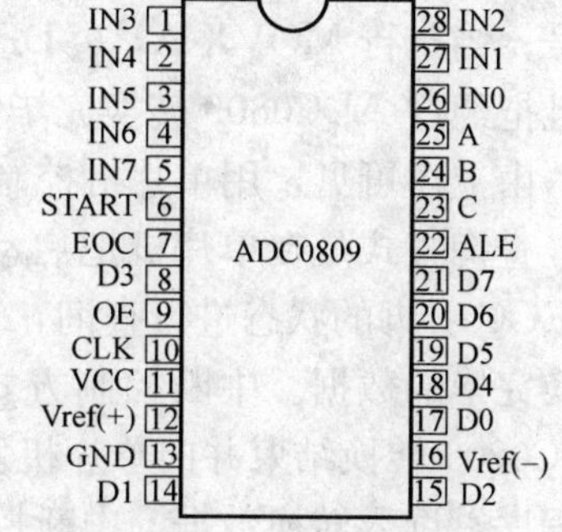

图 11-22　ADC0809 的引脚排列

这里要强调的是：ADC0809 虽然有 8 路模拟通道可以同时输入 8 路模拟信号，但每个时刻只能转换 1 路，各路之间的切换需通过软件修改 C、B、A 引脚上的编码切换内部模拟开关来实现。

4）ALE：地址锁存允许输入信号，高电平有效。

5）START：A/D 转换启动脉冲输入端，输入一个正脉冲（至少 100ns 宽）使其启动（脉冲上升沿使 ADC0809 复位，下降沿启动 A/D 转换）。

6）EOC：A/D 转换结束信号输出端，当 A/D 转换结束时，此端输出一个高电平（转换期间一直为低电平）。

7）OE：数据输出允许信号，输入高电平有效。当 A/D 转换结束时，此端输入一个高电平，才能打开输出三态门，输出数字量。

8）CLK：时钟脉冲输入端，要求时钟频率不高于 640kHz。

9）Vref（+）、Vref（-）：为参考电压输入端。

10）VCC：电源，+5V 单电压供电。

11）GND：地。

ADC0809 的结构框图如图 11-23 所示。ADC0809 是采用逐次比较的方法完成 A/D 转换的，由单一的+5V 电源供电。片内带有锁存功能的 8 路选 1 的模拟开关，由 C、B、A 引脚的编码来决定所选的通道。ADC0809 完成一次转换需 100μs 左右，输入具有 TTL 三态锁存缓冲器，可直接连到 MCS-51 单片机的数据总线上。通过适当的外接电路，ADC0809 可对 0～5V 的模拟信号进行转换。

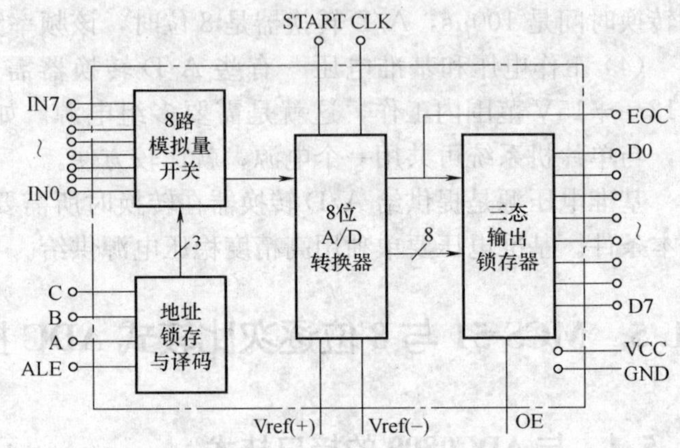

图 11-23 ADC0809 的结构框图

MCS-51 单片机操作 ADC0809 时，首先用指令选择 ADC0809 的一个模拟输入通道，当执行 MOVX @DPTR，A 指令时，单片机的 $\overline{\text{WR}}$ 信号有效，从而产生一个启动信号，给 ADC0809 的 START 引脚送入脉冲，开始对选中通道进行转换。当转换结束后，ADC0809 发出转换结束 EOC（高电平）信号，该信号可供单片机查询，也可相反作为向单片机发出的中断请求信号；当执行 MOVX A，@DPTR 指令时，单片机发出读控制 $\overline{\text{RD}}$ 信号，OE 端有高电平，而且把经过 ADC0809 转换完毕的数字量读到累加器 A 中。

由上述可见，用单片机控制 ADC0809 时，可采用查询和中断控制两种方式。

查询方式是在单片机把启动信号送到 ADC 之后，在执行其他程序的同时对 ADC0809 的 EOC 引脚的状态进行查询，以检查 A/D 转换是否结束，如查询到转换已经结束，则读入转换完毕的数据。中断控制方式是在启动信号送到 ADC 之后，单片机执行其他程序。当 ADC0809 转换结束并向单片机发出中断请求信号时，单片机响应此中断请求，进入中断服务程序，读入转换数据。中断控制方式效率高，所以特别适于变换时间较长的 ADC。

如果对转换速度要求高，采用上述两种 ADC 控制方式往往不能满足要求，可采用 DMA（直接存储器存取）的方法，这时可在 ADC 与单片机之间插入一个 DMA 接口。传输一开始，A/D 转换的数据就可以从 ADC 的输出寄存器经过 DMA 控制器直接传输到主存储器，因而不受程序的限制。

2. 查询方式

ADC0809 与 MCS-51 单片机的查询方式接口电路如图 11-24 所示。

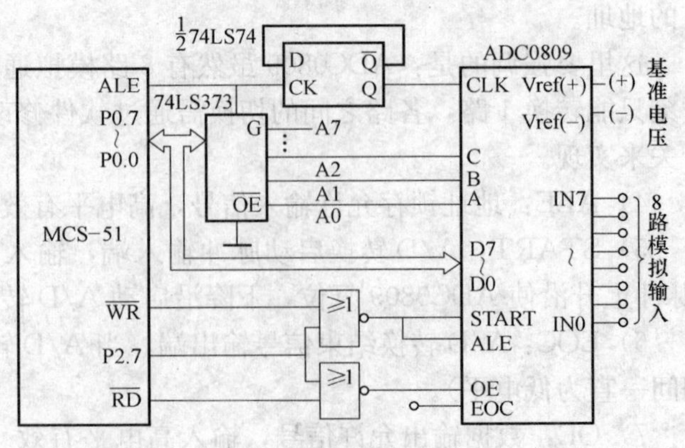

图 11-24 MCS-51 与 ADC0809 接口电路

图 11-24 中，ADC0809 时钟可利用 MCS-51 单片机提供的地址锁存允许信号 ALE 经 D 触发器 2 分频后获得，ALE 引脚的频率是 MCS-51 单片机时钟频率的 1/6（但要注意的是，每当访问尾部数据存储器时，将少一个 ALE 脉冲）。如果单片机时钟频率采用 6MHz，则 ALE 引脚的输出频率为 1MHz，在 2 分频后为 500kHz，恰好符合 ADC0809 对时钟频率的要求。由于 ADC0809 具有输出三态锁存器，其 8 位数据输出引脚可直接与数据总线相连。地址译码引脚 C、B、A 分别与地址总线的低 3 位 A2、A1、A0 相连，以选通 IN0～IN7 中的一个通路。将 P2.7 作为片选信号端，在启动 A/D 转换时，由单片机的写信号 $\overline{WR}$ 和 P2.7 引脚信号控制 ADC 的地址锁存和转换启动，由于 ALE 和 START 连在一起，因此 ADC0809 在锁存通道地址的同时，启动并进行转换。在读取转换结果时，用低电平的读信号 $\overline{RD}$ 和 P2.7 引脚经一级或非门后，产生的正脉冲作为 OE 信号，用以打开三态输出锁存器。

对 8 路模拟信号轮流采样一次，采用软件延时的方式，并依次把结果转存到数据存储区。

程序如下：

```
MAIN:   MOV     R1,      #data     ；置数据区首地址
        MOV     DPTR,    #7FF8H    ；通道 IN0 地址送 DPTR
        MOV     R7,      #08H      ；置转换的通道个数
LOOP:   MOVX    @DPTR,   A         ；启动 A/D 转换
        MOV     R6,      #20H      ；软件延时，等待转换结束
        DJNZ    R6,      $         ；软件延时，等待转换结束
        MOVX    A,       @DPTR
        MOV     @R1,     A         ；存储转换结果
        INC     DPTR               ；指向下一个通道
        INC     R1                 ；修改数据区指针
        DJNZ    R7,      LOOP      ；8 个通道全采样完否？未完则继续
        ……                         ；继续其他程序
```

3. 中断方式

ADC0809 与 MCS-51 单片机的中断方式接口电路只需要将图 11-24 中的 EOC 引脚经过一个非门连接到单片机的 $\overline{INT1}$ 引脚即可。采用中断方式可大大节省 CPU 的时间，当转换结束时，EOC 发出一个脉冲向单片机提出中断申请，单片机响应中断请求，由外部中断 1 的中断服务程序读 A/D 转换结果，并启动 ADC0809 的下一次转换，外部中断 1 采用跳沿触发方式。中断方式读取 ADC0809 参考程序如下：

```
        ORG     0000H
        LJMP    MAIN
        ORG     0003H
        LJMP    INT0S
MAIN:   SETB    IT0                ；设置中断下降沿触发方式
        SETB    EX0                ；允许外部中断
        SETB    EA                 ；允许总中断
        MOV     DPTR,    #7FF8H    ；通道 IN0 地址送 DPTR
        MOV     R1,      #data     ；置数据区首地址
        MOV     R7,      #08H      ；置转换的通道个数
        MOVX    @DPTR,   A         ；启动 A/D 转换
```

```
LOOP:     ……                         ；执行其他程序
          LJMP    LOOP               ；循环
INT0S:    PUSH    ACC                ；ACC 入堆栈
          MOVX    A,      @DPTR      ；读取 ADC
          MOV     @R1,    A          ；存储转换结果
          INC     DPTR               ；指向下一个通道
          INC     R1                 ；修改数据区指针
          MOVX    @DPTR,  A          ；启动新通道的 ADC 转换
          DJNZ    R7,     ENDINT     ；8 个通道全采样完否？未完则继续
          ⋮
          MOV     R1,     #data      ；置数据区首地址
          MOV     R7,     #08H       ；置转换的通道个数
ENDINT:   POP     ACC                ；ACC 出堆栈
          RETI                       ；中断返回
```

11.5.2 与 ADC0804 的接口技术

1. ADC0804 概述

ADC0804 是采用 CMOS 工艺的 8 位逐次比较式 ADC，内部集成 RC 振荡电路，时钟电路仅需要外接一个电阻、电容可以工作。其基本功能与 ADC0809 类似，但 ADC0804 是一个单通道 ADC。引脚排列如图 11-25 所示。

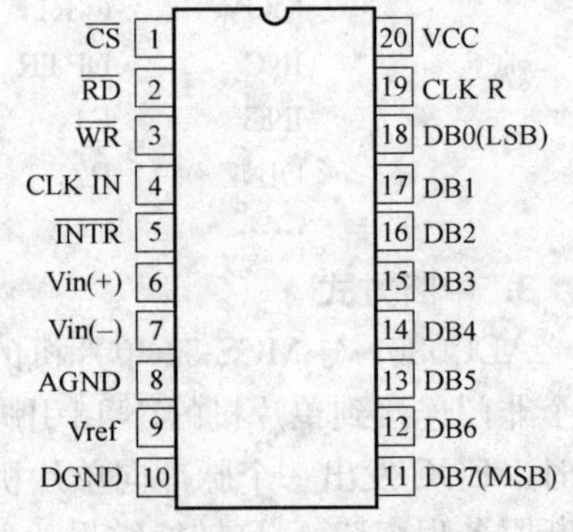

图 11-25 ADC0804 引脚排列

ADC0804 各引脚功能如下：

1）$\overline{\text{CS}}$：片选引脚，低电平有效。

2）$\overline{\text{RD}}$：读信号引脚，低电平有效。

3）$\overline{\text{WR}}$：写信号引脚，低电平有效。当$\overline{\text{WR}}=0$并且$\overline{\text{CS}}=0$时，ADC0804 复位，当$\overline{\text{CS}}=0$，$\overline{\text{WR}}$由 0 变为 1 时，ADC0804 启动转换。

4）CLK IN、CLK R：频率输入、输出引脚。CLK IN 引脚可连接外部振荡电路，输入频率范围为 100～800 kHz。输出频率最大值为 640kHz，一般可选用外部或内部来提供时钟，若在 CLK R 及 CLK IN 加上电阻及电容，则可产生 ADC 工作所需的时钟信号，其频率约为$\frac{1}{1.1RC}$。

5）$\overline{\text{INTR}}$：中断请求，ADC 转换期间$\overline{\text{INTR}}$输出高电平，转换完成后$\overline{\text{INTR}}$由高电平转变为低电平。

6）Vin（+）、Vin（−）：差动模拟信号的输入端，输入电压 $V_{in}=V_{in}(+)-V_{in}(-)$，在使用单端输入时将 Vin（−）引脚接地。

7）AGND：模拟接地引脚。

8）Vref：参考电压输入端，V_{ref}为模拟输入电压 V_{in}的上限值，若此脚悬空不接，则 V_{in}的上限值为电源引脚电压 V_{CC}。

9）DGND：数字接地引脚。

10）DB7 ～ DB0：数据输出引脚。

11）VCC：供电电源引脚。

2. ADC0804 的接口电路与操作时序

ADC0804 与 MCS-51 单片机外部总线的接口电路如图 11-26 所示，R1、C3 与内部振荡电路为 ADC0804 提供时钟信号。电路采用 TL431 集成电压基准获得稳定的 2.5V，以此电压作为参考电压接到 Vref 引脚，输入为单端输入方式，Vin（－）引脚接地，被测信号经 R3、C4 滤波后送入 Vin（＋）。

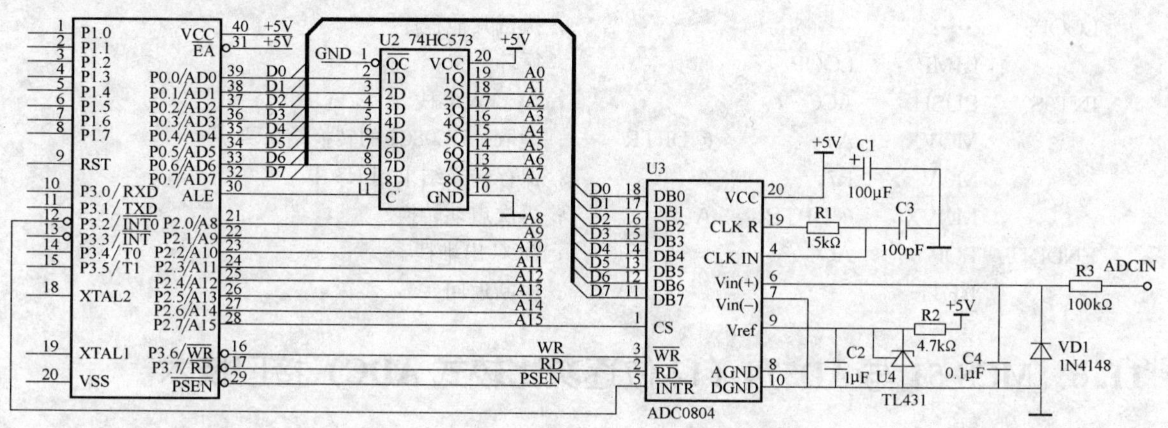

图 11-26　ADC0804 与 MCS-51 单片机接口电路

ADC0804 操作分为启动转换与读数据两个过程，转换启动时序如图 11-27 所示。启动转换时，首先片选$\overline{CS}$输出低电平，同时将写信号引脚$\overline{WR}$置为低电平，此时 ADC0804 复位，$\overline{INTR}$引脚变为高电平，当$\overline{WR}$由低电平变为高电平时，ADC0804 开始转换，此时片选$\overline{CS}$可以复位，当转换结束时$\overline{INTR}$变为低电平，通知 CPU 转换结束。

当 ADC0804 转换结束时，$\overline{INTR}$由高变低，可以触发 MCS-51 单片机外部中断进行读取转换结果，也可以采用查询方式判断 ADC0804 转换结束。读取 ADC0804 转换结果时序如图 11-28 所示，读取时先将片选$\overline{CS}$置为低电平，此时读信号线$\overline{RD}$由高电平变为低电平后，ADC0804 将转换结果输出在数据总线 DB0～DB7 上，当单片机读取完结果后，读信号$\overline{RD}$与$\overline{CS}$复位，可以启动新的转换。

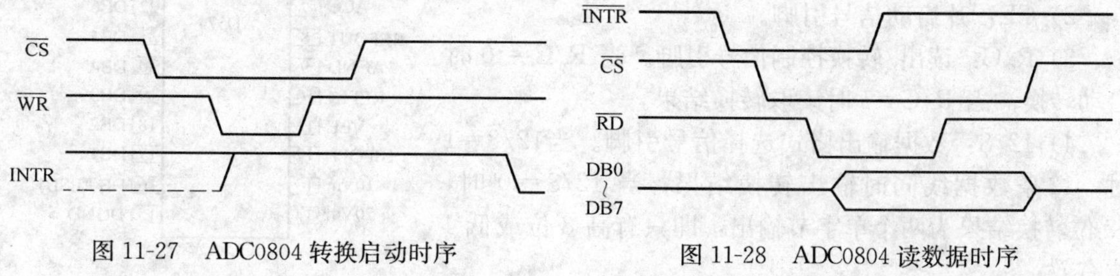

图 11-27　ADC0804 转换启动时序　　图 11-28　ADC0804 读数据时序

MCS-51 单片机采用中断方式操作 ADC0804 驱动参考程序如下：

```
        ORG     0000H
        LJMP    MAIN
```

```
        ORG     0003H
        LJMP    INT0S
MAIN：  SETB    IT0                     ；设置中断下降沿触发方式
        SETB    EX0                     ；允许外部中断
        SETB    EA                      ；允许总中断
        MOV     DPTR，    ＃7FFFH       ；ADC0804 总线地址
        MOVX    @DPTR，   A             ；启动 A/D 转换，仅需要片选CS与WR信号，累加
                                        器 A 的数据任意
LOOP：  ……                              ；执行其他程序
        LJMP    LOOP                    ；循环
INT0S： PUSH    ACC                     ；ACC 入堆栈
        MOVX    A，       @DPTR         ；读取 ADC0804 的转换结果
        MOV     R7，      A             ；保存转换结果到 R7 中
        MOVX    @DPTR，   A             ；再次启动转换
ENDINT：POP     ACC                     ；ACC 出堆栈
        RETI                            ；中断返回
```

11.6 MCS-51 与 AD574（12 位逐次比较式 ADC）接口技术

在一些 MCS-51 单片机应用系统中，8 位分辨率的 ADC 经常满足不了采集要求，必须选择分辨率大于 8 位的芯片，如 10 位、12 位、16 位 ADC，由于 10 位、16 位接口与 12 位类似，因此仅以常用的 12 位的 AD574 为例进行学习。

1. AD574 基本特性

AD574 是 12 位逐次比较式 ADC。转换时间为 25μs，由于芯片内有三态输出缓冲电路，因而可直接与各种典型的 8 位或 16 位的微处理器相连，而无须附加逻辑接口电路，接口电平与 CMOS 及 TTL 兼容。

AD574 为 28 引脚双列直插式封装，其引脚排列如图 11-29 所示。

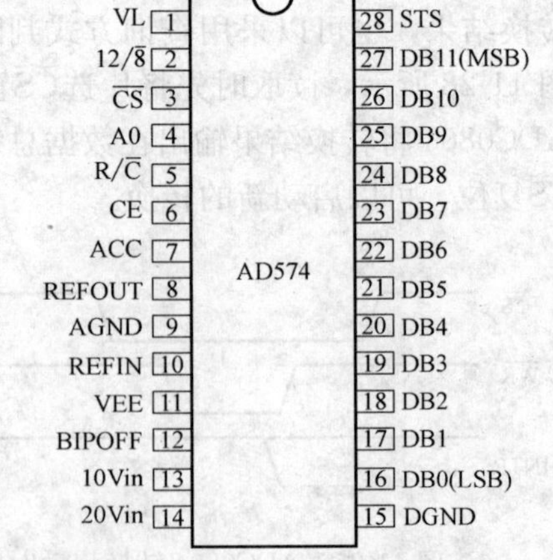

图 11-29 AD574 引脚排列

AD574 共有六个控制引脚，功能如下：

1）$\overline{CS}$：片选信号端。

2）CE：片启动信号引脚。

3）R/$\overline{C}$：读出/转换控制信号引脚。当 R/$\overline{C}$= 0 时启动转换；当 R/$\overline{C}$=1 时读取转换结果。

4）12/$\overline{8}$：数据输出格式选择信号引脚。当12/$\overline{8}$=1 时，12 条数据线同时输出转换结果；当 12/$\overline{8}$=0 时，12 位转换结果为两个单字节输出，即只有高 8 位或低 4 位有效。

5）A0：字节选择控制线。在转换期间，当 A0=0 时，AD574 进行全 12 位转换，转换时间为 25μs。当 A0=1 时，进行 8 位转换，转换时间为 16μs。在读数期间，当 A0=0 时，高 8 位数据有效。当 A0=1 时，低 4 位数据有效，中间 4

位为 0，高 4 位为三态。因此当采用两次读出 12 位数据时，12 位数据最好遵循左对齐原则，格式如图 11-30 所示。

结果高8位	结果低8位+4位0(空闲)

图 11-30　读出数据格式

6）STS：输出状态信号引脚。转换开始时，STS 为高电平，转换过程中保持高电平，转换完成时为低电平。STS 引脚信号采用查询方式，或者用下跳沿触发 CPU 外部中断，通知 CPU，A/D 转换已经完成，读取转换结果。

2. AD574 的工作特性

AD574 的工作状态由 CE、$\overline{CS}$、$R/\overline{C}$、$12/\overline{8}$、A0 五个控制信号决定，控制信号组合的真值表见表 11-3。由表 11-3 可见，当 CE=1，$\overline{CS}$=0 同时满足时，AD574 才能处于工作状态。当 AD574 处于工作状态时，$R/\overline{C}$=0 时启动 A/D 转换；$R/\overline{C}$=1 时进行数据读出。$12/\overline{8}$ 和 A0 端用来控制转换字长和数据格式。A0=0 时启动转换，则按完整的 12 位 A/D 转换方式工作，如果 A0=1 时启动转换，则按 8 位 A/D 转换方式工作。当 AD574 处于数据读出工作状态（$R/\overline{C}$=1）时，A0 和 $12/\overline{8}$成为数据输出格式控制端。$12/\overline{8}$=1，对应 12 位并行输出；$12/\overline{8}$=0 则对应 8 位双字节输出。其中，A0=0 时，由 DB11～DB4 输出高 8 位；A0=1 时，由 DB3～DB0 输出低 4 位。必须指出，$12/\overline{8}$端与 TTL 电平不兼容，故只能直接接至+5V或 0V 上。另外 A0 在数据输出期间不能变化。

表 11-3　AD574 控制信号组合真值表

CE	$\overline{CS}$	$R/\overline{C}$	$12/\overline{8}$	A0	操　作
0	×	×	×	×	无操作
×	1	×	×	×	无操作
1	0	0	×	0	初始化为 12 位转换器
1	0	0	×	1	初始化位 8 位转换器
1	0	1	+5V	×	允许 12 位并行输出
1	0	1	接地	0	允许高 8 位输出
1	0	1	接地	1	允许低 4 位+4 位尾 0 输出

如果要求 AD574 以独立方式工作，只需将 CE、$12/\overline{8}$端接入+5V，$\overline{CS}$和 A0 接至 0V，将 $R/\overline{C}$作为数据读出和数据转换启动的控制。当 $R/\overline{C}$=1 时，12 位数据输出端出现被转换后的数据，$R/\overline{C}$=0 时，即启动一次 A/D 转换。在延时 0.5μs 后 STS=1 表示转换正在进行。经过一个转换周期（典型值为 25μs）后，STS 端跳回低电平，A/D 转换完毕，可以从数据输出端读取新的数据。

注意，只有在 CE=1 和$\overline{CS}$=0 时才启动转换，在启动信号有效前，$R/\overline{C}$端必须为低电平，否则将产生读取数据的操作。

3. AD574 的单极性和双极性输入特性

通过改变 AD574 的 8、10、12 引脚的外接电路，可使 AD574 进行单极性和双极性模拟信号的转换。图 11-31a 所示电路为单极性输入电路，可实现输入信号 0～12V 或 0～20V 的转换。其系统模拟信号的地线应与 9 引脚相连，使其地线的接触电阻尽可能小。图 11-31b

所示电路为双极性输入电路，可实现输入信号－5～＋5V或－10～＋10V的转换。

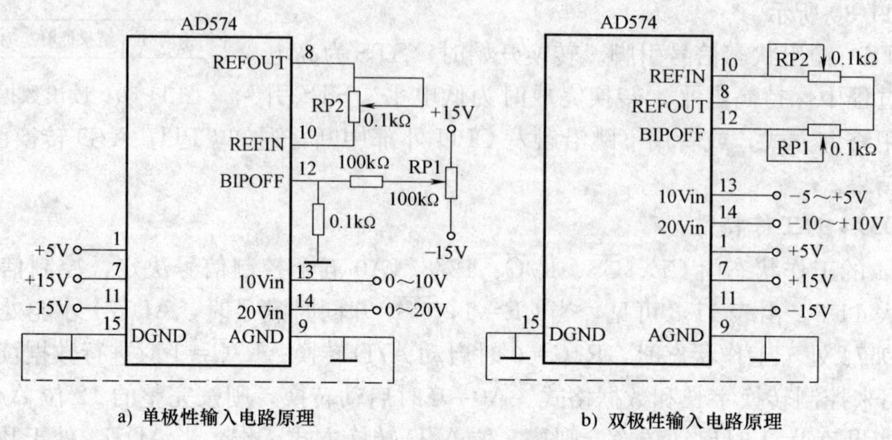

图 11-31　AD574 模拟输入电路的外部电路

4. MCS-51 单片机与 AD574 的接口

图 11-32 所示为 AD574 与 MCS-51 单片机的接口电路。由于 AD574 片内含有高精度的基准电压源和时钟电路，从而使 AD574 在不需要任何外加电路和时钟信号的情况下完成 A/D转换，使用非常方便。

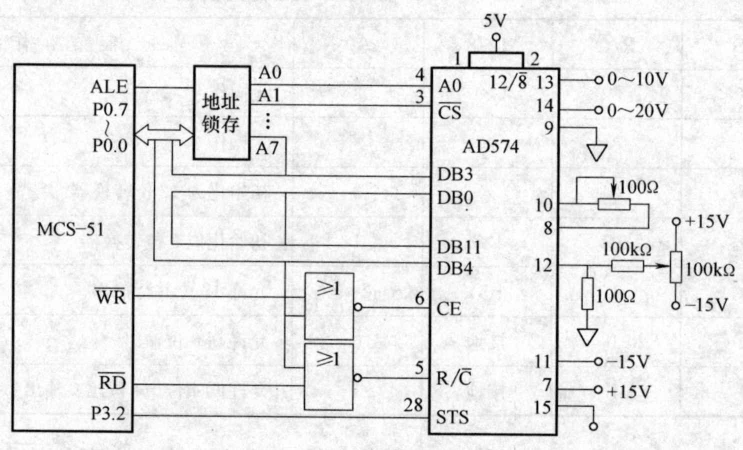

图 11-32　AD574 与 MCS-51 单片机的接口电路

该电路采用双极性输入接法，可对－5～＋5V或－10～＋10V模拟信号进行转换。也可采用单极性输入接法，具体电路如图 11-31，转换结果的高 8 位从 DB11～DB4 输出，低 4 位从 DB3～DB0 输出，即 A0＝0 应接单片机的 P0.7～P0.4，STS 脚接单片机的 P3.2 脚，采用查询方式读取转换结果。

当单片机执行对外部数据存储器写指令，使 CE＝1，$\overline{CS}$＝0，R/$\overline{C}$＝0，A0＝0 时，启动 A/D 转换。当单片机查询到 P3.2 脚为低电平时，转换结束，单片机使 CE＝1，$\overline{CS}$＝0，R/$\overline{C}$＝1，A0＝0，读取结果高 8 位；使 CE＝1，$\overline{CS}$＝0，R/$\overline{C}$＝1，A0＝1，读取结果的低 4 位。

利用该接口电路完成一次 A/D 转换的查询方式的程序如下（高 8 位转换结果存入 R2 中，低 4 位存入 R3 中，遵循左对齐原则）：

```
MAIN:   MOV     R0,     #7CH    ; 选择 AD574，并令 A0=0
        MOVX    @R0,    A       ; 启动 A/D 转换
LOOP:   NOP
        JB      P3.2,   LOOP    ; 查询转换是否结束
        MOVX    A,      @R0     ; 读取高 8 位
        MOV     R2,     A       ; 存入 R2 中
        MOV     R0,     #7DH    ; 令 A0=1
        MOVX    A,      @R0     ; 读取低 4 位
        MOV     R3,     A       ; 存入 R3 中
```

上述程序是按查询方式设计的，图 11-32 中的 STS 脚也可以接单片机的外中断输入 $\overline{\text{INT0}}$脚，即采用中断方式读取转换结果。读者可自行编制出采用中断方式读取转换结果的程序。

AD574A 是 AD574 的改进产品，AD674A 是 AD574A 的改进产品，它们的引脚、内部结构和外部应用特征基本相同，但最大转换速度由 25μs 提高到 15μs。目前带有采样/保持器的 12 位 AD1674 正以其优良的性能价格比逐渐取代 AD574A 和 AD674A。

对于图 11-32 所示的接口电路，在设计印制电路板时，要注意电源去耦、布线以及地线的布置，这些问题对于位数较多的 ADC 与单片机接口时，要给予重视。

AD574 接口电路全部连接完毕后，在模拟输入端输入一稳定的标准电压，启动 A/D 转换，12 位数据应能稳定。如果变化较大，说明电路稳定性差，则要从电源及接地布线等方面查找原因。AD574 的电源电压要有较好的稳定性和较小的噪声，噪声大的电源会产生输出数据的不稳定。在设计时，AD574 的电源要很好地进行滤波调整，还要避开高频噪声源，这对 AD574 来讲是非常重要的。为了取得 12 位精度，要进行很好的滤波，否则毫伏级的噪声能在 12 位 ADC 中引起几个码的误差。

所有的电源引脚都要用去耦电容。对+5V 电源，去耦电容直接接在引脚 1 和引脚 15 之间；并且 V_{CC}和 V_{EE}要通过电容耦合到引脚 9，合适的去耦电容是一个 4.7μF 的钽电容再并联一个 0.1μF 的陶瓷电容。

11.7　MCS-51 与 ICL7135（4 位半双积分式 ADC）接口技术

双积分式 ADC 由于进行两次积分，时间较长，转换速度较慢，但是精度可以做得比较高，对周期性信号具有较好的抑制作用，抗干扰性能较好，因此在直流电压、温度等采集速度要求不高的测控系统中被广泛应用，如常用的 ICL7106、ICL7135、ICL7109 等，许多常用的手持式数字万用表都是基于双积分式 ADC 设计制造的。

11.7.1　双积分式 ADC 工作原理与特点

双积分式 ADC 的工作原理是通过两次积分过程，即“对被测电压的定时积分和对参考电压的定值积分”的比较，得到被测电压值。图 11-33 所示为双积分式 ADC 的原理框图和积分波形。它包括积分器、过零比较器、计数器及逻辑控制电路，其工作过程如下：

1）复零 t_0～t_1 阶段：开关 S2 接通 T_0 时间，积分电容 C 短接，使积分器输出电压 v_o 回到零（v_o=0）。

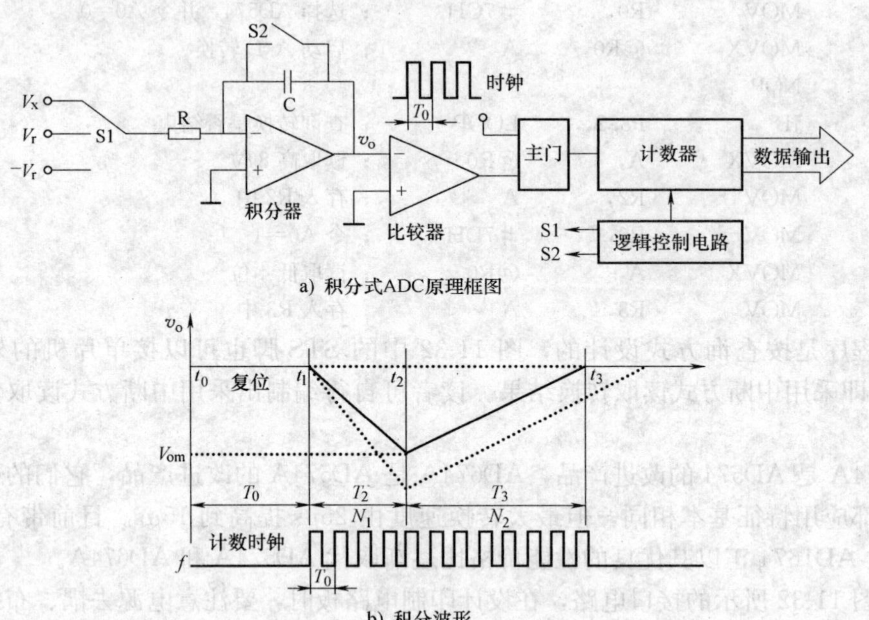

图 11-33 双积分式 ADC 的原理框图和积分波形

2）对被测电压定时积分 $t_1 \sim t_2$ 阶段：开关 S1 接被测电压 V_x，S2 断开。若 V_x 为正，则积分器输出电压 v_o 从零开始线性地负增长，经过规定时间 T_1，即到达 t_2 时，有逻辑控制电路控制结束本次积分，此时，积分输出 v_o 达到最大 V_{om}。

$$V_{om} = -\frac{1}{RC}\int_{t_1}^{t_2} V_x \mathrm{d}t = -\frac{T_1}{RC}\overline{V}_x \tag{11-1}$$

式中，$\overline{V}_x = \frac{1}{T_1}\int_0^{T_1} V_x \mathrm{d}t$ 为被测电压$\overline{V}_x$ 在积分时间 T_1 内的平均值，积分时间 T_1 为定值，$-\frac{T_1}{RC}$即为积分波形的斜率，V_{om}与 V_o的平均值$\overline{V}_x$ 成正比。

3）对参考电压反向积分 $t_2 \sim t_3$ 阶段：若被测电压为正，则开关 S1 接通负的参考电压 V_x，S2 断开。积分器输出电压 v_o 从 V_{om}开始线性地正向增长（与 V_x 的积分方向相反），设 t_3 时刻到达零点，过零比较器翻转，经历的反向积分时间为 T_2，则有

$$0 = V_{om} - \frac{1}{RC}\int_{t_2}^{t_3} (-V_r)\mathrm{d}t = V_{om} + \frac{T_2}{RC}V_r \tag{11-2}$$

将式（11-1）代入式（11-2），可得

$$\overline{V}_x = \frac{T_2}{T_1}V_r \tag{11-3}$$

由于 T_1、T_2 是通过对同一时钟信号计数得到，设计数值分别为 N_1、N_2，即 $T_1 = N_1 T_0$，$T_2 = N_2 T_0$，于是式（11-3）可写成

$$\overline{V}_x = \frac{N_2}{N_1}V_r = eN_2 \quad \left(e = \frac{V_r}{N_1}\right)$$

或

$$N_2 = \frac{N_1}{V_r}\overline{V}_x = \frac{1}{e}\overline{V}_x$$

式中，e 为刻度系数（V/字）；N_2 即是计数器在对参考电压反向积分时时钟信号的计数结果，N_2 可表示被测电压$\overline{V}_x$，数字量 N_2 即为双积分 A/D 转换结果。

从上述的工作过程可见，双积分式 ADC 基于 V-T 变换的比较测量原理，它能测量双极性电压，内部的极性检测电路根据输出电压极性确定所需的反向积分时参考电压的极性（与被测电压极性相反）。它具有如下特点：

积分器的 R、C 元件及时钟频率对 A/D 转换结果不产生影响，因而对元件参数的精度和稳定性要求不高。

参考电压 V_r 的精度和稳定性直接影响 A/D 转换结果，故需采用精密基准电压源。例如，一个 16 位的 A/D 转换器，其分辨率 1LSB=1/216 =1/65536≈15×10^{-6}，那么，要求基准电压源的稳定性（主要为温度漂移）优于 15×10^{-6}。

具有较好的抗干扰能力，因为积分器响应的是输出电压的平均值。假设被测直流电压 V_x，上叠加有干扰信号 v_{sm}，即输入电压 $v_x=V_x+v_{sm}$，则 T_1阶段结束时积分器的输出为

$$V_{om} = -\frac{1}{RC}\int_{t_1}^{t_2}(V_x + v_{sm})\,dt = -\frac{T_1}{RC}\overline{V}_x - \frac{T_1}{RC}\overline{v}_{sm}$$

上式说明，干扰信号的影响也是以平均值的方式作用的，若能保证在 T_1 积分时间内，干扰信号的平均值为零，则可大大减少甚至消除干扰信号的影响。一般电路的最大干扰来自于电网的 50Hz 工频电压（周期为 20ms），因此，一般选择 T_1 时间为 20ms 的整数倍。

11.7.2　ICL7135 四位半的双积分式 ADC 的应用

1. ICL7135 概述

ICL7135 是四位半双积分式 ADC，输入阻抗较高，转换输出为±20000 个码，转换精度较高，价格低廉，抗干扰能力强，同时 ICL7135 具有 STB 选通控制的 BCD 码输出，可接 BCD 输入段码译码器，驱动 7 段 LED 数码管进行直接显示，并且与 CPU 接口也十分方便。因此，ICL7135 在仪表中被广泛应用。

ICL7135 引脚排列如图 11-34 所示。

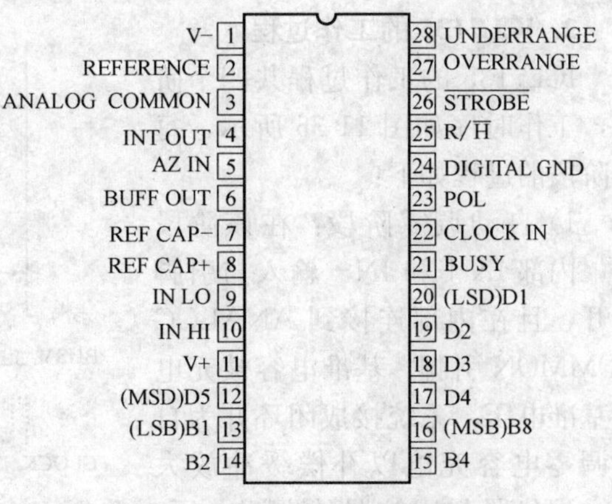

图 11-34　ICL7135 引脚排列

ICL7135 各引脚功能如下：

1）V－：ICL7135 负电源输入端，典型值－5V，极限值－9V。

2）V＋：ICL7135 正电源输入端，典型值＋5V，极限值＋6V。

3）DIGITAL GND：数字地。

4）ANALOG COMMON：模拟地（正、负电源以及输入信号地）。

5）REFERENCE：参考电压输入，参考电压的地为模拟地引脚。

6）IN HI：被测模拟信号正输入端。

7）IN LO：被测模拟信号负输入端。当采用单端测量方式时。IN LO 直接与模拟地相连。

8）CLOCK IN：时钟信号输入，极限值为 1MHz，此时转换速度为 25 次/s。

9）REF CAP＋：外接参考电容正，典型值为 1μF。

10）REF CAP－：外接参考电容负。

11）BUFF OUT：缓冲放大器输出端，外接积分电阻。

12）INT OUT：积分器输出端，外接积分电容。

13）AZ IN：自校零端。

14）UNDERRANGE：欠量程信号输出端，当输入信号小于量程范围的 10%时，该端输出高电平。

15）OVERRANGE：过量程信号输出端，当输入信号超过计数范围（20001）时，该端输出高电平。

16）$\overline{\text{STROBE}}$：数据输出选通信号（负脉冲），宽度为时钟脉冲宽度的 1/2，每次 A/D 转换结束时，该端输出五个负脉冲，分别选通由高到低的 BCD 码数据（5 位），该端用于读取 BCD 码时作为位选通信号。

17）R/$\overline{\text{H}}$：自动转换/停顿控制输入，当输入高电平时，每隔 40001 个时钟脉冲自动启动下一次转换；当输入为低电平时，转换结束后需输入一个大于 300ns 的正脉冲，才能启动下一次转换。

18）POL：极性信号输出，高电平表示被测电压极性为正，低电平表示被测电压极性为负。

19）BUSY：忙信号输出，高电平有效，正向积分开始时自动变高，反向积分结束时自动变低。

20）B8、B4、B2、B1：BCD 码输出端。

21）D5～D1：万、千、百、十、个位选通引脚。

2. ICL7135 的工作过程

ICL7135 的工作过程共四个阶段，工作时序如图 11-35 所示，每个阶段的过程如下：

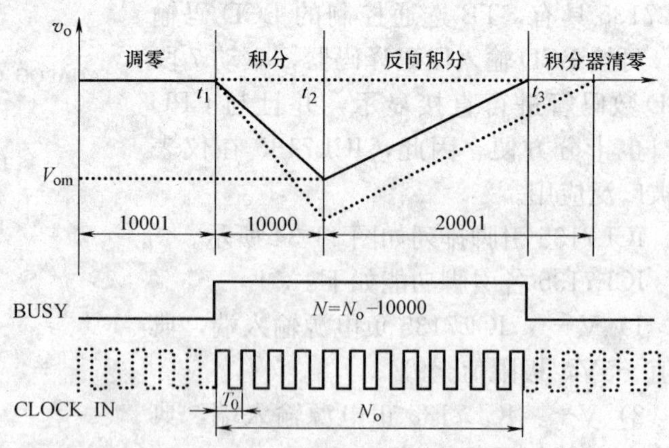

图 11-35 ICL7135 工作时序

1）自动调零阶段：在该阶段时，内部 IN＋和 IN－输入与引脚断开，且在内部连接到 ANALOG COMMON 引脚，基准电容被充电至基准电压，系统接成闭环并为自动调零电容充电以补偿缓冲放大器、积分器和比较器的失调电压。此时，自动调零精度受系统噪声的限制，以输入为基准的总失调小于 10μV。该阶段积分时间固定为 10001 个时钟周期。

2）对被测信号积分阶段：在该阶段，自动调零环路被打开，内部的 IN＋和 IN－输入被连接至外部引脚。在固定的时间周期内，这些输入端之间的差分电压被积分。当输入信号相对于转换器电源极性相同时，IN－可直接连接至 ANALOG COMMON 以便输出正确的共模电压。同时，在这一向完成的基础上，输入信号的极性将被系统所记录。该阶段积分时间固定为 10000 个时钟周期。

3）对基准进行反向积分阶段：该阶段是对基准进行反向积分，此时内部 IN－在内部连接 ANALOG COMMON，IN＋跨接至先前已充电的基准电容，所记录的输入信号的极性可确保以正确的极性连接至电容，以使积分器输出极性回零。输出返回至零所需的时间正比于输入信号的幅度。该阶段积分时间与积分阶段输入的电压有关，最大积分时间为 20001 个时钟周期。

4）积分器返回零阶段：在该阶段内部的 IN－连接到 ANALOG COMMON，系统接成闭环以使积分器输出返回到零。通常这相需要 100～200 个时钟脉冲，但是在超范围转换后，则需要 6200 个脉冲。

在 ICL7135 转换过程中，在自动调零阶段，ICL7135 的 BUSY 为低电平，从信号积分阶段开始 BUSY 信号由低电平变高，在基准反向积分阶段结束时，BUSY 信号由高电平变为低电平，在满量程情况下，BUSY 信号高电平期间最多脉冲个数为 30001 个，而反向积分阶段的脉冲个数就是转换结果，因此 MCS-51 单片机可以通过门控计数方式读取 ICL7135 的转换结果。

在设计 MCS-51 单片机与 ICL7135 接口电路时，如果使用 ICL7135 的 BCD 码输出读取转换结果，不但要连接 BCD 码数据输出线，还要连接 BCD 码数据的位驱动信号输出端，因此至少需要九根 I/O 口线。占用 I/O 端口较多，电路比较麻烦，而 MCS-51 单片机可以同三个 I/O 口读取 ICL7135 的转换结果。ICL7135 与 MCS-51 单片机的接口电路如图 11-36 所示。

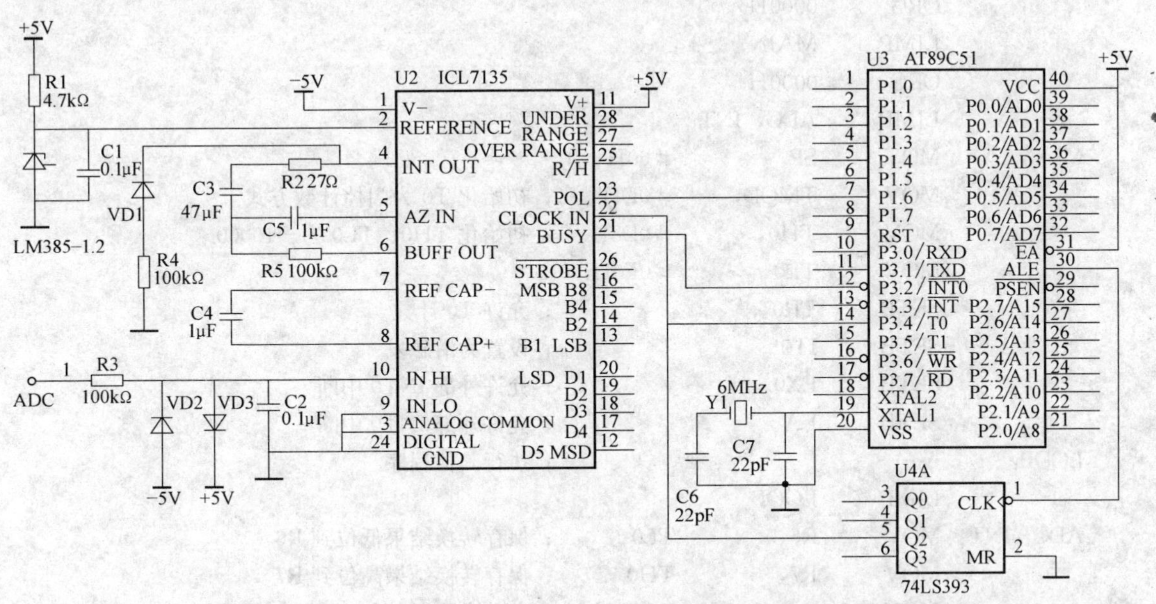

图 11-36　ICL7135 与 MCS-51 单片机接口电路

根据上一节对双积分式 ADC 原理的分析 $\overline{V}_x=\dfrac{N_2}{N_1}V_r$，所以 ICL7135 的测量结果与输入

电压之间的关系为$\overline{V}_x=\frac{N_2}{N_1}V_r=\frac{N_2}{10000}V_{ref}=\frac{1.2V}{10000}N$，由于$N$取值范围是0～20001，所以ICL7135的电压测量范围是基准电压的2倍。

MCS-51单片机与ICL7135的三线接口接法如下：将ICL7135的BUSY信号接于MCS-51单片机的INT0（P3.2）引脚，时钟信号CLOCK IN引脚接于T0（P3.4）引脚，转换极性POL引脚接到单片机的任意一个I/O接口即可。

读取时，将定时计数器T0的工作方式置为工作模式1，16位计数方式，并将定时计数器T0的门控位GATE置1，此时定时计数器T0是否工作将受BUSY信号的控制。由图11-35所示时序可知，当ICL7135开始工作时，即在对信号积分开始时，ICL7135的BUSY信号跳变为高电平，定时计数器T0才开始工作，此时定时计数器T0的TH0、TL0记录BUSY线高电平时CLOCK IN引脚上的脉冲个数，当反向积分结束时，BUSY信号由高电平变为低电平，此时可以用这个下降沿触发外部中断INT0，在外部中断中读取TH0、TL0的计数结果N_o，用N_o减去积分阶段的固定脉冲数10000，就得到了反向积分阶段的脉冲数，即ICL7135的转换结果。

时钟信号可以采用CD4060接4MHz晶体振荡器并进行16分频获得，也可以由MCS-51单片机的ALE引脚输出信号经分频获得。但为了获得较好的抗干扰性，通常积分时间取工频周期的整数倍，因此ICL7135工作频率一般选取125kHz、250kHz、500kHz，与之对应转换速度分别约为3次/s、6次/s、12次/s。

程序设计时，减去10000个脉冲编制双字节减法程序，但这样程序相对较麻烦，编程时可以先将TH0、TL0初始化为−10000即55536，当计到10000时TH0、TL0自动溢出清零，此后TH0、TL0计数的值就是反向积分阶段转换结果。参考程序如下：

```
:           ORG     0000H
            LJMP    MAIN
:           ORG     0000H
            LJMP    ADC_INT
MIAN        MOV     SP,      #60H
            MOV     TMOD,    #0DH      ；初始化T0为门控计数方式1
            MOV     TH0,     #0D8H     ；初始化TH0、TL0为−10000
            MOV     TL0,     #0F0H
            SETB    TR0                ；允许T0计数
            SETB    IT0                ；设置为沿触发
            SETB    EX0                ；允许外部INT0中断
            SETB    EA                 ；允许外部INT0中断
LOOP:       ……                         ；执行其他程序
            LJMP    LOOP
ADC_INT:    MOV     R6,      TL0       ；保存转换结果低位到R6
            MOV     R7,      TH0       ；保存转换结果高位到R7
            MOV     Cy,      P1.6      ；读取符号位
            MOV     TH0,     #0D8H     ；初始化TH0、TL0为−10000
            MOV     TL0,     #0F0H
            RETI                       ；中断返回
```

11.8　ADC 采集系统校准原理

在单片机测控系统中，由于信号调理电路以及 ADC 电路均存在转换误差和零点漂移等，因此一个可以实际应用的单片机采集系统必须要经过校准后才能获得较高的测量精度。校准可以采用硬件校准和软件校准两种方式，但由于硬件校准会增加电路的复杂性，并且和实际电路有关，因此在这里仅介绍软件校准的工作原理。

单片机采集系统模拟量输入通道结构如图 11-37 所示，其中信号从输入到 ADC 输出的总增益设为 k，设 V_{os} 为折算到输入端的等效漂移，N_x、N_r、N_o 分别为输入被测电压 V_x、参考电压 V_r 和 V_o（接地）时 A/D 转换结果的数字量。

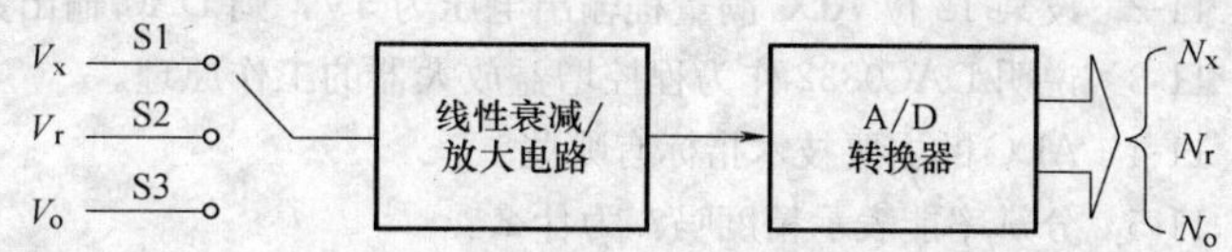

图 11-37　单片机采集系统模拟量输入通道结构

校准过程如下：

1）零点校准：开关 S3 接通（S1、S2 断开），零点电压（0V）经衰减/放大后，得到相应的转换结果 N_o 并存储。此时，虽然输入电压为零，但由于 DVM 的各部件的非理想性，转化结果并不为零，实际应等于 V_{os} 的相应转换结果。即

$$N_o = kV_{os} \tag{11-4}$$

2）参考校准：开关 S2 接通（S1、S3 断开），接入参考电压 V_r 并进行 A/D 转换，设转换结果为 N_r

$$N_r = k(V_r + V_{os}) \tag{11-5}$$

3）输入被测电压：开关 S2 接通（S1、S3 断开），接入被测电压 V_x 并进行 A/D 转换，设转换结果为 N_x

$$N_x = k(V_x + V_{os}) \tag{11-6}$$

由式（11-4）～式（11-6）可得

$$(N_x - N_o)/(N_r - N_o) = [k(V_x - V_{os}) - kV_{os}]/[k(V_r + V_{os}) - kV_{os}] = V_x/V_r$$

即

$$V_x = [(N_x - N_o)/(N_r - N_o)]V_r \tag{11-7}$$

式中，N_x、N_r、N_o 分别为输入被测电压 V_x、参考电压 V_r 和 0V（接地）时 A/D 转换结果的数字量；V_r 为用于校准的输入参考电压，一般可取为满量程的 80%～90%；V_o 为零点校准信号，实际校准时应采用比零点稍高一些的信号（尤其在 ADC 为单极性转换的系统中）。

式（11-7）是上述校准测量的基本关系式，通过校零和校参考电压，式中已不含 V_{os} 和 k，即完全消除了通道零漂移 V_{os} 和转换系数 k 的变化引起的测量误差。

根据式（11-7）可计算出被测电压值，但每个测量结果需经三次测量，使测量速度降低为原来的 1/3，而且输入端电压在零点参考和被测电压之间交替切换，输入动态范围变化大，一般在通道切换后需要一定的时间通道延时。在校准测量下，为了提高测量速度，可采取每隔 h/2 或 1h 对零点和参考点测量一次并储存，并认为测量系统具有良好的短时稳定性。

然后，每次只对被测电压通道测量，并根据式（11-7）计算。

以上校准是以线性系统为基础的，在实际应用中，多数系统也都是线性系统，但是也有些系统存在一定的非线性，此时可以采用多点分段校准，或者采用拉格朗日高次校准方式。

习 题

11-1 DAC 的主要技术指标有哪些？

11-2 设某 12 位 ADC 满量程输出电压为 5V，则 DAC 输出数据变化一个“码”时输出电压变化多少？

11-3 说明 DAC0832 作为程控增益放大器的工作原理。

11-4 ADC 的主要技术指标有哪些？

11-5 分辨率能表示精度吗？为什么？

11-6 采用 ADC0809 与 AT89C51 设计一个 1～5V 电压采集电路，并编写驱动程序。

11-7 采用 DAC0832 与 AT89C51 设计一个幅值 0～5V 可调的三角波信号源，并编写驱动程序。

11-8 说明 ADC 采集系统的校准原理。

第 12 章　MCS-51 单片机应用系统的可靠性与抗干扰

目前，MCS-51 单片机应用系统已在工业测控领域得到广泛应用，可靠性也越来越受到人们的关注。系统的可靠性是由多种因素决定的，其中系统的抗干扰性能的好坏是影响可靠性的重要因素。因此，研究抗干扰技术，提高单片机系统的抗干扰性能，是本章研究的内容。本章将从干扰的来源、硬件、软件以及电源系统、接地系统等各个方面进行研究分析，并给出有效可行的解决措施。

12.1　干扰的来源

一般把影响单片机测控系统正常工作的信号称为噪声，又称干扰。在单片机系统中，出现了干扰，就会影响指令的正常执行，造成控制事故或控制失灵，在测量通道中产生了干扰，就会使测量产生误差，电压的冲击可能使系统遭到致命的破坏。

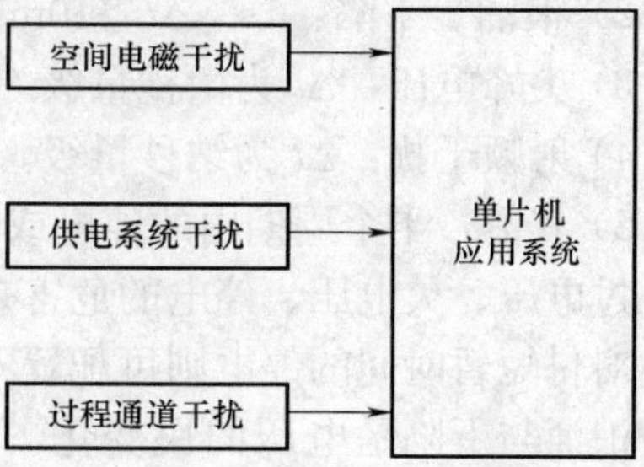

环境对单片机控制系统的干扰一般都是以脉冲的形式进入系统的，干扰窜入单片机系统的渠道主要有三条，如图 12-1 所示。

空间电磁干扰
供电系统干扰
过程通道干扰
单片机应用系统

图 12-1　单片机测控系统主要干扰渠道

1. 空间电磁干扰

空间电磁干扰来源于周围的电气设备，如发射机、中频炉、晶闸管逆变电源等发出的电干扰和磁干扰；广播电台或通信发射台发出的电磁波；空中雷电，甚至地磁场的变化也会引起干扰。这些空间电磁辐射干扰会使单片机系统不能正常工作。

2. 供电系统干扰

由于工业现场运行的大功率设备众多，特别是大感性负载设备的起停会使得电网电压大幅度涨落（浪涌），工业电网电压的欠电压或过电压常常达到额定电压的 15%以上。这种状况有时长达几分钟、几小时甚至几天。由于大功率开关的通断、电机的起停、电焊等原因，电网上常常出现几百伏，甚至几千伏的尖脉冲干扰。

3. 过程通道干扰

为了达到数据采集或实时监控的目的，开关量输入/输出，模拟量输入/输出是必不可少的。在工业现场，这些输入/输出的信号线和控制线多至几百条甚至几千条，其长度往往达几百米或几千米，因此不可避免地将干扰引入单片机系统。当有大的电气设备漏电、接地系统不完善或测量部件绝缘不好时，都会使通道中直接串入干扰信号。各通道的线路如果同出自一根电缆中或者捆扎在一起，各路间会通过电磁感应而产生瞬间的干扰，尤其是 0～15V 的信号与交流 220V 的电源线同套在一根长达几百米的管中，其干扰更为严重。这种彼此感应产生的干扰，其表现形式仍然是通道中形成干扰电压，轻者会使测量的信号发生误差，重者会使有用的信号被完全淹没。有时这种通过感应产生的干扰电压会达几十伏以上，使单片机系统无法工作。

以上三种干扰，以来自供电系统的干扰最甚，其次为来自过程通道的干扰。对于来自空间的电磁辐射干扰，需加适当的屏蔽及接地来解决。

12.2 供电系统干扰及抗干扰措施

任何电源及输电线路都存在内阻，正是这些内阻才引起了电源的噪声干扰。如果没有内阻，无论何种噪声都会被电源短路吸收，在线路中不会建立起任何干扰电压。

单片机系统中危害最严重的干扰来自于电源。在某些大功率耗电设备的电网中，经对电源检测发现，在 50Hz 正弦波上叠加有很多一千多伏的尖峰电压。

12.2.1 电源噪声来源、种类及危害

如果把电源电压变化持续时间定义为 Δt，那么，根据 Δt 的大小可以把电源干扰分为以下几种情况：

1）过压、欠压、停电：$\Delta t > 1s$。

2）浪涌、下陷：$1s > \Delta t > 10ms$。

3）尖峰电压：Δt 为微秒量级。

4）射频干扰：Δt 为纳秒量级。

5）其他：半个周期内的停电或者过欠电压。

过电压、欠电压、停电的危害是显而易见的，解决的方法是使用各种稳压器、电源调节器，对付短暂时间的停电则可配置不间断电源（UPS）。

浪涌与下陷是电压的快变化，如果幅度过大也会毁坏系统。即使变化不大±(10%～15%)，直接使用不一定会毁坏系统，但由于电源系统中接有反应迟缓的磁饱和或电子交流稳压器，往往会在这些变化点附近产生振荡，使得电压忽高忽低。如果有连续几个±(10%～15%）的浪涌或下陷，由此造成的振荡能产生±(30%～40%）的电源变化，而使系统无法工作。解决的办法是使用快速响应的交流稳压器。

尖峰电压持续时间很短，一般不会毁坏系统，但对单片机系统正常运行危害很大，会造成逻辑功能紊乱，甚至冲坏源程序。解决办法是使用具有噪声抑制能力的交流电源调节器、参数稳压器或超隔离变压器。

射频干扰对单片机系统影响不大，一般加两三级低通滤波器即可解决。

12.2.2 供电系统的抗干扰设计

单片机测控系统的供电常常是一个棘手的问题，单单一台高质量的电源不足以解决干扰和电压波动问题，必须完整地设计整个电源供电系统。

逻辑电路是在低电压、大电流下工作，电源的分配就必须引起注意，比如一条 0.1Ω 的电源线回路，对于 5A 的供电系统，就会把电源电压从 5V 降到 4.5V，以至不能正常工作；另一方面，工作在极高频率下的数字电路，对电源线有高频要求。所以，电源线上的干扰是数字系统最常出现的问题之一。

电源分配系统首要的就是良好的接地，系统的地线必须能够吸收来自所有电源系统的全部电流。应该采用粗导线作为电源连接线，地线应该尽量短且直接走线。对于插件式电路板，应该多给电源线、地线分配几个沿插头方向均匀分布的插针。

在单片机系统中，为了提高供电系统的质量，防止窜入干扰，建议采用如图 12-2 所示的供电配置和如下措施：

1）交流输入端加交流滤波器，可滤掉高频干扰，如电网上大功率设备起停造成的瞬间干扰。滤波器市场上的产品有一级、二级滤波器之分，安装时外壳要加屏蔽并良好接地，进出线要分开，防止感应和辐射耦合。低通滤波器仅允许 50Hz 交流电通过，对高频和中频干扰有良好的衰减作用。

2）采用具有静电屏蔽和抗电磁干扰的隔离电源变压器。

3）采用集成稳压器进行稳压。目前市场上集成稳压器有许多种，如提供正电源的 7805、7809、7812、7818、7824 以及提供负电压的 79 系列稳压器。

4）直流输出部分采用大容量电解电容进行平滑滤波。

5）交流电源线与其他线尽量分开，减少再度耦合干扰。如滤波器的输出线上干扰已减少，应使其与电源进线及滤波器外壳保持一定距离，交流电源线与直流电源线及信号线分开走线。

6）电源线与信号线一般都通过地板下面走线，而且不可把两线靠得太近或互相平行，以减少电源和信号线之间的相互影响。

7）在每块印制电路板的电源与地之间并联去耦电容，即一个 5～10μF 的电解电容和一个 0.01～1.0μF 的电容，以消除直流电源与地线中的脉冲电流所造成的干扰。

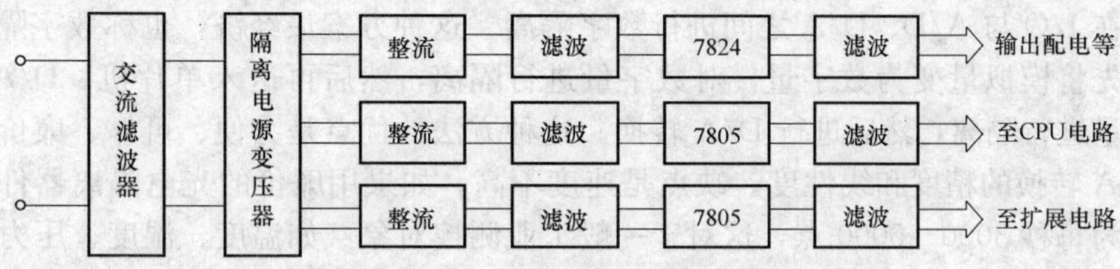

图 12-2　供电配置原理框图

12.3　过程通道干扰的抑制措施——隔离

过程通道是系统输入/输出以及单片机之间进行信息传输的路径。抑制过程通道的干扰主要采用光电隔离技术。

12.3.1　光电隔离的基本配置

采用光耦合器可以切断单片机与输入/输出以及其他部分的电气联系，能有效地防止干扰从过程通道进入单片机。其基本配置原理框图如图 12-3 所示。

光电隔离的主要优点是能有效抑制尖峰脉冲以及各种噪声干扰，从而使过程通道上的信噪比大大提高。

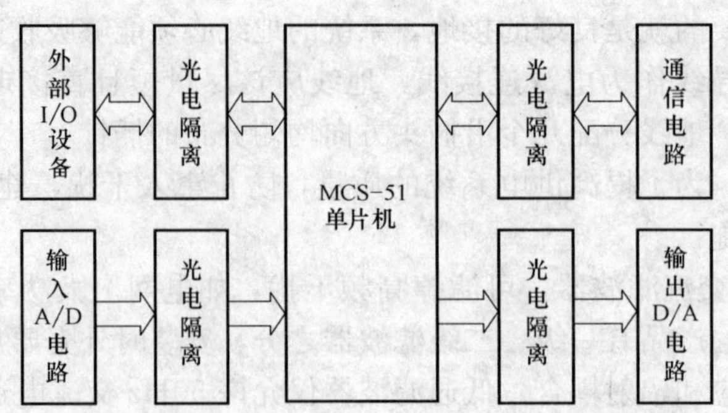

图 12-3 光电隔离的基本配置原理框图

12.3.2 光电隔离的实现

1. ADC、DAC与单片机之间的隔离

对单片机数据总线进行隔离是一种十分理想的方法，可使全部I/O端口均被隔离。但是，由于在单片机数据总线上是高速（微秒级）双向传输，这就要求频率响应为兆赫兹级的隔离器件，而这种器件目前较难买到，价格较高。因此，这种方法采用的不多。

通常采用下列方法将ADC、DAC与单片机之间的电气联系切断：

（1）对A/D、D/A转换进行模拟隔离　对A/D、D/A转换前后的模拟信号进行隔离，是常用的一种方法。通常采用隔离放大器对模拟量进行隔离。但所用的隔离放大器必须满足A/D、D/A转换的精度和线性要求。例如，如果对12位A/D、D/A转换器进行隔离，其隔离放大器要达到13位，甚至14位精度，如此高精度的隔离放大器，价格昂贵。

（2）在I/O与A/D、D/A之间进行数字隔离　这种方案最经济，也称数字隔离。A/D转换时，先将模拟量变为数字量，对数字量进行隔离，然后再送入单片机。D/A转换时，先将数字量进行隔离，然后进行D/A转换。这种方法的优点是方便、可靠、廉价，不影响A/D、D/A转换的精度和线性度。缺点是速度不高。如果用廉价的光电隔离器件，最大转换速度约为每秒3000～5000点，这对于一般工业测控对象（如温度、湿度、压力等）已能满足要求。

图12-4所示是实现数字隔离的一个例子。该例将输出的数字量经锁存器锁存后，驱动光耦合器，经光电隔离之后的数字量被送到D/A转换器。但要注意的是，现场电源+5V，现场地GND和系统电源+5V及系统地GND，必须分别由两个隔离电源供电。还应指出的是，光耦合器的数量不能太多，由于光耦合器的发光二极管与光敏晶体管之间存在分布电容，当数量较多时，必须考虑将并联输出改为串联输出的方式，这样可使光电隔离器件大大减少，且保持很高的抗干扰能力。但串联输出会降低传送速度。

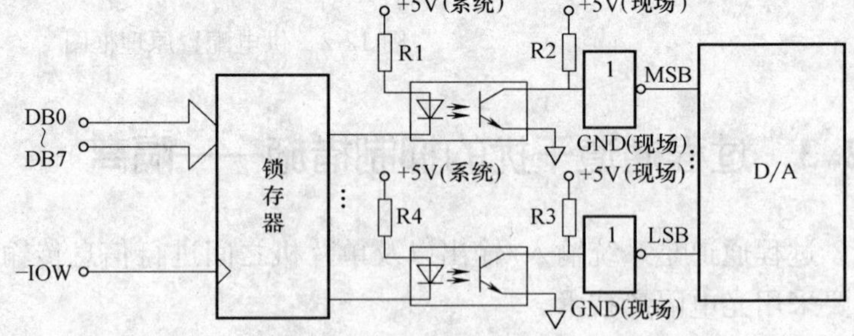

图 12-4 实现数字隔离的例子

2. 开关量隔离

常用的开关量隔离器件有继电器、光耦合器、光耦合型双向晶闸管等。用继电器对开关量进行隔离时，要考虑到继电器线圈的反电动势的影响，驱动电路的器件必须能耐高压。为了吸收继电器线圈的反电动势，通常在线圈两端并联一个二极管。其触点并联一个消火花电容器，容量可在 0.1～0.047μF 之间选择，耐压视负荷电压而定。

对于开关量的输入，一般用电流传输的方法。此方法抗干扰能力强，其电路原理如图 12-5 所示。R1 为限流电阻，VD1、R2 为保护二极管和保护电阻。当外部开关闭合时，接通电源 V，发光二极管有电流流过，将发出红外光，使光敏晶体管导通。采用不同的 R1、R2 值可以保证良好的抗干扰能力。

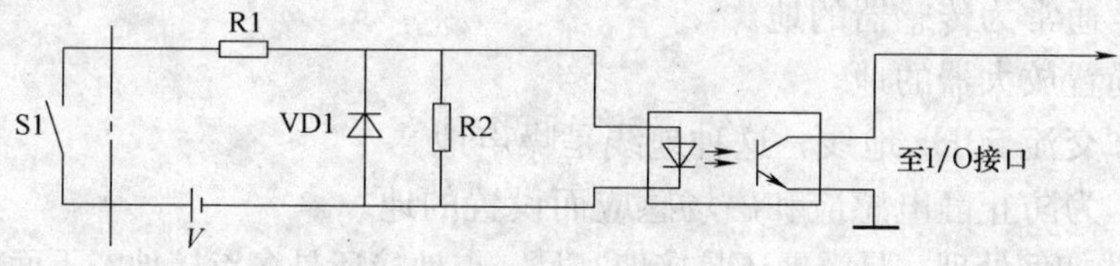

图 12-5　开关量的电流传输电路原理

光耦合型双向晶闸管代替机械触点继电器抗干扰性能十分优越。光耦合型双向晶闸管是将发光二极管与晶闸管封装在一起的一种新型器件。当发光二极管导通时，晶闸管被触发而接通电路。光耦合型双向晶闸管视触发方式不同，可分为过零触发与非过零触发两大类。过零触发的光耦合型双向晶闸管，本身几乎不产生干扰，这对单片机控制是十分有利的，但造价是一般继电器的 5～10 倍。

12.4　空间干扰及抗干扰措施

空间干扰主要指电磁场在线路、导线、壳体上的辐射、吸收和解调。干扰来自应用系统的内部和外部，市电电源线是无线电波的媒介，而在电网中有脉冲源工作时，它又是辐射天线，因而任一线路、导线、壳体等在空间均同时存在辐射、接收、调制。

在现场解决空间干扰时，首先要正确判断是否是空间干扰，可在系统供电电源入口处接入 WRY 型微机干扰抑制器，观察干扰现象是否继续存在，如果干扰现象继续存在则可认为有空间干扰。空间干扰不一定是来自系统外部，空间干扰的抗干扰设计主要是地线系统设计，以及系统的屏蔽与布局设计。

12.4.1　接地技术

1. 接地种类

有两大类接地：一类是以人身或设备安全为目的，而把设备的外壳接地，这称之为外壳接地或安全接地；另外一类接地是提供一个公共的电位参考点，这种接地称为工作接地。

(1) 外壳接地　外壳接地是真正的与大地连接，以使漏到机壳的电荷能及时泄放到地球上去，这样才能确保人身和设备的安全。外壳接地的接地电阻应当尽可能低，因此在材料及施工方面均有一定的要求。外壳接地是十分重要的，但实际上往往又为人们所忽视。

(2) 工作接地　工作接地是为满足电路工作需要而进行的。在许多情况下，工作地不与设备外壳相连，因此工作地的零电位参考点（即工作地）相对地球的大地是悬浮的。所以也把工作地称为“浮地”。

2. 接地系统

正确、合理地接地，是单片机应用系统抑制干扰的主要方法。

在单片机应用系统中，前述两大类接地方式按单元电路的性质又可分为以下几种接地：

1) 数字地：数字逻辑电路的零电位。

2) 模拟地：A/D 转换、前置放大器或比较器的零电位。

3) 功率地：大的电流网络部件的零电位。

4) 信号地：通常为传感器的地。

5) 小信号前置放大器的地。

6) 交流地：交流 50Hz 地线，这种地线是噪声地。

7) 屏蔽地：为防止静电感应和磁场感应而设置的地。

以上这些地线如何处理，是浮地还是接地？是一点地接还是多点接地？下面就来讨论它们。

(1) 机壳接地与浮地的比较　全机悬浮，即机器各个部分全部与大地浮置起来。这种方法有一定的抗干扰能力，但要求机器与大地的绝缘电阻不能小于 50MΩ，且一旦绝缘下降便会带来干扰。另外，悬浮容易产生静电，导致干扰。

另一种，就是测控系统的机壳接地，其余部分悬浮，原理框图如图 12-6 所示。悬浮部分应设置必要的屏蔽，如双层屏蔽浮地或多层屏蔽。这种方法抗干扰能力强，而且安全可靠，但工艺较复杂。两种方法比较，后者较好，并为越来越多的人所采用。

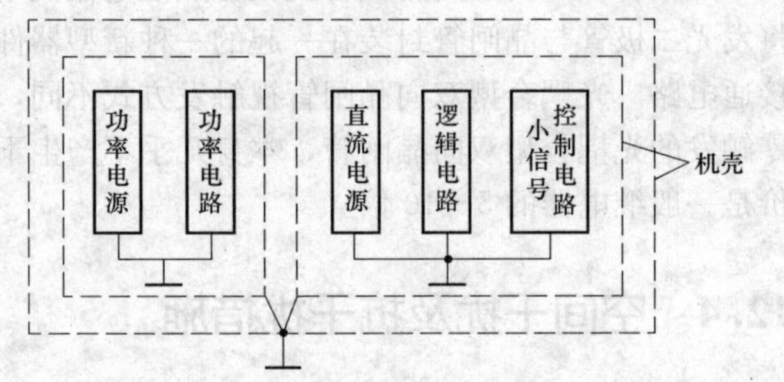

图 12-6　机壳接地原理框图

(2) 一点接地与多点接地的应用原则　一般，低频（1MHz 以下）电路应一点接地，原理框图如图 12-7 所示。

高频（10MHz 以上）电路应多点就近接地。因为，在低频电路中，布线和元器件间的电感较小，而接地电路形成的环路，受干扰的影响却很大，因此应一点接地。对于高频电路，地线上具有电感，增加了地线阻抗，同时各地线之间还会产生电感耦合，因此应多点就近接地。当频率甚高时，特别是当地线长度等于 1/4 波长的奇数倍时，地线阻抗就会变得很高，这时地线变成了天线，可以向外辐射噪声信号。

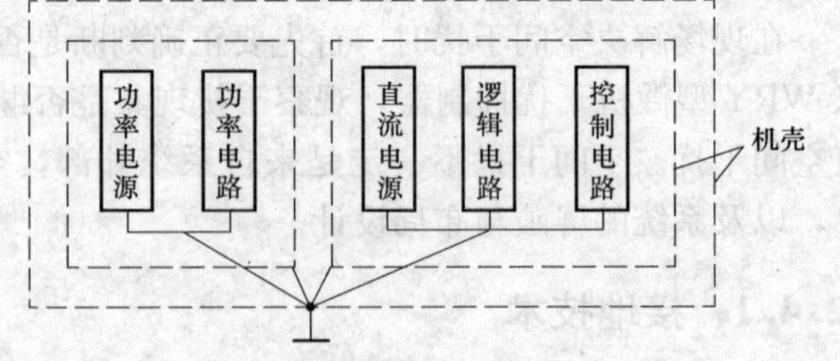

图 12-7　一点接地原理框图

单片机测控系统的工作频率大多较低，对它起作用的干扰频率也大都在 1MHz 以下，故宜采用一点接地。在 1～100MHz 之间，如用一点接地，其地线长度不得超过波长的 1/20，否则应该多点接地。

（3）交流地与信号地不能共用　因为在一段电源地线的两点间会有数毫伏甚至几伏电压，对低电平信号电路来说，这是一个非常严重的干扰。因此，交流地和信号地不能共用。图 12-8 所示为一种不正确的接地。

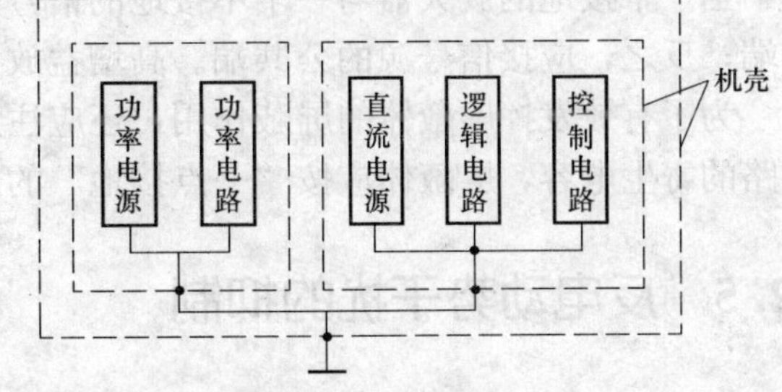

图 12-8　不正确的接地

（4）数字地和模拟地　数字地通常有很大的噪声且电平的跳跃会造成很大的电流尖峰。所有的模拟公共导线（地）应该与数字公共导线（地）分开走线，然后只是一点汇在一起。特别是在 ADC 和 DAC 电路中，尤其要注意地线的正确连接，否则转换将不准确。因此 ADC、DAC 和采样保持芯片都提供了独立的模拟地和数字地，它们分别有相应的引脚，必须将所有的模拟地和数字地分别相连，然后模拟（公共）地与数字（公共）地仅在一点上相连接，除此连接点外，在芯片和其他电路中切不可再有公共点，如图 12-9 所示。

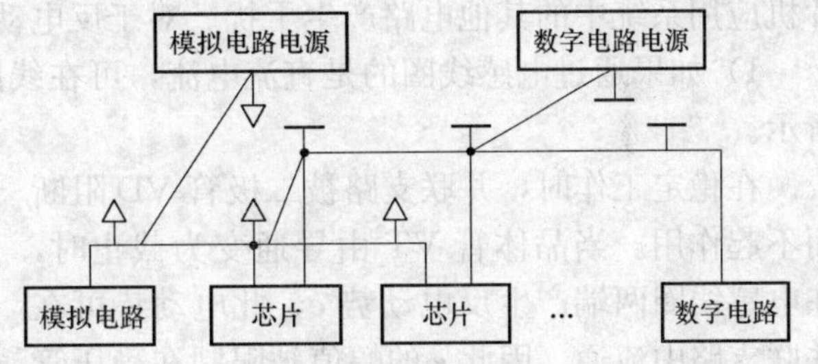

图 12-9　数字地和模拟地正确的地线连接

（5）微弱信号模拟地的接法　A/D 转换器在采集 0～50mV 微小信号时，模拟地的接法极为重要。为提高抗共模干扰的能力，可用三线采样双层屏蔽浮地技术。这种三线采样双层屏蔽技术是抗共模干扰最有效的方法。

（6）功率地　这种地线电流大，地线应粗些，且应与小信号分开走线。

12.4.2　屏蔽技术

高频电源、交流电源、强电设备产生的电火花甚至雷电，都能产生电磁波，从而成为电磁干扰的噪声源。当距离较近时，电磁波会通过分布电容和电感耦合到信号回路而形成电磁干扰。当距离较远时，电磁波则以辐射形式构成干扰。

单片机使用的振荡器，本身就是一个电磁干扰源，同时它又极易受其他电磁干扰的影响，从而破坏单片机的正常工作。

屏蔽可分为以下三类：

1）电磁屏蔽，防止电磁场的干扰。

2）磁屏蔽，防止磁场的干扰。

3）电场屏蔽，防止电场的耦合干扰。

电磁屏蔽主要是防止高频电磁波辐射的干扰，以金属板、金属网或金属盒构成的屏蔽体能有效地对付电磁波的干扰。屏蔽体以反射方式和吸收方式来削弱电磁波，从而形成对电磁波的屏蔽作用。

磁场屏蔽是防止电极、变压器、磁铁、线圈等的磁感应和磁耦合，使用高磁导率材料做成屏蔽层，使磁路闭合，一般接大地。当屏蔽低频磁场时，选择磁钢、坡莫合金、铁等磁导率高的材料。而屏蔽高频磁场则应选择铜、铝等电导率高的材料。

电场屏蔽是为了解决分布电容问题，一般是接大地，这主要是指单层屏蔽。对于双层屏蔽，例如变压器，一次侧屏蔽接机壳（即接大地），二次侧屏蔽接到浮地的屏蔽盒。

当一个接地的放大器与一个不接地的信号源相连时，连接电缆的屏蔽层应接到放大器公共端；反之，应接信号源的公共端。高增益放大器的屏蔽层应接到放大器的公共端。

为了有效发挥屏蔽体的屏蔽作用，还应注意屏蔽体的接地问题。为了消除屏蔽体与内部电路的寄生电容，屏蔽体应按“一点接地”的原则接地。

12.5 反电动势干扰的抑制

在单片机的应用系统中，常使用具有较大电感量的元件或设备，诸如继电器、电动机、电磁阀等。当电感回路的电流被切断时，会产生很大的反电动势而形成噪声干扰。这种反电动势甚至可能击穿电路中晶体管之类的器件。反电动势形成的噪声干扰能产生电磁场，对单片机应用系统中的其他电路产生干扰。对于反电动势干扰，可采用如下措施加以抑制：

1）如果通过电感线圈的是直流电流，可在线圈两端并联二极管和稳压管，如图 12-10a 所示。

在稳定工作时，并联支路被二极管 VD 阻断而不起作用。当晶体管 VT 由导通变为截止时，在电感线圈两端产生反电动势 e，此电动势可在并联支路中流通，因此 e 的幅值被限制在稳压管 VS 的工作电压范围之内，并被很快消耗掉，从而抑制了反电动势的干扰。使用时 VS 的额定工作电压应选择得比外加电源高些。

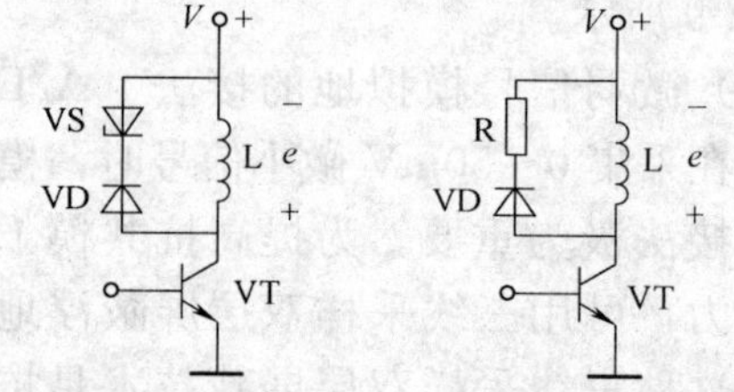

a）由二极管和稳压管构成的反电动势抑制电路　b）由二极管和电阻构成的反电动势抑制电路

图 12-10　反电动势的抑制电路

如果把稳压管换为电阻，同样可以达到抑制反电动势的目的，如图 12-10b 所示，因此也适用于直流驱动线圈的电路。在这个电路中，电阻的阻值范围可以从几欧姆到几十欧姆。阻值太小，反电动势衰减得慢，而阻值太大又会增大反电动势的幅值。

2）反电动势抑制电路也可由电阻和电容组成，如图 12-11 所示。

适当选择 R、C 的参数，也能获得较好的耗能效果。这种电路不仅适用于交流驱动的线圈，也适用于直流驱动的线圈。

3）反电动势抑制电路不但可以接在线圈的两端，也可以接在开关的两端，例如继电器、接触器等部件在操作时，触电开关会产生较大的火花，必须利用 RC 电路加以吸收，如图 12-12 所示。对于图 12-12b，一般 R 取 1～2kΩ，C 取 2.2～4.7μF。

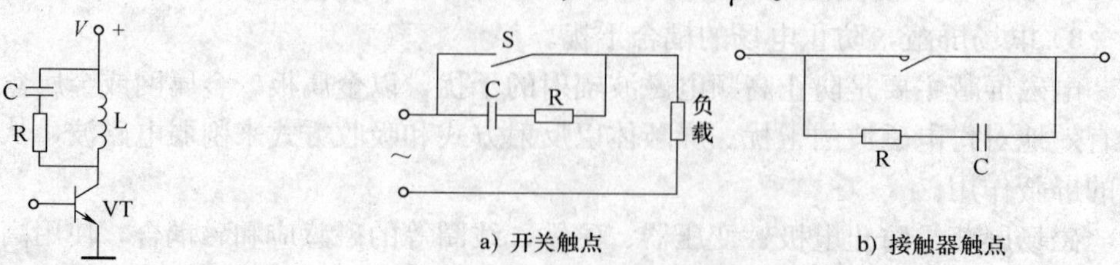

a）开关触点　b）接触器触点

图 12-11　由电阻和电容组成的反电动势抑制电路

图 12-12　开关两端的反电动势抑制电路

12.6　软件抗干扰措施

MCS-51 单片机系统在噪声环境下运行，除了前面介绍的各种抗干扰的措施外，还可采用软件来增强系统的抗干扰能力。本节介绍几种常用软件抗干扰的方法。

12.6.1　软件抗干扰的一般方法

软件抗干扰技术是当系统受干扰时使系统恢复正常运行或输入信号受干扰后去伪求真的一种辅助方法。因此软件抗干扰是被动措施，而硬件抗干扰是主动措施。但由于软件设计灵活，节省硬件资源，所以软件抗干扰技术已得到较为广泛的应用。软件抗干扰技术所研究的主要内容如下：

1）软件滤波：采用软件的方法抑制叠加在输入信号上噪声的影响，可以通过软件滤波剔除虚假信号，求取真值。

2）开关量的输入/输出抗干扰设计：可采用对开关量输入信号重复检测，对开关量输出口数据刷新的方法。

3）由于 CPU 受到干扰，程序计数器 PC 的状态被破坏，可能导致程序从一个区域跳转到另一个区域，或者程序在地址空间内“乱飞”，或者进入死循环，因此必须尽可能早地发现并采取措施，使程序纳入正轨。为使“乱飞”的程序被拦截或程序摆脱“死循环”，可采用指令冗余、软件陷阱或“看门狗”等技术。

12.6.2　软件滤波

对于实时数据采集系统，为了消除传感器通道中的干扰信号，硬件上常采用模拟滤波器对信号进行滤波。同样，采用软件也可以实现滤波，完成与模拟滤波器类似的功能，这就是数字滤波。

1. 算术平均滤波法

算术平均滤波法就是对一点数据连续进行 n 次采样，然后取算术平均值。这种方法适用于对一般具有随机干扰的信号进行滤波。这样信号的特点是有一个平均值，信号在某一数值范围附近上下波动。这种滤波法当 n 值较大时，信号的平滑度高，但是灵敏度低。当 n 值较小时，平滑度低，但灵敏度高。应视具体情况选取 n，以便既节约时间，又滤波效果好。对于流量测量，通常取 $n=12$。若为压力，则取 $n=4$。一般情况下 n 取 3～5 次平均即可。

读者可根据上述设计思想，设计出算术平均滤波法的子程序。

2. 滑动平均滤波法

上面介绍的算术平均滤波法，每计算一次数据需要测量 n 次。对于测量速度较慢或要求数据计算速度较快的实时控制系统，上述方法无法使用。下面介绍一种只需测量一次，就能得到当前算术平均值的方法——滑动平均滤波法。

滑动平均滤波法是把 n 个采样值看成一个队列，队列的长度为 n，每进行一次采样，就把采样值放入队尾，而扔掉原来队首的一个采样值，这样在队列中始终有 n 个“最新”采样值，对队列中的 n 个采样值进行平均，就可以得到新的滤波后的采样值。

滑动平均滤波法对周期性干扰有良好的抑制作用，平滑度高，灵敏度低，但对偶然出现的脉冲性干扰的抑制作用差，不易消除由于脉冲干扰引起的采样值的偏差。因此，滑动平均滤波法不适用于脉冲干扰比较严重的场合，而适用于高频振荡系统。通常观察不同 n 值下滑动平均的输出响应来选取 n 值，以便既少占有时间，又能达到最好滤波效果，其工程经验值见表 12-1。

表 12-1 工程经验值

参数	温度	压力	流量	液面
n 值	1～4	4	12	4～12

下面为滑动平均滤波法的参考程序。

例 12-1 假定 n 个双字节型采样值，30H 单元为采样队列内存单元首地址，n 个采样值之和不大于 16 位。新的采样值存于 2EH、2FH 单元，滤波值存于 50H、51H 单元。假定 AVGFIL 为本程序调用的算术平均滤波子程序。程序如下：

```
SAVGFIL:   MOV    R2,     # n－1   ；采样个数
           MOV    R0,     ＃32H    ；队列单元首地址
           MOV    R1      ＃33H
LOOP:      MOV    A,      @R0      ；移动低字节
           DEC    R0
           DEC    R0
           MOV    @R0,    A
           MOV    A,      R0       ；修改低字节地址
           MOV    A,      ＃04H
           MOV    R0,     A
           MOV    A,      @R1      ；移动高字节
           DEC    R1
           DEC    R1
           MOV    @R1,    A
           MOV    A,      R1       ；修改高字节地址
           ADD    A,      ＃04H
           MOV    R1,     A
           DJNZ   R2,     LOOP
           MOV    @R0,    2EH      ；存新的采样值
           MOV    @R1,    2FH
           ACALL  AVGFIL           ；调用求算术平均值子程序 AVGFIL（假设已存在）
           RET
```

3. 中位值滤波法

中位值滤波法就是对某一被测参数接连采样 n 次（一般 n 取奇数），然后把 n 次采样值按大小排列，取中间值为本次采样值。中位值滤波能有效地克服因偶然因素引起的波动干扰，对温度、液位等变化缓慢的被测参数能收到良好的滤波效果，但对于流量、速度等快速变化的参数一般不宜采用。

中位值滤波程序设计的实质是，首先把 n 个采样值从小到大或从大到小进行排序，然后再取中间值。n 个数据按大小顺序排队的具体做法是采用“冒泡法”进行比较，直到最大数

沉底为止。然后再重新进行比较，把次大值放到 $n-1$ 位，依此类推，则可将 n 个数从小到大顺序排列。

例 12-2　设采样值从 8 位 A/D 转换器输入 5 次，存放在以 SAMP 为首地址的内存单元中。采用中位值滤波。参考程序如下：

```
        SAM    EQU    30H
        ORG    1000H
INTER： MOV    R2，   ＃04H    ；置最大循环次数
        MOV    A，    R2       ；小循环次数→（R3）
        MOV    R3，   A
        MOV    R0，   ＃SAMP   ；采样数据首地址→（R0）
LOOP：  MOV    A，    @R0
        INC    R0
        MOV    R1，   A
        CLR    C
        SUBB   A，    @R0
        MOV    A，    @R1
        JC     DONE
        MOV    A，    @R0      ；((R0)) →((R0) +1)
        DEC    R0
        XCH    A，    @R0
        INC    R0
        MOV    @R0，  A
DONE：  DJNZ   R3，   LOOP     ；R3 不等于 0，小循环继续进行
        DJNZ   R2，   SORT     ；R2 不等于 0，大循环继续进行
        INC    R0
        MOV    A，    @R0
        RET
```

4. 去极值平均值滤波法

前面介绍的算术平均与滑动平均滤波法，在脉冲干扰比较严重的场合，则干扰将会“平均”到结果中去，故上述两种平均值法不易消除由于脉冲干扰而引起的误差。这时可采用去极值平均值滤波法。

去极值平均滤波法的思想是，连续采样 n 次后累加求和，同时找出其中的最大值与最小值，再从累加和中减去最大值和最小值，按 $n-2$ 个采样值求平均，即可得到有效采样值。这类似于体育比赛中的去掉最高分和最低分，再求平均分的评分办法。

为使平均滤波算法简单，$n-2$ 应为 2、4、6、8 或 16，故 n 常取 4、6、8、10 或 18。具体做法有两种：对于快变参数，先连续采样 n 次，然后再处理，但要在 RAM 中开辟出 n 个数据的暂存区；对于慢变参数，可一边采样，一边处理，而不必在 RAM 中开辟数据暂存区。实践中，为了加快测量速度，一般 n 取 4。

例 12-3　以 $n=4$ 为例，即连续进行 4 次数据采样，去掉其中最大值和最小值，然后求剩下两个数据的平均值。R2R3 存最大值，R4R5 存最小值，R6R7 存放累加和及最后结果。当然，连续采样不只限 4 次，可以进行任意次，这时，只需改变 R0 中的数值。

参考程序如下：

```
DEMAXFL:  CLR     A
          MOV     R2,   A        ；0 → 最大值寄存器 R2 R3
          MOV     R3,   A
          MOV     R6,   A        ；0 → 累加和寄存器 R6 R7
          MOV     R7,   A
          MOV     R4,   # 3FH    ；3FFFH → 最小值寄存器
          MOV     R5,   # 0FFH
          MOV     R0,   # 4H
DAV1:     LACALL  RDXP           ；调采样子程序 RDXP，数字量从 A/D 读入 B，A 中
          MOV     R1,   A          采样值低位暂存 R1，高位在 B
          MOV     A,    R7
          MOV     R7,   A        ；低位加到 R7
          MOV     A,    B
          ADDC    A,    R6
          MOV     R6,   A        ；高位加到 R6，(R6R7) ＋ (BA) →R6R7
          CLR     C
          MOV     A,    R3
          SUBB    A,    R1
          MOV     A,    R2
          SUBB    A,    B
          JNC     DAV2           ；输入值>(R2R3)?
          MOV     A,    R1
          MOV     R3,   A
          MOV     R2,   B        ；输入值 → R2R3
DAV2:     CLR     C
          MOV     A,    R1
          MOV     A,    R5
          MOV     A,    B
          SUBB    A,    R4
          JNC     DAV3           ；输入<(R4R5)?
          MOV     A,    R1
          MOV     R5,   A        ；输入值 → R4R5
          MOV     R4,   B
DAV3:     DJNZ    R0,   DAV1     ；n−1＝0?
          CLR     C
          MOV     A,    R7       ；n 个采样值的累加和减去最大值和最小值，n＝4
          SUBB    A,    R3       ；
          XCH     A,    R6       ；
          SUBB    A,    R2       ；
          XCH     A,    R7       ；
          SUBB    A,    R5       ；
          XCH     A,    R6       ；
```

```
        SUBB    A,      R4      ;
        CLR     C               ；剩下的采样值求平均（除以 2）
        RRC     A               ;
        XCH     A,      R6      ;
        RRC     A               ;
        MOV     R7,     A       ;
        RET
```

12.6.3　开关量输入/输出软件抗干扰设计

如果干扰只作用在系统的 I/O 通道上，则可用如下方法减小或消除其干扰。

1. 开关量输入软件抗干扰措施

干扰信号多呈毛刺状，作用时间短。利用这一特点，在采集某一状态信号时，可多次重复采集，直到连续两次或多次采集结果完全一致时才视为有效。若相邻的检测内容不一致，或多次检测结果不一致，则认为是伪输入信号，可停止采集，给出报警信号。由于状态信号主要来自于各类开关型状态传感器，对这些信号采集不能用多次平均方法，必须绝对一致才行。

在满足实时性要求的前提下，如果在各次采集状态信号之间增加一段延时，效果就会更好，就能对抗较宽时间范围的干扰。延时时间在 10～100μs。对于每次采集的最高次数限制和连续相同次数均可按实际情况适当调整。

2. 开关量输出软件抗干扰措施

在单片机系统的输出信号中，有很多是驱动各种警报装置及各种电磁装置等的状态驱动信号。对这类信号的抗干扰有效输出方法是重复输出同一个数据，只要有可能，重复周期应尽量短。外部设备接收到一个被干扰的错误信息后，还来不及作出有效的反应，一个正确的输出信息又到来，就可以及时地防止错误动作的产生。

在执行输出功能时，应该将有关输出芯片的状态也一并重复设置。例如 8155 芯片和 8255 芯片常用来扩展输入/输出功能，很多外部设备通过它们来获得单片机的控制信息。这类芯片均应进行初始化编程，以明确各端口的功能。由于干扰的作用，有可能在无意中将芯片的编程方式改变，为了确保输出功能正确实现，输出功能模块在执行具体的数据输出之前，应该先执行对芯片的初始化编程指令，再输出有关数据。

12.6.4　指令冗余及软件陷阱

当单片机系统受到干扰而使运行程序发生混乱、导致程序乱飞或陷入死循环时，应及时采取使程序纳入正轨的措施，如指令冗余、软件陷阱等。

1. 指令冗余

CPU 取指令是先取操作码，再取操作数。当单片机系统受干扰出现错误时，程序便脱离正常轨道“乱飞”。当乱飞到某双字节指令，若取指令时刻落在操作数上，误将操作数当作操作码，程序有可能出错。若乱飞到三字节指令，出错概率更大。在关键的地方人为地插入一些单字节指令或将有效单字节指令重写称为指令冗余。

指令冗余无疑会降低系统的效率，通常是在双字节指令和三字节指令后插入两个字节以上

NOP 指令，可保护其后的指令不被拆散。因此，常在一些对程序流向起决定作用的指令之前插入两条 NOP 指令，此类指令有 RET、RETI、ACALL、LCALL、SJMP、AJMP、LJMP、JZ、JNZ、JC、JNC、JB、JNB、JBC、CJNE、DJNZ 等，以保证乱飞的程序迅速纳入正轨。在某些对系统工作状态至关重要的指令（如 SETB EA 之类）前也可插入两条 NOP 指令。

指令冗余措施可以减少程序乱飞的次数，使其很快纳入程序轨道，但这并不能保证在失控期间不干坏事，更不能保证程序纳入正常轨道后就太平无事了。程序的运行事实上已经偏离了正常顺序，有可能做着它现在不该做的事情。解决这个问题还必须采用软件容错技术（限于篇幅，本书不作介绍），使系统的误动作减少，并消灭重大误动作。

2. 软件陷阱

所谓软件陷阱，就是一条引导指令，强行将乱飞的程序引向一个指定的地址，在那里有一段专门对程序出错进行处理的程序。如果把这段程序的入口标号称为 ERR 的话，软件陷阱即为一条 LJMP ERR 指令。为加强其捕捉效果，一般还在它前面加两条 NOP 指令：

```
NOP
NOP
LJMP ERR
```

软件陷阱一般安排在下列四种地方：

（1）未使用的中断向量区（0003H～002FH） 当干扰使未使用的中断开放，并激活这些中断时，就会进一步引起混乱。如果在这些地方布上陷阱，就能及时捕捉到错误中断。例如，系统共使用三个中断：$\overline{\text{INT0}}$、T0、T1，它们的中断子程序分别为 PGINT0、PGT0、PGT1，建议按如下方式来设置中断向量区：

```
                ORG     000H
0000   START:   LJMP    MAIN      ；引向主程序入口
0003            LJMP    PGINT0    ；INT0正常中断入口
0006            NOP               ；冗余和陷阱
0007            NOP               ；
0008            LJMP    ERR       ；
000B            LJMP    PGT0      ；T0 中断正常入口
0016            NOP               ；冗余和陷阱
0017            NOP               ；
0018            LJMP    ERR       ；
001B            LJMP    PGT1      ；T1 中断正常入口
001E            NOP               ；冗余和陷阱
001F            NOP               ；
0020            LJMP    ERR       ；
0023            LJMP    ERR       ；未使用串行口中断，设陷阱
0026            NOP               ；冗余和陷阱
0027            NOP               ；
0028            LJMP    ERR       ；
                ……
0030   MAIN:    ……                ；主程序
                ……
```

从 0030H 开始再编写正式程序。

(2) 未使用的 EPROM 空间　所编写的程序，很少有将 EPROM 全部用完的情况。对于剩余 EPROM 空间，一般均维持原状态（FFH），对于 MCS-51 指令系统来讲，FFH 是一条单字指令（MOV R7，A）程序弹飞到这一区域后将顺流而下，不再跳跃（除非受到新的干扰）。这时只要每隔一段设置一个陷阱，就一定能捕捉到乱飞的程序。

软件陷阱一定要指向处理过程 ERR，可以将 ERR 安排在 0030H 开始的地方，这样就可以用 00 00 02 00 30 五个字节作为陷阱来填充 EPROM 中的未使用空间，或者每隔一段设置一个陷阱（02 00 30），其他单元保持 FFH 不变

(3) 表格　有两类表格：一类是数据表格，供 MOVC A，@A+PC 指令或 MOVC A，@A+DPTR 指令使用，其内容完全不是指令；另一类是跳转表格，供 JMP @A+DPTR 指令使用，其内容为一系列的三字节指令 LJMP 或两字节指令 AJMP。由于表格内容和检索值有一一对应关系，在表格中间安排陷阱将会破毁其连续性和对应关系，因此只能在表格的最后安排五字节陷阱（NOP，NOP，LJMP ERR）。由于表格区一般较长，安排在最后的陷阱不能保证一定捕捉住乱飞的程序，有可能在中途再次飞走。这时只好指望别处的陷阱或冗余指令来制服它了。

(4) 程序区　程序区是由一串串执行指令构成的，不能在这些指令串中间任意安排陷阱，否则会影响正常执行程序。但是，在这些指令串之间常有一些断裂点，正常执行的程序到此便不会继续往下执行了，这类指令有 LJMP、SJMP、AJMP、RET、RETI。这时 PC 的值应发生正常跳变。如果还要顺次往下执行，必然就出错了。在这种地方安排陷阱，就能有效地捕捉住乱飞的程序，而又不影响正常执行的程序流程。例如，在一个根据累加器的正、负、零情况进行三分支的程序中，软件陷阱的安置方式如下：

```
        JNZ     L1                  ; A 中内容非零，跳 L1 程序段
        ……                          ; A 中内容为零的处理程序段
        AJMP    L3                  ; 断裂点
                NOP                 ; 冗余指令
                NOP                 ; 冗余指令
        LJMP    ERR                 ; 软件陷阱
L1:     JB      ACC.7,    L2
        ……
        LJMP    L3                  ; 断裂点
        NOP                         ; 冗余指令
        NOP                         ; 冗余指令
        LJMP    ERR                 ; 软件陷阱
L2:     ……
L3:     MOV     A,        R2        ; 取结果
        RET
        NOP                         ; 冗余指令
        NOP                         ; 冗余指令
        LJMP    ERR                 ; 软件陷阱
```

由于软件陷阱都安排在正常程序执行不到的地方，故不影响程序执行效率。在当前

EPROM 容量不成问题的条件，还是多多设置陷阱有益。

12.7 “看门狗”技术和掉电保护

本节讨论如何解决程序陷入“死循环”问题和单片机系统电源掉电时数据的保护问题。

MCS-51 单片机的 PC 受到干扰而失控，引起程序乱飞，可能会使程序陷入“死循环”。若指令冗余和软件陷阱技术不能使失控的程序摆脱“死循环”的困境，这时系统将完全瘫痪。如果操作人员在场，可按下人工复位按钮，强制系统复位。但操作人员不可能一直监视着系统，即使监视着系统，也往往是在引起不良后果之后才进行人工复位。能不能不要人来监视，使系统摆脱“死循环”，重新执行正常的程序呢？可采用“看门狗”（Watchdog）技术来解决这一问题。

“看门狗”技术就是使用一个计数器来不断计数，监视程序循环运行。若发现时间超过已知的循环设定时间，则认为系统陷入了“死循环”，这时计数器溢出，然后强迫系统复位，在复位入口 0000H 处安排一段出错处理程序，使系统运行纳入正轨。

另外，在单片机系统运行时，有可能会发生电源掉电的意外情况，一些重要的数据可能丢失。这时系统应首先检测到电源的变化，然后通过切换电路把备用电池接入系统，以保护 RAM 中的数据不丢失。

目前“看门狗”电路和掉电保护电路，都已经集成在一片微处理器监控器芯片中。因此，MCS-51 单片机只需扩展一片微处理器监控器芯片即可。这类芯片集成化程度高，功能齐全，具有广阔的应用前景。在单片机应用系统中使用微处理器监视器芯片，可以大大提高单片机应用系统的抗干扰能力和可靠性。比较常见的微处理器监控器芯片包括美国 Maxim 公司生产的 MAX690A/MAX692A、MAX703～709、MAX813L、MAX791 等，由于篇幅关系在本书中不做详细介绍。

习 题

12-1 单片机系统的干扰源主要有哪些？

12-2 光电隔离的主要优点是什么？

12-3 单片机应用系统中外部设备具有较大电感时，应采取什么措施来抑制其反电动势？

12-4 常见软件滤波算法有哪些，它们各自对哪种干扰信号有效？

12-5 什么是指令冗余、软件陷阱？

12-6 说明“看门狗”的工作原理及其作用。

第 13 章　常用 MCS-51 单片机开发工具的使用方法

前面章节主要讲述了 MCS-51 单片机的基础知识及其外围电路的设计，在本章将对 MCS-51 单片机的开发软件的使用以及常用系列单片机程序的下载、调试方法进行简要的介绍。

13.1　μVision3 集成开发环境的使用方法

μVision3 集成开发环境 IDE 是一个基于 Windows 的软件开发平台，有功能强大的编辑器、项目管理器和制作工具，它几乎支持所有 MCS-51 单片机的程序开发与仿真调试，主要工具包括 C 编译器、宏汇编器、连接器/定位器和目标文件至 HEX 格式的转换器，可以完成汇编程序、C51 程序的全部开发需要。μVision3 为开发者提供了下面的功能，加速嵌入式应用的开发过程：

1）非常有特色的源码编辑器。

2）器件数据库：配置开发工具的设置。

3）项目管理器：创建和维护项目。

4）集成制作工具：可以汇编、编译和链接嵌入式应用。

5）所有开发工具的设置都是对话框形式的。

6）真正集成的源码级调试器，带高速 CPU 和外围器件模拟器。

7）AGDI 接口，可在目标硬件中调试软件，如 Keil Monitor-51 等。

8）提供了开发工具手册、器件数据手册和用户指南的链接。

μVision3 软件有菜单栏、可以快速选择命令按钮的工具栏、源代码文件窗口、对话框窗口和信息显示窗口。μVision3 允许同时打开多个源码文件。μVision3 有两种工作模式：

1）Build 模式（Build Mode）：在这种模式中，可以翻译所有的应用文件，并生成可执行程序。

2）调试模式（Debug Mode）：在这种模式中，可以使用强大的调试器测试应用程序。

13.1.1　创建项目

在使用 μVision3 的 Build 模式编写单片机程序时，首先要建立项目并创建添加源程序文件。

μVision3 有一个项目管理器，使 MCS-51 单片机的应用程序设计更加简单，执行下面的步骤可以创建一个新工程：

1）启动 μVision3，创建一个工程文件并从器件库中选择一种 CPU。

2）创建一个新的源文件，把这个源文件添加到工程中。

3）为 MCS-51 单片机添加和配置启动代码。

4）设置目标硬件的工具选项。

5）Build 工程并生成 HEX 文件。

下面详细地讲解如何创建一个 μVision3 工程。

1. 启动 μVision3 并创建一个工程

μVision3 是一个标准的 Windows 应用程序，直接双击程序图标就可以启动它。选择 Project→NewProject... 选项，创建一个新的工程后，将弹出图 13-1 所示的对话框。

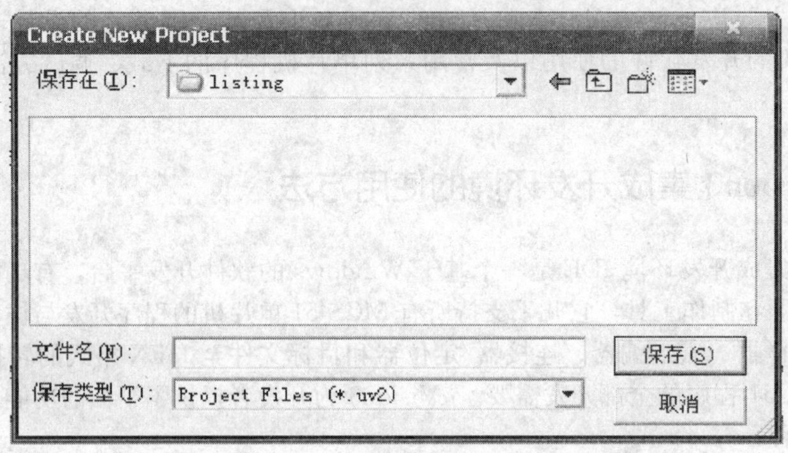

图 13-1 创建新工程对话框

在图 13-1 所示对话框中输入工程名字并选择工程保存的位置，然后单击图 13-1 中的“保存”按钮。这时将弹出图 13-2 所示的对话框。

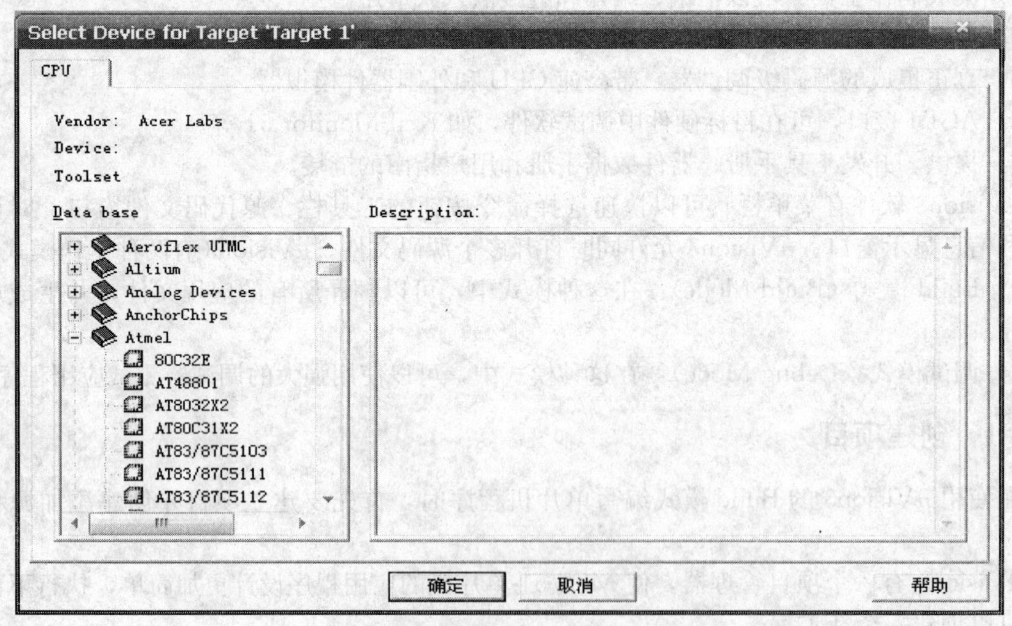

图 13-2 选择 CPU 型号对话框

在图 13-2 所示对话框中选择具体的单片机的生产厂商及具体芯片型号。例如，选择 Atmel公司生产的 AT89C52，然后单击“确定”。之后将弹出图 13-3 所示的对话框。

图 13-3　复制启动代码到工程对话框

工程中需要使用这些启动代码，当然选择“是（Y）”，如果不使用 Keil Monitor-51 编写的启动代码可以选择“否（N）”。单击“是（Y）”按钮后，工程创建完成，如图 13-4 所示。

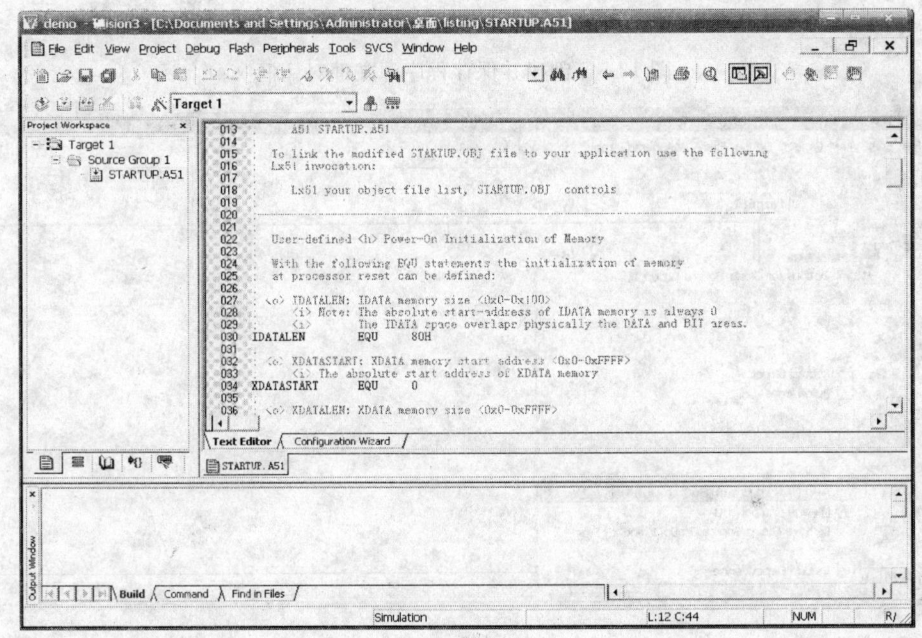

图 13-4　工程创建完成

之后就需要在项目中添加用户程序文件，然后在程序文件中编写用户程序代码。添加用户程序文件通常有两种方式：一个是新创建文件；另一个是添加已创建的文件。

2. 创建新的程序源文件

选择 File→New... 选项，将弹出一个空白的页面。再选择 File→Save 选项，保存文件，这时将弹出图 13-5 所示的对话框。

在图 13-5 所示对话框中输入需要创建的工程文件名称和扩展名，如 demo. asm（或者 demo. c），如果是汇编程序文件扩展名为“. asm”，若是 C51 程序源文件扩展名为“. c”，文件命名原则与标准 Windows 文件命名习惯相同。输入完文件名和扩展名之后单击“保存（S）”按钮，这时新的文件已成功创建。创建文件后还需要将文件添加到当前工程。

3. 添加已创建的文件

在 Project Workspace 中移动鼠标，选择“Source Group 1”，然后单击鼠标右键，将弹出一个下拉列表，如图 13-6 所示。

然后再选择图 13-6 中的“Add Files to Group ‘Source Group 1’”选项，将弹出图 13-7

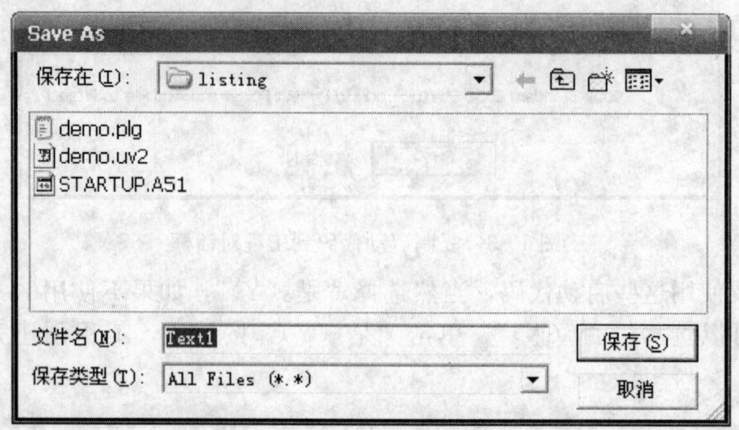

图 13-5 创建并保存程序源文件对话框

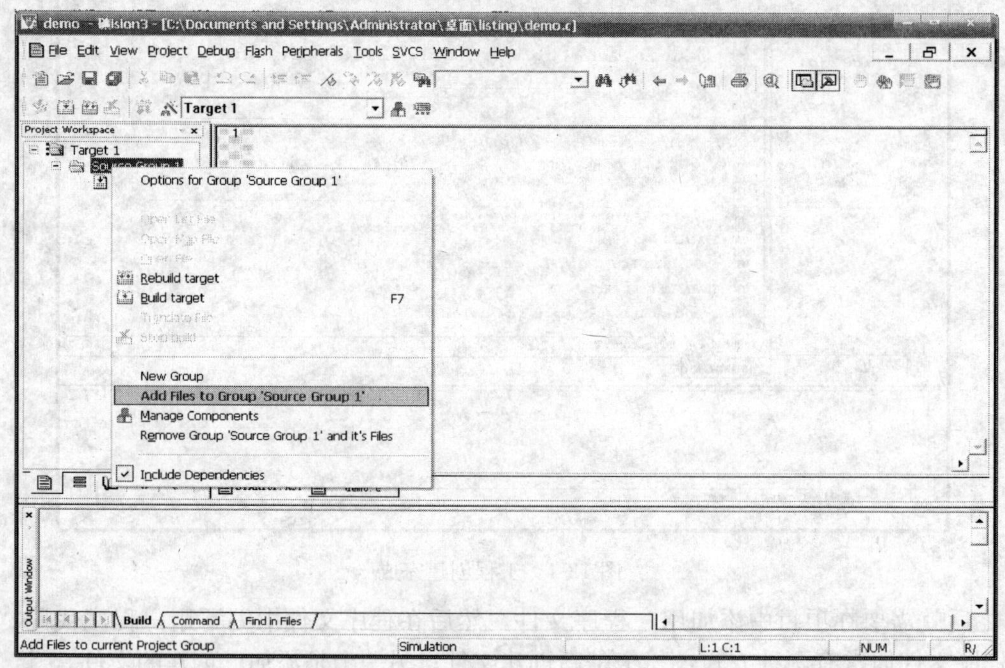

图 13-6 选择需要添加的源程序文件

所示的对话框。

在图 13-7 所示对话框中选择需要添加到工程的文件，然后单击“Add”按钮。这时文件已被添加到工程，再单击“Close”按钮，关闭该对话框。

文件被添加到工程后即可以开始编写程序代码了。除了添加程序代码文件到工程外，还可以添加头文件（*.h）和库文件（*.lib）等。

4. 添加和配置启动代码

文件 STARTUP. A51 是为大多数 MCS-51 单片机及其派生产品准备的启动代码。启动代码用于清除数据存储器，并初始化硬件和可重入堆栈指针。另外，一些新的增强型 MCS-51单片机要求初始化代码能够匹配硬件配置，如 Philips 80C51RD＋的片内 xdata RAM 应在启动代码中使能。如果要按照目标硬件的要求来修改 STARTUP. A51 文件，那

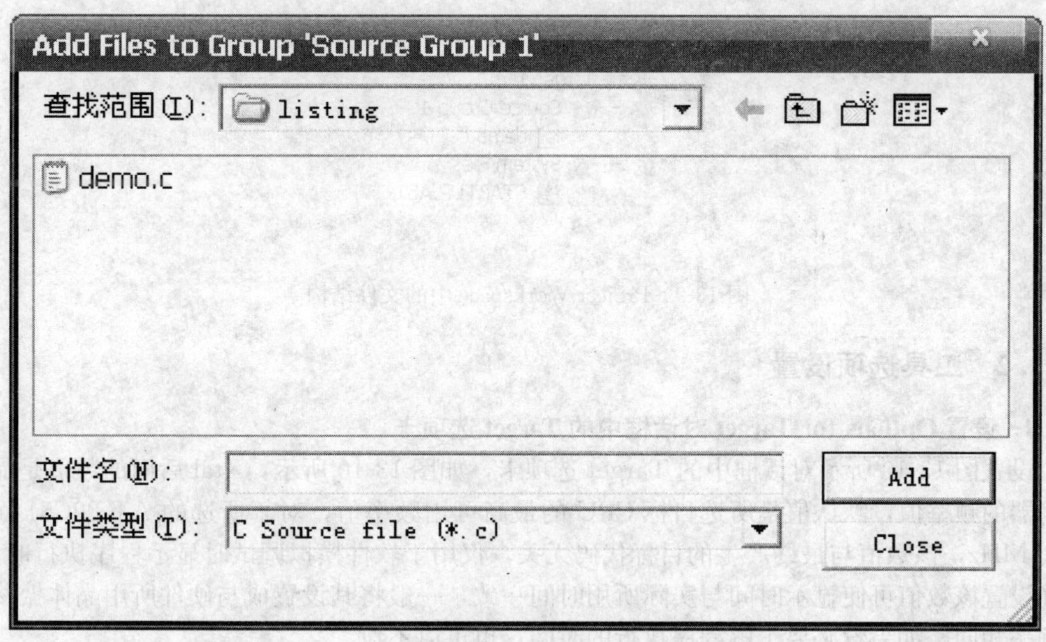

图 13-7 选择需要添加的源程序文件对话框

么要将它从 C:\KEIL\C51\LIB 文件夹复制到工程文件夹中。

为 CPU 配置文件创建一个新文件组也是一个很好的习惯。选择 Project→Components, Environment and Books... 选项，打开一个对话框，如图 13-8 所示，添加一个叫 System Files 的文件组到目标中。这个对话框中，可以单击"Add Files..."按钮，将 STARTUP. A51 文件添加到工程中。

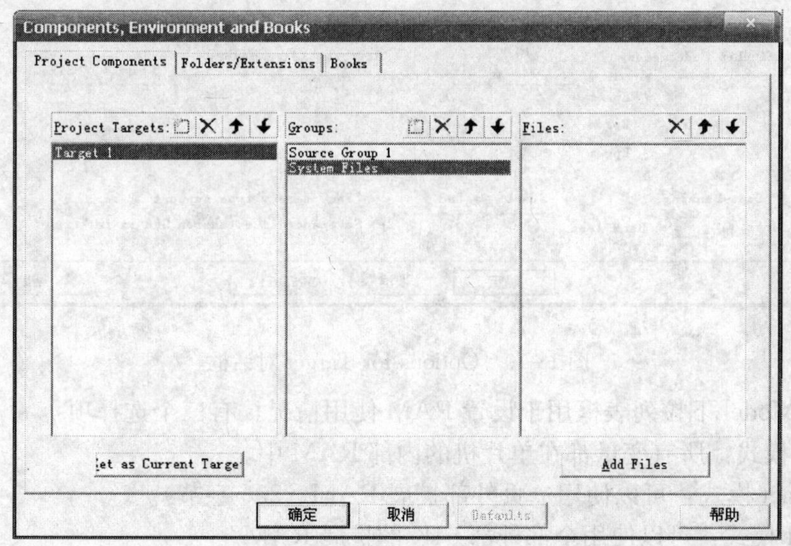

图 13-8 Components、Environment、Books 对话框

在 μVision3 的 Project Workspace 中，如图 13-9 所示，显示编辑后的文件结构，双击 STARTUP. A51 的文件名，可在编辑器中打开此文件。此时，可以编辑启动代码，如果使用器件片内的 RAM，那么启动代码的设置必须符合 Options-Tsrget 对话框中的设置。

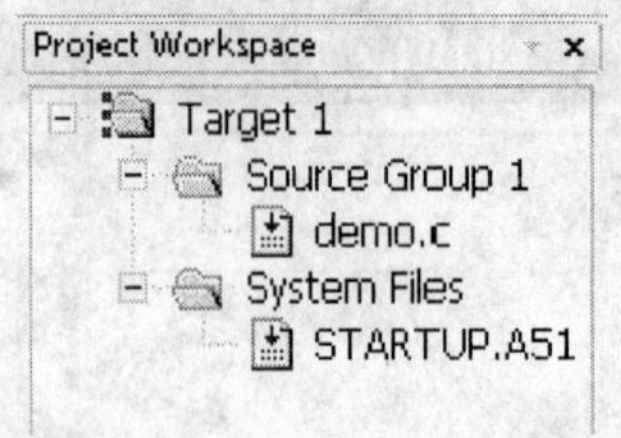

图 13-9　Project Workspace 中的文件结构

13.1.2　工具选项设置

1. 设置 Options for Target 对话框中的 Target 选项卡

设置图 13-10 所示对话框中的 Target 选项卡，如图 13-10 所示，Xtal 后面的数值是晶体振荡器的频率值，默认值是所选目标 CPU 的最高可用频率值，对于所选的 AT 89C51 而言是 24MHz，该数值与最终产生的目标代码无关，仅用于软件模拟调试时显示程序执行时间。正确设置该数值可使显示时间与实际所用时间一致，一般将其设置成与硬件所用晶体振荡器的频率相同，如果没必要了解程序执行的时间，也可以不设。

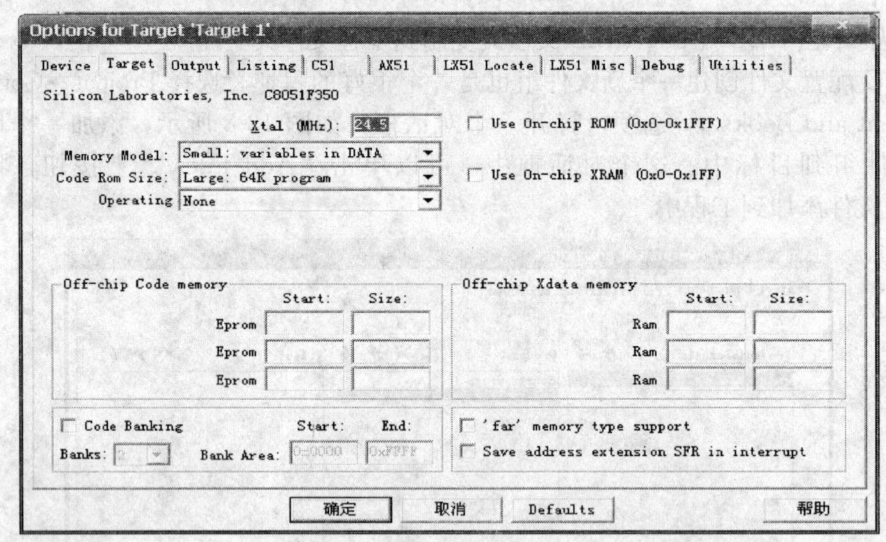

图 13-10　Options for Target 对话框

Memory Model 下拉列表框用于设置 RAM 使用情况，有三个选择项：

1）Small 模式：所有变量都在单片机的内部 RAM 中。

2）Compact 模式：可以使用一页外部扩展 RAM（256 字节）。

3）Larget 模式：可以使用全部外部 64K 的扩展 RAM。

Code Rom Size 下拉列表框用于设置 ROM 空间的使用，同样也有三个选择项：

1）Small 模式：只用低于 2K 的程序空间。

2）Compact 模式：单个函数的代码量不能超过 2K，整个程序可以使用 64K 程序空间。

3）Larget 模式：可用全部 64K 空间。

Use on-chip ROM 复选框，确认是否仅使用片内 ROM（注意：选中该项并不会影响最终生成的目标代码量）。Operating 下拉列表框是操作系统选择，Keil Monitor-51 提供了两种操作系统：Rtx tiny 和 Rtx full，关于操作系统是另外一个很大的话题了；通常，若不使用任何操作系统，则使用该项的默认值 None（不使用任何操作系统）。Off Chip Code memory栏用以确定系统扩展 ROM 的地址范围，Off Chip Xdata memory 栏用于确定系统扩展 RAM 的地址范围。这些选择项必须根据所用硬件来决定，由于该例是单片应用，未进行任何扩展，所以均不重新选择，按默认值设置。

2. 设置 Options for Target 对话框中的 Output 选项卡

设置图 13-11 所示对话框中的 Output 选项卡，如图 13-11 所示，这里面也有多个选择项。其中，单选按钮 Creat Hex file 用于生成可执行代码文件（可以用编程器写入单片机芯片的 HEX 格式文件，文件的扩展名为 .HEX），默认情况下该项未被选中。选中 Debug information 复选框将会产生调试信息，这些信息用于调试，如果需要对程序进行调试，应当选中该项。选中 Browse information 是产生浏览信息，该信息可以选择菜单中的 view→Browse 选项来查看，这里取默认值。“Select Folder for objects”按钮是用来选择最终的目标文件所在的文件夹，默认是与工程文件在同一个文件夹中。Name of Executable 文本框用于指定最终生成的目标文件的名字，默认与工程的名字相同，这两项一般不需要更改。对话框中的其他各选项卡与 C51 编译选项、A51 的汇编选项、BL51 连接器选项的设置有关，这里均取默认值，不作任何修改。设置完成后单击“确定”按钮返回主界面，工程文件建立、设置完毕。

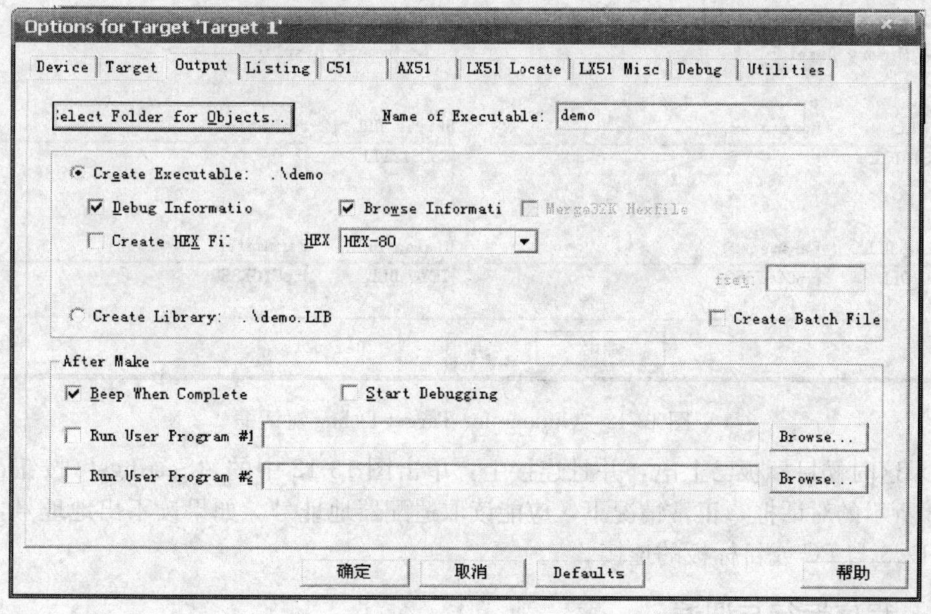

图 13-11　Options for Target 的 Output 对话框

3. 设置 Options for Target 的 Debug 选项卡

μVision3 调试器可以调试用 C51 编译器和 A51 宏汇编器开发的应用程序，μVision3 调试器有两种工作模式，可以在图 13-12 所示对话框中选择。

1）Use Simulator 单选按钮：将 μVision3 调试器设置为软件仿真模式，此模式下不需要实际的目标硬件就可以模拟 8051 单片机系列的很多功能，测试和调试嵌入式应用程序。

μVision3 可以模拟 CPU 运行，并模拟很多外围部件，包括串行口、外部 I/O 和定时器等外部设备，在此模式下，CPU 模拟器可模拟高达 16MB 的存储器，可以映射为读、写或代码执行访问区域。模拟器也支持各种 8051 派生产品的集成外围部件，选择的 CPU 的片内外围部件，可以在创建项目目标时用器件数据库配置。

2）Use 单选按钮：有高级 GDI 驱动和 Keil Monitor-51 等驱动程序，运用此功能用户可以实现在目标硬件上调试程序。

例如，选用 Silicon 公司的 EC3 调试器调试 C8051F 系列 CPU 设置过程如下：在 Options for Target 对话框单击 Debug 选项卡，然后选择 Use 单选按钮，并在下拉菜单中选择 Silicon Labarataries C8051Fxx 调试器，如图 13-12 所示。

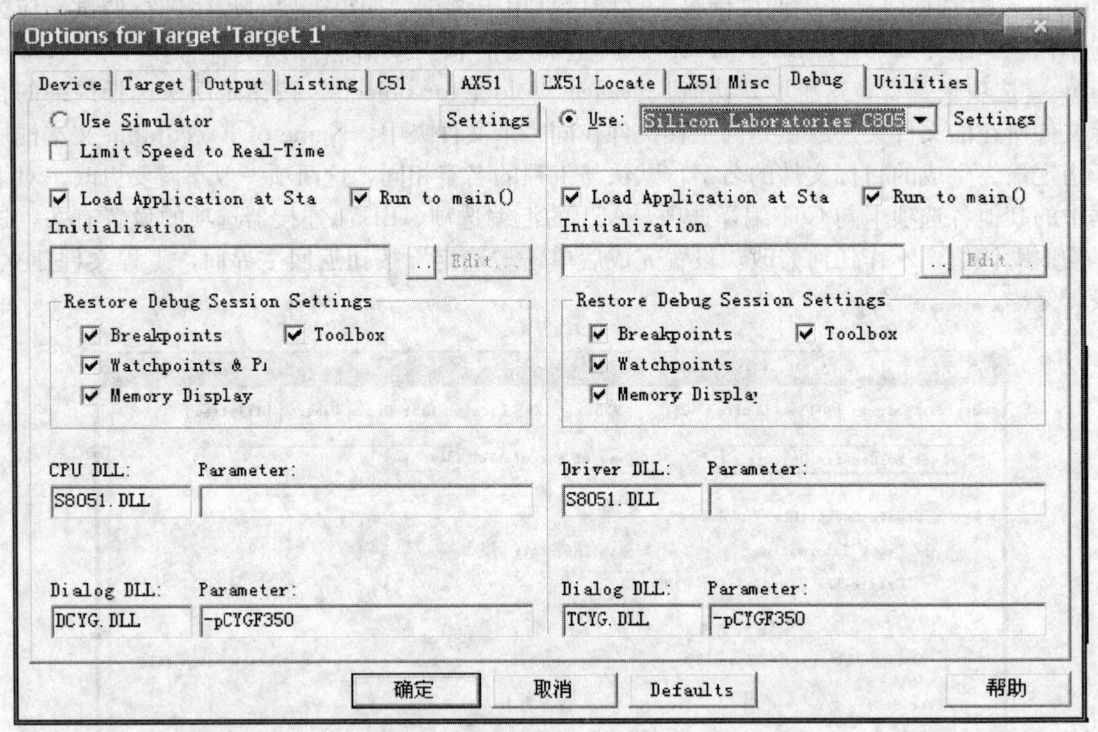

图 13-12 Options for Target-Debug 对话框

如果这时候目标板已上电，并且连接上，单击图 13-12 中的“Settings”按钮，将弹出图 13-13 所示的对话框，正常情况下，应能读取适配器地址号。如果读不出地址号，则需要检查 U-EC3 与 PC 或目标板的连接。

13.1.3 程序运行与调试

在创建完并设置好工程后，即可编写源程序代码。一般编写程序时需要一边编写一边进行编译调试。本小节主要介绍程序的运行与常用调试的操作方法。

1. 编译连接

在设置好工程后，编写完源程序后即可进行编译、连接。编译可以使用选择菜单中的

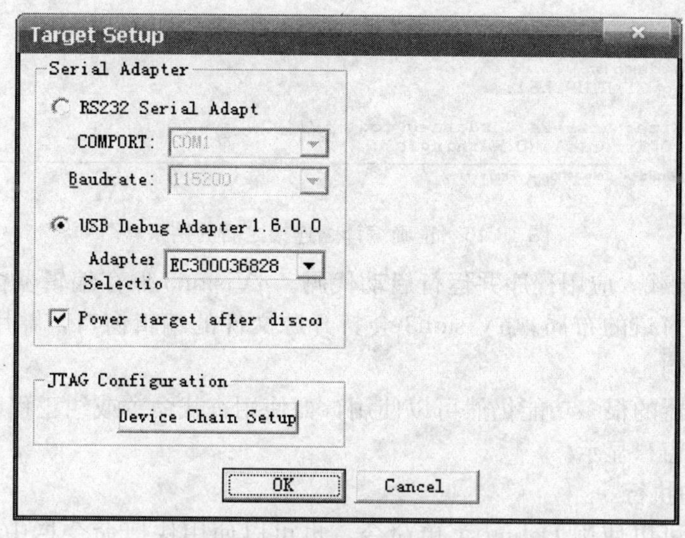

图 13-13　读取适配器地址号对话框

Project→Build target 等选项进行操作，也可以通过图 13-14 所示工具栏按钮直接进行操作。与编译、连接有关的三个按钮如下：

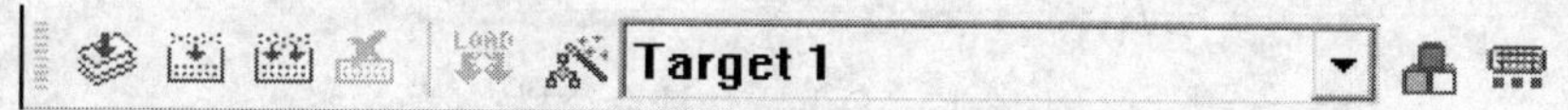

图 13-14　有关编译、连接、项目设置的工具条

1）“Translat”按钮：仅对当前文件进行编译，不进行连接。

2）“Build target”按钮：对当前工程进行连接，如果当前文件已修改，软件会先对该文件进行编译，然后再连接以产生目标代码。

3）“Rebuild All target files”按钮：对当前工程中的所有文件重新进行编译然后再连接，确保最终生产的目标代码是最新的。

编译过程中的信息将出现在输出窗口中的 Build 标签页中，如果源程序中有语法错误，会有错误和警告信息，如图 13-15 所示。双击错误提示行，可以定位到出错的位置，对源程序反复修改之后，最终会得到图 13-16 所示的结果。提示获得一个与项目名相同的“. hex”的文件，该文件即可被编程器读入并写到芯片中，同时还产生了一些其他相关的文件，可被用于 Keil 的仿真与调试，这时可以进入下一步的调试工作。

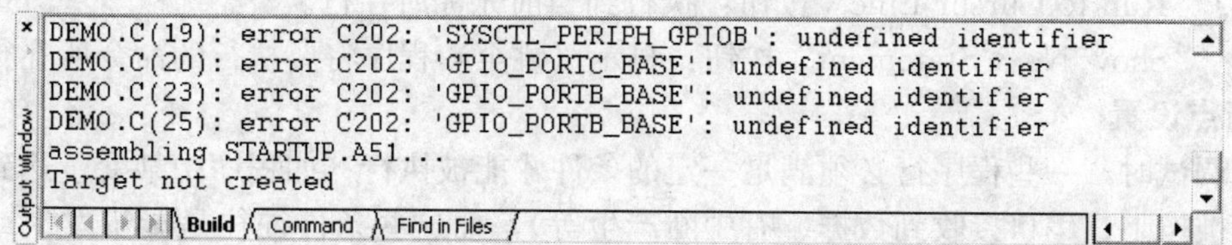

图 13-15　程序存在错误时编译后的错误和警告信息

2. 启动调试

执行 Debug→Start/Stop Debug Session 命令或者单击 （Start/Stop Debug Session

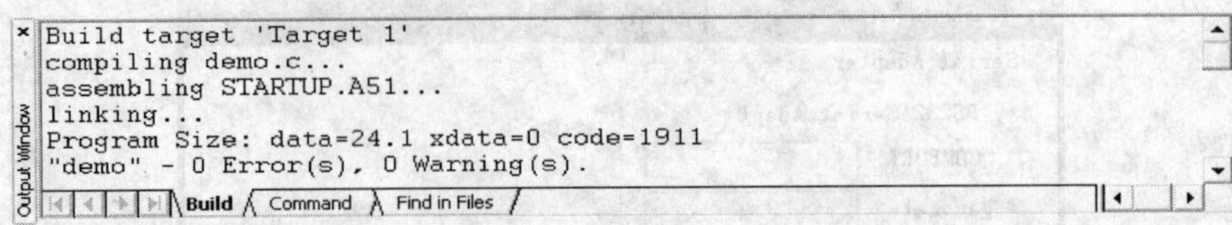

图 13-16　正确编译、连接之后的结果

图标)，μVision3 会载入应用程序并运行启动代码。μVision3 保存编辑器窗口的布局，并恢复最后一次调试时窗口的布局。μVision3 会打开源文件的编辑窗口，并用黄色箭头标出下一条可以执行的语句。

调试时，编辑器的很多功能仍然可以使用，如使用查找命令或纠正程序的中错误等。程序的源文件在同一窗口显示。

3. 目标程序的执行

运行调试程序可以使用 Debug 菜单命令，也可以使用快捷命令栏中的图标进行调试。快捷命令栏如图 13-17 所示，共有 8 个按钮。

图 13-17　Debug 快捷命令栏

1) "Reset" 按钮：复位按钮，单击后单片机或者 CPU 模拟器进入复位状态。

2) "Run" 按钮：全速运行按钮，单击后 CPU 或者模拟器开始连续执行程序。

3) "Stop" 按钮：停住运行按钮，单击后 CPU 停止运行，但此时依然处于调试状态。

4) "Step" 按钮：执行单步逐行调试，遇到调用子程序（或者函数）命令时，会进入子程序内部逐行执行。

5) "Step Over" 按钮：执行单步调试，与 Step 区别在于遇到调用子程序（或者函数）命令时，Step Over 不进入子程序内部进行逐行调试，而是直接将子程序作为一条命令执行完毕。

6) "Step Out" 按钮：执行完当前子程序。

7) "Run to Cursor Line" 按钮：执行到当前光标所在行。

8) "Show Next Statement" 按钮：显示（跳至）程序将要执行的命令所在行。

4. 断点设置

程序调试时，一些程序行必须满足一定的条件才能被执行（如程序中某变量达到一定的值、按键被按下、串口接收到数据、有中断产生等），而这些条件往往是异步发生或难以预先设定的。这类问题使用单步执行的方法是很难调试的。因此要使用程序调试中的另一种非常重要的方法——断点设置。断点设置的方法有多种，常用的是在某一程序行设置断点，设置好断点后全速运行程序，一旦执行到该程序行即停止，可在此观察有关变量值，以确定问题所在。在程序行设置/移除断点的方法是将光标定位于需要设置断点的程序行，执行菜单的 Debug→Insert/Remove BreakPoint 命令可设置或移除断点（也可以用鼠标在该行双击实现同样的功能）；执行 Debug→Enable/Disable Breakpoint 命令可开启或暂停光标所在行的断点功能；执行 Debug→Disable All Breakpoint 命令可暂停所有断点；执行 Debug→Kill All BreakPoint 命令可清除所有的断点设置。这些功能也可以用工具条上的快捷按钮实现。

除了在某程序行设置断点这一基本方法以外，Keil 软件还提供了其他设置断点的方法，执行菜单的 Debug→Breakpoints... 命令即出现一个对话框，该对话框可对断点进行详细的设置，如图 13-18 所示。

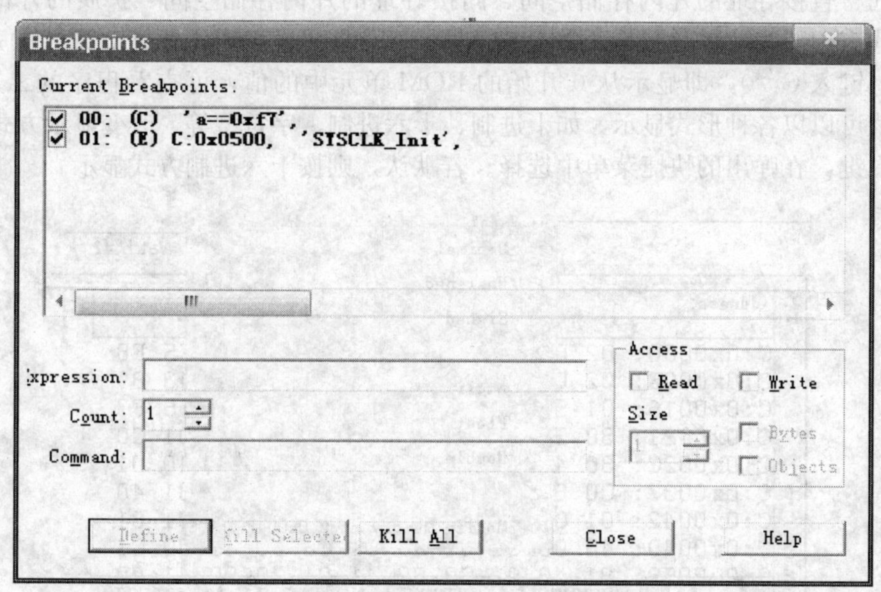

图 13-18　断点设置对话框

图 13-18 中，Expression 文本框用于输入表达式，该表达式用于确定程序停止运行的条件。这些表达式的定义功能非常强大，涉及 Keil 内置的一套调试语法，这里不作详细说明，仅举若干实例，希望读者举一反三。

1）在 Experssion 文本框中键入 a＝＝0xf1，再单击“Define”按钮即定义了一个断点。注意，a 后有两个等号，意即相等。该表达式的含义是，如果 a 的值到达 0xf1 则停止程序运行。除使用相等符号之外，还可以使用＞、＞＝、＜、＜＝、! ＝（不等于）、&（两值按位与）、&&（两值相与）等运算符号。

2）在 Experssion 文本框中键入 Delay 再单击“Define”按钮，其含义是如果执行标号为 Delay 的行则中断。

3）在 Experssion 文本框中键入 Delay，按 Count 数值框的微调按钮，将值调到 3，其意义是当第三次执行到 Delay 时才停止程序运行。

4）在 Experssion 文本框中键入 Delay，在 Command 文本框中键入 printf（“SubRoutine‘Delay’has been Called\n”），主程序每次调用 Delay 程序时并不停止运行，但会在输出窗口 Command 页输出一行字符，即 SubRoutine‘Delay’has been Called。其中“\n”的用途是回车换行，使窗口输出的字符整齐。

5）设置断点前，先在输出窗口的 Command 页中键入 DEFINE int I，然后设置断点，方法同步骤（4），不同的是，在 Command 文本框中键入 printf（“SubRoutine‘Delay’has been Called %d times \ n”，++I)，这时主程序每次调用 Delay 时将会在 Command 窗口输出该字符及被调用的次数，如 SubRoutine‘Delay’has been Called 10 times。

5. 存储器窗口

存储器窗口可以显示系统中各种内存中的值，如图 13-19 所示，通过在 Address 文本框内键入“字母：数字”即可显示相应内存值。其中，字母可以是 C、D、I、X，分别代表代码存储空间、直接寻址的片内存储空间、间接寻址的片内存储空间、扩展的外部 RAM 空间，数字代表想要查看的地址。例如，键入 D：0，即可观察到从地址 0 开始的片内 RAM 的单元值；键入 C：0，即显示从 0 开始的 ROM 单元中的值，可查看程序的二进制代码。内存中的值可以以各种形式显示，如十进制、十六进制、字符型等，改变显示方式的方法是单击鼠标右键，在弹出的快捷菜单中选择。若默认，则按十六进制方式显示。

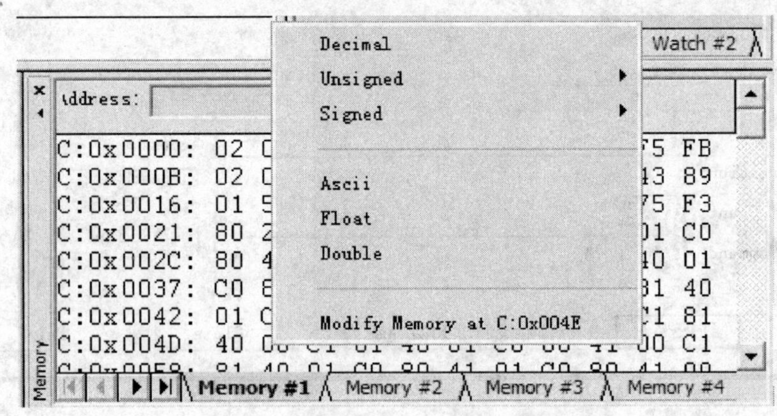

图 13-19 存储器数值各种方式显示选择

6. 工程窗口寄存器窗口

图 13-20 所示为工程窗口寄存器窗口中的内容，寄存器页包括了当前的工作寄存器组和系统寄存器组。系统寄存器组有一些是实际存在的寄存器如 A、B、DPTR、SP、PSW 等，有一些是实际中并不存在或虽然存在却不能对其操作的如 PC、Status 等。每当程序执行到对某寄存器的操作时，该寄存器会以反色显示，用鼠标单击然后按下 F2 键，即可修改该值。

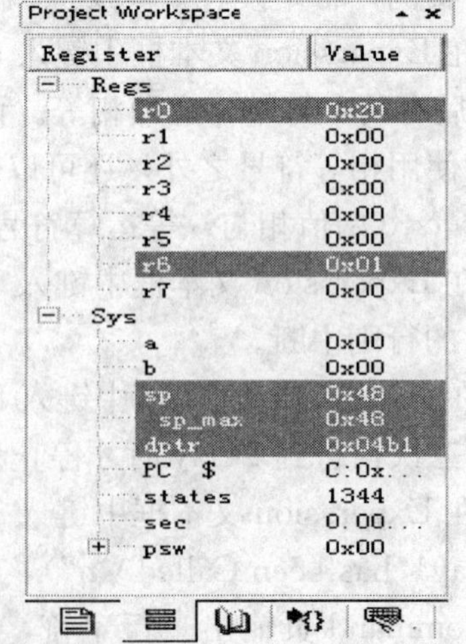

图 13-20 工程窗口寄存器窗口

7. 观察窗口

观察窗口（Watches 窗口）是很重要的一个窗口，工程窗口中仅可以观察到工作寄存器和有限的寄存器如 A、B、DPTR 等，如果需要观察其他的寄存器的值或者在高级语言编程时需要直接观察变量，就要借助于观察窗口。

观察窗口可以查看和修改程序变量并列出当前函数的嵌套调用，如图 13-21 所示。Watches 窗口的内容会在程序停止运行后自动更新。也可以选择菜单中的 View→ Periodic Window Update 选项，在目标程序运行时自动更新变量的值，但是选中该项，将会使程序模拟执行的速度变慢。

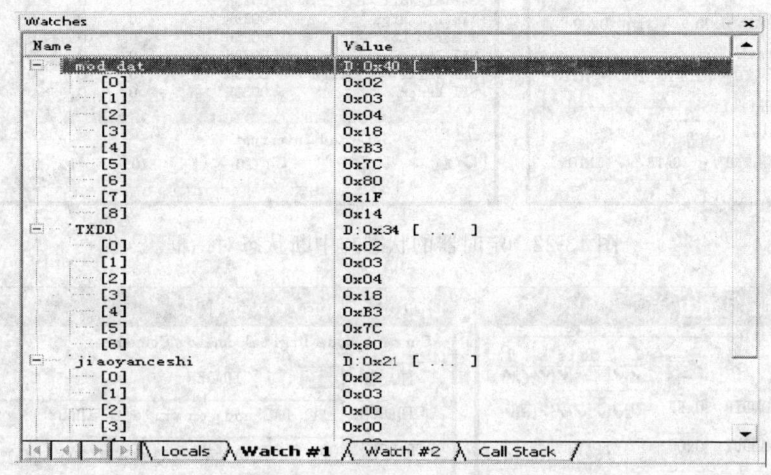

图 13-21　Watches 窗口

变量值可以以十进制或十六进制形式显示，方法是在显示窗口单击鼠标右键，在快捷菜单中选择 Hex 或 Decimal 选项。

Local 标签页显示了当前函数的所有局部变量。Watch 标签页显示用户指定的程序变量。可以使用三种不同的方法添加变量。

1）单击文字<type F2 to edit>并等待一会，再单击一下鼠标即进入编辑模式，此时可以添加变量。用同样的方法可以修改变量的值。

2）用鼠标右键在编辑窗口打开上下文菜单，按下 F2 按钮。μVision3 会自动选择光标位置上的变量名。

3）在 Output Window-Command 选项卡中，可以用 WatchSet 命令输入变量名。

要删除一个变量，单击该行并按下“Delete”按钮。

当前函数的嵌套调用显示在 Call Stack 标签页中。可以双击该行，在编辑器窗口显示调用情况。

8. 外部设备与接口调试对话框

为了能够比较直观地了解单片机中定时器、中断、并行端口、串行端口等常用外部设备的使用情况，Keil 提供了一些外围接口对话框，通过 Peripherals 菜单选择，该菜单的下拉菜单内容与建立项目时所选的 CPU 有关，如果是选择的 Silicon Labarataries C8051FXX 这一类的单片机，那么将会有 Interrupt（中断）、I/O Ports（并行 I/O 口）、Serial（串行口）、Timer（定时/计数器）、Crossbar（交叉开关）、SPI（高速同步串行口）、A/D、D/A 等外部设备菜单。打开这些对话框，列出了外部设备的当前使用情况，各标志位的情况等，可以在这些对话框中直观地观察和更改各外部设备的运行情况，如图 13-22 与图13-23 所示。

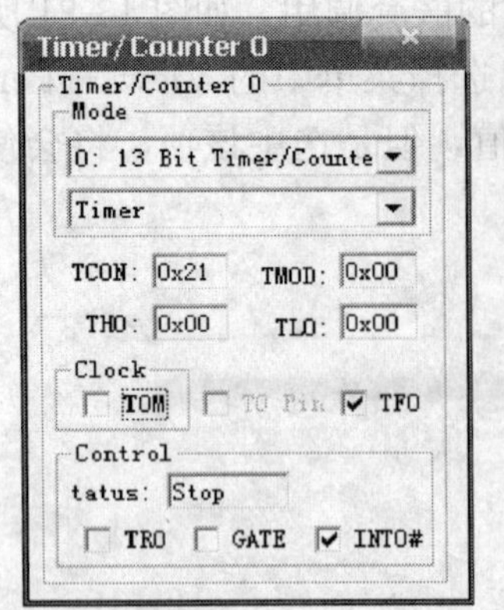

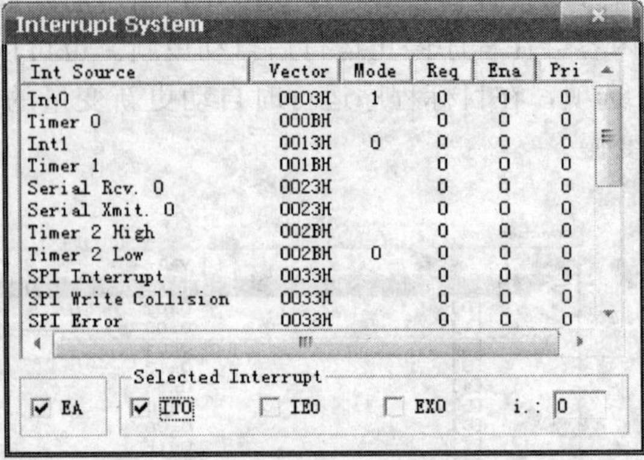

图 13-22 定时器的状态与中断状态对话框

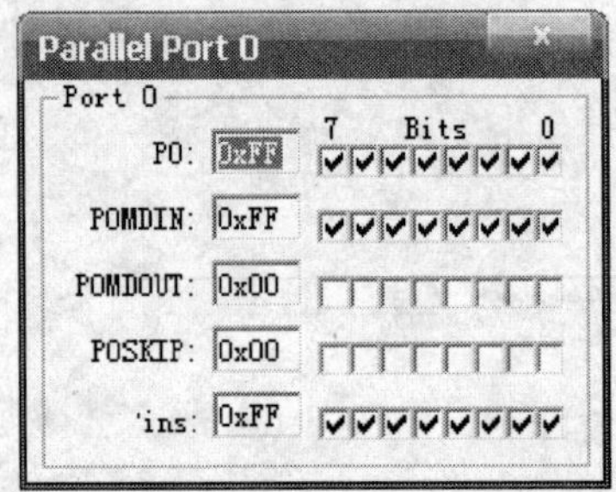

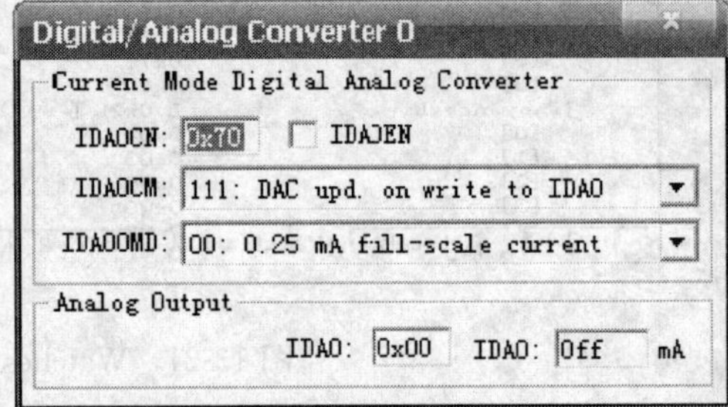

图 13-23 P0 端口寄存器状态与 D/A 状态对话框

13.2 Keil Monitor-51 的使用方法

Keil Monitor-51 允许使用 μVision3 调试器在目标硬件上调试程序，并且仅需要使用一根串行传输线连接 μVision3 调试器与 MCS-51 单片机目标板，调试与开发成本较低。本节将主要介绍 Keil Monitor-51 的特性与使用。

1. Keil Monitor-51 存在的缺点

1）Keil Monitor-51 要求调试的程序要位于 RAM 空间中。这是因为断点是通过用 ACALL 指令替换程序指令来设置的。这个透明的操作可能会对目标程序的工作有副作用。

2）要重新定位启动代码、程序代码段和中断向量表。

3）在 μVision3 调试器中，可以在工具栏上使能或禁止 HALT 命令。在 Options-Debug-Keil Monitor-51 Driver Settings 中选中复选框 Stop Program Execution withSerial Interrupt，将使能这一功能，μVision3 调试器和监控程序使用 8051 串行中断向量发出信号，通知目标程序停止运行。

2. 使用 Keil Monitor-51 的硬件资源要求

1）CPU 必须是 8051 或其派生产品。

2）5KB 的程序存储空间，而且起始地址是 0，用于存放监控程序。

3）256B 的外部数据存储单元（系统需要）和可选的 5KB 的跟踪缓冲区。

4）足够大的外部数据存储空间用于装载完整的用户应用程序，所有的外部数据存储器区必须是冯·诺依曼结构，可以从 XDATA 和 CODE 空间访问。

5）串行口及一个用作波特率发生器的内部定时器。

6）6B 的堆栈空间（IDATA），用于用户程序的测试。

7）如果用户程序大于 64KB，P1 口的部分引脚要用于程序存储空间扩展。

8）其他资源均可为应用程序所用。

3. 串行通信接口线

Keil Monitor-51 要求使用 RS-232 信号：发送数据 TXD、接收数据 RXD 和信号地 GND。

4. μVision3 监控器驱动程序

当在图 13-24 所示对话框选择 Use：Keil Monitor-51 Driver 后，μVision3 将与目标系统连接。

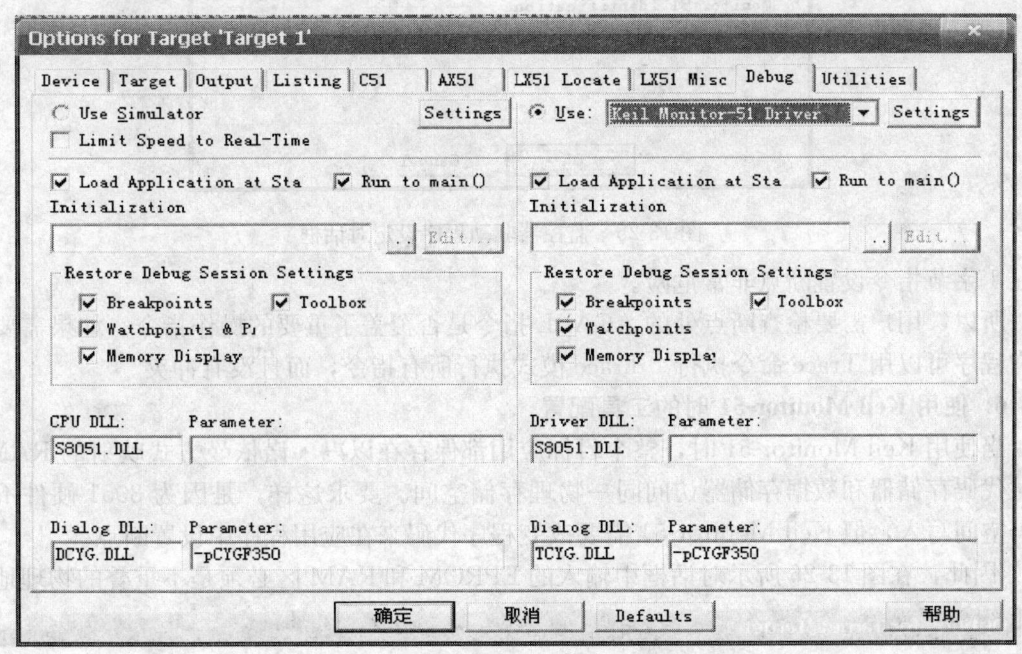

图 13-24　监控器驱动程序设置

单击图 13-24 中的“Settings”按钮，弹出图 13-25 所示对话框，配置各种参数，例如串行口和波特率。

5. 使用 Keil Monitor-51 时 μVision3 的限制

带 Keil Monitor-51 的 CPU 板的 memory mapping 是通过硬件设定的。不可以使用 Debug-Memory Map 来改变目标系统的存储器映射。

Keil Monitor-51 不提供 Performance Analyzer、Call Stack、Code Coverage 功能以及 Step Out 命令。View-Periodic Window Update 选项在 Keil Monitor-51 中也不能使用。

Keil Monitor-51 会直接处理 Breakpoint Options。然而，当设置了 access 或 conditional 断点后，应用程序会单步执行，而非实时。单步执行至少慢 1000 倍。

在调试程序时，有时需要停止正在运行的程序，来检查程序状态和纠正错误。Keil Monitor-51 通过写一条 ACALL 指令到用户程序中的方法来完成断点。这个方法的好处是，断点逻辑不需要额外的硬件。但使用这种方法的缺点是，断点只能设置在 RAM 存储器中，而且 ACALL 指令占用了 2 个字节。因此，如果在 1 字节指令后有一个标号（跳转目的地址），

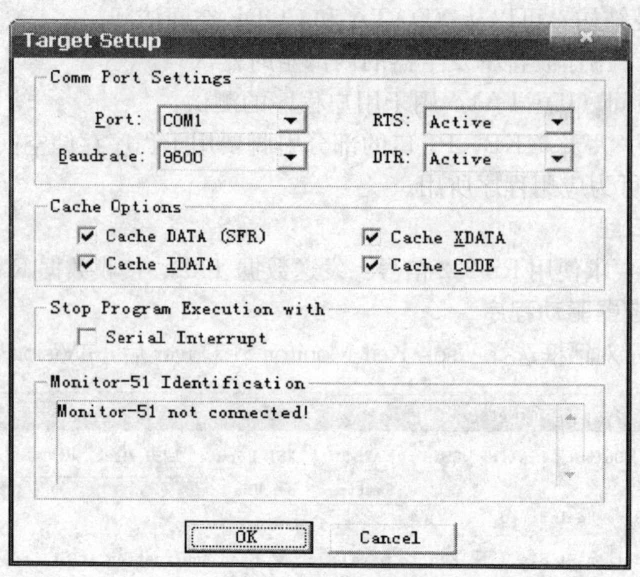

图 13-25 监控器驱动程序设定对话框

则在 1 字节指令设置断点非常危险。

所以，用户需要检查断点处的 ACALL 指令是否覆盖了重要的操作指令。如果需要，则用户程序可以用 Trace 命令执行。Trace 模式执行所有指令，而且没有冲突。

6. 使用 Keil Monitor-51 时的工具配置

当使用 Keil Monitor-51 时，整个目标应用都保存在以冯・诺依曼方式映射的 RAM 中，即对代码存储器和数据存储器访问同一物理存储空间。要求这样，是因为 8051 硬件不能往代码空间写入，但 Keil Monitor-51 需要改变程序代码来在应用程序中设置断点。

因此，在图 13-26 所示对话框中输入的 EPROM 和 RAM 区必须是不重叠的物理地址存

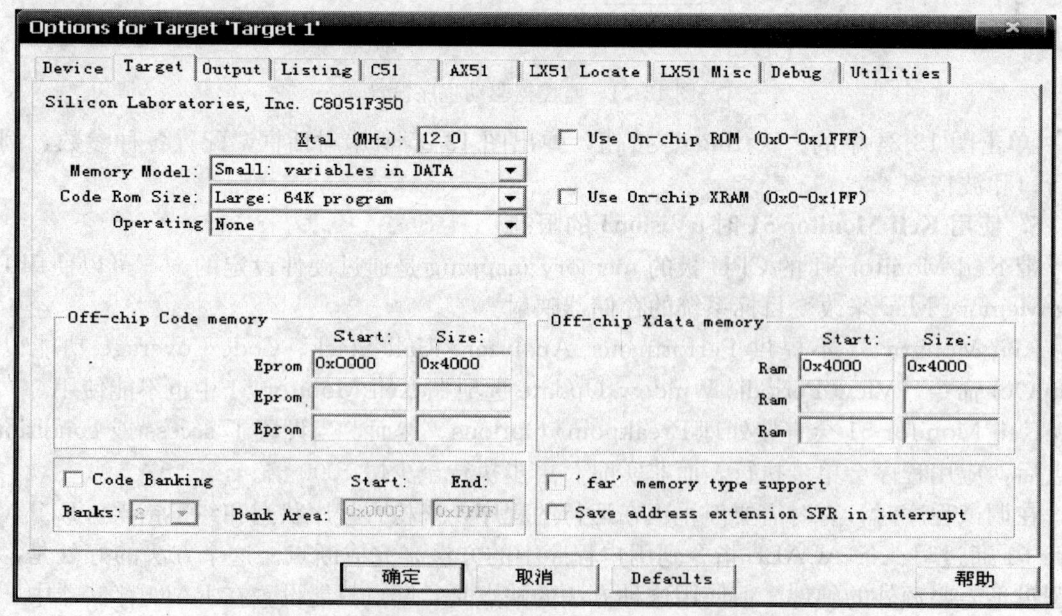

图 13-26 Options-Target-Off-chip Memory 对话框

储器区。如果选择 LX51 Locate 选项卡的 Use Memory Layout from Target Dialog 选项，则这个范围会提供给连接器。所以，也有必要检查一下这个选项是否已经设置。

用 Keil Monitor-51 调试程序时，用户应用程序的 code 和 xdata 空间必须没有重叠存储器区。否则，在访问 xdata 变量时，用户应用程序会改写程序代码。

（1）用串行中断停止程序执行　当选择 Stop Program Execution with Serial Interrupt 选项后，Keil Monitor-51 将使用 UART 的串行口中断。如果使用的是标准的 8051UART，则位于 C：0x0023 的 3 字节中断向量会被 Keil Monitor-51 修改。所以必须确保用户程序不使用这些代码位置。

（2）用 Keil Monitor-51 安装代码地址 0　如果要用 Keil Monitor-51 测试 C 程序，而 Keil Monitor-51 安装代码地址 0，请考虑下面的规则（这些说明参考用户应用程序将代码存储器 0x8000 作为起始地址的目标系统）。

1）所有包含中断函数的 C 模块要用控制命令 INTVECTOR（0x8000）转换。这个选项可以在 μVision3 的 Project Options-C51-Interrupt Vectors at address 对话框中设置。

2）复制 \ KEIL \ C51 \ LIB \ STARTUP. A51 文件到项目文件夹并将这个文件添加到 μVision3 项目中。在这个 STARTUP. A51 的拷贝中，语句 CSEG AT 0 则要用 CSEG AT 8000H 代替。

7. Keil Monitor-51 的配置

使用文件夹 \ KEIL \ C51 \ MON51 中的 INSTALL 批处理文件，Keil Monitor-51 可以适用与不同的硬件配置。这个工具由 DOS 命令行调用，有下面的命令行句法：

INSTALL serialtype[xdatastart[codestart[BANK][PROMCHECK]]]

其中，各参数意义如下：

Serialtype：定义串行接口使用的 I/O 程序。

Xdatastart：指定 Keil Monitor-51 使用的 xdata 存储器区的页号。这个参数的值是十六进制值 0～FFH，默认值是 FFH。例如，当 xdatastart 是 FFH 时，Keil Monitor-51 的内部变量将使用 X：0xFF00H～X：0xFFFFH 的存储器区。此时用户应用程序不能使用这个存储器区。这个存储器区必须是冯·诺依曼结构的 RAM，可以从 code 和 xdata 空间访问。

Codestart：指定用于 Keil Monitor-51 程序代码的代码存储器区的页号。通常，Keil Monitor-51 代码需要 4～5KB。这个参数是十六进制值 0～F0H，默认值是 0。

BANK：用于生成一个代码分体目标系统的 Keil Monitor-51 版本。MON_BANK. A51 文件定义了分体硬件的硬件配置。

PROMCHECK：如果使用选项 PROMCHECK 创建 Keil Monitor-51，则在 CPU 复位时，Keil Monitor-51 将检查在代码地址 0 处是否有 EPROM 或者 RAM。如果检查到的是 EPROM，则会执行 JMP 0 指令，开始执行 EPROM 中的代码。如果在应用程序编程到 EPROM 中后，Keil Monitor-51 代码仍驻留在目标系统中，则必须指定 PROMCHECK。

8. 故障诊断

如果 Keil Monitor-51 没有正确启动，典型的原因是 Monitor 代码、数据定位或串行口初始化的问题。

如果 Keil Monitor-51 停止工作，或在调试过程中出现异常现象，则有可能是用户改写了用户应用程序。这可能是因为用户应用将 xdata 写到了程序代码区。注意，code 和 xdata

必须是不重叠的区域，因为 Keil Monitor-51 要求代码空间为冯·诺依曼结构，即 code 区和 xdata 区在物理上是同一个存储器区。因此，需要检查列在连接器 MAP（*.M51）文件中的 XDATA 和 CODE MEMORY MAPPING，以验证 code 和 xdata 空间并没有重叠。

如果 Keil Monitor-51 不能单步执行 CPU 指令，或不能读/写 SFR 数据，则说明 Keil Monitor-51 不能从 code 空间对 xdata 存储器区进行访问。Keil Monitor-51 的数据存储器必须是冯·诺依曼结构的 xdata/code 空间。

13.3 SST 系列 51 单片机 ISP 与 IAP 的使用方法

ISP（In-System Programming）是指电路板上的空白器件可以编程写入最终用户代码，而不需要从电路板上取下器件，已经编程的器件也可以用 ISP 方式擦除或再编程。IAP（In-Application Programming）指 MCU 本身可以在系统中获取新代码并对自己重新编程，即可用程序来改变程序。

因此，具备 ISP 或者 IAP 功能的单片机开发时不再需要专用的编程器设备，使单片机系统开发成本更低，更高效。ISP 和 IAP 技术是未来仪器仪表的发展方向。

SST 系列 51 单片机同时具有 ISP 或者 IAP 功能，使用时只需要配合简单的 RS-232 接口电路就可以实现程序的下载。并且利用 Keil Monitor-51 与 SST 系列 51 单片机的 IAP 功能就可实现简单的仿真调试功能。本节就 SST 系列 51 单片机的 ISP 下载功能以及 IAP 仿真功能进行简要的介绍。

13.3.1 ISP 下载功能

使用 SST 系列 51 单片机 ISP 功能下载程序时，要具备两个条件：一是要安装 SSTEasyIAP11F 免费软件，该软件可以从网上免费下载，安装方法与常规 Windows 程序相同，具体安装过程这里不作介绍；二是要有图 13-27 所示的电路，电路仅需包括：晶体振荡电路、复位电路、RS-232 串行通信电路以及供电电源即可。

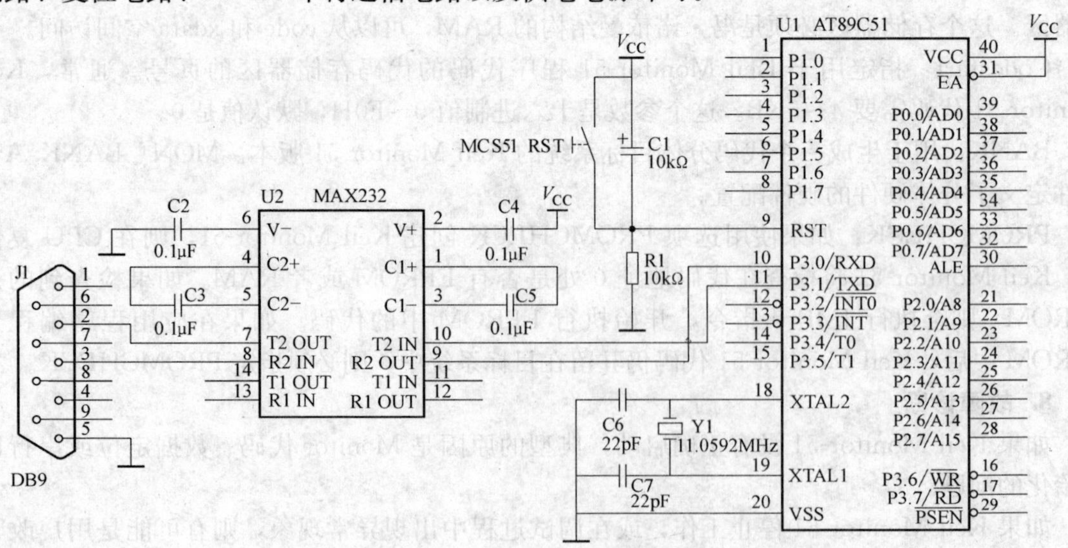

图 13-27 单片机程序下载电路

当满足上述条件后就可以用 ISP 功能下载单片机程序了，现在以 SST89E564RD 单片机为例简要介绍 SSTEasyIAP11F 下载程序的方法。

1）运行 Windows 程序 SSTEasyIAP11F. exe，出现界面如图 13-28 所示。

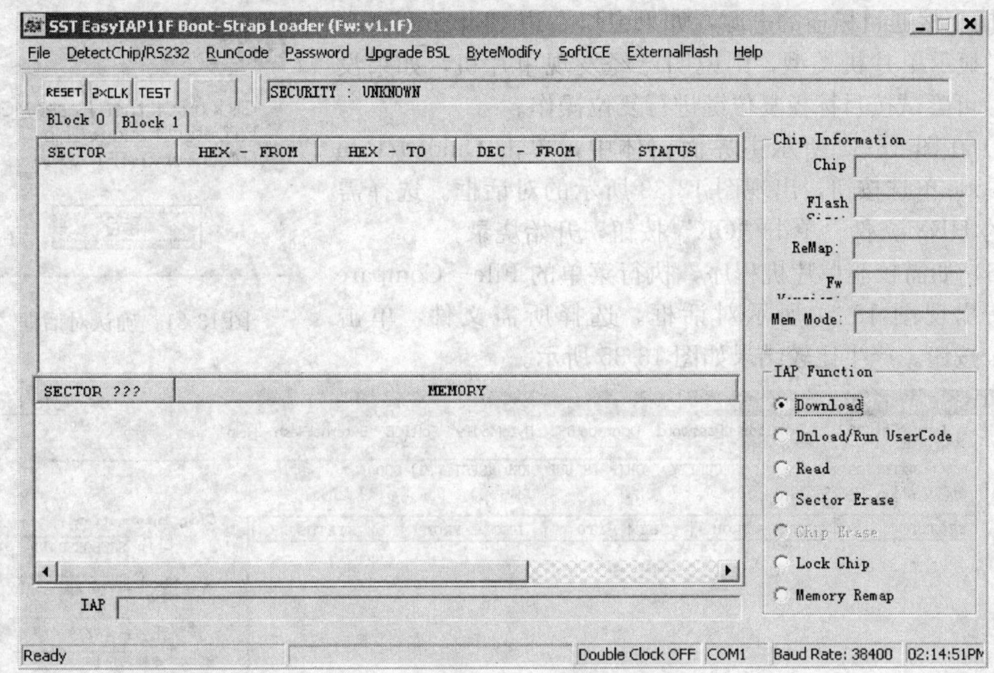

图 13-28　SSTEasyIAP11F 软件界面

2）执行菜单的 DetectChip/rs232→Detect Target MCU For Firmware1. 1F And RS232 Config 命令，出现图 13-29 所示对话框。

3）在图 13-29 所示对话框中选择所需单片机型号 SST89E564RD，单击“OK”按钮。出现图 13-30 所示对话框。

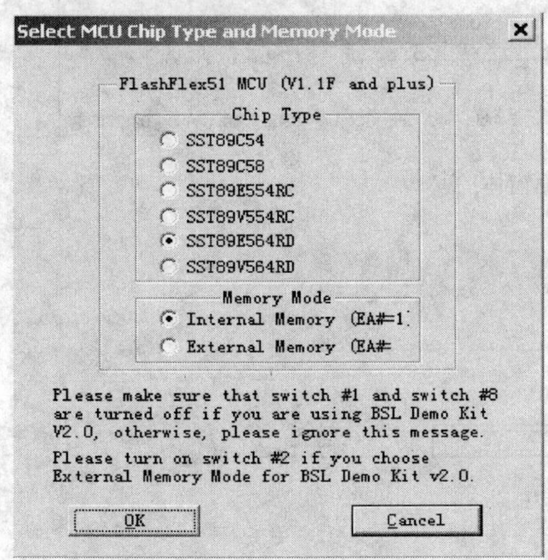

图 13-29　选择 CPU 型号对话框

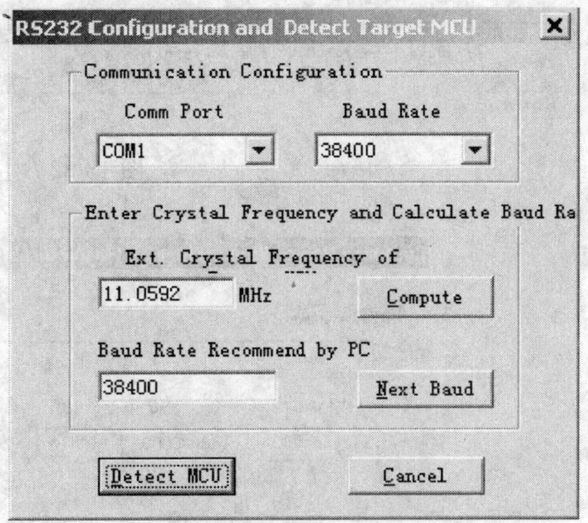

图 13-30　设置 RS-232 串行通信口参数对话框

4）在图 13-30 所示对话框中设置连接电路目标板的串行通信口参数，其他参数针对本产品可以默认，单击“Detect MCU”按钮，出现图 13-31 所示的对话框。单击“确定”按钮，出现图 13-32 所示主界面窗体。

插上接通目标板的电源，如果窗口右边 Chip Information 栏显示单片机类型，则说明已经发现单片机，如果没发现，可尝试按目标板复位键进行复位操作。

5）在图 13-32 所示主界面窗体中，单击 Dnload/Run UserCode 单选按钮，出现图 13-33 所示的对话框。选择需烧录的 HEX 文件。单击“OK”按钮，开始烧录。

6）如需校验单片机程序，执行菜单的 File→Compare 命令，出现图 13-34 所示对话框。选择所需文件，单击“OK”按钮。产生比较结果如图 13-35 所示。

图 13-31 确认对话框

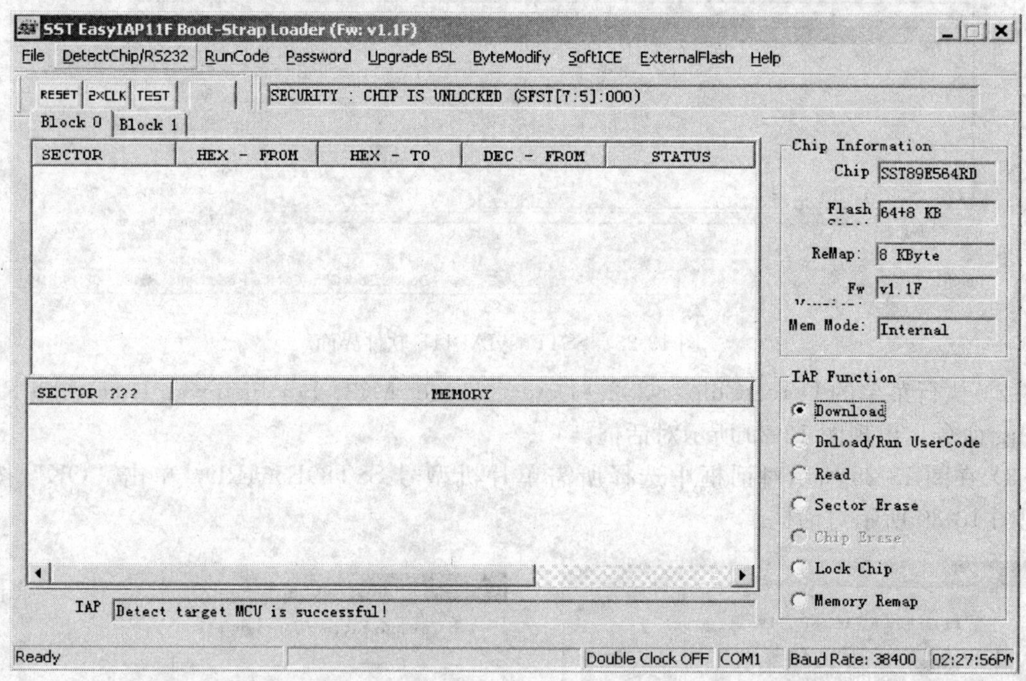

图 13-32 主界面窗体

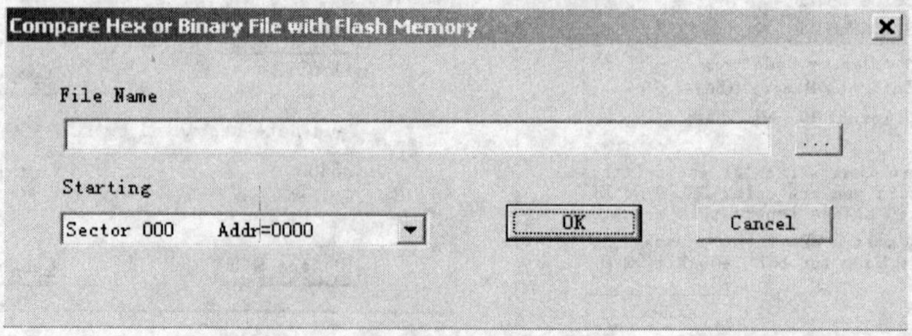

图 13-33 选择下载 HEX 文件

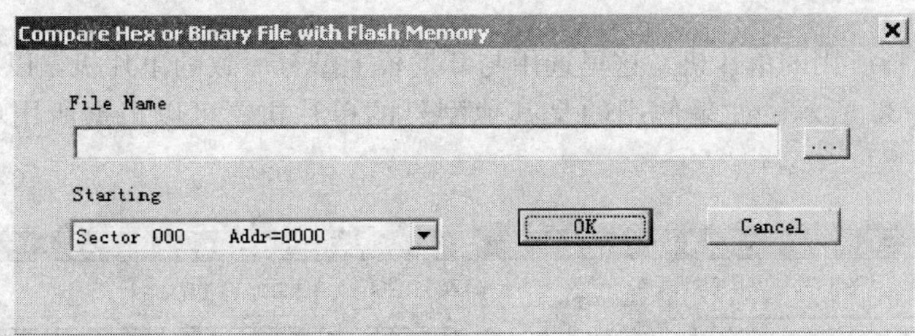

图 13-34　选择下载 HEX 文件

图 13-35　状态栏显示的 HEX 比较结果

7）若执行完 Download 命令需要运行程序，则可执行 RunCode 命令启动程序运行。

进行 ISP 下载时的注意事项如下：

1）烧录后的芯片不能被发现时，应先执行查找芯片命令，再给硬件系统上电。

2）应先把烧录工具关闭，释放串口，再运行上位机程序。

13.3.2　采用 SST89E516RD IAP 功能实现在线仿真

SST89E516RD 是 MCS-51 系列增强型单片机，与 MCS-551 系列单片机软件、引脚等均兼容，并且 SST89E516RD 片内有两块 SuperFlash EEPROM，其中 Block0 的地址范围是 0000H～FFFFH，容量为 64KB；Block1 的地址范围是 10000H～11FFFH，容量为 8KB。通过 SST89E516RD 的 IAP 功能，Block1 存储区的程序中运行时可改写 Block0 存储区中的程序，正是利用这一特性可以实现 Keil Monitor-51 的仿真功能。

用 SSTEasyIAP11F 软件向 Block1 存储区内写入 SoftICE 仿真监控程序，即可实现在线仿真功能，仿真器的硬件电路可参见 13-27。

在通过 Keil μVision3 集成开发环境进行仿真时，需要在 Debug 选项中选择 Use：Keil Monitor-51 驱动程序。调试时，单片机程序目标代码通过串行口被传送给监控芯片，并由监控程序烧录到监控芯片的 Block0 程序存储器中。在仿真调试过程中，监控程序可以随时改写被调试的程序来设置单步运行、跨步运行、断点运行。程序暂停执行后，在集成开发环境中可以观察单片机的 RAM、寄存器和单片机内部的各种状态。

13.4　STC 系列 51 单片机 ISP 下载方法

STC 系列 51 单片机是一种增强型 MCS-51 单片机，因其价格低廉并具有 ISP 等功能而被较为广泛的应用。本节将简要介绍 STC 系列 51 单片机 ISP 下载程序的方法。

向 STC 系列 51 单片机下载程序，硬件电路与图 13-27 所示的 SST 系列 51 单片机的下载电路相同，但在计算机上要安装 STC-ISP 免费软件，安装完后打开软件就正式进入下载操作阶段，软件操作界面上已经明确指出了操作步骤，如图 13-36 所示，只需要按照顺序操作即可。

步骤 1：选择所用的单片机，这里选用与开发板上型号一致的单片机，以 STC89C52RC 为例，如图 13-36 所示。如果使用的是其他型号的单片机，可以根据所用单片机型号来选择。

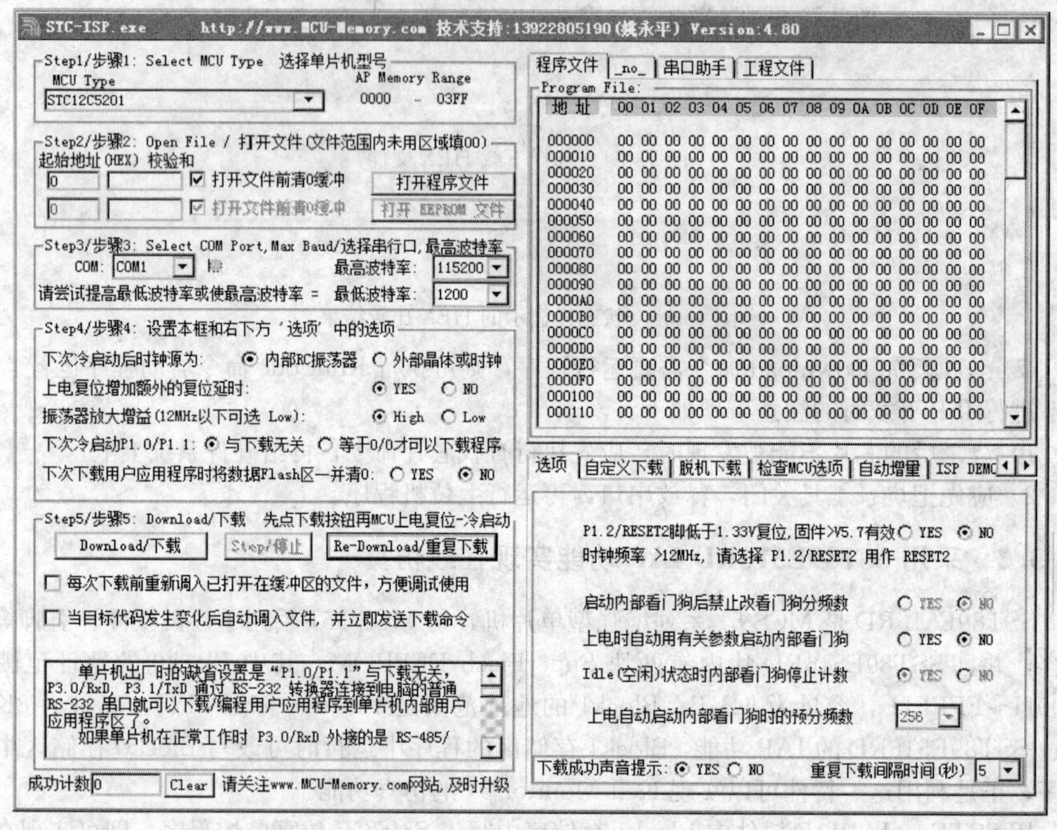

图 13-36　STC-ISP 下载软件界面

步骤 2：单击打开程序文件，找到 HEX 程序文件所在路径，找到 HEX 文件并双击它，该文件的十六进制代码被调入右边的文件缓冲区窗口。

步骤 3：选择所用的串行口，最高波特率可以作为默认值使用，若通信失败，可以尝试选择低一些的波特率。

步骤 4：选择其他选项。STC 单片机可工作于双倍速，这在写芯片时决定。写芯片时可以决定单片机内部的振荡电路增益是否减半、下次冷启动时是否需要将 P10 和 P11 置为低电平才能正常工作，这些都可以在写芯片时决定。

步骤 5：单击“Download/下载”按钮开始下载。注意：一定要先单击“Download/下载”按钮，然后再给单片机电路板通电，如果一切正常，在步骤 5 下面的进度条以及对话框中将不断提示工作进程，直至所有下载工作完成，如图 13-37 所示。

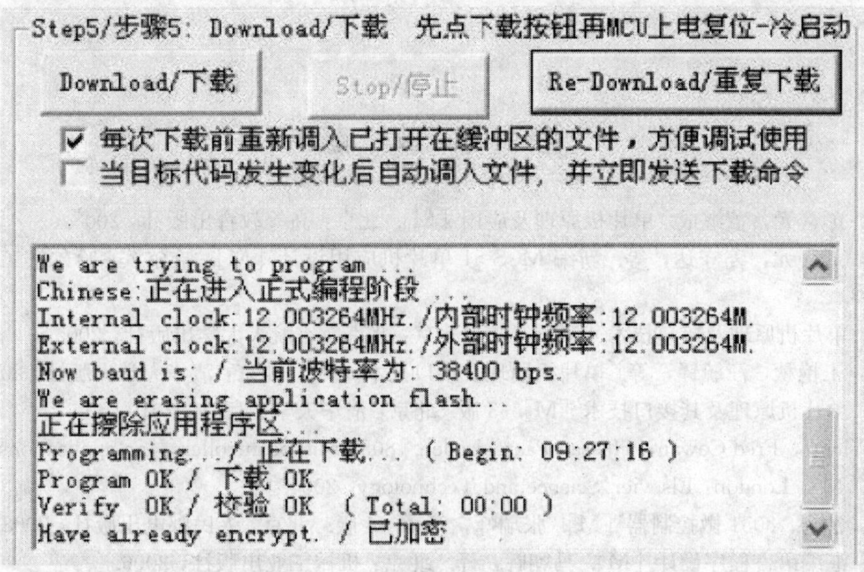

图 13-37　步骤 5 及下载进程界面

习　题

13-1　在 μVision3 如何建立一个新的工程？

13-2　在 μVision3 下调试程序如何设置程序断点？

13-3　在 μVision3 中三个编译按钮在功能上有什么区别？

13-4　调试时两个可以单步执行的按钮在功能上有什么区别？

13-5　什么是 ISP 与 IAP？各有什么特点与作用？

13-6　如何使用 SST 系列 51 单片机的 ISP 功能下载程序？

13-7　如何使用 SST 系列 51 单片机的 IAP 功能实现在线仿真？

13-8　如何使用 STC 系列 51 单片机的 ISP 功能下载程序？

参 考 文 献

[1] 张毅刚，彭喜元，董继成. 单片机原理及应用 [M]. 北京：高等教育出版社，2008.

[2] 张毅刚，彭喜元，姜守达，等. 新编 MCS-51 单片机应用设计 [M]. 哈尔滨：哈尔滨工业大学出版社，2003.

[3] 李朝青. 单片机原理及接口技术 [M]. 3 版. 北京：北京航空航天大学出版社，2005.

[4] 梅丽凤，王艳秋，汪毓铎，等. 单片机原理及接口技术 [M]. 北京：清华大学出版社，2004.

[5] 胡汉才. 单片机原理及其接口技术 [M]. 3 版. 北京：清华大学出版社，2010.

[6] David Calcutt，Fred Cowan，Hassan Paarchizadeh. 8051 Microcontrollers：an applications based introduction [M]. London：Elsevier'Science and Technology，2004.

[7] 麦肯齐，法恩. 8051 微控制器 [M]. 张瑞峰，等译. 4 版. 北京：人民邮电出版社，2008.

[8] 布鲁姆. 汇编语言程序设计 [M]. 马朝晖，译. 北京：机械工业出版社，2006.

[9] 麦肯锡. 8051 微控制器教程 [M]. 方承志，江田，译. 3 版. 北京：清华大学出版社，2005.

[10] 周航慈. 单片机应用程序设计技术 [M]. 3 版. 北京：北京航空航天大学出版社，2011.

[11] 魏立峰. 单片机原理与应用技术 [M]. 北京：北京大学出版社，2006.

[12] 刘恩博，田敏，李江全. 组态软件数据采集与串口通信测控应用实战 [M]. 北京：人民邮电出版社，2010.

[13] 翟玉文，梁伟，艾学忠，等. 电子设计与实践 [M]. 北京：中国电力出版社，2005.

[14] Intel. Microcontroller Handbook. 1988.